跟老韩学Linux自动化运维（基础篇）

韩艳威◎著

人民邮电出版社

北京

图书在版编目（CIP）数据

跟老韩学Linux自动化运维. 基础篇 / 韩艳威著. --
北京 : 人民邮电出版社, 2022.9
ISBN 978-7-115-56232-6

Ⅰ. ①跟… Ⅱ. ①韩… Ⅲ. ①Linux操作系统 Ⅳ.
①TP316.85

中国版本图书馆CIP数据核字(2022)第030883号

内 容 提 要

本书全面、系统地介绍Shell的各个知识点及其在企业环境中的具体应用。本书主要内容包括Shell脚本编程、Shell变量与字符串、Shell正则表达式与文本处理、Shell条件测试和循环语句、Shell数组与函数、Linux自动化运维等。

本书适合Linux系统管理员阅读，也适合软件开发人员、软件测试人员及数据库管理人员学习，也可以作为大专院校计算机相关专业师生的学习用书以及培训机构的教材。

◆ 著　　　韩艳威
责任编辑　张　涛
责任印制　王　郁　焦志炜
◆ 人民邮电出版社出版发行　　北京市丰台区成寿寺路11号
邮编　100164　　电子邮件　315@ptpress.com.cn
网址　https://www.ptpress.com.cn
三河市君旺印务有限公司印刷
◆ 开本：787×1092　1/16
印张：26　　　　2022年9月第1版
字数：668千字　　　　2022年9月河北第1次印刷

定价：109.80元

读者服务热线：(010)81055410　印装质量热线：(010)81055316
反盗版热线：(010)81055315
广告经营许可证：京东市监广登字20170147号

前言

编写背景

从早期的单机部署技术，到后来的 KVM 虚拟化技术、云服务器技术，以及目前比较火热的Docker容器技术和企业级主流的微服务技术，随着运维技术的快速发展，企业对运维人员的技术能力和专业素养的要求越来越高。

运维智能化的基础是运维自动化，而运维自动化的前提是运维服务标准化。如何做到运维服务标准化？最简单的方法就是采用一套适合企业自身的运维管理机制和可执行的有效方法，进而让运维人员从烦琐和重复的体力劳动中解放出来，把更多的精力投入在系统性能优化、架构统筹、安全防控、成本控制、运维开发等工作上。

本书着重讲解 Shell 编程及相关工具在 Linux 自动化运维管理中的实际应用，可作为一线 Linux 运维人员的实战参考书。

本书内容

本书共 7 章，主要介绍 Shell 在系统管理中的具体应用。

第 1 章介绍 Shell 脚本的基础知识，其中 Shell 特性和通配符是本章的重点和难点。

第 2 章从变量基础知识开始讲解，扩展到变量的高级操作。其中变量的替换和引用、环境变量、基本的整数运算是本章的重点。

第 3 章是全书的重点，尤其是正则表达式的灵活应用，建议读者熟练掌握。

第 4 章介绍文件查找与处理，其中 find 指令的使用是本章的重点。

第 5 章介绍 Shell 条件测试和循环语句，其中流程控制和判断是本章的重点。

第 6 章介绍 Shell 数组与函数的知识。

第 7 章介绍 Linux 自动化运维的知识。

建议和反馈

读者在学习本书的过程中若遇到问题，可以扫描下方微信二维码，关注笔者微信公众号，通过微信公众号与笔者交流书中内容。

读者也可以发送邮件（3128743705@qq.com）与笔者联系，欢迎各位读者提出宝贵的意见和建议，笔者将不胜感激。

本书编辑联系邮箱为 zhangtao@ptpress.com.cn。

致谢

感谢父母给了我生命，让我可以沐浴在阳光下；感谢同事和老师给我鼓励和指导；感谢我的每一位家人和朋友，没有你们的支持和帮助，就没有本书的早日出版；感谢我的一双儿女，是你们让我有了更为强劲的写作动力；感谢我遇到的众多良师益友，有你们的陪伴真好。

注：本书中的一些网址是虚拟的，只是演示使用，不影响读者阅读。若读者学习中有任何问题，可通过前面提供的联系方式，与笔者进行交流。

韩艳威

目 录

第1章

Shell 脚本编程入门

随着“互联网+”时代的到来，Linux 操作系统在服务器领域的市场份额不断增长。由于 Linux 服务器在互联网企业的大规模部署和应用，因此需要一批专业的技术人员去管理 Linux 服务器，即 Linux 运维工程师。

Linux 运维工程师的基本工作之一是搭建相关编程语言的运行环境，使程序能够高效、稳定、安全地在服务器上运行。优秀的 Linux 运维工程师不但需要拥有架设服务器集群的能力，还需要拥有使用不同的编程语言开发常用的自动化运维工具或平台的能力，从而实现高效运维，提升运维团队整体作战实力，为业务提供强有力的支撑，保障业务和服务 7×24 小时不间断运行。

Linux 运维工程师日常工作包括但不限于以下内容。

- 自动部署多版本操作系统，如批量部署 CentOS 7.7 或 CentOS 8.0 等，并针对不同版本操作系统的参数进行调试和优化。
- 部署程序运行环境，如网站后台开发语言采用 PHP，搭建 Nginx、Apache、MySQL 以及 PHP 运行时所需环境等。
- 及时修复操作系统漏洞，防止服务器被攻击，这些漏洞包括 Linux 操作系统本身的漏洞和各个应用软件的漏洞。
- 根据项目需求批量升级软件，如 JDK 1.8 在性能方面获得了重大突破，如果现阶段服务器压力较大，可以考虑将 JDK 1.7 升级到 JDK 1.8。
- 监控服务器运行状态，保障服务持续可用，业务不受宕机影响。服务器宕机后可以实现对业务无感知的集群快速切换，保障业务可持续运营。
- 分析系统和业务日志，及时发现服务器或网络存在的慢请求增多和网络超时等问题，第一时间通知相关人员修复和解决相关问题。
- 对服务器资源合理规划和精确管理，节省成本，控制预算。
- 分析反向代理或负载均衡器的连接数或运行日志，评估服务器性能和用户行为。
- 对服务器不断加固，如合理设置防火墙策略，部署入侵检测系统，及时发现可能存在的系统漏洞或系统异常行为。

因此，Linux 运维工程师需要熟练掌握 Shell 编程及相关的自动化运维工具。本章从 Shell 脚本编程入门开始讲解，带领读者踏上 Linux 自动化运维之路。

1.1 熟练掌握 Linux 指令的重要性

熟练掌握 Linux 指令是 Linux 系统架构师的必备技能之一。Linux 相关从业者，尤其是 Linux 系统管理员和 Linux 系统架构师，应熟练掌握 Linux 指令的常用操作，原因如下。

- 指令比图形界面更加高效。
- 指令可以完成图形界面不能完成的任务，如自动批量部署 500 台服务器。
- 指令比图形界面更加灵活。

Linux 系统初始化环境脚本和 Web 应用脚本主要是 Shell 指令和进程判断等的组合体，

因此熟练掌握并应用 Linux 指令是学习 Shell 编程的必备条件之一，而熟练掌握 Shell 编程是学习 Linux 自动化运维的基础和前提，为以后进阶学习基于 Python 的自动化运维打下坚实的基础。一句话总结："基础不牢，地动山摇"。

1.2 Shell 的基本概念

Shell 是 Linux 操作系统指令集的概称，是属于操作系统层面的、基于指令集的人机交互界面的脚本级程序运行环境。

Shell 是一种操作系统的应用级脚本。Shell 脚本提供了一个人机交互界面，用户通过该界面访问可操作系统内核的服务。

1. 初识 Shell 脚本

计算机只能理解由 0 和 1 组成的二进制语言。

早期计算机通过二进制语言来执行指令。二进制语言对人类来说难以理解，读、写都很不友好。后来，操作系统里提供了一种叫作 Shell 的特殊程序，Shell 接收英文格式（大多数情况下是英文）指令，如果指令有效，就会被传递给内核，并执行一系列操作。

Shell 是用户和 Linux 内核沟通的"桥梁"，用户的大部分工作是通过 Shell 完成的。Shell 既是一种指令语言，又是一种脚本设计语言。作为指令语言，它交互式地解释和执行用户输入的指令；作为脚本设计语言，它定义了各种变量和参数，并提供了许多在高级语言中才具有的控制结构，包括循环和分支。

Shell 脚本不是 Linux 内核的一部分，但它调用了系统核心的大部分功能来执行脚本、建立文件，并以并行的方式协调各个脚本的运行。因此，对用户来说，Shell 脚本是重要的实用脚本，深入了解和熟练掌握 Shell 脚本的特性及其使用方法，是用好 Linux 的关键。实际上，Shell 可被看作一个提供给用户用来交互的软件，它可以通过标准输入设备（通常是键盘）或者文件读取指令，并且解释执行用户的指令。

用户与 Shell 交互的过程如图 1-1 所示。

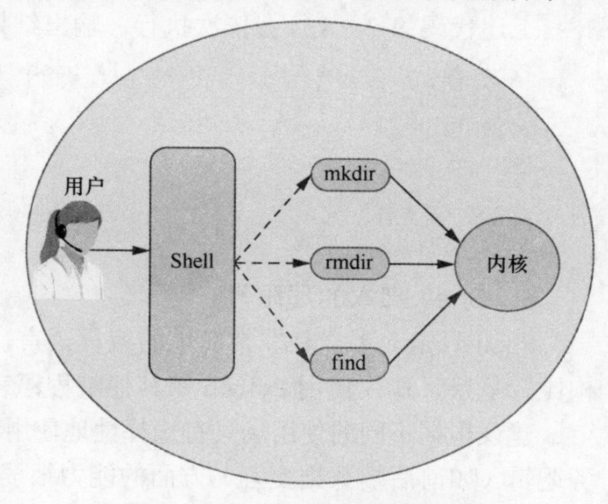

图 1-1　用户与 Shell 交互的过程

Shell 通过系统调用来执行脚本，如创建文件等。Linux 中包含各种不同版本的 Shell，查看当前操作系统支持哪些 Shell 类型，代码如下。

```
[root@laohan_httpd_server ~]# cat /etc/Shells
/bin/sh
/bin/bash
/sbin/nologin
/bin/bash
```

查看当前操作系统默认使用的 Shell 类型，代码如下。

```
1 [root@laohan_httpd_server ~]# echo $SHELL
2 /bin/bash
3 [root@laohan_httpd_server ~]#
```

从上述代码第 2 行中可以看到，当前操作系统默认使用的 Shell 类型是 Bash 程序。

2．Shell 脚本执行方式

Shell 脚本有如下两种执行方式。

（1）交互式（Interactive）。Shell 解释器执行用户输入的指令，用户输入一条指令，Shell 解释器执行一条。

```
[root@laohan-Shell-1 ~]# date
2019年 12月 06日星期五 15:27:39 CST
[root@laohan-Shell-1 ~]# whoami
root
[root@laohan-Shell-1 ~]# echo "我的名字是老韩"
我的名字是老韩
```

上述代码中，用户输入的指令会逐条执行，结果会输出到当前终端（显示器）。

（2）批处理。用户可事先写一个 Shell 脚本（Script）文件，脚本文件中有很多条指令，Shell 解释器可以一次性把这些指令执行完毕，并将指令运行状态返回给用户。

```
1 [root@laohan-Shell-1 chapter-1]# cat multi-command.sh
2 uname -n
3 current_date=$(date +%F-%T)
4 echo $current_date
5 whoami
6 echo
7 echo "我的名字是老韩"
8 echo $?
```

上述代码第 2～8 行会依次执行，输出结果如下。

```
[root@laohan-Shell-1 chapter-1]# bash multi-command.sh
laohan-Shell-1
2019-12-06-15:29:43
root

我的名字是老韩
0
```

3．Shell 脚本的局限性

Shell 只定义了一种非常简单的编程语言，如果脚本复杂度较大，或者要操作的数据结构比较复杂，建议使用 Python 等其他编程语言解决对应的问题。

建议根据不同的使用场景有选择性地使用不同的编程语言。因为 Shell 在处理复杂的业务逻辑（如前后端数据交互）方面的能力很弱，此时建议使用 Python 脚本进行处理，Shell 脚本的局限性如下。

- Shell 脚本中函数只能返回字符串，无法返回数组。
- Shell 脚本不支持面向对象，无法实现一些优雅的设计模式。
- Shell 脚本是解释型语言，边解释边执行。如果脚本包含错误（如调用了不存在的函数），只要没调用函数代码库，系统就不会报错。

1.2.1 熟练掌握 Shell 脚本的必要性

1. 日常运维工作需要

熟练掌握 Shell 脚本是每个 Linux 系统管理员的必备技能。

Linux 系统管理工作中必不可少的一项是根据日常运维需求开发 Shell 脚本，熟练编写 Shell 脚本也是 Linux 高级系统架构师的必备技能。

2. 面试必备技能

在很多企业招聘 Linux 系统管理员时，编写 Shell 脚本是必考的项目，有的企业甚至用 Shell 脚本的编写能力来判断应聘者的 Linux 系统管理经验是否丰富。

3. 系统架构师必备技能

Linux 高级系统架构师应对网络、存储、安全、系统运维、编程语言等诸多技术深入研究，还应有较好的专业技能和职业素养，至少能熟练掌握和应用 Python、Go、Java、C 以及 C++中的一门编程语言。可以应对系统架构中的各个实际业务需求，如使用上述编程语言中的一门写出符合实际需求的应用程序。Shell 编程是每个系统架构师必须要掌握的 Linux 系统管理基本技能。

1.2.2 Shell 脚本的基本结构

Shell 脚本包含一系列的 Linux 指令，Shell 依次执行这些指令。

【实例 1-1】Shell 脚本的基本结构

Shell 脚本的基本结构的代码如下。

```
[root@laohan_httpd_server chapter-1]# cat -n  01.sh
     1	#!/bin/bash
     2	
     3	#Author    韩艳威
     4	#Datetime 2018/09/03
     5	#Desc      Shell program basic struct
     6	#Version   1.3
     7	
     8	# One sentence script
     9	echo '<-----------1----------->'
    10	echo
    11	echo "Current hostname is $(uname -n) running follow info: "
    12	  uptime
    13	echo
    14	echo
    15	
    16	# print |echo string
    17	echo '<-----------2----------->'
    18	  echo -e "\t\t\t\t*********$0 script run start*******"
    19	  echo
    20	  echo -e "\033[32;40m\t\t\t\t\tHello\t\tworld!!! \033[0m"
    21	  echo
    22	  echo -e "\t\t\t\t*********$0 script run stop*******"
    23	  echo
    24	  echo
    25	
    26	#for loop
    27	echo '<-----------3----------->'
    28	for username in /etc/passwd
    29	do
    30	  echo -e "\t\t\t\t/etc/passwd file total $(wc -l $username|cut -d' ' -f1) line."
    31	done
```

执行 01.sh 脚本，执行结果如下。

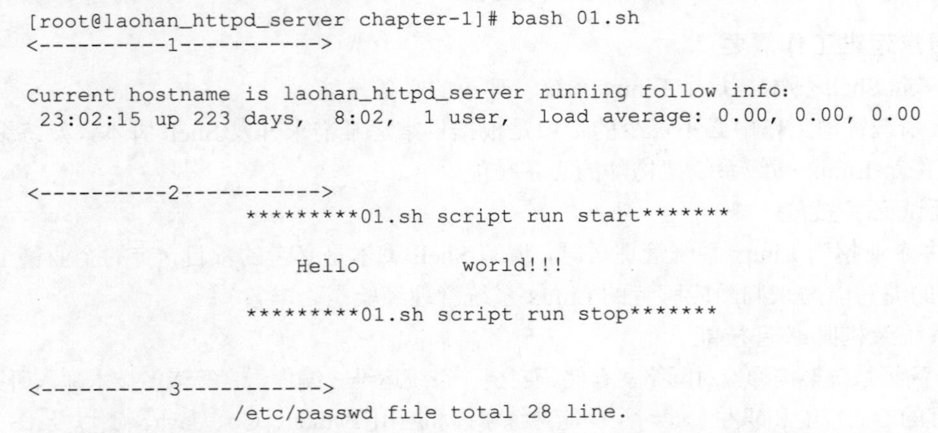

```
[root@laohan_httpd_server chapter-1]# bash 01.sh
<----------1----------->

Current hostname is laohan_httpd_server running follow info:
 23:02:15 up 223 days,  8:02,  1 user,  load average: 0.00, 0.00, 0.00


<----------2----------->
                    *********01.sh script run start*******

                         Hello       world!!!

                    *********01.sh script run stop*******


<----------3----------->
                   /etc/passwd file total 28 line.
```

01.sh 脚本分成了 3 个独立的脚本片段，其中第 8～14 行为第 1 个脚本片段，第 16～24 行为第 2 个脚本片段，第 26～31 行为第 3 个脚本片段。每个片段都可以从脚本中拆分出来，独立编写，独立运行。该脚本虽然简单，但体现了 Shell 脚本的一些基本特征。

- 一般情况下，所有的 Shell 脚本第 1 行都以“#!”开头，后面接执行此 Shell 脚本的解释器所在目录与解释器名，CentOS 系列操作系统的默认 Shell 解释器是 Bash，本书中的所有 Shell 脚本都是用 Bash 来解释执行的。
- 除了第 1 行声明 Shell 解释器的“#”以外，从第 2 行开始在脚本出现的“#”均可以视为代码注释符号，最简单的 Shell 脚本就是一组 Shell 指令，如第 12 行的 uptime 指令。
- Shell 脚本是一个普通的文本文件。

Shell 脚本可以根据 Linux 系统管理和业务逻辑等的实际需求，以及对应的 Shell 开发编程规范进行编写和更新。

1.2.3 编写 Shell 脚本的两种方法

编写 Shell 脚本一般有如下两种方法。

1. Shell 终端执行指令

第 1 种方法是在 Shell 终端输入单条或多条指令。

该方法属于一次性执行指令模式。当系统关闭或退出终端后，执行后的指令及其输出的结果将会从 Shell 运行环境的终端消失。如果需要再次执行相关指令，用户需要再次输入指令，略显烦琐。因此，此方法仅适用于处理一次性的临时任务。

2. 将指令和表达式等 Shell 脚本写入文本文件

第 2 种方法是将要执行的指令和表达式组合，写入一个文本文件，在实际企业生产环境中建议采用此模式编写 Shell 脚本，方便系统管理员对 Shell 脚本多次调用，且可以对脚本内容不断更新，并将其收录为日常系统运维标准脚本，这是 Linux 系统自动化运维的标准化操作和规范之一。

【实例 1-2】指令模式执行 Shell 脚本

下面的代码定义变量名为 file，变量值为/etc/passwd。

```
file=/etc/passwd
[ -f $file ] && cp -av $file /tmp/
```

上述代码判断变量 file 是否存在，存在则复制其变量值（/etc/passwd）到/tmp/目录中。其中“&&”表示，前面的指令执行结果为真，后面的指令或代码才会执行，完整的指令执行结果如下。

```
[root@laohan_httpd_server ~]# file=/etc/passwd
[root@laohan_httpd_server ~]# [ -f $file ] && cp -av $file /tmp/
'/etc/passwd' -> '/tmp/passwd'
```

【实例 1-3】Shell 脚本执行模式

将【实例 1-2】中的指令写入以.sh 为扩展名的文本文件中，根据需要赋予可执行权限、检测脚本是否有语法错误，最后使用如下方式执行 Shell 脚本。

```
mkdir Shell-scripts
```

上述代码创建 Shell 脚本存放目录。

```
vim 02-cp-file.sh
```

上述代码编辑 02-cp-file.sh 脚本。

```
chmod +x 02-cp-file.sh
```

上述代码赋予 02-cp-file.sh 脚本可执行权限。

```
cat 02-cp-file.sh
```

上述代码查看 02-cp-file.sh 脚本的完整内容，具体如下。

```
[root@laohan_httpd_server ~]# mkdir Shell-scripts
[root@laohan_httpd_server ~]# cd Shell-scripts/
[root@laohan_httpd_serverShell-scripts]# mkdir -pv chapter-1
mkdir: created directory 'chapter-1'
[root@laohan_httpd_serverShell-scripts]# ll
total 0
[root@laohan_httpd_server ~]# vim 02-cp-file.sh
[root@laohan_httpd_server ~]# chmod +x 02-cp-file.sh
[root@laohan_httpd_server ~]# ls -l 02-cp-file.sh
-rwxr-xr-x 1 root root 64 Jul 22 21:15 cp-file.sh
[root@laohan_httpd_server ~]# cat 02-cp-file.sh
#!/bin/bash
file=/etc/passwd
[ -f $file ] && cp -av $file /tmp/
```

02-cp-file.sh 脚本的执行结果如下。

```
1 [root@laohan_httpd_server ~]# bash -n 02-cp-file.sh
2 [root@laohan_httpd_server ~]# ./02-cp-file.sh
3 `/etc/passwd' -> `/tmp/passwd'
```

在 02-cp-file.sh 脚本执行结果的第 3 行中，可以看到/etc/passwd 文件已经被复制到/tmp 目录下，读者还可以使用 ls -lhrt --full-time /tmp/passwd 指令查看被复制文件的时间戳和大小是否正确。

在任何 Shell 脚本和 Linux 指令执行完成后，对其执行结果进行确认是一个良好的习惯，也是一个优秀的 Linux 系统管理员必备的基本技能和专业素养。

.2.4 Atom 编辑器常用操作

Atom 是 GitHub 专门为脚本开发人员推出的一个跨平台文本编辑器。

读者可自行查阅 Atom 官网并下载对应操作系统的版本进行安装。当读者安装好 Atom 编辑器之后，打开 Atom 编辑器，会看到图 1-2 所示的操作界面，本小节将会对 Atom 编辑器的常用操作进行讲解。

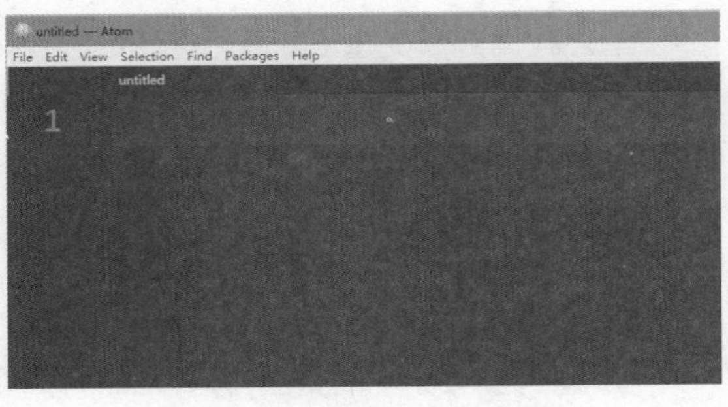

图 1-2 Atom 编辑器操作界面

1. 基本术语

先来了解一下接下来要用到的 Atom 编辑器基本术语。

（1）缓冲区（Buffer）。

缓冲区代表了 Atom 编辑器中的一个文件的文本内容，它相当于一个真正的文件，但它是被 Atom 维护在内存中的。如果修改了它，在保存之前，缓冲区的内容不会被写入硬盘。

（2）窗格。

窗格代表 Atom 编辑器中的一个可见区域。例如在欢迎界面上读者可以看到 4 个窗格：用来切换文件的标签栏（Tab Bar）、用来显示行号的边框（Gutter）、底部的状态栏（Status Bar）以及文本编辑器。

2. 指令面板

当按“Command+Shift+P”快捷键并且当前焦点在一个窗格上的时候，指令面板就会弹出来，这是 Atom 编辑器在 macOS 上的默认快捷键。如果在其他的操作系统上使用 Atom 编辑器，可能会稍有不同。如果某个快捷键无法工作，可以通过指令面板来查找正确的快捷键，如图 1-3 所示。

除了可以搜索数以千计的指令之外，指令面板上还会显示每条指令对应的快捷键，这意味着可以在使用这些指令的同时学习对应的快捷键，以便之后使用。

3. 自定义设置

Atom 编辑器有很多自定义设置，我们可以在设置界面修改它们，如图 1-4 所示。

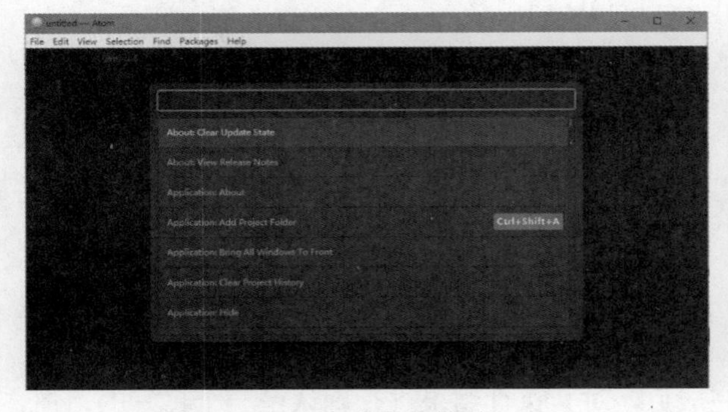

图 1-3 查找快捷键

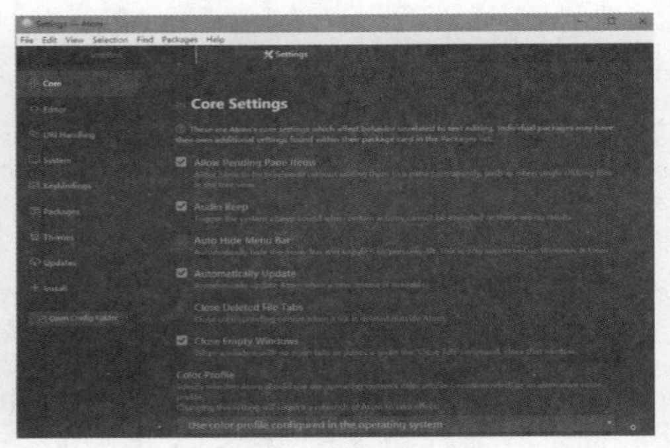

图 1-4 设置界面

在设置界面中，可以修改主题、文本换行（Wrapping）的行为、字体大小、缩进宽度、滚动速度等，也可以安装新的插件和主题等。

4. 修改主题

在设置界面中可以修改 Atom 编辑器的主题，Atom 编辑器内创建了 4 个不同的 UI 主题（UI Theme），即分为亮色（Light）/暗色（Dark）版本的 Atom 和 One 的主题；还创建了 8 个不同的语法着色主题（Syntax Theme）；还可以通过单击左边栏的“Themes”选项来改变当前主题，或安装新的主题，如图 1-5 所示。

Atom 编辑器的 UI 主题会修改标签栏、目录树等 UI 元素的颜色，而语法着色主题会修改编辑器中文字的语法高亮方案，用户只需要简单地在下拉列表框中选择另一项，即可修改主题。

5．换行设置

可以通过设置界面指定 Atom 编辑器处理空白和折行，如图 1-6 所示。

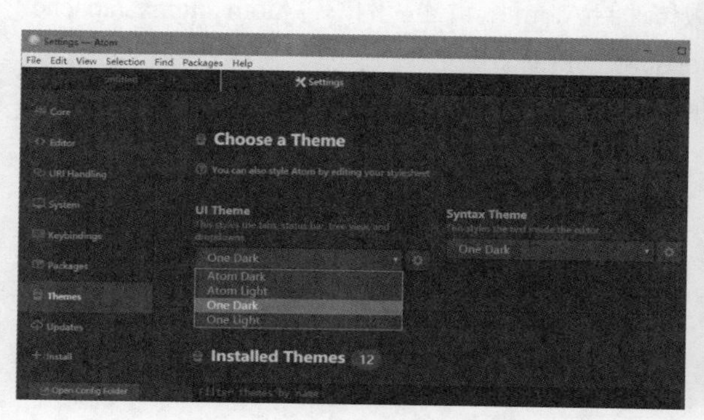

图 1-5　修改主题

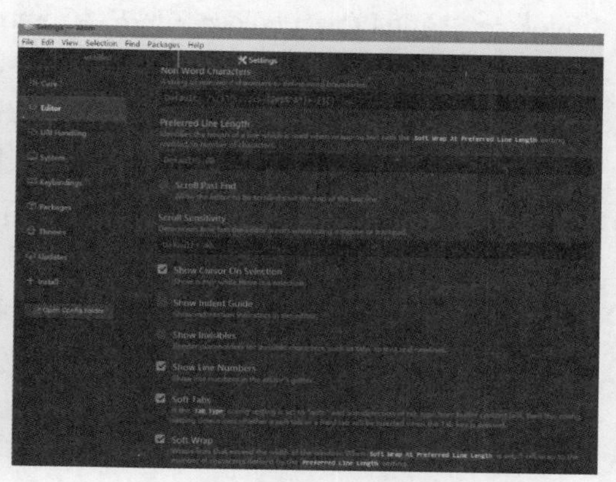

图 1-6　换行设置

当启用了“Soft Tabs”（制表符）后，Atom 编辑器将会在用户按“Tab”键时用空格来替代真正的制表符，“Tab Length”（标签长度）则指定了一个制表符代表多少个空格，或者当制表符被禁用时多少个空格相当于一个制表符。如果开启了“Soft Wrap”（换行）选项，Atom 编辑器会将超出屏幕显示范围的一行文本变为两行；如果禁用这个选项，过长的行将超出屏幕显示范围，读者必须要横向移动滚动条才能看到剩余的部分；如果“Soft Wrap At Preferred Line Length”选项被开启，则总是会在 80 个字符处换行，用户也可以设置一个自定义的长度值来替换默认的 80。

6．打开、编辑和保存文件

设置了 Atom 编辑器后，可以使用它打开、编辑和保存文件，步骤如下所示。

（1）打开文件。

在 Atom 编辑器中有几种方式可以打开一个文件。可以在菜单栏中单击“File”菜单下的“Open”选项，或者按“Command+O”快捷键，在操作系统的对话框中选择一个文件，如图 1-7 所示。

另一种打开文件的方法是用指令行，在 Atom 编辑器的菜单栏中有一个名为“Install Shell Commands”的菜单，它会向终端安装一个新的名为“Atom”的指令，可以用一个或多个文件路径作为参数去运行 Atom 指令。

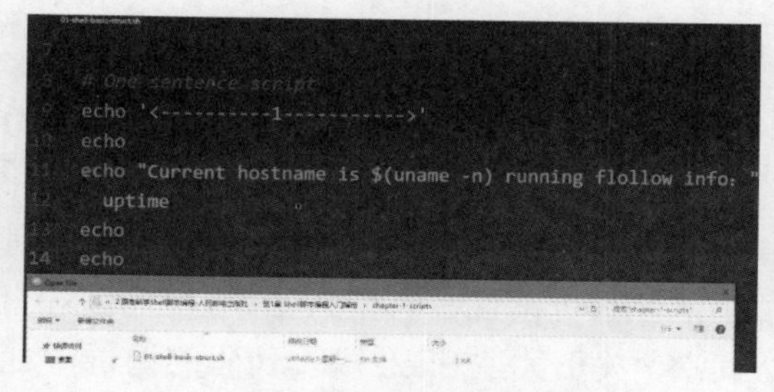

图 1-7　Atom 编辑器打开文件

（2）保存文件。

单击菜单栏中“File”菜单下的“Save”项保存文件，也可单击“Save As”项将文件保存到另一个路径。最后，可以按“Ctrl+Shift+S”快捷键一次保存 Atom 编辑器中所有打开的文件。

（3）打开目录。

Atom 编辑器不仅可以编辑单个文件，大多数情况下还可以编辑由若干个文件组成的项目（Project）。可以单击菜单栏中的“Open”，在弹出的对话框中选择一个目录，或者通过依次单击“File”→“Add Project Folder”或按“Command +Shift+O”快捷键在一个窗口中打开多个目录。

在指令模式下，可以将多个路径作为参数传递给 Atom 编辑器。例如“Atom ./nginx ./apache”会让 Atom 编辑器同时打开 nginx 和 apache 这两个目录。

当用 Atom 编辑器打开一个或多个目录时，目录树会自动地出现在窗口左侧，如图 1-8 所示。

目录树允许我们查看和修改当前项目的目录结构，可以在目录树中打开文件、重命名文件、删除文件、创建文件。

可以通过 tree-view:toggle 指令来隐藏或重新显示目录树，通过“Ctrl+0”快捷键可以将焦点切换到目录树。当焦点位于目录树上时，可以通过“A”“M”或“Delete”键来创建、移动或删除文件和目录。可以简单地在目录树中右击文件，这样能看到更多选项。还可以在操作系统的文件浏览器中显示文件、复制文件的路径到剪贴板。

7. 打开项目中的文件

在 Atom 编辑器中打开了一个项目（即目录）后，就可以简单地查找并打开来自项目的文件了，按“Command+T”或“Command+P”快捷键的时候，模糊查找（Fuzzy Finder）框就会弹出，它允许通过输入文件名或路径名的一部分，在整个项目中模糊查找相应的文件，如图 1-9 所示。

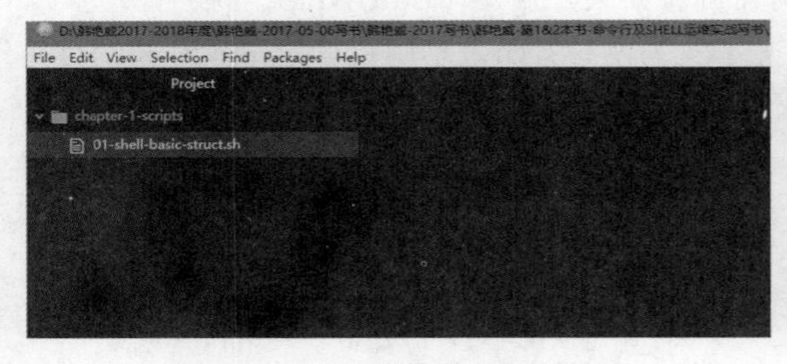

图 1-8 Atom 编辑器之打开目录

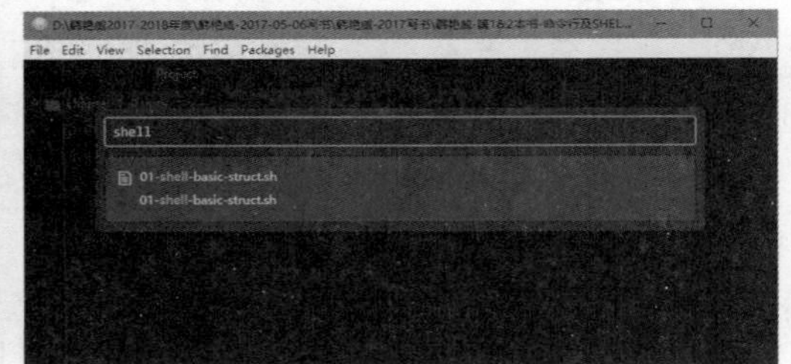

图 1-9 Atom 编辑器之搜索文件

通过“Command+B”快捷键来查找已经打开的文件，而不是所有文件，还可以用“Command+Shift+B”快捷键查找从上次 Git 提交之后修改过或新增的文件。

1.2.5 编写 Shell 脚本的通用规则

首先，编写 Shell 脚本有一些通用规则。遵守这些规则可以让脚本更为规范，对代码的整洁性和可读性都有很大帮助，且脚本的代码量大小对以后的维护工作也是至关重要的。其次，关于大型 Shell 脚本代码的调试，如果有几百甚至上千行代码，良好的脚本调试就显得尤为重要。下面将就上述两个方面进行阐述和实例分解。

- 创建脚本指定存放目录。
- 编写脚本时，本地开发推荐使用 Atom 编辑器，服务器开发推荐使用 Vim 文本编辑器。
- 根据实际需求，编写脚本。
- 为核心代码添加注释（说明信息）。
- 赋予脚本可执行权限。
- 执行脚本，并将执行结果显示到指定位置。
- 若脚本无法执行，使用调试模式执行脚本。

【实例 1-4】添加注释

Shell 编程中，除了“#! /bin/bash”的 Bash 脚本声明以外，其他以“#”开头的内容均为脚本注释。

```
#!/bin/bash
```

上述代码指定脚本解释器。

```
# Author: hanyanwei
# Datetime 2017-05-15
```

上述代码以“#”开头的内容为脚本单行注释，Shell 解释器会忽略该内容。

```
1 [root@laohan_httpd_server chapter-1]# cat 03-note.sh
2 #!/bin/bash
3 # Author: hanyanwei
4 # Datetime 2017-05-15
5 echo 'hello,world!!!'
```

上述代码中，第 3～4 行为脚本注释。在执行脚本时，不会执行注释内容，该脚本执行结果如下所示。

```
[root@laohan_httpd_server chapter-1]# bash 03-note.sh
hello,world!!!
```

从脚本执行结果中可以看到，被注释的代码在脚本执行过程中不会被输出。

【实例 1-5】脚本调试

04-Shell-debug.sh 脚本内容如下所示。

```
1 [root@laohan_httpd_server chapter-1]# cat 04-Shell-debug.sh
2 #!/bin/bash
3 # Author: hanyanwei
4 # Datetime 2017-05-15
5 site="http://www.booxin.vip"
6 echo -e "\033[32;40m  我们的网站是：${site}\033[0m"
7 set -x
8 echo 'hello,world!!!'
9 set +x
```

上述代码第 7～9 行使用 set 指令进行调试。执行脚本时也可以使用 bash -x 调试并执行 04-Shell-debug.sh 脚本，输出内容如下。

```
[root@laohan_httpd_server chapter-1]# bash -x  04-Shell-debug.sh
+ site=http://www.booxin.vip
+ echo -e '\033[32;40m  我们的网站是：http://www.booxin.vip\033[0m'
  我们的网站是：http://www.booxin.vip
```

上述代码中带有“+”的部分，是脚本执行过程中指令的实际执行过程。

以“+”开头的行都是执行过的指令，行首没有“+”的都是脚本执行结果，并且脚本中的所有变量都使用其值的形式替代。

如果脚本中存在逻辑错误，在上面的调试过程中，就可以清晰地看到脚本执行的过程和出错的提示信息。

使用 set 指令的 x 选项启动调试模式时，不一定要将所有的语句都进行调试。如果需要，也可以使用 set -x、set +x 调试一段或多段可能存在问题的代码。

另外，在执行 Shell 脚本之前，可以使用 bash -n script-name 指令对脚本中的语法进行检测，代码如下。

```
1 [root@laohan-Shell-1 chapter-1]# bash -n debug-Shell.sh
2 [root@laohan-Shell-1 chapter-1]# echo $?
3 0
```

上述代码第 3 行中所示的执行结果为 0，表示脚本语法准确无误。

读者也可以使用 ShellCheck 检测和调试 Shell 脚本，代码如下。

```
1   [root@laohan-zabbix-server ~]# ShellCheck a.sh
2   [root@laohan-zabbix-server ~]# bash a.sh
3   echo 跟老韩学 Python
4   echo 跟老韩学 Python
5   echo 跟老韩学 Python
6   echo 跟老韩学 Python
7   echo 跟老韩学 Python
8   echo 跟老韩学 Python
9   echo 跟老韩学 Python
10  [root@laohan-zabbix-server ~]# cat a.sh
11  #!/bin/bash
12
13  desc='echo 跟老韩学 Python'
14  for ((i=0;i<=6;i++))
15  do
16      echo "${desc}"
17  done
```

上述代码第 1 行使用 ShellCheck 检测 a.sh 脚本是否有语法错误，没有任何输出信息则表示脚本内容的编写和语法等符合规范，第 3～9 行为脚本执行结果，第 11～17 行为脚本内容。

注意： ShellCheck 是显示 Shell 脚本的警告和建议的工具，CentOS 系列操作系统可使用如下代码安装相关软件包。

```
1   [root@laohan-zabbix-server ~]# yum -y install epel-release
2   [root@laohan-zabbix-server ~]# yum list  shellcheck
3   Loaded plugins: fastestmirror, langpacks
4   Repository epel is listed more than once in the configuration
5   Loading mirror speeds from cached hostfile
6    * base: mirrors.aliyun.com
7    * extras: mirrors.aliyun.com
8    * updates: mirrors.aliyun.com
9   Installed Packages
10  ShellCheck.x86_64 0.3.8-1.el7 @epel
11  [root@laohan-zabbix-server ~]# yum -y install ShellCheck
12  [root@laohan-zabbix-server ~]# rpm -ql ShellCheck
13  /usr/bin/shellcheck
14  /usr/share/doc/ShellCheck-0.3.8
15  /usr/share/doc/ShellCheck-0.3.8/README.md
16  /usr/share/licenses/ShellCheck-0.3.8
17  /usr/share/licenses/ShellCheck-0.3.8/LICENSE
18  /usr/share/man/man1/shellcheck.1.gz
```

上述代码第 1 行安装 EPEL 源，第 2 行查看 ShellCheck 相关的程序，第 11 行安装 ShellCheck

软件包，第 13～18 行为 ShellCheck 软件包所有的组件和帮助文档。

1.3 Shell 脚本注释

1.3.1 单行注释

Shell 编程中单行注释的语法是在每一行注释内容之前加一个“#”，代码如下。

```
1 echo "#"
2 #跟老韩学
3 #跟老韩学
4 #面朝大海
5 #春暖花开
6 echo "#"
```

上述代码第 2～5 行为以“#”开头的注释内容，也可以使用如下方式对代码进行注释说明。

```
1 echo "#"
2 echo 'My name is handuoduo'  #print string
3 echo "I like Linux so much"  #comment
4 echo "#"
```

上述代码第 2～3 行的注释写在 Shell 语句之后，读者可以根据实际需要对脚本内容自定义位置注释。

【实例 1-6】 单行注释

04-single-note.sh 脚本内容如下。

```
[root@laohan_httpd_server chapter-1]# cat -n 04-single-note.sh
1    #!/bin/bash
2
3    #这里是单行注释
4    echo
5    echo "My name is handuoduo."
6    echo
```

上述代码第 3 行内容为单行注释。脚本在执行过程中，注释内容不会被执行，脚本执行结果如下所示。

```
1 [root@laohan_httpd_server chapter-1]# bash 04-single-note.sh
2
3 My name is handuoduo.
4
5 [root@laohan_httpd_server chapter-1]#
```

上述代码第 2～4 行为脚本执行结果，其中第 2 行是 echo 指令输出的空行，第 3 行是“My name is handuoduo.”字符串，第 4 行是空行。

1.3.2 多行注释

在日常编写 Shell 脚本时，特别是在调试脚本的时候经常需要注释多行脚本，本小节内容将详细介绍注释多行脚本的常用方法。

【实例 1-7】多行注释

1. 使用 Here Document 注释多行 Shell 脚本

Here Document 是 Shell 中的一种特殊的重定向方式，用于将输入的文件内容重定向到交互式 Shell 脚本，作用是将如两个 delimiter 之间的内容传递给 command，代码如下。

```
command << delimiter
Document
delimiter
```

上述代码中结尾的“delimiter”一定要顶格写，前面不能有任何字符，后面也不能有任何字符，包括空格和制表符缩进。

05-multi-note-1.sh 脚本内容如下所示。

```
[root@laohan_httpd_server chapter-1]# cat -n 05-multi-note-1.sh
 1   #以下是多行注释
 2   :<<!
 3   Author:韩艳威
 4   DateTime:2018/09/03
 5   Desc:multi note test
 6   Version:1.1
 7   !
 8
 9   echo "My name is handuoduo A."
10   echo "My name is handuoduo B."
11   echo "My name is handuoduo C."
12   echo "My name is handuoduo D."
13   echo "My name is handuoduo E."
```

上述代码中第 2～7 行均为多行注释内容，第 9～13 行是脚本主体，该脚本主要功能为输出一系列特定的字符串，脚本执行结果如下所示。

```
[root@laohan_httpd_server chapter-1]# bash 05-multi-note-1.sh
My name is handuoduo A.
My name is handuoduo B.
My name is handuoduo C.
My name is handuoduo D.
My name is handuoduo E.
[root@laohan_httpd_server chapter-1]#
```

Shell 脚本中添加多行注释的方法如下所示。

```
1 :<<!
2 #注释内容 1
3 #注释内容 2
4 #注释内容 3
5 #注释内容 4
6 #注释内容 5
7 #注释内容 6
8 !
```

上述代码第 1 行结尾的“!”和第 8 行的“!”也可以是其他的字符串，代码如下。

```
[root@laohan_httpd_server chapter-1]# cat 06-multi-note-2.sh
#以下是多行注释
:<<note
Author:韩艳威
DateTime:2018/09/03
Desc:multi note test
```

```
Version:1.1
note

echo "My name is handuoduo A."
echo "My name is handuoduo B."
echo "My name is handuoduo C."
echo "My name is handuoduo D."
echo "My name is handuoduo E."
```

06-multi-note-2.sh 脚本执行结果如下所示。

```
[root@laohan_httpd_server chapter-1]# bash 06-multi-note-2.sh
My name is handuoduo A.
My name is handuoduo B.
My name is handuoduo C.
My name is handuoduo D.
My name is handuoduo E.
```

06-multi-note-2.sh 脚本和 05-multi-note-1.sh 脚本执行结果完全一致。

2. 使用空格和单引号注释多行 Shell 脚本

使用空格和单引号注释多行 Shell 脚本，语法格式如下所示。

```
1: '
2 注释内容 1
3 注释内容 2
4 注释内容 3
5 注释内容 N
6 '
```

注意，上述代码第 1 行中，“:”与“'”之间要使用空格分隔，否则会报错，提示没有相应文件或目录。07-multi-note-3.sh 脚本内容如下所示。

```
[root@laohan_httpd_server chapter-1]# cat 07-multi-note-3.sh
#演示多行注释

#注意后面留有空格
: '
Author:韩艳威
DateTime:2018/09/03
Desc: multi note
Version:1.1
'

echo 1
echo 2
echo 3
```

07-multi-note-3.sh 脚本执行结果如下所示。

```
[root@laohan_httpd_server chapter-1]# bash 07-multi-note-3.sh
1
2
3
```

上述代码分别使用 echo 指令输出了 1、2、3 这 3 个整数。

3. 使用 if 语句注释多行 Shell 脚本

使用 if 语句注释多行 Shell 脚本，语法格式如下。

```
if false;then
被注释的内容
被注释的内容
被注释的内容
fi
```

08-multi-note-4.sh 脚本内容如下所示。

```
[root@laohan_httpd_server chapter-1]# cat 08-multi-note-4.sh
1#演示多行注释
2
3
4 if false;then
5  echo "A."
6  echo "B."
7  echo "C."
8 fi
9
10 echo "D."
```

上述代码第 4～8 行均为脚本多行注释，注释内容不会被解释器执行，因此只会执行第 10 行代码，该脚本执行结果如下所示。

```
[root@laohan_httpd_server chapter-1]# bash 08-multi-note-4.sh
D.
```

4．使用冒号和重定向注释多行 Shell 脚本

使用冒号和重定向注释多行 Shell 脚本，语法格式如下所示。

```
:<<任意字符或者数字

注释内容 1
注释内容 2
注释内容 3

任意字符或者数字
```

09-multi-note-5.sh 脚本内容如下所示。

```
[root@laohan_httpd_server chapter-1]# cat 09-multi-note-5.sh
1 #演示多行注释
2
3
4 :<<65536
5 Author: hanyanwei
6 DateTime: 2018/09/03
7 Desc: multi note test
8 Version: 1.1
9 65536
10
11 echo "Welcome"
12 echo "to"
13 echo "taiyuan."
```

上述代码第 4～9 行均为脚本注释内容，执行该脚本，结果如下所示。

```
[root@laohan_httpd_server chapter-1]# bash 09-multi-note-5.sh
1 Welcome
2 to
3 taiyuan.
[root@laohan_httpd_server chapter-1]#
```

上述代码中第 1～3 行为脚本实际执行指令的代码的执行结果，其他注释内容均被解释器忽略而不执行。

5. 使用"&&"和"{}"注释多行 Shell 脚本

使用"&&"和"{}"注释多行 Shell 脚本，语法格式如下所示。

```
((0)) && {

注释内容 1
注释内容 2
注释内容 3

}
```

10-multi-note-6.sh 脚本内容如下所示。

```
[root@laohan_httpd_server chapter-1]# cat 10-multi-note-6.sh
1 #演示 Shell 脚本多行注释
2
3 ((0)) && {
4  Author: 韩艳威
5  DateTime: 2018/09/03
6  Desc: multi note test
7  Version: 1.1
8 }
9
10 echo "ni,hao"
```

上述代码第 3～8 行为注释内容，执行该脚本，结果如下所示。

```
[root@laohan_httpd_server chapter-1]# bash 10-multi-note-6.sh
1 ni,hao
2 [root@laohan_httpd_server chapter-1]#
```

上述代码第 1 行为 10-multi-note-6.sh 脚本文件执行结果，其他注释内容均被解释器忽略而不执行。

注意：注释多行 Shell 脚本内容的方法，和 Linux 发行版本有很大的关系，本书所述方法并不兼容所有 Linux 版本，上述测试结果仅在 CentOS 系列操作系统的发行版测试通过。

1.4 Shell 脚本调试

Shell 脚本的调试，主要有 4 种方法：使用 trap 指令、使用 tee 指令、使用调试钩子以及使用 Shell 选项。本节将介绍其中的 3 种。

1.4.1 使用 trap 指令

trap 指令的基本格式如下所示。

```
trap command sig1 sig2...
```

功能描述：trap 指令收到指定信号（DEBUG、EXIT、ERR）时，执行 command。

Shell 脚本的 3 种"伪信号"产生情景如下所示。

- DEBUG：脚本中的每一条指令执行之前。
- EXIT：从函数中退出，或整个脚本执行完毕。

- ERR：当一条指令返回非 0 状态码时，即指令执行不成功。

被称为"伪信号"是因为这 3 种信号是由 Shell 产生的，其他的信号都是由操作系统产生的。

【实例 1-8】使用 trap 指令捕捉 DEBUG 信号来跟踪变量的取值变化

11-Shell-debug-trap.sh 脚本内容如下所示。

```
[root@laohan_httpd_server chapter-1]# cat 11-Shell-debug-trap.sh
#trap debug Shell script

trap 'echo "Before exec line: $line,num1=$num1 , num2=$num2 , num3=$num3"' DEBUG

declare num1=0
declare num2=2
declare num3=100

while :
do
  if ((num1 >= 10))
  then
    break
  fi
  let "num1=$num1+2"
  let "num2=$num2*2"
  let "num3=$num3-10"
done
```

上述代码中的"："指令相当于 true，放在 while 后面，表示无限循环。该脚本执行结果如下。

```
[root@laohan_httpd_server chapter-1]# bash 11-Shell-debug-trap.sh
Before exec line: ,num1= , num2= , num3=
Before exec line: ,num1=0 , num2= , num3=
Before exec line: ,num1=0 , num2=2 , num3=
Before exec line: ,num1=0 , num2=2 , num3=100
Before exec line: ,num1=0 , num2=2 , num3=100
Before exec line: ,num1=0 , num2=2 , num3=100
Before exec line: ,num1=2 , num2=2 , num3=100
Before exec line: ,num1=2 , num2=4 , num3=100
Before exec line: ,num1=2 , num2=4 , num3=90
Before exec line: ,num1=2 , num2=4 , num3=90
Before exec line: ,num1=2 , num2=4 , num3=90
Before exec line: ,num1=4 , num2=4 , num3=90
Before exec line: ,num1=4 , num2=8 , num3=90
Before exec line: ,num1=4 , num2=8 , num3=80
Before exec line: ,num1=4 , num2=8 , num3=80
Before exec line: ,num1=4 , num2=8 , num3=80
Before exec line: ,num1=6 , num2=8 , num3=80
Before exec line: ,num1=6 , num2=16 , num3=80
Before exec line: ,num1=6 , num2=16 , num3=70
Before exec line: ,num1=6 , num2=16 , num3=70
Before exec line: ,num1=6 , num2=16 , num3=70
Before exec line: ,num1=8 , num2=16 , num3=70
Before exec line: ,num1=8 , num2=32 , num3=70
Before exec line: ,num1=8 , num2=32 , num3=60
Before exec line: ,num1=8 , num2=32 , num3=60
Before exec line: ,num1=8 , num2=32 , num3=60
Before exec line: ,num1=10 , num2=32 , num3=60
Before exec line: ,num1=10 , num2=64 , num3=60
Before exec line: ,num1=10 , num2=64 , num3=50
Before exec line: ,num1=10 , num2=64 , num3=50
Before exec line: ,num1=10 , num2=64 , num3=50
```

根据 DEBUG 信号产生的条件（脚本中的每一条指令执行之前产生 DEBUG 信号），每当执行一个语句之前 trap 指令捕捉到 DEBUG 信号，进而输出 num1、num2、num3 的值。

【实例 1-9】使用 trap 指令捕捉 EXIT 信号跟踪函数结束

12-Shell-debug-trap.sh 脚本内容如下所示。

```
[root@laohan_httpd_server chapter-1]# cat 12-Shell-debug-trap.sh
#!/bin/bash

function year_2018()
{
        echo "This is a test function"
        year=2018
        return 0

}

trap 'echo "Line:$LINENO,year=$year"' EXIT
year_2018
```

12-Shell-debug-trap.sh 脚本执行结果如下所示。

```
[root@laohan_httpd_server chapter-1]# bash 12-Shell-debug-trap.sh
This is a test function
Line:1,year=2018
[root@laohan_httpd_server chapter-1]#
```

【实例 1-10】使用 trap 指令捕捉 ERR 信号

13-Shell-debug-trap-error.sh 脚本内容如下。

```
1 [root@laohan_httpd_server chapter-1]# cat 13-Shell-debug-trap-error.sh
2 #trap debug Shell script
3
4 trap 'echo "Line:$LINENO,year=$year"' ERR
5 function fun2()
6 {
7        echo "This is an err function test..."
8        year=2018/09/03
9        return 1
10
11 }
12
13 fun2
14 handuoduo
```

该脚本执行结果如下。

```
[root@laohan_httpd_server chapter-1]# bash 13-Shell-debug-trap-error.sh
This is an err function test...
Line:8,year=2018/09/03
13-Shell-debug-trap-error.sh: line 13: handuoduo: command not found
Line:13,year=2018/09/03
```

该脚本第 13 行名为“fun2”的函数返回值是 1，返回值非 0 的函数都被视为异常函数，因此在调用 fun2()函数时会产生 ERR 信号，结果输出如下。

```
Line:8,year=2018/09/03
```

第 14 行执行“handuoduo”，由于该代码为错误语句，因此也会产生 ERR 信号。

.4.2 使用 tee 指令

使用 tee 指令显示文件内容的同时，还可以通过管道将显示结果写入某个文件中，【实例 1-11】演示 tee 指令的作用。

【实例 1-11】使用 tee 指令调试 Shell 脚本

tee -a file 指令将标准输出追加到文件末尾，而不会覆盖文件。

本实例以/etc/sysconfig/network-scripts/ifcfg-eth0 为源文件进行演示，其内容如下所示。

```
[root@laohan_httpd_server chapter-1]# cat /etc/sysconfig/network-scripts/ifcfg-eth0
DEVICE=eth0
HWADDR=00:0C:29:77:B0:BD
TYPE=Ethernet
UUID=bad3529d-c8d8-4459-aedb-7f43ce2ed16f
ONBOOT=yes
IPADDR=192.168.1.110
NETMASK=255.255.255.0
GATEWAY=192.168.1.1
DNS1=114.114.114.114
NM_CONTROLLED=yes
BOOTPROTO=static
```

使用管道过滤的方式取出 IP 地址，代码如下。

```
[root@laohan_httpd_server chapter-1]# cat /etc/sysconfig/network-scripts/ifcfg-eth0 |grep IPADDR
IPADDR=192.168.1.110
[root@laohan_httpd_server chapter-1]# cat /etc/sysconfig/network-scripts/ifcfg-eth0 |grep IPADDR |cut -d'=' -f2
192.168.1.110
```

使用 tee 指令调试并执行 Shell 脚本，执行结果如下所示。

```
[root@laohan_httpd_server chapter-1]# cat /etc/sysconfig/network-scripts/ifcfg-eth0 |tee /tmp/ip.log|grep IPADDR |tee -a /tmp/ip.log |cut -d'=' -f2
192.168.1.110
```

查看/tmp/ip.log 文件内容。

```
1[root@laohan_httpd_server chapter-1]# cat /tmp/ip.log
2 DEVICE=eth0
3 HWADDR=00:0C:29:77:B0:BD
4 TYPE=Ethernet
5 UUID=bad3529d-c8d8-4459-aedb-7f43ce2ed16f
6 ONBOOT=yes
7 IPADDR=192.168.1.110
8 NETMASK=255.255.255.0
9 GATEWAY=192.168.1.1
10 DNS1=114.114.114.114
11 NM_CONTROLLED=yes
12 BOOTPROTO=static
13 IPADDR=192.168.1.110
```

上述代码第 1～12 行的内容和/etc/sysconfig/network-scripts/ifcfg-eth0 文件内容完全一致，只有第 13 行多了过滤 IP 地址的信息。

1.4.3 使用 Shell 选项

前面两种方法都通过修改 Shell 脚本源代码来定位错误，而使用 Shell 选项可以不修改源代码来定位错误。

脚本调试的核心思想是发现引起脚本错误的原因和脚本源代码中的错误行，调试 Shell 脚本时常用的方式如下所示。

1．使用 echo 指令调试

- 功能：简单的调试方法，可以在任何怀疑出错的地方用 echo 输出变量。
- 场合：所有怀疑可能有问题的地方。

【实例 1-12】使用 echo 指令调试 Shell 脚本

定义 file 变量，并赋值为/etc/passwd 文件，代码如下。

```
file=/etc/passwd
```

使用 echo 指令输出字符串或变量内容，以便决定下一步指令或脚本执行动作，代码如下。

```
echo $file
```

输出变量 file，代码如下。

```
[root@laohan_httpd_server ~]# file=/etc/passwd
[root@laohan_httpd_server ~]# echo $file
/etc/passwd
```

读者也可以使用如下方式，对变量及其内容进行操作。

```
1 [root@laohan_httpd_server ~]# file=/etc/passwd
2 [root@laohan_httpd_server ~]# [ -z "$file" ] || head $file
3 root:x:0:0:root:/root:/bin/bash
4 bin:x:1:1:bin:/bin:/sbin/nologin
5 daemon:x:2:2:daemon:/sbin:/sbin/nologin
6 adm:x:3:4:adm:/var/adm:/sbin/nologin
7 lp:x:4:7:lp:/var/spool/lpd:/sbin/nologin
8 sync:x:5:0:sync:/sbin:/bin/sync
9 shutdown:x:6:0:shutdown:/sbin:/sbin/shutdown
10 halt:x:7:0:halt:/sbin:/sbin/halt
11 mail:x:8:12:mail:/var/spool/mail:/sbin/nologin
12 uucp:x:10:14:uucp:/var/spool/uucp:/sbin/nologin
```

上述代码第 1 行定义了 file 变量，第 2 行对变量是否为空进行判断，不为空则输出其变量内容。

2．使用-n 选项调试 Shell 脚本

【实例 1-13】使用-n 选项调试 Shell 脚本

- 功能：读取 Shell 脚本，但不实际执行。
- 场合：测试 Shell 脚本中是否存在语法错误。

查看 16-bash-n.sh 脚本内容，代码如下。

```
[root@laohan_httpd_server chapter-1]# cat 16-bash-n.sh
#!/bin/bash
# Author: hanyanwei
# Datetime 2017-05-15
echo 'hello,world!!!'
```

检测 16-bash-n.sh 脚本是否有语法错误。

```
1 [root@laohan_httpd_server chapter-1]# bash -n 16-bash-n.sh
2 [root@laohan_httpd_server chapter-1]# echo $?
3 0
```

上述代码第 3 行返回值为 0，表示上一条指令被成功执行。

3．使用-c 选项调试 Shell 脚本

【实例 1-14】使用-c 选项调试部分 Shell 脚本

- 功能：使 Shell 解释器从字符串而非文件中读取并执行指令。
- 场合：需要调试一小段脚本的执行结果时。

```
[root@laohan_httpd_server ~]# bash -c 'num_1=10;num_2=20;let num_total=num_1+
num_2; echo "num_total=$num_total"'
num_total=30
```

4. 使用-v 选项调试 Shell 脚本

【实例 1-15】输出脚本执行详细过程

- 功能：区别于-x 选项，-v 选项输出指令行的原始内容，而-x 选项输出经过替换后指令行的内容。
- 场合：仅想显示指令行的原始内容。

```
[root@laohan_httpd_server chapter-1]# bash -v 16-bash-n.sh
#!/bin/bash
# Author: hanyanwei
# Datetime 2017-05-15
echo  'hello,world!!!'
hello,world!!!
```

5. 使用-x 选项调试 Shell 脚本

【实例 1-16】追踪 Shell 脚本执行信息

- 功能：提供跟踪执行信息，在执行脚本的过程中把实际执行的每条指令显示出来。行首显示“+”，“+”后面显示经过替换之后的指令行内容，有助于分析实际执行的是什么指令。
- 场合：是调试 Shell 脚本的强有力工具，是 Shell 脚本首选的调试手段。

在脚本中用 set 指令表示启用或禁用参数：set –x 表示启用，set +x 表示禁用。

```
[root@laohan_httpd_server chapter-1]# bash -x 16-bash-n.sh
+ echo 'hello,world!!!'
hello,world!!!
```

如果在脚本文件中加入了 set –x 指令，那么在 set 指令之后执行的每一条指令和加载指令行中的任何参数都会显示出来。每一行都会加上“+”，提示它是跟踪输出的标识，在子 Shell 中执行的 Shell 跟踪指令会加“++”。

6. 使用返回值调试 Shell 脚本

使用 test 语句，判断返回值：数字为 0 表示真，数字为 1 则表示假。

【实例 1-17】终端快速调试 Shell 脚本

判断数字 8 大于数字 6 为真或假，为真则输出数字 0，为假则输出非 0 数字，代码如下。

```
[ 8 -gt 6 ]
```

判断/etc/passwd 是文件的结果为真或假，为真则输出数字 0，为假则输出非 0 数字，代码如下。

```
test -f /etc/passwd
```

执行结果如下。

```
[root@laohan_httpd_server ~]# [ 8 -gt 6 ]
[root@laohan_httpd_server ~]# echo $?
0
[root@laohan_httpd_server ~]# [ 6 -gt 8 ]
[root@laohan_httpd_server ~]# echo $?
1
[root@laohan_httpd_server ~]# test -f /etc/passwd
[root@laohan_httpd_server ~]# echo $?
0
```

7. 使用 set 指令调试 Shell 脚本

set -n 和 set +n 之间的代码当作注释并未执行，脚本内容如下所示。

```
[root@laohan_httpd_server chapter-1]# cat 17-Shell-tiaoshi.sh
#!/bin/bash
# Author: hanyanwei
# Datetime 2017-05-15
site="http://www.booxin.vip"
echo -e "\033[32;40m 我们的网站是：${site}\033[0m"
set -n
echo 'hello,world!!!'
set +n
```

上述代码检测 17-Shell-tiaoshi.sh 脚本语法是否正确，调试并执行脚本，执行结果如下所示。

```
[root@laohan_httpd_server chapter-1]# bash -n 17-Shell-tiaoshi.sh
[root@laohan_httpd_server chapter-1]# bash -x 17-Shell-tiaoshi.sh
+ site=http://www.booxin.vip
+ echo -e '\033[32;40m 我们的网站是：http://www.booxin.vip\033[0m'
  我们的网站是：http://www.booxin.vip
+ set -n
```

非调试模式执行 17-Shell-tiaoshi.sh 脚本，执行结果如下所示。

```
[root@laohan_httpd_server chapter-1]# bash  17-Shell-tiaoshi.sh
  我们的网站是：http://www.booxin.vip
```

从执行结果的第 2 行可以得出结论，该脚本只输出了 echo 指令的内容，set -n 与 set +n 调试代码中间的指令并未输出任何结果。

8. 使用环境变量_DEBUG 调试 Shell 脚本

调试 Shell 脚本代码如下。

```
1    [root@laohan_httpd_server ~]# cat debug.sh
2    #!/bin/bash
3
4    function DEBUG(){
5        [ "$_DEBUG" == "on" ] && $@ || :
6    }
7
8
9    for i in {1..8}
10   do
11       DEBUG echo $i
12   done
```

上述代码第 5 行可以分解为如下 3 部分。

第一部分为条件表达式，它检查环境变量_DEBUG 的值是否等于 on。

```
[ "$_DEBUG" == "on" ]
```

第二部分将函数参数作为命令执行，本例的函数参数是 echo 指令。

```
$@
```

第三部分是“空命令”，即什么也不做。

```
:
```

通过“&&”和“||”逻辑判断符号连接，形成“cmd0 && cmd1 || cmd2”结构，这表示当 cmd0 条件为真时，执行 cmd1 语句，否则执行 cmd2 语句。

```
1    [root@laohan_httpd_server ~]# bash debug_2.sh
2    Reading files
3    Fond 老韩 in debug_2.sh file.
4    grep: laohan-c: Is a directory
5    Fond 老韩 in laohan.info file.
```

```
6    Fond 老韩 in laohan.info_in file.
7    Fond 老韩 in laohan.info_out file.
8    grep: laohan-shell: Is a directory
9    grep: tech: Is a directory
10   + a=6
11   + b=8
12   + c=14
13   + DEBUG set +x
14   + '[' on == on ']'
15   + set +x
16   6 + 8 = 14
```

上述代码第 1～16 行为开启_DEBUG 调试执行结果。

```
1    [root@laohan_httpd_server ~]# bash debug_2.sh
2    Fond 老韩 in debug_2.sh file.
3    grep: laohan-c: Is a directory
4    Fond 老韩 in laohan.info file.
5    Fond 老韩 in laohan.info_in file.
6    Fond 老韩 in laohan.info_out file.
7    grep: laohan-shell: Is a directory
8    grep: tech: Is a directory
9    6 + 8 = 14
```

上述代码第 1～9 行表示关闭_DEBUG 调试执行结果。

```
1    [root@laohan_httpd_server ~]# cat debug_2.sh
2    #DEBUG-2
3    #_DEBUG="on"
4    _DE BUG="off"
5    function DEBUG(){
6        [ "$_DEBUG" == "on" ] && $@
7    }
8
9    DEBUG echo 'Reading files'
10   for i in *
11   do
12       grep "老韩" $i >/dev/null
13       [ $? -eq 0 ] && echo "Fond 老韩 in $i file."
14   done
15   DEBUG set -x
16   a=6
17   b=8
18   c=$(($a+$b))
19   DEBUG set +x
20   echo "$a + $b = $c"
```

上述代码第 1～20 行为调试脚本完整执行结果。

9. 使用 ShellCheck 检测 Shell 脚本

ShellCheck 是一款实用的 Shell 脚本静态检查工具，其在 CentOS 7 操作系统下的安装过程如下。

```
1    [root@laohan-zabbix-server ~]# cat /etc/redhat-release
2    CentOS Linux release 7.6.1810 (Core)
3    [root@laohan-zabbix-server ~]# yum list shell*
4    Loaded plugins: fastestmirror, langpacks
5    Repository epel is listed more than once in the configuration
6    Loading mirror speeds from cached hostfile
7    Installed Packages
8    ShellCheck.x86_64 0.3.8-1.el7 @epel
9    Available Packages
10   shellinabox.x86_64 2.20-5.el7 epel
11   [root@laohan-zabbix-server ~]# yum install epel-release -y
12   [root@laohan-zabbix-server ~]# yum install ShellCheck -y
```

```
13  [root@laohan-zabbix-server ~]# rpm -ql ShellCheck
14  /usr/bin/shellcheck
15  /usr/share/doc/ShellCheck-0.3.8
16  /usr/share/doc/ShellCheck-0.3.8/README.md
17  /usr/share/licenses/ShellCheck-0.3.8
18  /usr/share/licenses/ShellCheck-0.3.8/LICENSE
19  /usr/share/man/man1/shellcheck.1.gz
```

ShellCheck 工具的基本使用代码如下。

```
1   [root@laohan-zabbix-server ~]# vim test.sh
2   [root@laohan-zabbix-server ~]# shellcheck test.sh
3
4   In test.sh line 2:
5   for i in {1..6}
6   ^-- SC1073: Couldn't parse this for loop.
7
8
9   In test.sh line 3:
10  do
11  ^-- SC1061: Couldn't find 'done' for this 'do'.
12
13
14  In test.sh line 7:
15
16  ^-- SC1062: Expected 'done' matching previously mentioned 'do'.
17  ^-- SC1072: Expected 'done'.. Fix any mentioned problems and try again.
18
19  [root@laohan-zabbix-server ~]# cat test.sh
20  #!/bin/bash
21  for i in {1..6}
22  do
23
24  echo "The \$i is $i."
25
26  [root@laohan-zabbix-server ~]# vim test.sh
27  [root@laohan-zabbix-server ~]#
28  [root@laohan-zabbix-server ~]# shellcheck test.sh

29 [root@laohan-zabbix-server ~]# cat test.sh
30 #!/bin/bash
31 for i in {1..6}
32 do
33
34 echo "The \$i is $i."
35
36 done
37  [root@laohan-zabbix-server ~]# echo $?
38  0
```

上述代码使用 ShellCheck 检测到第 36 行中少了“done”关键字。

1.5 掌握 Shell 编程

首先，需要知道并理解的是，Shell 是一门脚本编程语言。

其次，需要知道 Shell 的主要用途是帮助 Linux 系统管理员做日常的系统管理工作。如采用 kickstart+PXE 自动部署多版本操作系统、监控服务进程存活、监控系统运行情况、统计分析日志、备份 MySQL 数据库、采用操作系统自带的防火墙（iptables+firewalld）进行安全加固。

1.5.1 学 Shell 编程的建议

对刚开始接触 Shell 的读者有以下几点建议，仅供大家参考。

- 掌握 Linux 常见的基础指令并熟练使用。
- 熟练部署和优化 Linux 常见服务，包括但不限于 Nginx、Apache、Tomcat 等 Web 服务以及其他服务，如 NFS、Redis 非关系数据库等。
- 建议学习 Bash 编程。
- Shell 脚本主要是指令和逻辑判断的组合，关键点是如何对指令进行组合以及对指令的常用选项进行灵活驾驭。
- 建议把 man bash 的内容读完，然后读一下 help 指令的 Bash 内置帮助文档。

查看 man 指令基础信息，代码如下。

```
1   [root@laohan-zabbix-server ~]# which man
2   /usr/bin/man
3   [root@laohan-zabbix-server ~]# rpm -qf /usr/bin/man
4   man-db-2.6.3-11.el7.x86_64
5   [root@laohan-zabbix-server ~]# rpm -ql man-db | head
6   /etc/cron.daily/man-db.cron
7   /etc/man_db.conf
8   /etc/sysconfig/man-db
9   /usr/bin/apropos
10  /usr/bin/catman
11  /usr/bin/lexgrog
12  /usr/bin/man
13  /usr/bin/mandb
14  /usr/bin/manpath
15  /usr/bin/whatis
```

上述代码第 1 行的作用是查看 man 指令在当前系统中的路径存放位置，第 3 行的作用是查看 man 指令归属于哪个 rpm 软件包，第 5 行的作用是查看 man-db 软件包安装了哪些组件，由于篇幅的原因，此处使用 head 指令获取前 10 行的内容。

使用 man 查看 ls 指令的帮助信息，执行 man bash 指令后，显示结果如图 1-10 所示。

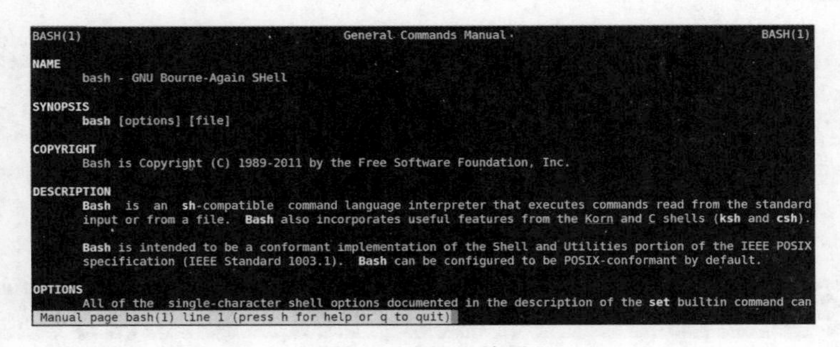

图 1-10　显示结果

使用 help 获取 bash 内置指令的帮助文档，help 一般结合 type 指令使用，代码如下。

```
1  [root@laohan-zabbix-server ~]# type cd
2  cd is a shell builtin
3  [root@laohan-zabbix-server ~]# help cd
4  cd: cd [-L|[-P [-e]]] [dir]
5      Change the shell working directory.
6
7      Change the current directory to DIR.  The default DIR is the value of the
8      HOME shell variable.
9
10     The variable CDPATH defines the search path for the directory containing
11     DIR.  Alternative directory names in CDPATH are separated by a colon (:).
12     A null directory name is the same as the current directory.  If DIR begins
13     with a slash (/), then CDPATH is not used.
14
15     If the directory is not found, and the shell option `cdable_vars' is set,
16     the word is assumed to be  a variable name.  If that variable has a value,
17     its value is used for DIR.
18
19     Options:
20         -L  force symbolic links to be followed
21         -P  use the physical directory structure without following symbolic
22         links
23         -e  if the -P option is supplied, and the current working directory
24         cannot be determined successfully, exit with a non-zero status
25
26     The default is to follow symbolic links, as if `-L' were specified.
27
28     Exit Status:
29     Returns 0 if the directory is changed, and if $PWD is set successfully when
30     -P is used; non-zero otherwise.
```

第 1 行代码的作用是使用 type 指令确定 cd 指令是否为内置指令，第 2 行代码的作用是返回结果中的 builtin 内容，表示 cd 指令为 bash 内置指令，第 3 行代码的作用是使用 help 指令查看 cd 指令的帮助信息，第 4～30 行代码的作用是输出 help cd 指令的全部内容。

.5.2 Shell 脚本在应用运维中的定位

通过 Shell 脚本相关指令的组合，可以帮助 Linux 系统管理员解决日常运维中的常见问题，是日常 Linux 运维经常用到的技术。

【实例 1-18】在当前目录下查找扩展名为.log 的文件，目录递归深度为 3

```
find ./ -maxdepth 3 -name "*.log"
```

上述代码为在当前目录下查找扩展名为.log 的文件，目录层级为 3 级，输出结果如下。

```
[root@laohan_httpd_server ~]# find ./ -maxdepth 3 -name "*.log"
./nginx.log
./cut.log
./boxin_2.log
./ntfs-3g_ntfsprogs-2017.3.23/config.log
./boxin_1.log
./cat.log
./100M.log
./ls.log
```

```
./boxin_3.log
./cat_2.log
./a/ifstat-1.1/config.log
```

后台运行某个进程时，可通过如下指令实时查看日志输出信息。

```
[root@laohan_httpd_server ~]# tailf /data/app/nginx/logs/access.log
14.215.176.6 - - [11/Sep/2017:21:39:14 +0800] "GET /wp-content/themes/twentyseventeen/assets/js/skip-link-focus-fix.js?ver=1.0 HTTP/1.1" 200 683 "http://www.booxin.vip/" "Mozilla/5.0 (Windows NT 6.1; WOW64; rv:43.0) Gecko/20100101 Firefox/43.0"
14.215.176.5 - - [11/Sep/2017:21:39:14 +0800] "GET /wp-content/themes/twentyseventeen/assets/js/navigation.js?ver=1.0 HTTP/1.1" 200 3754 "http://www.booxin.vip/" "Mozilla/5.0 (Windows NT 6.1; WOW64; rv:43.0) Gecko/20100101 Firefox/43.0"
14.215.176.6 - - [11/Sep/2017:21:39:14 +0800] "GET /wp-content/themes/twentyseventeen/assets/js/global.js?ver=1.0 HTTP/1.1" 200 7682 "http://www.booxin.vip/" "Mozilla/5.0 (Windows NT 6.1; WOW64; rv:43.0) Gecko/20100101 Firefox/43.0"
14.215.176.11 - - [11/Sep/2017:21:39:14 +0800] "GET /wp-includes/js/jquery/jquery.js?ver=1.12.4 HTTP/1.1" 200 97184 "http://www.booxin.vip/" "Mozilla/5.0 (Windows NT 6.1; WOW64; rv:43.0) Gecko/20100101 Firefox/43.0"
14.215.176.6 - - [11/Sep/2017:21:39:14 +0800] "GET /wp-content/themes/twentyseventeen/assets/js/jquery.scrollTo.js?ver=2.1.2 HTTP/1.1" 200 5836 "http://www.booxin.vip/" "Mozilla/5.0 (Windows NT 6.1; WOW64; rv:43.0) Gecko/20100101 Firefox/43.0"
14.215.176.8 - - [11/Sep/2017:21:39:14 +0800] "GET /wp-includes/js/wp-embed.min.js?ver=4.8.1 HTTP/1.1" 200 1398 "http://www.booxin.vip/" "Mozilla/5.0 (Windows NT 6.1; WOW64; rv:43.0) Gecko/20100101 Firefox/43.0"
123.125.143.12 - - [11/Sep/2017:21:42:02 +0800] "GET /wp-content/themes/twentyseventeen/assets/images/header.jpg HTTP/1.1" 403 166 "-" "Mozilla/5.0 (compatible; pycurl)"
106.2.124.185 - - [11/Sep/2017:21:53:22 +0800] "\x04\x01\x00\x00\x00\x00\x00\x00\x00" 400 170 "-" "-"
106.2.124.185 - - [11/Sep/2017:21:53:22 +0800] "\x05\x03\x00\x01\x02" 400 170 "-" "-"
149.202.175.8 - - [11/Sep/2017:22:31:43 +0800] "GET /oneshotimage1?COUNTER HTTP/1.1" 404 568 "-" "Mozilla/5.0 (Windows NT 6.1) AppleWebKit/537.36 (KHTML, like Gecko) Chrome/41.0.2228.0 Safari/537.36"
```

如下代码按文件大小增序输出当前目录下的文件名及其文件大小（单位为字节）。

```
[root@laohan_httpd_server ~]# ls -lS | sed '1d' | sort -rn -k5 | awk '{printf "%15s %10s\n", $9,$5}'|head
      io_test1 3480911872
      html.zip   46984328
     nginx.zip    2360843
ntfs-3g_ntfsprogs-2017.3.23.tgz    1259054
          nmon     402146
     boxin.pdf      99312
Shell-programmer_170902_2146.nmon      53529
Shell-programmer_170902_2158.nmon      37160
  Shell.tar.gz      34209
      ping.txt      10319
```

如上实例所示，Shell 脚本的优势如下。

- Shell 天生就与操作系统有着密不可分的关系。
- Shell 具有简单、处理第三方应用、贴近操作系统底层、特别适合做系统管理等优点。因此，学好 Linux 的第一步是掌握 Linux 指令和 Shell 这个强大的工具。

读者也可以使用如下代码进行练习，掌握 tail 指令的使用技巧。

```
[root@laohan-Shell-1 ~]# touch laohan.log
[root@laohan-Shell-1 ~]# while true ; do echo $(date +%F-%T) >> laohan.log &&
sleep 3 ;done
```

开启另外一个终端，使用如下代码，观察执行结果。

```
[root@laohan-Shell-1 ~]# tailf laohan.log
2019-12-06-22:36:34
2019-12-06-22:36:37
2019-12-06-22:36:40
2019-12-06-22:36:43
2019-12-06-22:36:46
2019-12-06-22:36:49
2019-12-06-22:36:52
2019-12-06-22:36:55
2019-12-06-22:36:58
2019-12-06-22:37:01
2019-12-06-22:37:04
2019-12-06-22:37:07
2019-12-06-22:37:10
2019-12-06-22:37:13
```

上述执行结果中，每隔 3s 会向 laohan.log 输出系统的当前时间。

.6 Shell 编程特性

.6.1 历史指令 history

1. history 指令基本语法

history 指令基本语法如下所示。

```
history [选项] [历史指令保存文件]
```

2. 掌握 history 指令调用及常用选项

history 指令调用及常用选项如下所示。

- -c 选项清空历史指令。
- -w 选项把缓存中的历史指令写入历史指令保存文件~/.bash_history。
- 历史指令默认会保存 1000 条，可以在环境变量配置文件/etc/profile 中进行修改历史指令的调用。
- 使用向上、向下箭头调用以前的历史指令。
- 使用“!n”重复执行第 *n* 条历史指令。
- 使用“!!”重复执行上一条指令。
- 使用“!字串”重复执行最后一条以该字串开头的指令。

3. history 记录应用扩展之用户审计

Linux 系统管理员需要知道一台服务器上有哪些用户登录过，在服务器上执行了哪些指令，做了哪些事情，因此就需要记录服务器上所有登录用户的历史操作记录，并将其记录到某个文件中方便对服务器做安全审计。记录用户执行的历史指令，代码如下。

```
1 [root@laohan_shell_c77 ~]# tail -24 /etc/profile
2 # hanyw 2020 set history audit
3 export PS1='[\u@\h \W]\$ '
4 USER_IP=$(who -u am i 2>/dev/null| awk '{print $NF}'|sed -e 's/[()]//g')
5 if [ "$USER_IP" = "" ]
6   then
7   USER_IP=`hostname`
8 fi
9
10 if [ ! -d /var/log/history ]
11  then
12  mkdir /var/log/history
13  chmod 777 /var/log/history
14 fi
15
16 if [ ! -d /var/log/history/${LOGNAME} ]
17  then
18  mkdir /var/log/history/${LOGNAME}
19  chmod 300 /var/log/history/${LOGNAME}
20 fi
21
22 export HISTSIZE=100000
23 DT=$(date +"%Y%m%d_%H%M%S")
24 export HISTFILE="/var/log/history/${LOGNAME}/${USER_IP}_history.$DT"
25 export HISTTIMEFORMAT="%F %T `whoami` "
```

上述代码第 2～25 行记录当前登录操作系统的用户执行过的指令，执行结果如下所示。

```
[root@laohan_shell_c77 ~]# tree -L 2 /var/log/history/
/var/log/history/
├── handuoduo
│   ├── 192.168.2.4_history.20191215_215001
│   ├── 192.168.2.4_history.20191215_215136
│   ├── 192.168.2.4_history.20191215_215340
│   └── 192.168.2.4_history.20191215_215706
└── root
    ├── 192.168.2.4\ history.20191215_214446
    ├── 192.168.2.4\ history.20191215_214509
    ├── 192.168.2.4\ history.20191215_214544
    ├── 192.168.2.4_history.20191215_214750
    ├── 192.168.2.4_history.20191215_215330
    ├── 192.168.2.4_history.20191215_215633
    └── 192.168.2.4_history.20191215_215923

2 directories, 11 files
```

查看某一文件的内容，如下所示。

```
[root@laohan_shell_c77 ~]# tail /var/log/history/root/192.168.2.4_history.20191215_
215923
#1576418336
vim /etc/profile
#1576418363
. /etc/profile
#1576418365
uptime
#1576418368
echo 1 2 3
#1576418370
ll
```

上述代码中以“#”开头的为时间戳，可以使用如下指令转换为本地时间。

```
[root@laohan_shell_c77 ~]# date -d @1576418370
2019年 12月 15日星期日 21:59:30 CST
```

1.6.2 补全指令与文件路径

在 Bash 中，指令与文件补全是非常方便与常用的功能，我们只要在输入指令或文件时，按“Tab”键就会自动补全。

下列代码中，输入 ls 后，连续按两次“Tab”键，即可列出当前操作系统中可供使用的所有程序和指令。

```
[root@laohan_shell_c77 ~]# ls
ls          lsattr    lsblk     lscpu      lsinitrd  lsipc     lslocks    lslogins lsmem
lsmod       lsns      lsscsi
[root@laohan_shell_c77 ~]# ls
```

下列代码中，用户输入 ls /opt/mysql/mysql-5.指令后，连续按两次“Tab”键，即可列出当前目录下所有以 mysql-5.开头的文件。

```
[root@laohan_shell_c77 ~]# ls /opt/mysql/mysql-5.
mysql-5.5.log  mysql-5.6.log mysql-5.7.log
```

1.6.3 指令别名和指令执行顺序

1. 设置指令别名

设置指令别名（简称别名）语法如下。

```
alias 别名='原指令|原指令及其选项'
```

设置 ls 别名的代码如下。

```
alias ls='ls -lhrt --full-time'
```

设置 ls 指令别名为 ls -lhrt --full-time，代码如下。

```
[root@laohan_httpd_server ~]# alias ls='ls -lhrt --full-time'
[root@laohan_httpd_server ~]# ls
total 28K
-rw-r--r--. 1 root root 3.4K 2018-07-22 20:43:39.104999991 +0800 install.log.syslog
-rw-r--r--. 1 root root 8.7K 2018-07-22 20:44:08.428999988 +0800 install.log
-rw-------. 1 root root 1.1K 2018-07-22 20:44:09.972999988 +0800 anaconda-ks.cfg
-rwxr-xr-x  1 root root   64 2018-07-22 21:15:03.020584717 +0800 cp_file.sh
drwxr-xr-x  3 root root 4.0K 2018-07-22 21:56:49.680551352 +0800 Shell-scripts
```

2. 查询别名

查询当前操作系统设置的别名，代码如下。

```
alias
```

上述代码查询当前操作系统设置的别名，执行结果如下。

```
[root@laohan_httpd_server ~]# alias
alias cp='cp -i'
alias l.='ls -d .* --color=auto'
alias ll='ls -l --color=auto'
alias ls='ls -lhrt --full-time'
alias mv='mv -i'
alias rm='rm -i'
alias which='alias | /usr/bin/which --tty-only --read-alias --show-dot --show-tilde'
```

3. 指令执行顺序

- 第 1 顺位执行时用绝对路径或相对路径执行的指令。

- 第 2 顺位执行别名。
- 第 3 顺位执行 Bash 的内部指令。
- 第 4 顺位执行按照$PATH 环境变量定义的目录查找顺序找到的第 1 条指令。

4. 设置别名永久生效

设置别名永久生效，可以修改/etc/profile 文件或当前用户主目录下的.bashrc 隐藏文件，代码如下。

```
[root@laohan-Shell-1 ~]# nl .bashrc
1   # .bashrc

2   # User specific aliases and functions

3   alias rm='rm -i'
4   alias cp='cp -i'
5   alias mv='mv -i'
6   alias ls="ls -lhrt --full-time"

7   # Source global definitions
8   if [ -f /etc/bashrc ]; then
9       . /etc/bashrc
10  fi
```

上述代码中第 6 行设置了 ls 指令的别名。执行如下指令使别名设置立即生效。

```
[root@laohan-Shell-1 ~]# . .bashrc
[root@laohan-Shell-1 ~]# source .bashrc
```

确认别名设置是否立即生效，代码如下。

```
[root@laohan-Shell-1 ~]# alias
alias cp='cp -i'
alias egrep='egrep --color=auto'
alias fgrep='fgrep --color=auto'
alias grep='grep --color=auto'
alias l.='ls -d .* --color=auto'
alias ll='ls -l --color=auto'
alias ls='ls -lhrt --full-time'
alias mv='mv -i'
alias rm='rm -i'
alias which='alias | /usr/bin/which --tty-only --read-alias --show-dot --show-tilde'
```

执行 ls 别名，执行结果如下所示。

```
[root@laohan-Shell-1 ~]# ls
1 总用量 8.0K
2 drwxr-xr-x  2 root root  166 2019-12-06 16:56:00.140261747 +0800 chapter-1
3 -rw-r--r--  1 root root 1.6K 2019-12-06 22:40:32.167135504 +0800 laohan.log
4 -rw-------. 1 root root 1.2K 2019-12-06 22:44:43.097672334 +0800 anaconda-ks.cfg
5 -rw-r--r--  1 root root    0 2019-12-06 22:53:10.138928140 +0800 a.png
6 [root@laohan-Shell-1 ~]# ls -lhrt --full-time
7 总用量 8.0K
8 drwxr-xr-x  2 root root  166 2019-12-06 16:56:00.140261747 +0800 chapter-1
9 -rw-r--r--  1 root root 1.6K 2019-12-06 22:40:32.167135504 +0800 laohan.log
10 -rw-------. 1 root root 1.2K 2019-12-06 22:44:43.097672334 +0800 anaconda-ks.cfg
11 -rw-r--r--  1 root root    0 2019-12-06 22:53:10.138928140 +0800 a.png
```

上述代码第 1～5 行与第 7～11 行执行结果完全一致，表明 ls 别名设置永久生效。

5. 删除别名

删除别名语法如下。

```
unalias 别名
```

如删除 ls 别名，代码如下。

```
unalias ls
```

查看 ls 别名信息，代码如下。

```
alias  |grep ls
```

删除 ls 别名，代码如下。

```
[root@laohan_httpd_server ~]# alias  |grep ls
alias l.='ls -d .* --color=auto'
alias ll='ls -l --color=auto'
alias ls='ls -lhrt --full-time'
[root@laohan_httpd_server ~]# unalias ls
[root@laohan_httpd_server ~]# alias  |grep ls
alias l.='ls -d .* --color=auto'
alias ll='ls -l --color=auto'
```

6. 多条指令顺序执行

多条指令执行时，各条指令之间使用“;”作为分隔符，代码如下。

```
ls -lhrtS --full-time; whoami;id
```

上述代码查看当前路径下文件的详细信息：文件大小、时间戳。

查看当前终端登录用户身份，代码如下。

```
whoami
```

查看当前终端登录用户 ID 数字标识，代码如下。

```
id
```

各指令顺序执行，执行结果如下。

```
[root@laohan_httpd_server ~]# ls -lhrtS --full-time ; whoami ; id
total 28K
-rwxr-xr-x  1 root root   64 2018-07-22 21:15:03.020584717 +0800 cp_file.sh
-rw-------. 1 root root 1.1K 2018-07-22 20:44:09.972999988 +0800 anaconda-ks.cfg
-rw-r--r--. 1 root root 3.4K 2018-07-22 20:43:39.104999991 +0800 install.log.syslog
drwxr-xr-x  3 root root 4.0K 2018-07-22 21:56:49.680551352 +0800 Shell-scripts
-rw-r--r--. 1 root root 8.7K 2018-07-22 20:44:08.428999988 +0800 install.log
root
uid=0(root) gid=0(root) groups=0(root)
```

1.6.4 Bash 常用快捷键

Bash 常用快捷键如表 1-1 所示。

表 1-1 Bash 常用快捷键

快捷键	说明
Ctrl+C	强制终止当前的指令或前台运行的程序
Ctrl+Y	粘贴“Ctrl+U”或“Ctrl+K”剪切的内容
Ctrl+Z	暂停，并放入后台
Ctrl+S	暂停屏幕输出
Ctrl+Q	恢复屏幕输出
Ctrl-A	相当于“Home”键，用于将光标定位到本行最前面
Ctrl-E	相当于“End”键，将光标移动到本行末尾

续表

快捷键	说明
Ctrl-B	相当于左箭头键，用于将光标向左移动一格
Ctrl-F	相当于右箭头键，用于将光标向右移动一格
Ctrl-D	相当于“Delete”键，即删除光标所在处的字符
Ctrl-K	删除从光标处开始到结尾处的所有字符
Ctrl-L	清屏，相当于 Clear 命令
Ctrl-R	进入历史命令查找状态，然后输入几个关键字符，就可以找到使用过的命令
Ctrl-U	删除从光标开始到行首的所有字符
Ctrl-H	删除光标左侧的一个字符
Ctrl-W	删除当前光标左侧的一个单词
Ctrl-P	相当于上箭头键，即显示上一个命令
Ctrl-N	相当于下箭头键，即显示下一个命令
Ctrl-T	颠倒光标所处字符和前一个字符的位置
Ctrl-J	相当于“Enter”键
Alt-.	提取历史命令中的最后一个单词
Alt-BackSpace	删除本行所有的内容
Alt-C	将当前光标处的字符变成大写，同时本光标所在单词的后续字符都变成小写
Alt-L	将光标所在单词及所在单词的后续字符都变成小写
Alt-U	将光标所在单词及之后的所有字符变成大写

1.6.5 Linux 文件描述符

1. 基础知识

Linux 的设计思想是一切皆文件，如 C++源文件、视频文件、Shell 脚本、可执行文件等都是文件，键盘、显示器、鼠标等硬件设备也都是文件。开发者可以像写文件那样通过网络传输数据，也可以通过/proc/的文件查看进程的资源使用情况。

一个 Linux 进程可以打开成百上千个文件，为了表示和区分已经打开的文件，Linux 会给每个文件分配一个编号（文件描述符），这个编号是一个整数，用于标明每一个被进程打开的文件和 socket。第一个打开的文件是 0，第二个是 1，第三个是 2，以此类推。

0、1、2 被称为文件描述符，文件描述符如表 1-2 所示。

表 1-2　　文件描述符

文件描述符	用途	POSIX 名称	stdio 流
0	标准输入	STDIN_FILENO	stdin
1	标准输出	STDOUT_FILENO	stdout
2	标准错误	STDERR_FILENO	stderr

2. 基本应用

文件描述符帮助应用找到需要的文件，而文件的打开模式等上下文信息存储在文件对象中，这个对象直接与文件描述符关联。

POSIX 已经定义了 STDIN_FILENO、STDOUT_FILENO 以及 STDERR_FILENO 这 3 个值，也就是 0、1、2。这 3 个文件描述符是每个进程都有的。这也解释了为什么每个进程都有编号为 0、1、2 的文件而不会与其他进程冲突。

3. 系统级限制

在编写关于文件操作的或者网络通信的软件时，开发者可能会遇到"Too many open files"（打开的文件数量过多）的问题。这主要是因为文件描述符是操作系统的一项宝贵的资源，虽然理论上系统内存有多大容量就可以打开多少个对应的文件描述符，但是在实际实现过程中，内核会做相应的处理，一般最大打开文件数是操作系统内存的 10%（以 KB 来计算），这被称为系统级限制。

查看系统的最大打开文件数，代码如下。

```
[root@zabbix_server ~]# sysctl -a |grep fs.file-max
sysctl: reading key "net.ipv6.conf.all.stable_secret"
sysctl: reading key "net.ipv6.conf.default.stable_secret"
sysctl: reading key "net.ipv6.conf.eth0.stable_secret"
fs.file-max = 183930
sysctl: reading key "net.ipv6.conf.lo.stable_secret"
```

与此同时，内核为了不让某一个进程消耗掉所有的文件资源，也会对单个进程最大打开文件数做默认值处理（这被称为用户级限制），默认值一般是 1024，可以使用 ulimit-n 指令查看。在 Web 服务器中，更改系统默认文件描述符的最大值是优化服务器最常见的方式之一。

注意：每个系统对文件描述符的个数都有限制。Linux 操作系统配置 ulimit 也是为了调大系统的打开文件个数，网络服务器需要同时处理成千上万个请求。

4. 文件描述符与打开的文件之间的关系

每一个文件描述符会与一个打开的文件相对应，同时，不同的文件描述符也可能会指向同一个文件。相同的文件可以被不同的进程打开，也可以在同一个进程中被多次打开。系统为每一个进程维护了一个文件描述符表。该表的值都是从 0 开始的，所以在不同的进程中会有相同的文件描述符。这种情况下相同文件描述符可能指向同一个文件，也可能指向不同的文件，具体情况要具体分析。要理解其具体情况如何，需要查看由内核维护的 3 个数据结构表。

- 进程级的文件描述符表。
- 系统级的文件描述符表。
- 文件系统的 i-node 表。

进程级的文件描述符表的每一条目记录了单个文件描述符的相关信息，如下所示。

- 控制文件描述符操作的一组标志。（目前，此类标志仅定义了一个，即 close-on-exec 标志。）
- 对打开文件句柄的引用。

内核对所有打开的文件维护有一个系统级的文件描述符表。有时，也称之为打开文件表（Open File Table），表中各条目称为打开文件句柄（Open File Handle）。一个打开文件句柄存储了与打开文件相关的全部信息，如下所示。

- 当前文件偏移量（调用 read()和 write()时更新，或使用 lseek()直接修改）。
- 打开文件时所使用的状态标识（即 open()的 flags 参数）。
- 文件访问模式（如调用 open()时所设置的只读模式、只写模式或读写模式）。
- 与信号驱动相关的设置。
- 对该文件 i-node 对象的引用。
- 文件类型（例如：常规文件、套接字或 FIFO）和访问权限。
- 一个指针，指向该文件持有的锁列表。
- 文件的各种属性，包括文件大小以及与不同类型操作相关的时间戳。

1.6.6 文件描述符应用案例

1. Squid 缓存服务器

代理服务器英文全称是 Proxy Server，其功能是代理网络用户获取网络信息。

Squid 是一个缓存 Internet 数据的软件，其接收用户的下载申请，并自动处理所下载的数据。当一个用户想要下载一个主页时，可以向 Squid 发出一个申请，让 Squid 代替其进行下载，然后 Squid 连接所申请网站并请求该主页，接着把该主页传给用户同时保留一个备份，当别的用户申请同样的主页时，Squid 把保存的备份立即传给用户，使用户觉得速度相当快。Squid 可以代理 HTTP、FTP、GOPHER、SSL 和 WAIS 等协议，并且 Squid 可以自动地进行处理，可以根据自己的需要进行设置，以过滤掉不想要的东西。

文件描述符的限制会对 Squid 产生极大的性能影响。

当 Squid 用完所有的文件描述符后，它不能接收用户新的连接。即用完文件描述符导致拒绝服务，直到一部分当前请求完成，相应的文件和 socket 被关闭，Squid 才能接收新请求。当 Squid 发现文件描述符短缺时，会发出类似“WARNING! Your cache is running out of filedescriptors”的警告。

安装 Squid 过程中，执行./configure 编译选项时，会根据系统中 ulimit -n 的输出值，来判断其最大可用的文件描述符的值。大多数情况下，1024 个文件描述符就足够了，业务繁忙的 Squid 可能需要设置为 4096 个，甚至更多，修改方法如下所示。

通常情况下，应当将文件描述符最大值至少设置为 ulimit -n 的 2 倍。

第一步：将 ulimit -n 的数值增大，具体实现如下所示。

- 直接执行 ulimit -HSn 32768，但重启后会失效。
- 编辑/etc/rc.local，加入一行 ulimit -HSn 32768，重启后生效。
- 编辑/etc/init.d/squid，在该脚本执行 start 动作前，加入 ulimit -HSn 32768。
- 编辑/etc/security/limits.conf，重启后生效。

```
cache            soft    nofile          32768
cache            hard    nofile          32768
```

第二步：将 Squid 的文件描述符数值增大，具体实现如下所示。

- 修改/etc/squid/squid.conf，将 max_filedesc 设置为 32768。
- 编译安装 Squid 时，在执行 configure 前，先在指令行执行一次 ulimit -HSn 32768。

- 编译安装 Squid 时，在执行 configure 时，加上--with-maxfd=32768 参数。

2. 查看文件描述符

Linux 操作系统下最大文件描述符的限制有两个方面，一个是系统级限制，另一个则是用户级限制。查看 Linux 文件描述符的指令，如下所示。

查看系统级限制，代码如下。

```
[root@zabbix_server ~]# sysctl -a |grep -i file-max --color
sysctl: reading key "net.ipv6.conf.all.stable_secret"
sysctl: reading key "net.ipv6.conf.default.stable_secret"
sysctl: reading key "net.ipv6.conf.eth0.stable_secret"
sysctl: reading key "net.ipv6.conf.lo.stable_secret"
fs.file-max = 183930
[root@zabbix_server ~]# cat /proc/sys/fs/file-nr
2144   0  183930
```

查看用户级限制，代码如下。

```
[root@zabbix_server ~]# ulimit -n
100001
[root@zabbix_server ~]#
```

- 系统级限制：sysctl 指令和 proc 文件系统中查看到的数值是一样的，这属于系统级限制，它限制所有用户打开文件描述符的总和。
- 用户级限制：ulimit 指令看到的是用户级的最大文件描述符限制，也就是说每一个用户登录后执行的程序占用文件描述符的总数不能超过这个限制。

3. 修改文件描述符

在 Bash 中，可以使用 ulimit 指令，它提供对 Shell 和该 Shell 启动的进程的可用资源控制。这主要包括打开文件描述符数量、用户的最大进程数量、coredump 文件的大小等。

修改系统级限制，代码如下。

```
[root@zabbix_server ~]#  sysctl -wfs.file-max=400000
fs.file-max = 400000
[root@zabbix_server ~]#  echo350000 > /proc/sys/fs/file-max
[root@zabbix_server ~]#  cat /proc/sys/fs/file-max
350000
```

上述代码是临时修改文件描述符。若要永久修改，则需要把“fs.file-max=400000”选项添加到/etc/sysctl.conf 文件中，并执行 sysctl -p 指令，使配置立即生效。

修改用户级限制，代码如下。

```
[root@zabbix_server ~]#  ulimit-SHn 10240
[root@zabbix_server ~]#  ulimit  -n
10240
[root@zabbix_server ~]#
```

以上的修改只对当前会话起作用，是临时性的。如果需要永久修改，代码如下。

```
[root@zabbix_server ~]#  grep -vE'^$|^#' /etc/security/limits.conf
*              hard nofile                     4096
```

默认配置文件中只有 hard 选项，soft 表示当前系统生效的设置值，hard 表示系统中所能设定的最大值，代码如下。

```
[root@zabbix_server ~]#  grep -vE'^$|^#' /etc/security/limits.conf
*     hard         nofile         10240
*     soft         nofile         10240
```

注意：设置文件描述符时，soft<=hard soft 的限制数量要低于 hard 限制数量。

4．不同 CentOS 配置文件描述符异同点分析

（1）CentOS 6 配置文件描述符。

在 CentOS 6 中，资源限制可以在/etc/security/limits.conf 文件中配置，也可以在/etc/security/limits.d/文件中配置。操作系统首先加载 limits.conf 文件中的配置，然后按照文件名的英文字母顺序加载 limits.d 目录下的配置文件，最后加载配置覆盖之前的配置，配置实例如下所示。

```
*     soft   nofile    65535
*     hard   nofile    65535
*     soft   nproc     65535
*     hard   nproc     65535
```

（2）CentOS 7 配置文件描述符。

CentOS 7 中，使用 systemd 替代了之前的 SysV，因此/etc/security/limits.conf 文件的配置作用域被缩小了。limits.conf 只适用于通过 PAM 认证登录用户的资源限制，它对 systemd service 的资源限制不生效。

关于登录用户的限制，通过/etc/security/limits.conf 和 limits.d 来配置即可。对于 systemd service 的资源限制，可以通过全局的配置，放在/etc/systemd/system.conf 和/etc/systemd/user.conf 文件中。同时，也会加载两个对应的目录中的所有.conf 文件（默认不存在），代码如下。

```
[root@zabbix_server ~]# cat /etc/redhat-release
CentOS Linux release 7.6.1810 (Core)
[root@zabbix_server ~]# ll /etc/systemd/system.conf.d/*.conf
ls: cannot access /etc/systemd/system.conf.d/*.conf: No such file or directory
[root@zabbix_server ~]# ll /etc/systemd/user.conf.d/*.conf
ls: cannot access /etc/systemd/user.conf.d/*.conf: No such file or directory
```

- system.conf 是系统实例使用的。
- user.conf 是用户实例使用的。

一般的 Service，使用 system.conf 中的配置即可，systemd.conf.d/*.conf 中的配置会覆盖 system.conf，代码如下。

```
DefaultLimitCORE=infinity
DefaultLimitNOFILE=65535
DefaultLimitNPROC=65535
```

```
[root@zabbix_server ~]# grep "#DefaultLimitCORE=\|#DefaultLimitNOFILE=\|#Def
aultLimitNPROC=" /etc/systemd/system.conf
#DefaultLimitCORE=
#DefaultLimitNOFILE=
#DefaultLimitNPROC=
```

注意：修改了 system.conf 后，需要重启系统才会生效。

设置 Service，以 Nginx 为例，编辑/usr/lib/systemd/system/nginx.serv 或者/usr/lib/systemd/system/nginx.service.d/my-limit.conf 文件，配置如下。

```
[Service]
LimitCORE=infinity
LimitNOFILE=65535
LimitNPROC=65535
```

然后执行如下指令，才能生效。

```
systemctl daemon-reload
systemctl restart nginx.service
```

注意：CentOS 7 自带的/etc/security/limits.d/20-nproc.conf 文件，内容如下所示。

```
[root@zabbix_server ~]# nl /etc/security/limits.d/20-nproc.conf
1   # Default limit for number of user's processes to prevent
2   # accidental fork bombs.
3   # See rhbz #432903 for reasoning.

4   *           soft    nproc    4096
5   #root         soft   nproc    unlimited
```

上述代码第 4 行设置了非 root 用户的最大进程数为 4096。如果 limits.conf 设置没生效，可能是因为被 limits.d 目录中的配置文件覆盖了。

5. 文件描述符其他知识

（1）获取系统打开的文件描述符数量，代码如下。

```
[root@laohan-Shell-1 ~]# cat /proc/sys/fs/file-nr
20800   0  183930
```

- 第 1 列 20800 为已分配的文件描述符数量。
- 第 2 列 0 为已分配但尚未使用的文件描述符数量。
- 第 3 列 183930 为系统可用的最大文件描述符数量。
- 已用文件描述符数量=已分配的文件描述符数量−已分配但尚未使用的文件描述符数量。注意，这些数值是系统级的。

（2）获取进程打开的文件描述符数量，代码如下。

```
[root@laohan-Shell-1 ~]# ll /proc/919/fd/
总用量 0
lrwx------ 1 root root 64 2019-12-07 18:41:07.303274498 +0800 4 -> socket:[19776]
lrwx------ 1 root root 64 2019-12-07 18:41:07.303274498 +0800 3 -> socket:[19767]
lrwx------ 1 root root 64 2019-12-07 18:41:07.303274498 +0800 2 -> socket:[19651]
lrwx------ 1 root root 64 2019-12-07 18:41:07.303274498 +0800 1 -> socket:[19651]
lr-x------ 1 root root 64 2019-12-07 18:41:07.303274498 +0800 0 -> /dev/null
```

可以看到 SSH 进程用了 5 个文件描述符。

（3）更改文件描述符限制——用户或进程级别。

当碰到“Too many open files”错误时，需要增加文件描述符的限制数量，代码如下。

```
[root@laohan-Shell-1 ~]# ulimit -n
 1024
[root@laohan-Shell-1 ~]# ulimit -n 10240
[root@laohan-Shell-1 ~]# ulimit -n
    10240
```

注意，使用 ulimit 指令更改后只是在当前会话生效，当退出当前会话重新登录后又会回到默认值 1024。要永久更改可以修改文件 /etc/security/limits.conf，代码如下。

```
[root@laohan-Shell-1 ~]#vi /etc/security/limits.conf
```

加入如下指令。

```
"laohan hard nofile 10240"
```

- laohan：用户名，即允许 laohan 使用 ulimit 指令更改文件描述符限制，最大值不超过 10240，更改后 laohan 用户的每一个进程（以 abc 用户运行的进程）可打开的文件描述符数量为 10240。

- hard：限制类型，有 soft 和 hard 两种，达到 soft 限制会在系统的日志（一般为 /var/log/messages）里面记录一条告警日志，但不影响使用。
- 更改后，退出终端重新登录，用 ulimit 查看是否生效。如果没生效，可以在 laohan 用户的.bash_profile 文件中加上 ulimit -n 10240，这样用户 laohan 每次登录时都会将文件描述符最大值更改为 10240，代码如下。

```
[root@laohan-Shell-1 ~]#echo "ulimit -n 10240" >> /home/abc/ .bash_profile
 10240
[root@laohan-Shell-1 ~]# su - abc
[abc@localhost ~]$ ulimit -n
 10240
```

（4）更改文件描述符限制——系统级别。

将整个操作系统可以使用的文件描述符数量更改为 102400，代码如下。

```
[root@laohan-Shell-1 ~]# echo "102400" > /proc/sys/fs/file-max
[root@laohan-Shell-1 ~]# cat /proc/sys/fs/file-nr
2080    0       102400
```

使用上述修改方式，系统重启后会恢复到默认值。要永久更改可以在 sysctl.conf 文件中加上"fs.file-max = 102400"，代码如下。

```
[root@laohan-Shell-1 ~]# echo "fs.file-max = 102400" >> /etc/sysctl.conf
```

（5）获取打开的文件数量。

Linux 中一切皆为文件，使用 lsof（list open files）指令即可知道系统或应用打开了哪些文件。

（6）获取整个系统打开的文件数量，代码如下。

```
[root@laohan-Shell-1 ~]# lsof |wc -l
2292
```

（7）获取某个用户打开的文件数量，代码如下。

```
[root@laohan-Shell-1 ~]# lsof -u laohan |wc -l
 190
```

（8）获取某个程序打开的文件数量，代码如下。

```
[root@laohan-Shell-1 ~]# pidof sshd
1189 919
[root@laohan-Shell-1 ~]# lsof -p 919 | wc -l
58
```

（9）查看进程打开的文件数量和文件描述符，代码如下。

```
[abc@localhost ~]$ lsof -p 3330
COMMAND  PID USER  FD   TYPE DEVICE SIZE/OFF   NODE NAME
vim     3555  abc  cwd  DIR  253,0      4096 923587 /home/abc
vim     3555  abc  rtd  DIR  253,0      4096      2 /
vim     3555  abc  txt  REG  253,0   1971360 287900 /usr/bin/vim
vim     3555  abc  mem  REG  253,0    155696    846 /lib64/ld-2.12.so
vim     3555  abc  mem  REG  253,0     26104 281208 /usr/lib64/libgpm.so.2.1.0
vim     3555  abc  mem  REG  253,0   1912928    847 /lib64/libc-2.12.so
vim     3555  abc  mem  REG  253,0     22536    852 /lib64/libdl-2.12.so
vim     3555  abc  mem  REG  253,0    145672    859 /lib64/libpthread-2.12.so
```

```
vim   3555  abc  mem   REG  253,0   598816    848 /lib64/libm-2.12.so
vim   3555  abc  mem   REG  253,0   124624    857 /lib64/libseLinux.so.1
vim   3555  abc  mem   REG  253,0   113904    856 /lib64/libresolv-2.12.so
vim   3555  abc  mem   REG  253,0  1489600 406575 /usr/lib64/perl5/CORE/libperl.so
vim   3555  abc  mem   REG  253,0   142504     96 /lib64/libncurses.so.5.7
vim   3555  abc  mem   REG  253,0    34336    890 /lib64/libacl.so.1.1.0
vim   3555  abc  mem   REG  253,0    43392    869 /lib64/libcrypt-2.12.so
vim   3555  abc  mem   REG  253,0   387880    868 /lib64/libfreebl3.so
vim   3555  abc  mem   REG  253,0  1753952 271694 /usr/lib64/libpython2.6.so.1.0
vim   3555  abc  mem   REG  253,0    17520    886 /lib64/libutil-2.12.so
vim   3555  abc  mem   REG  253,0   138280    826 /lib64/libtinfo.so.5.7
vim   3555  abc  mem   REG  253,0    20280    887 /lib64/libattr.so.1.1.0
vim   3555  abc  mem   REG  253,0   116136    889 /lib64/libnsl-2.12.so
vim   3555  abc  mem   REG  253,0    61624     42 /lib64/libnss_files-2.12.so
vim   3555  abc  mem   REG  253,0    26050 265158 /usr/lib64/gconv/gconv-modules.cache
vim   3555  abc  mem   REG  253,0   124855 528606 /usr/share/vim/vim72/lang/zh_CN/LC_
MESSAGES/vim.mo
vim   3555  abc  mem   REG  253,0   135533 528604 /usr/share/vim/vim72/lang/zh_CN.UTF-8/
LC_MESSAGES/vim.mo
vim   3555  abc  mem   REG  253,0 99158752 264902 /usr/lib/locale/locale-archive
vim   3555  abc   0u   CHR  136,0      0t0      3 /dev/pts/0
vim   3555  abc   1u   CHR  136,0      0t0      3 /dev/pts/0
vim   3555  abc   2u   CHR  136,0      0t0      3 /dev/pts/0
vim   3555  abc   4u   REG  253,0     4096 923589 /home/abc/.bash_profile.swp
```

可看到运行 SSHD 时，打开了很多个文件，但文件描述符只有后面 4 个。

（10）进程打开的文件描述符与文件。

“Too many open files”错误不是说打开的文件过多，而是打开的文件描述符数量已达到了限制，可以用 man ulimit 查看帮助。

```
[root@laohan-Shell-1 ~]# man ulimit > man.info
[root@laohan-Shell-1 ~]# grep -n  maximum man.info
937:          -b    The maximum socket buffer size
938:          -c    The maximum size of core files created
939:          -d    The maximum size of a process's data segment
940:          -e    The maximum scheduling priority ("nice")
941:          -f    The maximum size of files written by the Shell and its children
942:          -i    The maximum number of pending signals
943:          -l    The maximum size that may be locked into memory
944:          -m    The maximum resident set size (many systems do not honor this
limit)
945:          -n    The maximum number of open file descriptors (most systems
do not allow this value to be set)
947:          -q    The maximum number of bytes in POSIX message queues
948:          -r    The maximum real-time scheduling priority
949:          -s    The maximum stack size
950:          -t    The maximum amount of cpu time in seconds
951:          -u    The maximum number of processes available to a single user
952:          -v    The maximum amount of virtual memory available to the Shell
and, on some systems, to its children
953:          -x    The maximum number of file locks
954:          -T    The maximum number of threads
```

上述代码中，第 945 行表示用 ulimit -n xxx 更改的是文件描述符而不是文件的最大值。

（11）复盘“Too many open files”错误。

打开 Nginx 进程，代码如下。

```
[root@laohan-Shell-1 ~]# systemctl start nginx
[root@laohan-Shell-1 ~]#
[root@laohan-Shell-1 ~]# netstat -ntpl
Active Internet connections (only servers)
```

```
Proto Recv-Q Send-Q Local Address      Foreign Address    State    PID/Program name
tcp        0      0 127.0.0.1:25       0.0.0.0:*          LISTEN   1004/master
tcp        0      0 0.0.0.0:80         0.0.0.0:*          LISTEN   1575/nginx: master
tcp        0      0 0.0.0.0:22         0.0.0.0:*          LISTEN   919/sshd
tcp6       0      0 ::1:25             :::*               LISTEN   1004/master
tcp6       0      0 :::80              :::*               LISTEN   1575/nginx: master
tcp6       0      0 :::22              :::*               LISTEN   919/sshd
```

打开一个进程 Nginx，获取 Nginx 打开的文件和文件描述符数量，代码如下。

```
[root@laohan-Shell-1 ~]# lsof -p 1575 | wc -l
64
```

上述代码表示 1575 的进程号打开的文件数量是 64。

```
[root@laohan-Shell-1 ~]# ls /proc/1575/fd |wc -l
10
```

```
[root@laohan-Shell-1 ~]# ls /proc/1575/fd
总用量 0
lrwx------ 1 root root 64 2019-12-07 19:29:31.357792205 +0800 8 -> socket:[24270]
lrwx------ 1 root root 64 2019-12-07 19:29:31.357792205 +0800 7 -> socket:[24264]
lrwx------ 1 root root 64 2019-12-07 19:29:31.357792205 +0800 6 -> socket:[24263]
l-wx------ 1 root root 64 2019-12-07 19:29:31.357792205 +0800 5 -> /var/log/nginx/
access.log
l-wx------ 1 root root 64 2019-12-07 19:29:31.357792205 +0800 4 -> /var/log/nginx/
error.log
lrwx------ 1 root root 64 2019-12-07 19:29:31.357792205 +0800 3 -> socket:[24269]
l-wx------ 1 root root 64 2019-12-07 19:29:31.357792205 +0800 2 -> /var/log/nginx/
error.log
lrwx------ 1 root root 64 2019-12-07 19:29:31.357792205 +0800 1 -> /dev/null
lrwx------ 1 root root 64 2019-12-07 19:29:31.357792205 +0800 0 -> /dev/null
```

上述代码表示 1575 的进程号打开的文件描述符数量是 10。

终止 Nginx 进程，代码如下。

```
[root@laohan-Shell-1 ~]# pkill nginx
[root@laohan-Shell-1 ~]# pkill nginx
[root@laohan-Shell-1 ~]# pkill nginx
[root@laohan-Shell-1 ~]# pkill nginx
[root@laohan-Shell-1 ~]#
[root@laohan-Shell-1 ~]#
[root@laohan-Shell-1 ~]#
[root@laohan-Shell-1 ~]# ps -ef |grep nginx
root      1622  1191  0 19:37 pts/0    00:00:00 grep --color=auto nginx
```

进程号打开的文件描述符数量更改为 3，即小于文件描述符数量 4，代码如下。

```
[root@laohan-Shell-1 ~]# vim .bash_profile
[root@laohan-Shell-1 ~]# tail -1 .bash_profile
ulimit -n 10240
[root@laohan-Shell-1 ~]# . .bash_profile
[root@laohan-Shell-1 ~]# source .bash_profile
[root@laohan-Shell-1 ~]# ulimit -n
10240
[root@laohan-Shell-1 ~]# ulimit -n 3
[root@laohan-Shell-1 ~]# ulimit -n
3
```

更改限制，并测试 Nginx 的运行情况，再次启动 Nginx。

```
[root@laohan-Shell-1 ~]# systemctl start nginx

(pkttyagent:1625): GLib-ERROR **: 11:39:06.041: Creating pipes for GWakeup: Too
many open files
```

上述代码中“Too many open files”表示，打开的**文件描述符数量**已达到了限制，与打开的**文件数量**没有关系。执行其他指令，报错代码如下。

```
[root@laohan-Shell-1 ~]# ss -ntpl
-bash: start_pipeline: pgrp pipe: Too many open files
ss: error while loading shared libraries: libseLinux.so.1: cannot open shared object file: Error 24
[root@laohan-Shell-1 ~]# ps -ef |grep nginx
-bash: pipe error: Too many open files
-bash: start_pipeline: pgrp pipe: Too many open files
```

执行如下指令，重新设置文件描述符即可。

```
[root@laohan-Shell-1 ~]# ulimit  -n 1000
[root@laohan-Shell-1 ~]# ps -ef |grep nginx^C
[root@laohan-Shell-1 ~]# netstat -ntpl
Active Internet connections (only servers)
Proto Recv-Q Send-Q Local Address        Foreign Address      State      PID/Program name
tcp        0      0 127.0.0.1:25         0.0.0.0:*            LISTEN     1004/master
tcp        0      0 0.0.0.0:80           0.0.0.0:*            LISTEN     1634/nginx: master
tcp        0      0 0.0.0.0:22           0.0.0.0:*            LISTEN     919/sshd
tcp6       0      0 ::1:25               :::*                 LISTEN     1004/master
tcp6       0      0 :::80                :::*                 LISTEN     1634/nginx: master
tcp6       0      0 :::22                :::*                 LISTEN     919/sshd
```

从上述代码中可以看到，可以执行 netstat 和 ps 指令，Nginx 也可以正常启动。

1.6.7 标准输入输出和输入输出重定向

Linux 指令默认从标准输入设备获取内容的输入，将结果输出到标准输出设备显示。一般情况下，标准输入设备就是键盘，标准输出设备就是终端，即显示器。

1. 标准输入输出

Bash 标准输入、输出设备如表 1-3 所示。

表 1-3　Bash 标准输入、输出设备

设备	设备文件名	文件描述符	类型
键盘	/dev/stdin	0	标准输入
显示器	/dev/stdout	1	标准输出
显示器	/dev/stderr	2	标准错误输出

2. 输入重定向

Linux 指令可以从文件获取输入，语法格式如下。

```
command < file
```

原本需要从键盘获取输入的指令会转移到文件读取内容。

注意：输入重定向符号是“>”，输入重定向符号是“<”。

【实例 1-19】统计用户数量

计算 users 文件中的行数，可以使用下面的指令。

```
[root@laohan_httpd_server ~]# wc -l users
2 users
```

输入重定向到指定的 users 文件，代码如下。

```
[root@laohan_httpd_server ~]# wc -l <users
2
```

3．输出重定向

输出重定向是指内容输出不仅可以输出到显示器，还可以很容易地转移到文件，这被称为输出重定向。输出重定向的语法如下。

```
command > file
```

【实例 1-20】输出重定向演示

输出重定向代码如下。

```
[root@laohan_httpd_server ~]# who > users
```

打开 users 文件，内容如下。

```
[root@laohan_httpd_server ~]# cat users
root     tty1         2018-07-22 20:50
root     pts/0        2018-07-22 20:54 (192.168.1.104)
root     pts/1        2018-07-22 22:09 (192.168.1.104)
```

输出重定向会覆盖原文件内容，代码如下。

```
[root@laohan_httpd_server ~]# echo "My name is hanyanwei" > users
[root@laohan_httpd_server ~]# cat users
My name is hanyanwei
```

如果不希望原文件内容被覆盖，可以使用追加重定向符号“>>” 追加内容到文件末尾，代码如下。

```
[root@laohan_httpd_server ~]# echo "My name is handuoduo" >> users
[root@laohan_httpd_server ~]# cat users
My name is hanyanwei
My name is handuoduo
```

4．错误输出重定向

错误输出重定向，可以使用 2>表示，代码如下。

```
1 [root@laohan-Shell-1 ~]# ls /laohan/laohan.txt
2 ls: 无法访问/laohan/laohan.txt: 没有那个文件或目录
3 [root@laohan-Shell-1 ~]# /laohan/laohan.txt 2> error.info
4 [root@laohan-Shell-1 ~]# cat error.info
5 -bash: /laohan/laohan.txt: No such file or directory
```

上述代码第 1 行表示使用 ls 指令查看/laohan/laohan.txt 文件，但是此文件并不存在，因此向显示器输出错误信息“-bash: /laohan/laohan.txt: No such file or directory”。第 3 行使用错误输出重定向将错误信息输出到 error.info 文件。

1.6.8 深入了解重定向

1．基础知识补充

一般情况下，每个 Linux 指令运行时都会打开 3 个文件。

- 标准输入文件（stdin）：stdin 的文件描述符为 0，UNIX 脚本默认从 stdin 读取数据。
- 标准输出文件（stdout）：stdout 的文件描述符为 1，UNIX 脚本默认向 stdout 输出数据。
- 标准错误文件（stderr）：stderr 的文件描述符为 2，UNIX 脚本会向 stderr 流中写入错误信息。

默认情况下，command > file 将 stdout 重定向到 file，command < file 将 stdin 重定向到 file 中。

将 stderr 重定向到 file，语法格式如下。

```
#command 2 > file
```

将 stderr 追加到 file 末尾，语法格式如下。

```
#command 2 >> file
```

数字 2 表示 stderr。

将 stdout 和 stderr 合并后重定向到 file，语法格式如下。

```
#command> file 2>&1
```

或使用如下语法格式。

```
#command>> file 2>&1
```

对 stdin 和 stdout 都重定向，语法格式如下。

```
#command< file1 >file2
```

command 指令将 stdin 重定向到 file1，将 stdout 重定向到 file2。

不论 stdin 或 stdout 还是 stderr 都可以输入 file，语法格式如下。

```
#command&>>file
```

重定向指令列表如表 1-4 所示。

表 1-4 重定向指令列表

指令	说明
command > file	将输出重定向到 file
command < file	将输入重定向到 file
command >> file	将输出以追加的方式重定向到 file
x > file	将文件描述符为 x 的文件重定向到 file
x >> file	将文件描述符为 x 的文件以追加的方式重定向到 file
x >& y	将输出文件 y 和 x 合并
x <& y	将输入文件 y 和 x 合并
<< eof	将开始标记 eof 和结束标记 eof 之间的内容作为输入

2．使用 exec 绑定重定向

exec 指令语法格式如下。

```
exec 文件描述符[n] <或>文件或文件描述符或设备
```

输入输出重定向将输入输出绑定文件或设备后，只对当前那条指令是有效的。如果需要在绑定之后对所有指令都支持，则需要使用 exec 指令。

```
[root@laohan-Shell-1 ~]# exec 6>&1
```

上述代码将标准输出与文件描述符 6 绑定。

```
1 [root@laohan-Shell-1 ~]# ls /proc/self/fd
2 总用量 0
3 lrwx------ 1 root root 64 2019-12-07 20:33:15.565329325 +0800 6 -> /dev/pts/0
4 lr-x------ 1 root root 64 2019-12-07 20:33:15.565329325 +0800 3 -> /proc/1681/fd
5 lrwx------ 1 root root 64 2019-12-07 20:33:15.565329325 +0800 2 -> /dev/pts/0
6 lrwx------ 1 root root 64 2019-12-07 20:33:15.565329325 +0800 1 -> /dev/pts/0
7 lrwx------ 1 root root 64 2019-12-07 20:33:15.565329325 +0800 0 -> /dev/pts
```

上述代码第 3 行出现文件描述符 6。

```
[root@laohan-Shell-1 ~]# exec 1>laohan.txt
```

上述代码将接下来所有指令标准输出绑定到 laohan.txt 文件（输出到该文件）。

```
[root@laohan-Shell-1 ~]# ls -lhrt --full-time
[root@laohan-Shell-1 ~]#
[root@laohan-Shell-1 ~]# who am i
[root@laohan-Shell-1 ~]# uptime
```

执行上述指令，发现什么都不返回。因为标准输出已经将上述指令的输出结果重定向到 laohan.txt 文件了。

```
[root@laohan-Shell-1 ~]# exec 1>&6
```

上述代码恢复标准输出。

```
1 [root@laohan-Shell-1 ~]# ls -lhrt --full-time
2 总用量 112K
3 drwxr-xr-x  2 root root  166 2019-12-06 16:56:00.140261747 +0800 chapter-1
4 -rw-r--r--  1 root root 1.6K 2019-12-06 22:40:32.167135504 +0800 laohan.log
5 -rw-------. 1 root root 1.2K 2019-12-06 22:44:43.097672334 +0800 anaconda-ks.cfg
6 -rw-r--r--  1 root root    0 2019-12-06 22:53:10.138928140 +0800 a.png
7 -rw-r--r--  1 root root  693 2019-12-06 23:26:02.656273105 +0800 nginx-server.load
8 -rw-r--r--  1 root root  106 2019-12-06 23:27:58.699564208 +0800 users
9 -rw-r--r--  1 root root  88K 2019-12-07 19:28:16.846363922 +0800 man.info
10 -rw-r--r--  1 root root   53 2019-12-07 20:12:01.027393450 +0800 error.info
11 -rw-r--r--  1 root root 1020 2019-12-07 20:35:37.932466086 +0800 laohan.txt
12 [root@laohan-Shell-1 ~]# ls /proc/self/fd
13 总用量 0
14 lrwx------ 1 root root 64 2019-12-07 20:36:29.122155703 +0800 6 -> /dev/pts/0
15 lr-x------ 1 root root 64 2019-12-07 20:36:29.122155703 +0800 3 -> /proc/1686/fd
16 lrwx------ 1 root root 64 2019-12-07 20:36:29.122155703 +0800 2 -> /dev/pts/0
17 lrwx------ 1 root root 64 2019-12-07 20:36:29.122155703 +0800 1 -> /dev/pts/0
18 lrwx------ 1 root root 64 2019-12-07 20:36:29.122155703 +0800 0 -> /dev/pts/0
```

上述代码第 1 行执行完毕后，输出了第 2～11 行内容。

```
1 [root@laohan-Shell-1 ~]# exec 6>&-
2 [root@laohan-Shell-1 ~]# ls /proc/self/fd
3 总用量 0
4 lrwx------ 1 root root 64 2019-12-07 20:36:29.122155703 +0800 6 -> /dev/pts/0
5 lr-x------ 1 root root 64 2019-12-07 20:36:29.122155703 +0800 3 -> /proc/1686/fd
6 lrwx------ 1 root root 64 2019-12-07 20:36:29.122155703 +0800 2 -> /dev/pts/0
7 lrwx------ 1 root root 64 2019-12-07 20:36:29.122155703 +0800 1 -> /dev/pts/0
8 lrwx------ 1 root root 64 2019-12-07 20:36:29.122155703 +0800 0 -> /dev/pts/0
```

上述代码第 1 行关闭文件描述符 6。查看 laohan.txt 文件内容，代码如下。

```
1 [root@laohan-Shell-1 ~]# cat laohan.txt
2 总用量 112K
3 drwxr-xr-x  2 root root  166 2019-12-06 16:56:00.140261747 +0800 chapter-1
4 -rw-r--r--  1 root root 1.6K 2019-12-06 22:40:32.167135504 +0800 laohan.log
5 -rw-------. 1 root root 1.2K 2019-12-06 22:44:43.097672334 +0800 anaconda-ks.cfg
6 -rw-r--r--  1 root root    0 2019-12-06 22:53:10.138928140 +0800 a.png
7 -rw-r--r--  1 root root  693 2019-12-06 23:26:02.656273105 +0800 nginx-server.load
8 -rw-r--r--  1 root root  106 2019-12-06 23:27:58.699564208 +0800 users
9 -rw-r--r--  1 root root  88K 2019-12-07 19:28:16.846363922 +0800 man.info
10 -rw-r--r--  1 root root   53 2019-12-07 20:12:01.027393450 +0800 error.info
11 -rw-r--r--  1 root root   52 2019-12-07 20:34:41.884805917 +0800 laohan.txt
12 root     pts/0        2019-12-07 19:40 (192.168.2.4)
13 20:35:21 up  1:54,  1 user,  load average: 0.00, 0.01, 0.05
```

上述代码中，第 2～11 行为 ls -lhrt --full -time 指令的输出结果，第 12 行和第 13 行为 uptime 指令的输出结果。

3. 重定向知识总结

重定向知识总结如表 1-5 所示。

表 1-5 重定向知识总结

指令	说明
command <file	把标准输入重定向到 file
command 0<file	把标准输入重定向到 file
command >file	把标准输出重定向到 file（覆盖）
command 1> filename	把标准输出重定向到 file（覆盖）
command >>file	把标准输出重定向到 file（追加）
command 1>>file	把标准输出重定向到 file（追加）
command 2>file	把标准错误重定向到 file（覆盖）
command 2>>file	把标准输出重定向到 file（追加）
command >file 2>&1	把标准输出和标准错误一起重定向到 file（覆盖）
command >>file 2>&1	把标准输出和标准错误一起重定向到 file（追加）
command <file>file2	把标准输入重定向到 file，把标准输出重定向到 file2
command 0<file 1>file2	把标准输入重定向到 file，把标准输出重定向到 file2

4. 重定向基本符号及其含义

重定向基本符号及其含义如下。

- >：代表重定向的位置，例如 echo "laohan" > /home/laohan.txt。
- /dev/null：代表空设备文件。
- 1：表示 stdout，系统默认值是 1，所以>/dev/null 等同于 1>/dev/null。
- 2：表示 stderr。
- &：表示等同于，2>&1，表示 2 的输出重定向等同于 1。

5. 重定向的使用规律

重定向的使用规律如下。

- 0、1、2 需要分别重定向，一个重定向只能改变它们中的一个。
- 0 和 1 可以省略（当其出现在重定向符号左侧时）。
- 文件描述符在重定向符号左侧时直接写即可，在右侧时前面加“&”。
- 文件描述符与重定向符号之间不能有空格。
- 1>/dev/null 表示 1 重定向到空设备文件，就是不输出任何信息到终端，也就是不显示任何信息。
- 2>&1 表示 2 重定向等同于 1。因为之前 1 已经重定向到了空设备文件，所以 2 也重定向到空设备文件。

6. 注意事项

注意事项如下。

- 若为“>”，判断右边文件是否存在。如果存在就先清空文件内容，并写入新内容到该文件。如果不存在就直接创建，无论左边指令执行是否成功，右边文件都会变为空。
- 若为“>>”，判断右边文件是否存在。如果不存在，就先创建。以添加方式打开文件，会分配一个文件描述符（不特别指定，默认为 1 或 2），然后与左边的 1 或 2 绑定。

- 当指令执行完，绑定的文件描述符也自动失效。0、1、2 又会空闲。
- 一条指令启动，指令的输入、正确输出、错误输出默认分别绑定 0、1、2 文件描述符。
- 一条指令在执行前，先会检查输出设备是否正确，如果输出设备错误，将不会进行指令执行。

1.6.9 Here Document 入门与进阶

1. Here Document 基础知识

Here Document 是在 Linux Shell 中的一种特殊的重定向方式，基本语法如下。

```
cmd << delimiter
  Here Document Content
delimiter
```

它的作用就是将两个 delimiter 之间的内容（Here Document Content 部分）传递给 cmd 作为输入参数。

如在终端中输入 cat << EOF，系统会提示继续输入，输入多行信息再输入 EOF，中间输入的信息将会显示在终端上。

```
[root@laohan-Shell-1 ~]# cat << EOF
> This is laohan's courses
>跟老韩学 Shell
>跟老韩学 Python
>跟老韩学 Nginx
>跟老韩学 FastDFS
>跟老韩学 HTML、CSS、JavaScript
> EOF
This is laohan's courses
跟老韩学 Shell
跟老韩学 Python
跟老韩学 Nginx
跟老韩学 FastDFS
跟老韩学 HTML、CSS、JavaScript
```

注意：>这个符号是终端产生的提示输入信息的标识符。

- EOF 只是一个标识而已，可以被替换成任意合法字符。
- 作为结尾的 delimiter 一定要顶格写，前面不能有任何字符。
- 作为结尾的 delimiter 后面也不能有任何的字符（包括空格）。
- 作为开始的 delimiter 前后的空格会被省略。

Here Document 不仅可以在终端上使用，也可以在 Shell 文件中使用，例如下面的 here.sh 脚本。

```
cat << EOF > output.sh
echo "跟老韩学 Python"
echo "跟老韩学 Shell"
EOF
```

使用 sh here.sh 运行 here.sh 脚本，会得到 output.sh 这个新脚本，其内容如下。

```
echo "跟老韩学 Python"
echo "跟老韩学 Shell"
```

2. /dev/null 文件

如果希望执行某条指令，但又不希望在终端上显示输出结果，那么可以将输出重定向到/dev/null 文件中，代码如下。

```
command > /dev/null
```

/dev/null 是一个特殊的文件，写入它的内容都会被丢弃。如果尝试从该文件读取内容，那么什么也读不到。但是/dev/null 文件非常有用，将指令的输出重定向到它，会实现“禁止输出”的效果，实例如下。原本输出到终端上的内容，重定向到/dev/null 设备后，终端不再显示任何内容。

```
[root@laohan_httpd_server ~]# cat users
My name is hanyanwei
My name is handuoduo
[root@laohan_httpd_server ~]# cat users > /dev/null
```

如果希望屏蔽 stdout 和 stderr，代码如下。

```
command > /dev/null 2>&1
```

实例如下，原本输出到终端上的报错信息，使用“/dev/null 2>&1”指令处理后，终端不再显示任何内容。

```
[root@laohan_httpd_server ~]# cat users2
cat: users2: No such file or directory
[root@laohan_httpd_server ~]# cat users2 >/dev/null 2>&1
```

3. 管道运算符

管道运算符使用“|”表示，它仅能处理由前一条指令传出的正确输出信息，也就是标准输出的信息，然后传递给下一条指令，作为下一条指令或程序的标准输入。对于标准错误输出信息它没有直接的处理能力。

注意。

- 管道运算符只处理前一条指令的正确输出，不处理错误输出。
- 管道运算符右边的指令，必须能够接收标准输入流指令才行。

管道操作基本语法如下。

```
指令 1 | 指令 2
```

指令 1 的正确输出作为指令 2 的操作对象。

（1）小写字母转化为大写字母。

使用管道传递内容，将前一条指令的输出转换为后一条指令的输入。

```
[root@www.blog*.com ~]echo 'i miss you so much' |tr 'a-z' 'A-Z'
I MISS YOU SO MUCH
```

（2）使用管道传输字符串。

使用管道将字符串传输给后面的 passwd 指令，进而达到自动修改密码的目的。

```
[root@www.blog*.com ~]echo 'dasffffs567da1235f()&()Y*YRRW'|passwd --stdin zhangsan
Changing password for user zhangsan.
passwd: all authentication tokens updated successfully.
```

（3）提取字符串。

使用管道将文本内容传递给 cut 指令，提取某一列之后，再使用 sort 指令进行排序，最后使用 head 指令取前 10 行的排序结果。

```
[root@www.blog*.com ~]cat /etc/passwd|cut -d: -f1 |sort|head
abrt
adm
apache
bin
daemon
dbus
ftp
games
```

```
gopher
haldaemon
```

（4）按字母排序。

将内容通过管道传递给 sort 指令进行字母排序。

```
[root@www.blog*.com ~]cat /etc/passwd|cut -d: -f3 |sort|head  #字母排序
0
1
10
11
12
13
14
173
2
28
```

（5）按数字排序。

将内容通过管道传递给 sort 指令进行数字排序。

```
[root@www.blog*.com ~]cat /etc/passwd|cut -d: -f3 |sort -n|head #数字排序
0
1
2
3
4
5
6
7
8
10
```

（6）大小写转换。

将 ls 指令输出的内容通过管道传递给 tr 指令进行处理。

```
[root@www.blog*.com ~]ls /var/ |tr 'a-z' 'A-Z'
ACCOUNT
CACHE
CRASH
CVS
DB
EMPTY
GAMES
LIB
LOCAL
LOCK
LOG
MAIL
NIS
OPT
PRESERVE
RUN
SPOOL
TMP
YP
```

（7）将数据输出到终端，且保存到文件。

tee 指令默认显示文本内容，并将显示的内容写入对应的文件。

```
[root@www.blog*.com ~]echo "Hello" |tee /tmp/tee.out
Hello
[root@www.blog*.com ~]cat /tmp/tee.out
Hello
```

（8）显示文件的行数。

wc 指令统计行数等信息后通过管道将数据流传递给 cut 指令处理。

```
[root@www.blog*.com ~]wc -l /etc/passwd |cut -d' ' -f1
28
```

1.6.10 通配符基础和特殊符号

通配符是指可以在指令中使用一个字符串来替代一系列字符或字符串。Bash 中有 3 种通配符，其中“？”和“[]”可以代表单个字符串，“*”可以代表任意一个或多个字符，也可以代表空字符串。

通配符常用于路径扩展，或者文件名扩展功能中的模式匹配。

Bash 中存在很多种形式的扩展（Expansion），而路径扩展（或者说文件名扩展）只是其中之一，了解这点尤为关键，Bash 中常见扩展如下。

- Brace Expansion：花括号扩展。
- Tilde Expansion：波浪号扩展。
- Parameter and Variable Expansion：参数和变量扩展。
- Arithmetic Expansion：算术扩展。
- Command Substitution：指令置换。
- Word Splitting：单词分割。
- File Expansion：文件名扩展。
- Process Substitution：进程替换。

Bash 在扫描指令行参数时会注意操作数（Operand）部分是否有“?”“*”等特殊模式字符。当它发现这些特殊模式字符时，会将它们转换为要匹配的模式。即 Bash 发现参数部分有这些特殊字符时，会扩展这些字符，生成相应的已存在的文件名或者目录名，最后经过排序后传递给指令。

1．模式匹配

通配符在 Bash 中的专业名称是模式匹配。

Bash 特殊模式字符如表 1-6 所示。

表 1-6　Bash 特殊模式字符

特殊模式字符	匹配
?	匹配任何单一字符
*	匹配任何字符和字符串，包括空字符串
[set]	匹配 set 中的任何字符，[^set]或[!set]表示不匹配 set 里的字符
?(Linux)	匹配 Linux 0 次或者 1 次
*(Linux)	匹配 Linux 0 次以上（包括 0 次）
+(Linux)	匹配 Linux 1 次以上（包括 1 次）
@(Linux)	匹配 Linux 1 次
!(Linux)	匹配除 Linux 之外的模式，反向匹配

首先把表 1-6 所示的特殊模式字符分为两类：“?”“*”和“[set]”是常见的特殊模式字

符，在几乎所有的 Shell 版本中都支持；而后 5 项是 Bash 的扩展特殊模式字符，使用前请确保打开 extglob 设置。

打开 Bash 识别正则，代码如下。

```
shopt -s extglob
```

关闭 Bash 识别正则，代码如下。

```
shopt -u extglob
```

Bash 开启扩展特殊模式字符之后，以下 5 个模式匹配操作符将被识别。

- ?(pattern-list)：所给模式匹配 0 次或 1 次。
- *(pattern-list)：所给模式匹配 0 次以上（包括 0 次）。
- +(pattern-list)：所给模式匹配 1 次以上（包括 1 次）。
- @(pattern-list)：所给模式仅匹配 1 次。
- !(pattern-list)：不匹配所给模式。

列出 00～22 号的所有目录，代码如下。

```
ls -al +(0[0-9]|2[0-2])
```

代码说明如下所示。

- Shell 的通配符，只是通配语义，不是正则语义。
- 打开 extglob 之后，才是正则语义。
- 语法格式“+”是正则。

特殊模式字符“?”匹配任何单一字符。因此如果目录下有 hanyanwei.a、hanyanwei.b 与 hanyanwei.abc 这 3 个文件，那么表达式 hanyanwei.?匹配的结果是 hanyanwei.a 和 hanyanwei.b，但是与 hanyanwei.abc 不匹配，代码如下。

```
[root@laohan_httpd_server ~]# touch hanyanwei.{a,b,abc}
[root@laohan_httpd_server ~]# ls -l hanyanwei*
-rw-r--r-- 1 root root 0 Jul 22 23:22 hanyanwei.a
-rw-r--r-- 1 root root 0 Jul 22 23:22 hanyanwei.abc
-rw-r--r-- 1 root root 0 Jul 22 23:22 hanyanwei.b
[root@laohan_httpd_server ~]# ls -lh hanyanwei.?
-rw-r--r-- 1 root root 0 Jul 22 23:22 hanyanwei.a
-rw-r--r-- 1 root root 0 Jul 22 23:22 hanyanwei.b
```

特殊模式字符“*”是一个功能强大而且广为使用的通配符，它匹配任何字符和字符串（包括空字符串）。表达式 hanyanwei.*匹配 hanyanwei.{a,b,abc}这 3 个文件。

Bash 中的参数 globstar 可以控制连续两个“*”的行为，即出现“**”的情况，参数 globstar 在 disable（shopt -u globstar）情况下，“**”和“*”的行为是一样的（即“**”和“*”匹配当前目录下的所有文件名和目录名，“**/”和“*/”匹配当前目录下的所有目录名）。一旦 enable（shopt -s globstar），那么“**”就会递归匹配所有的文件和目录，而“**/”仅会递归匹配所有的目录，代码如下。

```
[root@laohan_httpd_server ~]# pwd ; ls -lhrt
/root
total 32K
-rw-r--r--. 1 root root 3.4K Jul 22 20:43 install.log.syslog
-rw-r--r--. 1 root root 8.7K Jul 22 20:44 install.log
-rw-------. 1 root root 1.1K Jul 22 20:44 anaconda-ks.cfg
-rwxr-xr-x  1 root root   64 Jul 22 21:15 cp_file.sh
drwxr-xr-x  3 root root 4.0K Jul 22 21:56 Shell-scripts
-rw-r--r--  1 root root   42 Jul 22 22:33 users
```

```
-rw-r--r--  1 root root    0 Jul 22 23:22 hanyanwei.b
-rw-r--r--  1 root root    0 Jul 22 23:22 hanyanwei.abc
-rw-r--r--  1 root root    0 Jul 22 23:22 hanyanwei.a
[root@laohan_httpd_server ~]# shopt globstar
globstar        off
[root@laohan_httpd_server ~]# echo * ; echo **
anaconda-ks.cfg cp_file.sh hanyanwei.a hanyanwei.abc hanyanwei.b install.log install.log.syslog Shell-scripts users
anaconda-ks.cfg cp_file.sh hanyanwei.a hanyanwei.abc hanyanwei.b install.log install.log.syslog Shell-scripts users
[root@laohan_httpd_server ~]#
[root@laohan_httpd_server ~]# echo */ ; echo **/
Shell-scripts/
Shell-scripts/
[root@laohan_httpd_server ~]# shopt -s globstar
[root@laohan_httpd_server ~]# shopt globstar
globstar        on
[root@laohan_httpd_server ~]# echo * ; echo **
anaconda-ks.cfg cp_file.sh hanyanwei.a hanyanwei.abc hanyanwei.b install.log install.log.syslog Shell-scripts users
anaconda-ks.cfg cp_file.sh hanyanwei.a hanyanwei.abc hanyanwei.b install.log install.log.syslog Shell-scripts Shell-scripts/chapter-1 Shell-scripts/chapter-1/cp-file.sh Shell-scripts/chapter-1/hello-world.sh Shell-scripts/chapter-1/hello-world-v2.sh Shell-scripts/chapter-1/here-Document.sh users
[root@laohan_httpd_server ~]#
[root@laohan_httpd_server ~]# echo */ ; echo **/
Shell-scripts/
Shell-scripts/ Shell-scripts/chapter-1/
```

特殊模式字符“[ ]”，它与特殊模式字符“?”很相似，但允许匹配得更确切，把所有想要匹配的字符放在“[ ]”内，结果匹配其中的任一字符。可以使用“-”表示范围，也可以使用“!”或者是“^”来表示反向匹配，实例如下。

hanyanwei.[ab]与 hanyanwei.[a-z]匹配文件 hanyanwei.a 和 hanyanwei.b，但不匹配文件 hanyanwei.abc，代码如下。

```
[root@laohan_httpd_server ~]# touch  hanyanwei.{a,b}
[root@laohan_httpd_server ~]# ll hanyanwei.[ab]
-rw-r--r-- 1 root root 0 Jul 22 23:49 hanyanwei.a
-rw-r--r-- 1 root root 0 Jul 22 23:49 hanyanwei.b
[root@laohan_httpd_server ~]# ll hanyanwei.[a-z]
-rw-r--r-- 1 root root 0 Jul 22 23:49 hanyanwei.a
-rw-r--r-- 1 root root 0 Jul 22 23:49 hanyanwei.b
```

- [abc]和[a-c]匹配单个字符 a、b 或 c。
- [!0-9]或者[^0-9]匹配任何一个非数字字符。
- [a-zA-Z0-9_-]匹配任何一个字母、任何一个数字、下画线或者破折号（假设 ASCII 环境下）。
- 使用 Bash 的几个扩展特殊模式字符之前，请确保 extglob 是打开的（shopt -s extglob）。有了这几个扩展特殊模式字符，就使得模式匹配有了正则表达式的“味道”，自此模式匹配也有了重复、可选的功能。

```
1 [root@laohan-shell-1 chapter-1]# ls -l  +(abc|def)*.+(jpg|png)
2 -bash: 未预期的符号 '(' 附近有语法错误
```

若出现上述代码中第 2 行的报错信息，请执行如下代码，打开特殊模式匹配扩展。

```
[root@laohan-shell-1 chapter-1]# shopt -s extglob
```

再次执行第 1 行即可成功输出对应的结果，如下所示。

```
[root@laohan-shell-1 chapter-1]# ls -l  +(abc|def)*.+(jpg|png)
-rw-r--r-- 1 root root 0 2019-12-08 12:55:00.911542840 +0800 def.png
-rw-r--r-- 1 root root 0 2019-12-08 12:55:00.911542840 +0800 abc.jpg
```

2．列出当前目录下以 abc 或者 def 开头的.jpg 或者.png 文件

实现代码如下所示。

```
1 [root@laohan_httpd_server ~]# touch abc.jpg
2 [root@laohan_httpd_server ~]# touch def.png
3 [root@laohan_httpd_server ~]# ls -l  +(abc|def)*.+(jpg|png)
4 -rw-r--r-- 1 root root 0 Jul 22 23:32 abc.jpg
5 -rw-r--r-- 1 root root 0 Jul 22 23:32 def.png
```

第 1～2 行分别创建.jpg 和.png 文件。

第 3 行使用 ls -l 指令匹配以 abc 或 def 开头的，中间是任意字符，扩展名为.jpg 和.png 的文件。

第 4～5 行为第 3 行代码的执行结果。

3．找出当前目录下与正则表达式 ab(1|2|3)+\.jpg 匹配的所有文件

实现代码如下所示。

```
[root@laohan_httpd_server ~]# touch ab{1..3}.jpg
[root@laohan_httpd_server ~]# ls -l ab{1..3}*.jpg
-rw-r--r-- 1 root root 0 Jul 22 23:35 ab1.jpg
-rw-r--r-- 1 root root 0 Jul 22 23:35 ab2.jpg
-rw-r--r-- 1 root root 0 Jul 22 23:35 ab3.jpg

[root@laohan_httpd_server ~]# ls -l  ab+(1|2|3).jpg
-rw-r--r-- 1 root root 0 Jul 22 23:35 ab1.jpg
-rw-r--r-- 1 root root 0 Jul 22 23:35 ab2.jpg
-rw-r--r-- 1 root root 0 Jul 22 23:35 ab3.jpg
```

执行结果中匹配到的文件诸如 ab1.jpg、ab2.jpg、ab3.jpg、ab111.jpg、ab222.jpg、ab333.jpg 等。

4．删除当前目录下除了扩展名为.jpg 或.png 的文件

Linux 系统管理员在日常处理文件或数据前，最好使用 ls 指令结合通配符或者相关表达式把要执行的文件列表或数据列表显示出来，然后使用 mv 指令移动目标文件到临时备份目录，万一误操作了还有可恢复的余地。同时，这些日常操作也是考核 Linux 系统管理员经验是否丰富、安全风险意识是否到位的重要标准。具体操作代码如下。

```
[root@laohan_httpd_server ~]# ls -lhrt
total 32K
-rw-r--r--. 1 root root 3.4K Jul 22 20:43 install.log.syslog
-rw-r--r--. 1 root root 8.7K Jul 22 20:44 install.log
-rw-------. 1 root root 1.1K Jul 22 20:44 anaconda-ks.cfg
-rwxr-xr-x  1 root root   64 Jul 22 21:15 cp_file.sh
drwxr-xr-x  3 root root 4.0K Jul 22 21:56 Shell-scripts
-rw-r--r--  1 root root   42 Jul 22 22:33 users
-rw-r--r--  1 root root    0 Jul 22 23:22 hanyanwei.b
-rw-r--r--  1 root root    0 Jul 22 23:22 hanyanwei.abc
-rw-r--r--  1 root root    0 Jul 22 23:22 hanyanwei.a
-rw-r--r--  1 root root    0 Jul 22 23:32 abc.jpg
-rw-r--r--  1 root root    0 Jul 22 23:32 def.png
-rw-r--r--  1 root root    0 Jul 22 23:35 ab3.jpg
-rw-r--r--  1 root root    0 Jul 22 23:35 ab2.jpg
-rw-r--r--  1 root root    0 Jul 22 23:35 ab1.jpg
```

使用正则表达式删除文件之前，先使用 ls 指令结合通配符查看文件信息，确保不会误删除文件，代码如下。

```
[root@laohan-shell-1 chapter-1]# ls -l !(*.jpg|*.png)
-rw-r--r-- 1 root root 0 2019-12-08 12:51:09.028339625 +0800 laohan3.log
-rw-r--r-- 1 root root 0 2019-12-08 12:51:09.028339625 +0800 laohan2.log
-rw-r--r-- 1 root root 0 2019-12-08 12:51:09.028339625 +0800 laohan1.log
-rw-r--r-- 1 root root 0 2019-12-08 12:51:26.943176963 +0800 laohan456.log
```

确认上述表达式书写无误，然后执行如下代码删除对应的文件或目录。

```
1 [root@laohan_httpd_server ~]# rm -fv !(*.jpg|*.png)
2 removed 'anaconda-ks.cfg'
3 removed 'cp_file.sh'
4 removed 'hanyanwei.a'
5 removed 'hanyanwei.abc'
6 removed 'hanyanwei.b'
7 removed 'install.log'
8 removed 'install.log.syslog'
9 rm: cannot remove `Shell-scripts': Is a directory
10 removed 'users'
11 [root@laohan_httpd_server ~]# ls -lhrt
12 total 4.0K
13 drwxr-xr-x 3 root root 4.0K Jul 22 21:56 Shell-scripts
14 -rw-r--r-- 1 root root    0 Jul 22 23:32 abc.jpg
15 -rw-r--r-- 1 root root    0 Jul 22 23:32 def.png
16 -rw-r--r-- 1 root root    0 Jul 22 23:35 ab3.jpg
17 -rw-r--r-- 1 root root    0 Jul 22 23:35 ab2.jpg
18 -rw-r--r-- 1 root root    0 Jul 22 23:35 ab1.jpg
```

上述代码中，第1行表示，删除当前目录下除扩展名为.jpg和.png的所有文件。第2～8行表示删除了当前目录下的符合条件的文件。第9行表示为目录，无法删除。第10行表示为普通文件，已经被删除。第11行表示查看当前目录下的所有文件和目录。第13～18行为当前目录下存在的所有文件信息。

5. 列出当前目录下不是以abc或者def开头的、扩展名为.jpg或.png的文件

实现代码如下所示。

```
1 [root@laohan_httpd_server ~]# touch {1..3}.log
2 [root@laohan_httpd_server ~]# touch {1..3}.txt
3 [root@laohan_httpd_server ~]# ls -lhrt
4 total 4.0K
5 drwxr-xr-x 3 root root 4.0K Jul 22 21:56 Shell-scripts
6 -rw-r--r-- 1 root root    0 Jul 22 23:32 abc.jpg
7 -rw-r--r-- 1 root root    0 Jul 22 23:32 def.png
8 -rw-r--r-- 1 root root    0 Jul 22 23:35 ab3.jpg
9 -rw-r--r-- 1 root root    0 Jul 22 23:35 ab2.jpg
10 -rw-r--r-- 1 root root    0 Jul 22 23:35 ab1.jpg
11 -rw-r--r-- 1 root root    0 Jul 22 23:42 3.log
12 -rw-r--r-- 1 root root    0 Jul 22 23:42 2.log
13 -rw-r--r-- 1 root root    0 Jul 22 23:42 1.log
14 -rw-r--r-- 1 root root    0 Jul 22 23:42 3.txt
15 -rw-r--r-- 1 root root    0 Jul 22 23:42 2.txt
16 -rw-r--r-- 1 root root    0 Jul 22 23:42 1.txt
17 [root@laohan_httpd_server ~]# ls -l  +(abc|def)*.+(jpg|png)
18 -rw-r--r-- 1 root root 0 Jul 22 23:32 abc.jpg
19 -rw-r--r-- 1 root root 0 Jul 22 23:32 def.png
20 [root@laohan-shell-1 chapter-1]# ls -l !(+(abc|def)*.(jpg|png))
21 -rw-r--r-- 1 root root 0 2019-12-08 13:22:29.629347625 +0800 def.jpg
22 -rw-r--r-- 1 root root 0 2019-12-08 13:22:29.629347625 +0800 abc.jpg
23 -rw-r--r-- 1 root root 0 2019-12-08 13:22:31.384334522 +0800 def.png
24 -rw-r--r-- 1 root root 0 2019-12-08 13:22:31.384334522 +0800 abc.png
25 -rw-r--r-- 1 root root 0 2019-12-08 13:22:41.505258775 +0800 def123.png
26 -rw-r--r-- 1 root root 0 2019-12-08 13:22:41.505258775 +0800 abc123.png
27 -rw-r--r-- 1 root root 0 2019-12-08 13:22:45.802226647 +0800 def123.jpg
28 -rw-r--r-- 1 root root 0 2019-12-08 13:22:45.802226647 +0800 abc123.jpg
```

上述代码中，第1～2行创建测试文件；第17行使用通配符查询相关文件；第20行使用“!”进行反向匹配文件操作。

1.6.11 将 DOS 格式转换为 UNIX 格式

1. 传输 Windows 文件到 Linux 出现的问题及解决方案

使用 Windows 操作系统的编辑器在本地 IDE 编写代码并上传到远程 Linux 服务器，执行代码的时候会出现字符无法被正确识别的问题，代码如下。

```
1    [root@laohan_Shell_Python ~]# bash laohan_test.sh
2    我的名字是韩艳威
3    What is your name
4
5    ': 不是有效的标识符 3 行:read: `MY_NAME
6    Hello  - hope you're well.
```

上述代码第 5 行报错，导致第 6 行运行结果出错，此情况下需要使用 dos2unix 指令将.doc 文件转换为 UNIX 格式，代码如下。

```
1    [root@laohan_Shell_Python ~]# dos2unix  laohan_test.sh
2    dos2unix: converting file laohan_test.sh to Unix format ...
3    [root@laohan_Shell_Python ~]# bash laohan_test.sh
4     我的名字是韩艳威
5    What is your name
6    hanyanwei
7    Hello hanyanwei - hope you're well.
```

上述代码第 1 行使用 dos2unix 指令转换文件格式，第 4～6 行为程序执行结果。该指令的具体使用方法如下。

2. 基本介绍

dos2unix 指令用于将 DOS 格式的文本文件转换为 UNIX 格式。

DOS 格式的文本文件是以\r\n 作为断行标志的，表示成十六进制数就是 0D。而 UNIX 格式的文本文件是以\n 作为断行标志的，表示成十六进制数就是 0A。在 Linux 操作系统中，用较低版本的 Vi 编辑器打开 DOS 格式的文本文件时行尾会显示^M，而且很多指令都无法很好地处理这种格式的文件。

如果该文件是 Shell 脚本，那么 UNIX 格式的文本文件在 Windows 操作系统下用 Notepad++ 打开时会拼在一起显示，因此产生了两种格式文件相互转换的需求。将 UNIX 格式文本文件转换为 DOS 格式时，使用 unix2dos 指令即可完成。

3. 基础语法

dos2unix 基础语法如下所示。

```
dos2unix [-hkqV] [-c convmode] [-o file ...] [-n infile outfile ...]
```

dos2unix 常用选项如表 1-7 所示。

表 1-7　　dos2unix 常用选项

选项	说明
-k	保持输出文件的日期不变
-q	安静模式，不提示任何警告信息
-V	查看版本
-c	转换模式，模式有 ASCII、7bit、ISO、Mac，默认是 ASCII
-o	写入源文件
-n	写入新文件

4. dos2unix应用实例

(1) 格式化匹配单个文件。

简单的用法就是dos2unix直接跟文件名，可以跟单个文件或多个文件，代码如下。

```
1   [root@laohan_Shell_Python ~]# dos2unix  laohan_test.sh
2   dos2unix: converting file laohan_test.sh to Unix format ...
3   [root@laohan_Shell_Python ~]# dos2unix  *
4   dos2unix: Skipping chapter-1, not a regular file.
5   dos2unix: Skipping chapter-2, not a regular file.
6   dos2unix: converting file for.sh to Unix format ...
7   dos2unix: converting file laohan_test.sh to Unix format ...
8   dos2unix: converting file len_1.sh to Unix format ...
9   dos2unix: converting file len_2.sh to Unix format ...
10  dos2unix: converting file len_3.sh to Unix format ...
11  dos2unix: converting file rev_bash.sh to Unix format ...
12  dos2unix: converting file rev_file.log to Unix format ...
13  dos2unix: converting file string_instrsub.sh to Unix format ...
14  dos2unix: converting file sub_string.sh to Unix format ...
15  dos2unix: converting file test.sh to Unix format ...
16  dos2unix: converting file v.sh to Unix format ...
```

上述代码中第1行转换单个文件，第3行使用通配符匹配当前目录下所有的文件，第4～16行为匹配输出结果。

如果一次转换多个文件，把这些文件名直接跟在dos2unix之后。（注：也可加上-o选项，或者不加，二者效果相同。）

```
dos2unix file1 file2 file3
dos2unix -o file1 file2 file3
```

上述代码在进行格式转换时，都会直接在原来的文件上修改，如果想把转换的结果保存在别的文件，而源文件不变，则可以使用-n选项。

如果要保持文件时间戳不变，加上-k选项。所以上面几条指令都是可以加上-k选项来保持文件时间戳的，语法如下。

```
dos2unix -k file
dos2unix -k file1 file2 file3
dos2unix -k -o file1 file2 file3
dos2unix -k -n oldfile newfile
```

(2) 格式化匹配多文件。

要更改文件格式为.sh，那么借助下面的指令就可以轻松地实现批量替换为UNIX文件格式，代码如下。

```
1   [root@laohan_Shell_Python ~]# find ./ -name "*.sh" | xargs dos2unix
2   dos2unix: converting file ./len_3.sh to Unix format ...
3   dos2unix: converting file ./chapter-2/check_v_var.sh to Unix format ...
4   dos2unix: converting file ./chapter-2/check_z_var.sh to Unix format ...
5   dos2unix: converting file ./laohan_test.sh to Unix format ...
6   dos2unix: converting file ./v.sh to Unix format ...
7   dos2unix: converting file ./for.sh to Unix format ...
8   dos2unix: converting file ./len_1.sh to Unix format ...
9   dos2unix: converting file ./sub_string.sh to Unix format ...
10  dos2unix: converting file ./rev_bash.sh to Unix format ...
11  dos2unix: converting file ./string_instrsub.sh to Unix format ...
12  dos2unix: converting file ./len_2.sh to Unix format ...
13  dos2unix: converting file ./test.sh to Unix format ...
```

上述代码第1行使用find指令结合xargs批量转换当前目录下所有以.sh结尾的文件，

第 2～13 行为匹配输出结果。

1.7 Shell 脚本运维实战

1.7.1 统计磁盘容量信息

【实例 1-21】统计磁盘容量信息

统计当前系统磁盘分区信息和文件类型，脚本内容如下所示。

```
[root@laohan_httpd_server chapter-1]# cat disk-total.sh
#!/bin/bash
clear
df -Th
```

脚本执行结果如下。

```
1 [root@laohan_httpd_server chapter-1]# ./disk-total.sh
2 Filesystem               Type      Size   Used  Avail  Use%  Mounted on
3 devtmpfs                 devtmpfs  475M   0     475M   0%    /dev
4 tmpfs                    tmpfs     487M   0     487M   0%    /dev/shm
5 tmpfs                    tmpfs     487M   7.6M  479M   2%    /run
6 tmpfs                    tmpfs     487M   0     487M   0%    /sys/fs/cgroup
7 /dev/mapper/centos-root  xfs       17G    1.8G  16G    11%   /
8 /dev/sda1                xfs       1014M  136M  879M   14%   /boot
9 tmpfs                    tmpfs     98M    0     98M    0%    /run/user/0
```

上述代码第 1～9 行统计了当前操作系统的文件类型和容量信息。实际运维中，一般需要统计和监控根目录的容量大小，脚本修订版如下所示，只统计根目录的磁盘使用空间。

```
[root@laohan-shell-1 chapter-1]# cat disk-total.sh
 df -h |grep /$ |awk '{print $5}'
```

脚本执行结果如下所示。

```
[root@laohan-shell-1 chapter-1]# bash disk-total.sh
11%
```

上述代码统计了磁盘根目录的使用百分比。

1.7.2 统计磁盘容量信息脚本扩展

【实例 1-22】统计磁盘容量信息脚本扩展

对统计磁盘容量信息脚本进行扩展，增加注释和描述信息，并在脚本执行前和脚本执行后输出提示信息。

```
1 [root@laohan_httpd_server chapter-1]# cat ./disk-total.sh
2 #!/bin/bash
3
4 :<<note
5 Author: hanyanwei
6 Datetime: 2018/07/29
7 Version: 1.2
8 Description: 查看磁盘空间
9 note
10 clear
```

```
11 echo
12 echo "--------------------统计磁盘开始--------------------------------------"
13 df -Th
14 echo "--------------------统计磁盘结束--------------------------------------"
```

上述代码第4～9行为多行注释，其格式如下。

```
: <<EOF
语句1
语句2
语句3
语句4
EOF
```

脚本执行结果如下。

```
[root@laohan_httpd_server chapter-1]# ./disk-total.sh

--------------------统计磁盘开始------------------------------------
Filesystem            Type   Size  Used Avail Use% Mounted on
/dev/mapper/VolGroup-lv_root
                       ext4  8.3G  750M  7.1G  10% /
tmpfs                 tmpfs  931M     0  931M   0% /dev/shm
/dev/sda1              ext4  477M   28M  425M   7% /boot
--------------------统计磁盘结束------------------------------------
```

7.3 复制文件到指定目录

【实例 1-23】复制文件到指定目录

在/tmp 目录下创建当天日期的目录，并复制/data/下面的*.log 文件到/tmp/当天日期的目录下。

需要对脚本核心指令进行描述和说明，代码如下。

```
date +%F
```

输出类似“2018-07-23”格式的日期，代码如下。

```
find /data/ -maxdepth 1 -type f -name "*.log" |xargs -i  cp -av {} /tmp/$(date +%F)
```

查找当前目录下以.log 为扩展名的文件并复制到/tmp/$(date +%F)目录下，代码如下。

```
mkdir -pv /data/
touch  /data/{1..9}.log
mkdir -pv /tmp/$(date +%F)
find /data/ -maxdepth 1 -type f -name "*.log" |xargs -i  cp -av {} /tmp/$(date +%F)
```

7.4 安装 LAMP 菜单

【实例 1-24】实现一键安装 LAMP 菜单

用 Shell 脚本实现一键安装 LAMP 菜单，要求熟练掌握 echo 指令的使用，代码如下。

```
[root@laohan_httpd_server chapter-1]# cat auto-inistall-lamp.sh
#!/bin/bash
:<<note
Author:HanYanWei
Date:2017-06-11
Version:1.1
Desc auto_install lamp
note
echo  -e "\033[32m------------------------------------------\033[0m"
```

```
echo "1）一键安装 LAMP"
echo "2）安装 MySQL"
echo "3）安装 PHP"
echo "4）安装 Apache"
echo  -e "\033[32m-----------------------------------------------\033[0m"
```

Shell 脚本中 echo 显示内容带颜色显示，需要使用-e 选项，格式如下。

```
echo -e "\033[文字背景颜色；文字颜色 m 字符串\033[0m"
```

设置文字的底色和文字背景颜色，格式如下。

```
echo -e "\033[41;36m something here \033[0m"
```

其中 41 代表文字背景颜色，36 代表文字颜色。

- 文字背景颜色和文字颜色之间是半角的“;”。
- 文字颜色后面有个 m。
- 字符串前后一般没有空格。如果有的话，输出也有空格。

下面是相应的文字和背景颜色，可以自己尝试找出不同颜色搭配。

```
echo -e "\033[31m 红色字 \033[0m"
echo -e "\033[34m 黄色字 \033[0m"
echo -e "\033[41;33m 红底黄字 \033[0m"
echo -e "\033[41;37m 红底白字 \033[0m"
```

文字颜色表示范围：30～37。如下。

```
echo -e "\033[30m 黑色字 \033[0m"
echo -e "\033[31m 红色字 \033[0m"
echo -e "\033[32m 绿色字 \033[0m"
echo -e "\033[33m 黄色字 \033[0m"
echo -e "\033[34m 蓝色字 \033[0m"
echo -e "\033[35m 紫色字 \033[0m"
echo -e "\033[36m 天蓝字 \033[0m"
echo -e "\033[37m 白色字 \033[0m"
```

文字背景颜色表示范围：40～47。如下。

```
echo -e "\033[40;37m 黑底白字 \033[0m"
echo -e "\033[41;37m 红底白字 \033[0m"
echo -e "\033[42;37m 绿底白字 \033[0m"
echo -e "\033[43;37m 黄底白字 \033[0m"
echo -e "\033[44;37m 蓝底白字 \033[0m"
echo -e "\033[45;37m 紫底白字 \033[0m"
echo -e "\033[46;37m 天蓝底白字 \033[0m"
echo -e "\033[47;30m 白底黑字 \033[0m"
```

颜色范围控制选项说明如下所示。

- \33[0m：关闭所有属性。
- \33[1m：设置高亮度。
- \33[4m：下画线。
- \33[5m：闪烁。
- \33[7m：反显。
- \33[8m：消隐。
- \33[30m- \33[37m：设置前景色。
- \33[40m- \33[47m：设置背景色。

- \33[nA：光标上移 *n* 行。
- \33[nB：光标下移 *n* 行。
- \33[nC：光标右移 *n* 行。
- \33[nD：光标左移 *n* 行。
- \33[y;xH：设置光标位置。
- \33[2J：清屏。
- \33[K：清除从光标到行尾的内容。
- \33[s：保存光标位置。
- \33[u：恢复光标位置。
- \33[?25l：隐藏光标。
- \33[?25h：显示光标。

1.8 Linux 清空文件内容的 6 种方法

项目运行过程中，脚本运行日志和业务自定义日志文件，随着运行时间的增加，日积月累，会逐渐变大。单个 100MB 的文件增长到 20GB 的情况在企业级项目中屡见不鲜，但是此类文件又不能轻易删除。因此清空文件内容，保留该文件是个不错的选择，这就需要建立清空文件的机制和制定对应的清空策略。

直接删除文件，若代码中没有相应的异常处理机制，极易引发未知的错误或异常。因此在 Linux 操作系统中，可以通过指令达到清空文件内容而不删除文件本身的目的。本节将介绍几种方法，用于清空或删除大文件内容。

几种快速清空文件内容的方法如下所示。

```
: >file
```

其中的“:”是一个占位符，不产生任何输出。

```
1 >file
2 echo "" >file
3 echo /dev/null >file
4 echo >file
5 cat /dev/null >file
6 cat/dev/null > test.txt
7 echo "" > test.txt
8 cp /dev/null file
```

上述代码中，第 1～8 行的指令，均可以清空文件内容。其中第 5 行和第 7 行，在清空文件内容方面有些许差别，差别如下。

```
cat/dev/null >test.txt
```

上述代码中，文件大小被截为 0B。

```
echo "" > test.txt
```

上述代码中，文件大小被截为 1B。

1.8.1 重定向

使用重定向是清空文件内容中较简单的方法，通过 Shell 重定向 null 到指定文件即可，代码如下。

```
[root@laohan_httpd_server chapter-1]# df -TH >disk-info.log
[root@laohan_httpd_server chapter-1]# cat disk-info.log
Filesystem           Type    Size  Used Avail Use% Mounted on
/dev/mapper/VolGroup-lv_root
                     ext4    8.9G  1.4G  7.1G  16% /
tmpfs                tmpfs   977M     0  977M   0% /dev/shm
/dev/sda1            ext4    500M   29M  445M   7% /boot
[root@laohan_httpd_server chapter-1]# >disk-info.log
[root@laohan_httpd_server chapter-1]# cat disk-info.log
```

1.8.2 true 指令

还可以使用 true 指令重定向清空文件内容，代码如下。

```
free -g >mem-info.log
```

重定向内存信息到 mem-info.log 文件。

```
true > mem-info.log
```

使用 true 指令重定向清空 mem-info.log 文件内容。

```
1 [root@laohan_httpd_server chapter-1]# free -g
2             total     used      free     shared    buffers    cached
3 Mem:            1        0         1          0          0         0
4 -/+ buffers/cache:       0         1
5 Swap:           0        0         0
6 [root@laohan_httpd_server chapter-1]# free -g > mem-info.log
7 [root@laohan_httpd_server chapter-1]# cat mem-info.log
8             total     used      free     shared    buffers    cached
9 Mem:            1        0         1          0          0         0
10 -/+ buffers/cache:      0         1
11 Swap:           0        0         0
12 [root@laohan_httpd_server chapter-1]# true > mem-info.log
13 [root@laohan_httpd_server chapter-1]# cat mem-info.log
```

第 13 行使用 cat 指令查看 mem-info.log 文件内容时可以发现，该文件已经是空文件。

1.8.3 cat、cp、dd 指令与/dev/null 设备

可以使用 cat、cp、dd 指令与/dev/null 设备协同工作达到清空文件内容的目的。/dev/null 设备是一个特殊的文件，它将清空重定向到它的输出，而它的输入是个空白文件，什么内容也没有。因此，可以使用 cat 指令查看/dev/null 文件的内容，然后重定向输出到指定文件，达到清空文件内容的目的，代码如下。

```
cat /dev/null  >who-login.log
```

同理，可以将/dev/null 文件的内容复制到指定文件，达到清空文件内容而不删除文件的目的，代码如下。

```
cp /dev/nullwho-login.log
```

完整执行结果如下。

```
1 [root@laohan_httpd_server chapter-1]# who > who-login.log
2 [root@laohan_httpd_server chapter-1]# cat who-login.log
3 root     pts/0        2018-09-06 23:29 (192.168.1.104)
4 [root@laohan_httpd_server chapter-1]# cat /dev/null > who-login.log
5 [root@laohan_httpd_server chapter-1]# cat who-login.log
6 [root@laohan_httpd_server chapter-1]#
7 [root@laohan_httpd_server chapter-1]# uptime > sys-load.log
8 [root@laohan_httpd_server chapter-1]# cat sys-load.log
9  00:19:58 up 50 min,  1 user,  load average: 0.00, 0.00, 0.00
10 [root@laohan_httpd_server chapter-1]# cp -av /dev/null sys-load.log
11 cp: 是否覆盖"sys-load.log"? y
12 已删除"sys-load.log"
13 "/dev/null" -> "sys-load.log"
14 [root@laohan_httpd_server chapter-1]# cat sys-load.log
15 [root@laohan_httpd_server chapter-1]#
16 [root@laohan_httpd_server chapter-1]#
17 [root@laohan_httpd_server chapter-1]# last > last-login.log
18 [root@laohan_httpd_server chapter-1]# cat last-login.log
19 root     pts/0        192.168.1.104    Thu Sep  6 23:29   still logged in
20 reboot   system boot  2.6.32-696.el6.x Thu Sep  6 23:29 - 00:20  (00:51)
21 root     pts/1        192.168.1.104    Tue Sep  4 22:00 - down   (00:54)
22 root     pts/0        192.168.1.104    Tue Sep  4 17:46 - down   (05:08)
23 reboot   system boot  2.6.32-696.el6.x Tue Sep  4 16:59 - 22:55  (05:56)
24 root     pts/2        192.168.1.104    Mon Sep  3 16:46 - down   (02:15)
25 root     pts/0        192.168.1.104    Mon Sep  3 16:06 - 18:22  (02:16)
26 root     pts/1        192.168.1.104    Mon Sep  3 05:30 - 17:31  (12:00)
27 (中间代码略)
28 root     tty1                          Sat Aug  4 15:17 - 16:19  (01:02)
29 reboot   system boot  2.6.32-696.el6.x Sat Aug  4 15:15 - 16:31  (01:16)
30 root     pts/3        192.168.1.104    Mon Jul 23 01:19 - crash (12+13:56)
31 root     pts/0        192.168.1.104    Mon Jul 23 01:01 - crash (12+14:14)
32 root     pts/0        192.168.1.104    Mon Jul 23 00:58 - 01:00  (00:01)
33 root     pts/2        192.168.1.104    Sun Jul 22 23:18 - crash (12+15:57)
34 root     pts/1        192.168.1.104    Sun Jul 22 22:09 - 01:27  (03:18)
35 root     pts/0        192.168.1.104    Sun Jul 22 20:54 - 00:19  (03:24)
36 root     tty1                          Sun Jul 22 20:50 - crash (12+18:25)
37 reboot   system boot  2.6.32-696.el6.x Sun Jul 22 20:50 - 16:31 (12+19:41)
38 root     tty1                          Sun Jul 22 20:45 - down   (00:04)
39 reboot   system boot  2.6.32-696.el6.x Sun Jul 22 20:45 - 20:49  (00:04)
40
41 wtmp begins Sun Jul 22 20:45:03 2018
42 [root@laohan_httpd_server chapter-1]# dd if=/dev/null of=last-login.log
43 记录了 0+0 的读入
44 记录了 0+0 的写出
45 0 字节(0 B)已复制，0.000103529 秒，0.0 KB/秒
46 [root@laohan_httpd_server chapter-1]# cat last-login.log
```

上述代码第 17 行（粗体）使用 last 指令重定向输出结果到 last-login.log 文件中，第 18 行使用 cat 指令查看 last-login.log 文件内容，第 19～41 行为 last-login.log 文件内容，第 42 行（粗体）使用 dd if=/dev/null 指令清空 dd if=/dev/null 文件内容，第 46 行查看 last-login.log 文件时，发现该文件内容已经被清空。

.8.4 echo 指令

可以使用 echo 指令将空字符串重定向到指定文件，来清空文件内容，代码如下。

```
# echo "" >handuoduo-info.log
```

或者使用如下指令清空文件内容。

```
# echo >handuoduo-info.log
```

注意：该方法虽然清空了文件的内容，但是文件会包含一个空字符串，使用 cat 指令查看时，将看到一个空白行。空字符串不等于 null，空字符串只能说明它的内容为空，而 null 则表示该事物不存在。要想彻底清空文件内容，可以使用 echo 指令的-n 选项，该选项将“告诉”echo 指令，不再输出一个空白行。

```
$  echo -n "" > system.log
```

完整输出结果如下。

```
1 [root@laohan_httpd_server chapter-1]# echo "My name is handuoduo" >handuoduo-info.log
2 [root@laohan_httpd_server chapter-1]# cat handuoduo-info.log
3 My name is handuoduo
4 [root@laohan_httpd_server chapter-1]# echo -n "" >handuoduo-info.log
5 [root@laohan_httpd_server chapter-1]# cat handuoduo-info.log
```

第 1 行使用 echo 指令创建 handuoduo-info.log 文件，第 2 行查看 handuoduo-info.log 文件内容，第 4 行使用 echo-n 指令加上输出空字符串的组合选项清空 handuoduo-info.log 文件内容，第 5 行使用 cat 指令查看 handuoduo-info.log 文件内容。

1.8.5 truncate 指令

truncate 指令可以将一个文件缩小或者扩大到某个给定的大小，可以利用该指令和-s 选项来特别指定文件的大小，输出结果如下。

```
1 [root@laohan_httpd_server chapter-1]# cp -av /etc/passwd .
2 "/etc/passwd" -> "./passwd"
3 [root@laohan_httpd_server chapter-1]# cat passwd
4 root:x:0:0:root:/root:/bin/bash
5 bin:x:1:1:bin:/bin:/sbin/nologin
6 daemon:x:2:2:daemon:/sbin:/sbin/nologin
7 adm:x:3:4:adm:/var/adm:/sbin/nologin
8 lp:x:4:7:lp:/var/spool/lpd:/sbin/nologin
9 sync:x:5:0:sync:/sbin:/bin/sync
10 shutdown:x:6:0:shutdown:/sbin:/sbin/shutdown
11 halt:x:7:0:halt:/sbin:/sbin/halt
12 mail:x:8:12:mail:/var/spool/mail:/sbin/nologin
13 uucp:x:10:14:uucp:/var/spool/uucp:/sbin/nologin
14 operator:x:11:0:operator:/root:/sbin/nologin
15 games:x:12:100:games:/usr/games:/sbin/nologin
16 gopher:x:13:30:gopher:/var/gopher:/sbin/nologin
17 ftp:x:14:50:FTP User:/var/ftp:/sbin/nologin
18 nobody:x:99:99:Nobody:/:/sbin/nologin
19 vcsa:x:69:69:virtual console memory owner:/dev:/sbin/nologin
20 saslauth:x:499:76:Saslauthd user:/var/empty/saslauth:/sbin/nologin
21 postfix:x:89:89::/var/spool/postfix:/sbin/nologin
22 sshd:x:74:74:Privilege-separated SSH:/var/empty/sshd:/sbin/nologin
23 nginx:x:500:500::/home/nginx:/sbin/nologin
24 hanyanwei:x:501:501::/home/hanyanwei:/bin/bash
25 ntp:x:38:38::/etc/ntp:/sbin/nologin
26 dbus:x:81:81:System message bus:/:/sbin/nologin
27 apache:x:48:48:Apache:/var/www:/sbin/nologin
28 [root@laohan_httpd_server chapter-1]# truncate -s 0 passwd
29 [root@laohan_httpd_server chapter-1]# cat passwd
```

上述代码第 28 行（粗体）使用-s 选项设定文件的大小，若要清空文件内容，就设定为 0。总体来说，主要是使用重定向来清空文件内容。

1.8.6 一句话脚本

批量查找并清空文件内容可以使用一句话脚本，如下所示。

```
find /data -name *.access.log | xargs -i truncate -s 0 {}
```

上述代码查找并清空/data/目录下所有以.access.log 结尾的文件的内容。

```
[root@shanghai_web_1_35_117 ~]# df -TH
Filesystem                    Type  Size  Used Avail Use% Mounted on
/dev/mapper/VolGroup-lv_root ext4    51G   48G   14M 100% /
tmpfs                        tmpfs  4.8G  4.1k  4.8G   1% /dev/shm
/dev/vda1                     ext4  508M   35M  448M   8% /boot
```

上述代码第 1 行通过 df -TH 指令查看系统磁盘分区和容量信息，发现根目录已经无可用空间。

```
1 [root@shanghai_web_1_35_117 ~]#
2 [root@shanghai_web_1_35_117 ~]# cd /home/handuoduo/runtime/tomcat_8081
3 [root@shanghai_web_1_35_117 tomcat_8081]# ll
4 ...
5 drwxr-xr-x 2 handuoduo handuoduo  4096 11月 23 2016 bin
6 drwxr-xr-x 3 handuoduo handuoduo  4096 5月  30 2016 conf
7 drwxr-xr-x 2 handuoduo handuoduo  4096 5月  30 2016 lib
8 -rwxr-xr-x 1 handuoduo handuoduo 56812 9月  26 2014 LICENSE
9 drwxr-xr-x 2 handuoduo handuoduo  4096 9月   8 00:01 logs
10 -rwxr-xr-x 1 handuoduo handuoduo  1192 9月  26 2014 NOTICE
11 -rwxr-xr-x 1 handuoduo handuoduo  8963 9月  26 2014 RELEASE-NOTES
12 -rwxr-xr-x 1 handuoduo handuoduo 16204 9月  26 2014 RUNNING.txt
13 drwxr-xr-x 2 handuoduo handuoduo 12288 10月 30 2017 temp
14 drwxr-xr-x 2 handuoduo handuoduo  4096 5月  12 2016 webapps
15 drwxr-xr-x 3 handuoduo handuoduo  4096 1月   4 2015 work
16 [root@shanghai_web_1_35_117 tomcat_8081]# du -sh logs/
17 42G     logs/
18 [root@shanghai_web_1_35_117 logs]# ls -lh |grep G
19 ...
20 -rw-r--r-- 1 handuoduo handuoduo  12G 8月  24 23:55 tomcat.log.bak.2018-08-24
21 -rw-r--r-- 1 handuoduo handuoduo  12G 8月  25 23:55 tomcat.log.bak.2018-08-25
22 -rw-r--r-- 1 handuoduo handuoduo  12G 8月  26 23:55 tomcat.log.bak.2018-08-26
23 -rw-r--r-- 1 handuoduo handuoduo 4.9G 8月  27 23:56 tomcat.log.bak.2018-08-27
24 [root@shanghai_web_1_35_117 logs]# pwd
25 /home/handuoduo/runtime/tomcat_8081/logs
26 [root@shanghai_web_1_35_117 logs]# find /home/handuoduo/runtime/tomcat_8081/
logs -type f -size +3G
27 /home/handuoduo/runtime/tomcat_8081/logs/tomcat.log.bak.2018-08-24
28 /home/handuoduo/runtime/tomcat_8081/logs/tomcat.log.bak.2018-08-25
29 /home/handuoduo/runtime/tomcat_8081/logs/tomcat.log.bak.2018-08-26
30 /home/handuoduo/runtime/tomcat_8081/logs/tomcat.log.bak.2018-08-27
31 [root@shanghai_web_1_35_117 logs]# time find 33 /home/handuoduo/runtime/tomcat_
8081/logs -type f -size +3G|xargs -i truncate -s 0 {}

32 real    0m1.833s
33 user    0m0.005s
34 sys     0m1.576s
35 [root@shanghai_web_1_35_117 logs]# find /home/handuoduo/runtime/tomcat_8081/
logs
36 -type f -size +3G
```

```
37 [root@shanghai_web_1_35_117 logs]# df -Th
38 Filesystem                    Type   Size  Used Avail Use% Mounted on
39 /dev/mapper/VolGroup-lv_root ext4    47G  4.1G   41G  10% /
40 tmpfs                        tmpfs  4.5G  4.0K  4.5G   1% /dev/shm
41 /dev/vda1                    ext4   485M   33M  427M   8% /boot
```

上述代码中，第 2 行进入脚本运行所在目录，查看根目录占满是否由日志文件导致。第 16 行通过 du -sh 指令查看日志文件大小，可以确认是日志文件增长导致根目录空间被耗尽。

第 18 行通过 ls -lh |grep G 指令过滤 GB 级别的日志文件。

第 26 行使用 find 指令过滤空间占用在 3GB 以上的文件。

第 31 行执行批量删除指令，清空大日志文件内容，第 37 行查看磁盘空间占用是否恢复。

1.8.7 注意事项

Linux 系统清空文件内容注意事项。

```
1 : >file
2 >file
3 cat /dev/null >file
```

上述代码中，第 1～3 行都可以将文件内容清空，且文件大小为 0。而下面两种方式，导致文本都有一个“\0”，文件大小为 1B。

```
1 echo "" >file
2 echo >file
```

上述代码中，第 1 行和第 2 行指令清空文件内容。测试代码如下所示。

```
1 [root@laohan_httpd_server chapter-1]# cp -av /etc/passwd .
2 cp: 是否覆盖"./passwd"? y
3 "/etc/passwd" -> "./passwd"
4 [root@laohan_httpd_server chapter-1]# echo > passwd
5 [root@laohan_httpd_server chapter-1]# ls -lhrt passwd
6 -rw-r--r-- 1 root root 1 9月   8 11:00 passwd
7 [root@laohan_httpd_server chapter-1]# cp -av /etc/passwd .
8 cp: 是否覆盖"./passwd"?  y
9 "/etc/passwd" -> "./passwd"
10 [root@laohan_httpd_server chapter-1]# echo "" > passwd
11 [root@laohan_httpd_server chapter-1]# ls -lhrt passwd
12 -rw-r--r-- 1 root root 1 9月   8 11:00 passwd
```

上述代码第 1 行使用 cp 指令复制/etc/passwd 文件到当前目录中。

第 4 行使用 echo 指令清空 passwd 文件内容，第 5 行使用 ls -lhrt 指令查看 passwd 文件，其大小为 1B。

第 10 行使用 echo 指令输出字符串重定向的方式清空 passwd 文件内容，第 11 行使用 ls -lhrt 指令查看 passwd 文件，其大小为 1B。

如下实例使用重定向的方式清空文件内容并计算耗时。

```
1 [root@hdfs_5_15 sbin]# ls -lh
2 总用量 28G
3 -rw-rw-r--. 1 tomcat tomcat 28G 9月   8 20:13 mona.log
4 -rwxrwxr-x. 1 tomcat tomcat 11M 4月  11 2017 mona-server
5 -rwxrwxr-x. 1 tomcat tomcat 144 4月  11 2017 mona-start.sh
6 -rwxrwxr-x. 1 tomcat tomcat  76 4月  11 2017 start.sh
```

上述代码第 3 行的 mona.log 文件占用 28GB 磁盘空间。下面将使用重定向方式清空此文件的内容，代码如下。

```
1 [root@hdfs_5_15 sbin]# time >mona.log
2
3 real    0m2.979s
4 user    0m0.001s
5 sys     0m0.953s
6 You have new mail in /var/spool/mail/root
```

上述代码中，第 1 行使用 time 指令计算清空 mona.log 文件内容的耗时统计，可以发现清空 28GB 的文件内容实际耗时不到 3s，处理速度还是非常快的。再查看 mona.log 文件是否清除成功。

```
1 [root@hdfs_5_15 sbin]# ls -lh
2 总用量 11M
3 -rw-rw-r--. 1 tomcat tomcat 143K 9月   8 20:13 mona.log
4 -rwxrwxr-x. 1 tomcat tomcat  11M 4月  11 2017 mona-server
5 -rwxrwxr-x. 1 tomcat tomcat  144 4月  11 2017 mona-start.sh
6 -rwxrwxr-x. 1 tomcat tomcat   76 4月  11 2017 start.sh
```

上述代码中，通过第 3 行发现 mona.log 文件并不是空的。这是因为有脚本不断在往此文件写入日志，所以使用 ls -lh 指令看到的文件大小不为 0。在实际 Linux 服务器环境中，读者可以观察此现象是否存在。

1.9 Shell 编程实用指令

1.9.1 read 指令

Linux 操作系统中的 read 指令用于从标准输入读取数值。

read 内部指令被用于从标准输入读取单行数据，也可以被用于读取键盘输入。当使用重定向的时候，可以读取文件中的一行数据。read 指令常用选项如表 1-8 所示。

表 1-8　read 指令常用选项

选项	说明
-a	后面跟一个变量，该变量是数组，然后给变量赋值，默认以空格为分隔符
-d	后面跟一个标志符，其实只有其后的第一个字符有用，作为结束的标志
-p	后面跟提示信息，即在输入前输出提示信息
-e	在输入的时候可以实现指令补全功能
-n	后面跟一个数字，定义输入文本的长度
-r	屏蔽“\”，若没有该选项，则“\”作为一个转义字符，否则“\”代表正常字符
-s	安静模式，在输入字符时不在终端上显示，例如登录时输入密码
-t	后面跟秒数，定义输入字符的等待时间
-u	后面跟文件描述符数量，从文件描述符中读入，该文件描述符可以是 exec 新开启的

【实例 1-25】接收用户输入的内容

```
1    [root@laohan_httpd_server chapter-1]# cat 18-read.sh
2    #!/bin/bash
3
4    #这里默认会换行
5    echo "请输入您的名字："
```

```
6    #读取键盘输入
7    read name
8    echo "您的名字是： $name"
9    exit 0  #退出
```

上述代码第 7 行使用 name 变量接收用户输入的内容，第 8 行输出字符串和变量值。脚本执行结果如下。

```
[root@laohan_httpd_server chapter-1]# bash 18-read.sh
请输入您的名字:
handuoduo
您的名字是： handuoduo
[root@laohan_httpd_server chapter-1]#
```

【实例 1-26】输出提示信息

使用 read 指令中的-p 选项，可以在语句中指定提示信息，代码如下。

```
1     [root@laohan_httpd_server chapter-1]# cat 19-read-p.sh
2    #!/bin/bash
3
4    read -p "请输入您的名字:" name
5    echo "您的名字是： $name"
6    exit 0
```

上述代码第 4 行指定用户输入内容时的提示信息，脚本执行结果如下所示。

```
[root@laohan_httpd_server chapter-1]# bash 19-read-p.sh
请输入您的名字:handuoduo
您的名字是： handuoduo
```

【实例 1-27】计时器

read 指令的-t 选项表示等待输入的秒数。当计时结束时，read 指令返回非 0 状态码。

```
1 [root@laohan_httpd_server chapter-1]# cat 20-read-timeout.sh
2
3 #!/bin/bash
4
5 if read -t 6 -p "您的名字是:" name
6 then
7    echo "您输入的名字是： $name"
8 else
9     echo -e "\n 抱歉，您输入已超时了，$0 脚本将自动退出..."
10 fi
11 exit 0
```

上述代码中，对脚本不传入任何参数，第 5 行执行等待 6s 后，执行结果如下所示。

```
1 [root@laohan_httpd_server chapter-1]# bash 20-read-timeout.sh
2 您的名字是:
3 抱歉，您输入已超时了，20-read-timeout.sh 脚本将自动退出...
4 [root@laohan_httpd_server chapter-1]#
```

上述脚本的执行结果中，第 2 行和第 3 行表示用户未对 20-read-timeout.sh 传入参数，导致脚本超时 6s 自动退出。

【实例 1-28】匹配字符串

除了输入时间计时，还可以使用-n 选项设置 read 指令计数输入的字符。当输入的字符数目达到预定数目时，自动退出，并将输入的数据赋值给变量，代码如下。

```
[root@laohan_httpd_server chapter-1]# cat 21-read-n-count.sh
#!/bin/bash

read -n1 -p "Do you want to continue [Y/N]?" Enter
case $Enter in
```

```
  Y | y)
      echo "Fine ,continue";;
  N | n)
      echo "Ok,good bye";;
  *)
     echo "Error choice";;
  esac
  exit 0
```

21-read-n-count.sh 脚本执行结果如下所示。

```
[root@laohan_httpd_server chapter-1]# bash 21-read-n-count.sh
Do you want to continue [Y/N]?tError choice
```

该实例使用了-n 选项，后接数值 1，指示 read 指令只要接收到 1 个字符就退出。只要输入 1 个字符进行回答，read 指令立即接收输入并将其传给变量，无须按“Enter”键。如下代码只接收 4 个字符就退出。

```
[root@laohan_httpd_server chapter-1]# cat 22-read.sh
#!/bin/bash

read -n4 -p "请随便输入 4 个字符：" any
echo -e "\n 您输入的 4 个字符是：$any"
exit 0
[root@laohan_httpd_server chapter-1]#
```

22-read.sh 脚本执行结果如下所示。

```
[root@laohan_httpd_server chapter-1]# bash 22-read.sh
请随便输入 4 个字符：love
您输入的 4 个字符是：love
```

【实例 1-29】静默模式

read 指令中-s 选项能够使用户输入的数据不显示在指令终端上（数据是显示的，只是 read 指令的-s 选项将文本颜色设置为与背景相同的颜色），要求用户输入密码时常用该选项，代码如下。

```
[root@laohan_httpd_server chapter-1]# cat 22-read-passwd.sh
#!/bin/bash

read  -s  -p "请输入您的密码:" pass
echo -e "\n 您输入的密码是：\033[32;40m$pass\033[0m"
exit 0
```

执行脚本，输入密码后不显示任何内容，代码如下。

```
[root@laohan_httpd_server chapter-1]# bash 22-read-passwd.sh
请输入您的密码：
您输入的密码是：handuoduo
```

【实例 1-30】读取文件

每次调用 read 指令都会读取文件中的一行文本，当文件没有可读的行时，read 指令将以非 0 状态码退出。

使用 cat 指令读取文件并通过管道将程序运行结果直接传送给包含 read 指令的 while 循环。测试文件 disk-info.log 内容如下。

```
[root@laohan_httpd_server chapter-1]# df -Th >disk-info.log
[root@laohan_httpd_server chapter-1]# cat disk-info.log
Filesystem           Type   Size  Used Avail Use% Mounted on
/dev/mapper/VolGroup-lv_root
                     ext4   8.3G  1.3G  6.6G  16% /
```

```
tmpfs              tmpfs  931M     0  931M   0% /dev/shm
/dev/sda1          ext4   477M   28M  425M   7% /boot
```

测试代码如下所示。

```
[root@laohan_httpd_server chapter-1]# cat 24-read-file.sh
#!/bin/bash



declare -i count=1
cat disk-info.log | while read line
do
    echo "Line $count:$line"
    count=$[ $count + 1 ]
done

echo "$0 exec finished..."
exit 0
```

24-read-file.sh 脚本执行结果如下。

```
1  [root@laohan_httpd_server chapter-1]# bash 24-read-file.sh
2 Line 1:Filesystem          Type  Size  Used Avail Use% Mounted on
3 Line 2:/dev/mapper/VolGroup-lv_root
4 Line 3:ext4   8.3G  1.3G  6.6G  16% /
5 Line 4:tmpfs             tmpfs  931M     0  931M   0% /dev/shm
6 Line 5:/dev/sda1         ext4   477M   28M  425M   7% /boot
7  24-read-file.sh exec finished...
```

上述执行结果中可以发现 disk-info.log 文件内容共有 5 行（第 2～6 行）。

1.9.2 sleep 指令

sleep 指令常用于在 Shell 脚本中延迟时间。注意：以下用法中可以用小数。sleep 指令常用格式如下所示。

```
$ sleep <n>
```

其中的 n 代表数字，可以是延迟 n 秒、延迟 n 分钟、延迟 n 小时、延迟 n 天，如下所示。

- sleep 1 表示默认延迟一秒。
- sleep 1s 表示延迟一秒。
- sleep 1m 表示延迟一分钟。
- sleep 1h 表示延迟一小时。
- sleep 1d 表示延迟一天。

【实例 1-31】使用 sleep 指令延迟执行

```
1 [root@laohan_httpd_server chapter-1]# date ; sleep 6 ; date
2 2018 年 09 月 08 日星期六 20:48:47 CST
3
4 2018 年 09 月 08 日星期六 20:48:53 CST
5 [root@laohan_httpd_server chapter-1]#
6 [root@laohan_httpd_server chapter-1]#
7 [root@laohan_httpd_server chapter-1]# date ; sleep 1m ; date
8 2018 年 09 月 08 日星期六 20:48:57 CST
9 2018 年 09 月 08 日星期六 20:49:57 CST
```

上述代码第 1 行 sleep 6 表示延迟 6s，也可以写为 sleep 6s，这里的 s 省略了，第 7 行 sleep 1m 表示延迟 1 分钟。

1.9.3 date 指令

1. 显示时间

date 指令可以按照指定格式显示时间，只输入 date 则以默认格式显示当前时间。代码如下。

```
[root@laohan_httpd_server chapter-1]# date
2018 年 09 月 08 日星期六 20:53:10 CST
```

如果需要以指定的格式显示时间，可以使用以“%”开头的字符串指定其格式，详细格式如表 1-9 所示。

表 1-9　　date 指令详细格式

格式	说明
%n	下一行
%t	跳格
%H	小时（00～23）
%I	小时（01～12）
%k	小时（0～23）
%l	小时（1～12）
%M	分钟（00～59）
%p	显示本地 AM 或 PM
%r	直接显示时间（12 小时制，格式为 hh:mm:ss [AP]M）
%S	秒
%T	直接显示时间（24 小时制）
%X	相当于%H:%M:%S
%Z	显示时区
%a	星期几
%b	月份
%d	日
%h	同 %b
%j	一年中的第几天
%m	月份
%y	年份的最后两位数字
%Y	完整年份（0000～9999）

上述格式不必全都记住，只需要掌握几个常用的即可。

【实例 1-32】date 指令常用实例

```
[root@laohan_httpd_server chapter-1]# date "+现在时间是: %Y-%m-%d %H: %M: %S"
现在时间是: 2018-09-08 20: 54: 32
```

如果要显示的时间不是当前时间，而是经过运算的时间，则可以用-d 选项。例如显示 3 年前的时间，代码如下。

```
[root@laohan_httpd_server chapter-1]# date "+%Y-%m-%d %H: %M: %S" -d "-3 year"
2015-09-08 20: 55: 20
```

显示 3 个月后的时间，代码如下。

```
[root@laohan_httpd_server chapter-1]# date "+%Y-%m-%d %H: %M: %S" -d "+3 month"
2018-12-08 20: 55: 51
```

显示 10 天后的时间，代码如下。

```
[root@laohan_httpd_server chapter-1]# date "+%Y-%m-%d %H: %M: %S" -d "+10 day"
2018-09-18 20: 56: 18
```

有时候需要获取当前时间距离 1970 年 1 月 1 日 00:00:00 的秒数，保存在变量中。

```
1 [root@laohan_httpd_server chapter-1]# time_1970_now=`date +%s`
2 [root@laohan_httpd_server chapter-1]# echo $time_1970_now
3 1536411423
```

上述代码第 1 行将`date +%s`指令的执行结果赋值给变量 time_1970_now，第 2～3 行输出 time_1970_now 变量的值。

2. 设置时间

使用 date 指令中的-s 选项可以设置系统时间，方式多种多样，代码如下。

```
[root@laohan_httpd_server chapter-1]# date -s "20121216 12:16:16"
2012年 12月 16日星期日 12:16:16 CST
[root@laohan_httpd_server chapter-1]# date -s "2012-12-16 12:16:16"
2012年 12月 16日星期日 12:16:16 CST
[root@laohan_httpd_server chapter-1]# date -s "2012/12/16 12:16:16"
2012年 12月 16日星期日 12:16:16 CST
[root@laohan_httpd_server chapter-1]# date -s "12:16:16 20121216"
2012年 12月 16日星期日 12:16:16 CST
[root@laohan_httpd_server chapter-1]# date -s "12:16:16 2012/12/16"
2012年 12月 16日星期日 12:16:16 CST
```

1.9.4 sshpass 指令

SSH 服务登录远程服务器时不能在指令行中指定密码，sshpass 指令的出现，解决了这一问题。sshpass 指令用于非交互 SSH 的密码验证，一般用在 Shell 脚本中，无须再次输入密码。使用 sshpass 指令中的-p 选项指定明文密码，可以直接登录远程服务器，它支持密码从指令行、文件、环境变量中读取。

sshpass 指令默认没有安装 CentOS，需要手动安装，测试环境服务器基本信息如表 1-10 所示。

表 1-10 测试环境服务器基本信息

操作系统环境	IP	主机名	防火墙及 SELinux
CentOS 6.9 x86_64	192.168.1.110	Shell-programmer	均关闭
CentOS 6.9 x86_64	192.168.1.168	Linux-command	均关闭

首先检测两台主机的EPEL源，然后分别安装sshpass软件，代码如下。

```
[root@laohan_httpd_server chapter-1]# ll /etc/yum.repos.d/ |grep epel
-rw-r--r--  1 root root  957 11月  5 2012 epel.repo
-rw-r--r--  1 root root 1056 11月  5 2012 epel-testing.repo
[root@laohan_httpd_server chapter-1]# yum list sshpass
已加载插件：fastestmirror
Determining fastest mirrors
epel/metalink
（中间代码略）
Installed:
  sshpass.x86_64 0:1.06-1.el6

Complete!
```

经过以上步骤，sshpass安装完成，输入指令sshpass如出现如下提示即表示安装成功。

```
[root@laohan_httpd_server chapter-1]# sshpass
Usage: sshpass [-f|-d|-p|-e] [-hV] command parameters
   -f file   Take password to use from file
   -d number     Use number as file descriptor for getting password
   -p password   Provide password as argument (security unwise)
   -e            Password is passed as env-var "SSHPASS"
   With no parameters - password will be taken from stdin

   -P prompt     Which string should sshpass search for to detect a password prompt
   -v            Be verbose about what you're doing
   -h            Show help (this screen)
   -V            Print version information
At most one of -f, -d, -p or -e should be used
```

遇到的问题：第一次从一台服务器使用sshpass登录另一台服务器的时候，有时候执行如下指令无响应。

```
[root@laohan_httpd_server ~]#  sshpass -p 123.com ssh -p 22 root@192.168.1.168
```

原因：对于第一次登录，会提示“Are you sure you want to continue connecting (yes/no)”，这时sshpass会不好用。

解决办法：可以在sshpass指令后面加上-o StrictHostKeyChecking=no来解决，代码如下。

```
[root@laohan_httpd_server ~]#  sshpass -p 123.com ssh -p 22  -o StrictHostKey
Checking=no  root@192.168.1.168 'df -TH'
Filesystem             Type   Size  Used Avail Use% Mounted on
/dev/mapper/VolGroup-lv_root
                       ext4    19G  982M   17G   6% /
tmpfs                  tmpfs  515M     0  515M   0% /dev/shm
/dev/sda1              ext4   500M   29M  445M   7% /boot
```

如果不想在指令行中添加-o StrictHostKeyChecking=no，可以在sshd配置文件中的/etc/ssh/ssh_config文件中设置StrictHostKeyChecking no（默认为#StrictHostKeyChecking ask）。

（1）file后跟保存密码的文件名，密码是文件内容的第1行，代码如下。

```
[root@laohan_httpd_server ~]#  sshpass -f loggin.txt ssh -p 22  -o StrictHostKe
yChecking=no  root@192.168.1.168 'df -TH'
Filesystem             Type   Size  Used Avail Use% Mounted on
/dev/mapper/VolGroup-lv_root
                       ext4    19G  982M   17G   6% /
tmpfs                  tmpfs  515M     0  515M   0% /dev/shm
/dev/sda1              ext4   500M   29M  445M   7% /boot
```

（2）环境变量 SSHPASS 作为密码，代码如下。

```
[root@laohan_httpd_server ~]# export SSHPASS=''123.com
[root@laohan_httpd_server ~]# sshpass -e   ssh -p 22  -o StrictHostKeyChecking=
no  root@192.168.1.168 'df -TH'
Filesystem            Type   Size  Used Avail Use% Mounted on
/dev/mapper/VolGroup-lv_root
                      ext4    19G  982M   17G   6% /
tmpfs                 tmpfs  515M     0  515M   0% /dev/shm
/dev/sda1             ext4   500M   29M  445M   7% /boot
```

（3）非交互模式输入密码，使用-p 选项指定密码，代码如下。

```
sshpass -p '123456' ssh user_name@host_ip
sshpass -p '123456' scp root@host_ip:/home/test/t ./tmp/
```

（4）在多台主机执行指令。

查看远程主机列表信息，代码如下。

```
[root@laohan_httpd_server chapter-1]# cat hosts.info
192.168.1.120
192.168.1.121
192.168.1.122
192.168.1.123
```

查看 25-sshpass-command.sh 脚本内容，代码如下。

```
[root@laohan_httpd_server chapter-1]# cat 25-sshpass-command.sh
#!/bin/bash
for i in $(cat hosts.info)
do
    echo $i
    sshpass -p'123.com' ssh root@$i 'ip addr |grep -w inet |grep -v 127 |awk '{print
$2}'|cut -d'/' -f1'
done
```

25-sshpass-command.sh 脚本执行结果，代码如下。

```
[root@laohan_httpd_server chapter-1]# bash 25-sshpass-command.sh
192.168.1.120
192.168.1.121
192.168.1.122
192.168.1.123
```

（5）实际工作中的小案例。

【实例 1-33】批量修改密码

定期修改服务器密码之后，验证是否修改成功，hosts.info 文件内容如下所示。

```
[root@laohan_httpd_server chapter-1]# cat hosts.info
192.168.1.120
192.168.1.121
192.168.1.122
192.168.1.123
```

修改 25-sshpass-command.sh 脚本内容，如下所示。

```
[root@laohan_httpd_server chapter-1]# cat 25-sshpass-command.sh
#!/bin/bash
old_pass='123.com'
new_pass='6d@2whs@efB#aZZd'
for host in $(cat hosts.info)
do
```

```
    /usr/bin/sshpass -p "$old_pass" ssh -p 22  -o StrictHostKeyChecking=no root@$host
"echo $new_pass |passwd --stdin root"
    done
```

25-sshpass-command.sh 脚本执行结果如下所示。

```
1    [root@laohan_httpd_server chapter-1]# bash 25-sshpass-command.sh
2    更改用户 root 的密码
3    passwd: 所有的身份验证令牌已经成功更新
4    更改用户 root 的密码
5    passwd: 所有的身份验证令牌已经成功更新
6    更改用户 root 的密码
7    passwd: 所有的身份验证令牌已经成功更新
8    更改用户 root 的密码
9    passwd: 所有的身份验证令牌已经成功更新
```

从上述代码第 2～9 行的输出结果可以看到，hosts.info 文件中的主机列表修改密码成功。

【实例 1-34】sshpass 结合 scp 同步文件

使用 sshpass 结合 scp 同步文件，代码如下。

```
1    [root@kafkazk1 ~]# echo "跟老韩学Shell编程" > laohan_shell.info
2    [root@kafkazk1 ~]# cat laohan_shell.info
3    跟老韩学Shell编程
4    [root@kafkazk1 ~]# sshpass -p 1 scp laohan_shell.info root@kafkazk2:/root/
```

上述代码第 4 行使用 sshpass 结合 scp 发送 laohan_shell.info 文件到服务器 kafkazk2。

```
[root@kafkazk2 ~]# ls -lhrt --full-time /root/laohan_shell.info
-rw-r--r-- 1 root root 24 2020-12-26 19:05:46.271864129 +0800 /root/laohan_shell.info
[root@kafkazk2 ~]# cat /root/laohan_shell.info
跟老韩学Shell编程
```

上述代码表示登录 kafkazk2 服务器，确认 laohan_shell.info 文件是否存在，并使用 cat 指令查看 laohan_shell.info 文件内容。

【实例 1-35】sshpass 结合 pssh

在 kafkazk1 服务器上安装 pssh 软件，安装过程如下。

```
1    [root@kafkazk1 ~]# yum list pssh
2    上次元数据过期检查：0:21:52 前，执行于 2020年12月26日 星期六 18时59分00秒
3    可安装的软件包
4    pssh.noarch 2.3.1-29.el8 epel
5    [root@kafkazk1 ~]# yum -y install pssh
6    上次元数据过期检查：0:26:52 前，执行于 2020年12月26日 星期六 18时59分00秒
7    依赖关系解决
8    ==========================================================================
==========================================================
9    软件包   架构   版本   仓库   大小
10   ==========================================================================
==========================================================
11   Installing:
12   pssh  noarch  2.3.1-29.el8  epel  58 kB
13
14   事务概要
15   ==========================================================================
==========================================================
16   安装  1 软件包
17
18   总下载：58 kB
19   安装大小：112 kB
20   下载软件包：
21   pssh-2.3.1-29.el8.noarch.rpm  22 kB/s |  58 kB     00:02
22   --------------------------------------------------------------------------
```

```
---------------------------------------------------------------
 23  总计   13 kB/s |  58 kB     00:04
 24  运行事务检查
 25  事务检查成功
 26  运行事务测试
 27  事务测试成功
 28  运行事务
 29    准备中:1/1
 30    Installing:pssh-2.3.1-29.el8.noarch  1/1
 31    运行脚本:pssh-2.3.1-29.el8.noarch  1/1
 32    验证:pssh-2.3.1-29.el8.noarch  1/1
 33
 34  已安装:
 35    pssh-2.3.1-29.el8.noarch
 36
```

上述代码第 1 行使用 yum list 指令列出当前软件 yum 源中是否包含 pssh 软件。

第 2～4 行为输出结果。

第 5 行使用 yum 指令安装 pssh 软件，第 6～36 行为输出结果。

在 kafkazk2 服务器上安装 pssh 软件，安装过程如下。

```
 1   [root@kafkazk2 ~]# yum list pssh
 2   上次元数据过期检查：0:27:41 前，执行于 2020 年 12 月 26 日 星期六 18 时 58 分 28 秒
 3   可安装的软件包
 4   pssh.noarch 2.3.1-29.el8 epel
 5   [root@kafkazk2 ~]# yum -y install pssh
 6   上次元数据过期检查：0:27:48 前，执行于 2020 年 12 月 26 日 星期六 18 时 58 分 28 秒
 7   依赖关系解决
 8   =======================================================================================
=============================================================
 9   软件包  架构  版本   仓库  大小
 10  =======================================================================================
=============================================================
 11  Installing:
 12   pssh noarch 2.3.1-29.el8 epel 58 kB
 13  Upgrading:
 14   platform-python-pip noarch 9.0.3-18.el8 base 1.7 MB
 15   platform-python-setuptools noarch 39.2.0-6.el8 base 632 kB
 16  安装依赖关系
 17   python3-pip noarch 9.0.3-18.el8 AppStream 20 kB
 18   python36 x86_64 3.6.8-2.module_el8.3.0+562+e162826a AppStream 19 kB
 19   python3-setuptools noarch 39.2.0-6.el8 base 163 kB
 20  Enabling module streams:
 21   python36 3.6
 22
 23  事务概要
 24  =======================================================================================
=============================================================
 25  安装  4 软件包
 26  升级  2 软件包
 27
 28  总下载：2.6 MB
 29  下载软件包
 30  (1/6):                python3-setuptools-39.2.0-6.el8.noarch.rpm 135 kB/s |
163 kB    00:01
 31  (2/6):                        python3-pip-9.0.3-18.el8.noarch.rpm 15 kB/s |
20 kB    00:01
 32  (3/6):   python36-3.6.8-2.module_el8.3.0+562+e162826a.x86_64.rpm 15 kB/s |
19 kB    00:01
 33  (4/6):                              pssh-2.3.1-29.el8.noarch.rpm 291 kB/s |
58 kB    00:00
 34  (5/6):        platform-python-setuptools-39.2.0-6.el8.noarch.rpm 1.6 MB/s |
```

```
632 kB    00:00
  35  (6/6):                platform-python-pip-9.0.3-18.el8.noarch.rpm 1.5 MB/s |
1.7 MB    00:01
  36  ---------------------------------------------------------------------------------
--------------------------------------------------------------------
  37  总计 688 kB/s | 2.6 MB     00:03
  38  运行事务检查
  39  事务检查成功
  40  运行事务测试
  41  事务测试成功
  42  运行事务
  43    准备中:1/1
  44    Upgrading:platform-python-setuptools-39.2.0-6.el8.noarch  1/8
  45    Installing:python3-setuptools-39.2.0-6.el8.noarch 2/8
  46    Upgrading:platform-python-pip-9.0.3-18.el8.noarch 3/8
  47    Installing:python36-3.6.8-2.module_el8.3.0+562+e162826a.x86_64 4/8
  48    运行脚本:python36-3.6.8-2.module_el8.3.0+562+e162826a.x86_64 4/8
  49    Installing:python3-pip-9.0.3-18.el8.noarch 5/8
  50    Installing:pssh-2.3.1-29.el8.noarch 6/8
  51    清理:platform-python-pip-9.0.3-13.el8.noarch 7/8
  52    清理:platform-python-setuptools-39.2.0-4.el8.noarch 8/8
  53    运行脚本:platform-python-setuptools-39.2.0-4.el8.noarch 8/8
  54    验证:python3-pip-9.0.3-18.el8.noarch 1/8
  55    验证:python36-3.6.8-2.module_el8.3.0+562+e162826a.x86_64 2/8
  56    验证:python3-setuptools-39.2.0-6.el8.noarch 3/8
  57    验证:pssh-2.3.1-29.el8.noarch 4/8
  58    验证:platform-python-pip-9.0.3-18.el8.noarch 5/8
  59    验证:platform-python-pip-9.0.3-13.el8.noarch 6/8
  60    验证:platform-python-setuptools-39.2.0-6.el8.noarch 7/8
  61    验证:platform-python-setuptools-39.2.0-4.el8.noarch 8/8
  62
  63  已升级
  64    platform-python-pip-9.0.3-18.el8.noarch platform-python-setuptools-39.2.
0-6.el8.noarch
  65
  66  已安装
  67    pssh-2.3.1-29.el8.noarch python3-pip-9.0.3-18.el8.noarch python36-3.6.
8-2.module_el8.3.0+562+e162826a.x86_64
  68    python3-setuptools-39.2.0-6.el8.noarch
  69
```

上述代码第 1 行使用 yum list 指令列出当前软件 yum 源中是否包含 pssh 软件。

第 2～4 行为输出结果。

第 5 行使用 yum 指令安装 pssh 软件，第 6～69 行为输出结果，可以看到此次安装 pssh 软件的同时附带安装了很多有关 Python 的软件。

查看 pssh 软件的组件，代码如下。

```
1   [root@kafkazk1 ~]# rpm -ql pssh | head -5
2   /usr/bin/pnuke
3   /usr/bin/prsync
4   /usr/bin/pscp.pssh
5   /usr/bin/pslurp
6   /usr/bin/pssh
```

pssh 提供 OpenSSH 和相关工具的并行版本。包括 pssh、pscp、prsync、pnuke 和 pslurp。该项目包括 psshlib，可以在自定义应用程序中使用。pssh 的用法可以媲美 Ansible 的一些简单用法，执行起来速度比 Ansible 快，它支持文件并行复制、远程命令执行、杀掉远程主机上的进程等。

使用 sshpass 结合 pssh 查看服务器的日期和负载，代码如下。

```
1   [root@kafkazk1 ~]# sshpass -p 1 pssh -A -i -H kafkazk2 "date"
2   Warning: do not enter your password if anyone else has superuser
3   privileges or access to your account.
4   [1] 19:35:48 [SUCCESS] kafkazk2
5   2020年 12月 26日 星期六 19:35:48 CST
6   [root@kafkazk1 ~]# sshpass -p 1 pssh -A -i -H kafkazk2 "uptime"
7   Warning: do not enter your password if anyone else has superuser
8   privileges or access to your account.
9   [1] 19:36:13 [SUCCESS] kafkazk2
10  19:36:13 up 48 min,  1 user,  load average: 0.00, 0.14, 0.18
```

上述代码第 1 行查看 kafkazk2 服务器的系统时间，第 2～5 行为输出结果，第 6 行查看 kafkazk2 服务器的系统负载，第 7～10 行为输出结果。

【实例 1-36】sshpass 结合 rsync

创建测试文件，代码如下。

```
[root@kafkazk1 ~]# echo "跟老韩学 Shell 编程" >> laohan_shell.info
[root@kafkazk1 ~]# cat laohan_shell.info
跟老韩学 Shell 编程
跟老韩学 Shell 编程
```

使用 sshpass 结合 rsync 同步文件，可以解决每次远程同步文件需要输入密码的问题，代码如下。

```
1   [root@kafkazk1 ~]# sshpass -p 1 rsync -avz /root/laohan_shell.info root@
kafkazk2:/root
2   sending incremental file list
3   laohan_shell.info
4
5   sent 128 bytes  received 41 bytes  338.00 bytes/sec
6   total size is 48  speedup is 0.28
7   [root@kafkazk2 ~]# cat /root/laohan_shell.info
8   跟老韩学 Shell 编程
9   跟老韩学 Shell 编程
```

上述代码第 1 行将/root 目录下的 laohan_shell.info 文件传输到 kafkazk2 服务器的/root 目录下，第 2～6 行为输出结果，第 7 行登录 kafkazk2 服务器查看/root/laohan_shell.info 文件的内容是否正确，第 8 行和第 9 行为输出文件内容，结果和 kafkazk1 服务器的 laohan_shell.info 文件的内容显示一致，表示第 1 行代码执行准确无误。

1.9.5 案例：crontab 定时任务不执行

【实例 1-37】定时同步时间

生产环境服务器定时同步时间一直未生效，使用 crontab -e 指令编辑内容，如下所示。

```
*/30 * * * *  source  /etc/profile &&  /usr/sbin/ntpdate  ntp1.aliyun.com >>
/tmp/$(/bin/date +%F-%T).log
```

修改后的定时任务，使用 crontab -l 指令显示内容如下所示。

```
[root@laohan_httpd_server ~]# crontab  -l
*/30 * * * *  source  /etc/profile &&  /usr/sbin/ntpdate  ntp1.aliyun.com >>
/tmp/$(/bin/date +\%F-\%T).log
```

定时任务执行后，查看/tmp 目录下定时任务执行后记录的日志文件，输出结果如下。

```
[root@laohan_httpd_server chapter-1]# ls -lh /tmp/
总用量 140K
-rw-r--r--  1 root root   85 9月   4 22:00 2018-09-04-22:00:01.log
-rw-r--r--  1 root root   85 9月   4 22:30 2018-09-04-22:30:01.log
```

```
-rw-r--r-- 1 root root  85 9月  6 23:30 2018-09-06-23:30:05.log
-rw-r--r-- 1 root root  85 9月  7 00:00 2018-09-07-00:00:01.log
-rw-r--r-- 1 root root  85 9月  7 00:30 2018-09-07-00:30:01.log
-rw-r--r-- 1 root root  87 9月  8 08:48 2018-09-07-01:00:01.log
-rw-r--r-- 1 root root  85 9月  8 09:00 2018-09-08-09:00:01.log
-rw-r--r-- 1 root root  85 9月  8 09:30 2018-09-08-09:30:01.log
-rw-r--r-- 1 root root  85 9月  8 10:00 2018-09-08-10:00:01.log
-rw-r--r-- 1 root root  85 9月  8 10:30 2018-09-08-10:30:01.log
-rw-r--r-- 1 root root  85 9月  8 11:00 2018-09-08-11:00:01.log
-rw-r--r-- 1 root root  85 9月  8 11:30 2018-09-08-11:30:01.log
-rw-r--r-- 1 root root  86 9月  8 17:23 2018-09-08-12:00:01.log
-rw-r--r-- 1 root root  85 9月  8 17:30 2018-09-08-17:30:01.log
-rw-r--r-- 1 root root  85 9月  8 18:00 2018-09-08-18:00:01.log
-rw-r--r-- 1 root root  85 9月  8 18:30 2018-09-08-18:30:01.log
-rw-r--r-- 1 root root  85 9月  8 19:00 2018-09-08-19:00:01.log
-rw-r--r-- 1 root root  85 9月  8 19:30 2018-09-08-19:30:01.log
-rw-r--r-- 1 root root  85 9月  8 20:00 2018-09-08-20:00:01.log
-rw-r--r-- 1 root root  85 9月  8 20:30 2018-09-08-20:30:01.log
-rw-r--r-- 1 root root  85 9月  8 21:30 2018-09-08-21:30:01.log
-rw-r--r-- 1 root root  86 9月  9 10:07 2018-09-08-22:00:01.log
-rw-r--r-- 1 root root  85 9月  9 10:30 2018-09-09-10:30:01.log
-rw-r--r-- 1 root root  85 9月  9 11:00 2018-09-09-11:00:01.log
```

总结：在 crontab 定时任务中，要对“%”进行转义，否则定时任务中的脚本无法执行。

1.10 Shell 编程中的特殊字符

1.10.1 Shell 通配符

1．通配符基础知识

使用通配符，可以节省输入的时间，并且可以快速、精确地引用特定的目录。通配符是另一种简写形式，用于引用目录中的内容。

2．通配符与正则表达式

通配符与正则表达式很容易混淆，首先要明白二者是不同的。

- 通配符用于 Linux 的 Shell 指令（如根据文件类型查找文件）中，而正则表达式用于文本内容中的字符串搜索和替换。
- 通配符是 Linux 本身就支持的，而正则表达式用于 Vim 编辑器或 awk 脚本。文本处理工具正是由于支持正则表达式才变得强大，关于正则表达式的相关内容会在本书的第 3 章中详解介绍。

3．通配符在 Windows 操作系统中的应用

在 Windows 操作系统中指定文件或寻找文件时，使用“*”代表任意字符串。例如 CentOS*.iso 表示搜索所有以 CentOS 开头，中间是任意字符，扩展名为.iso 的镜像文件，如图 1-11 所示。

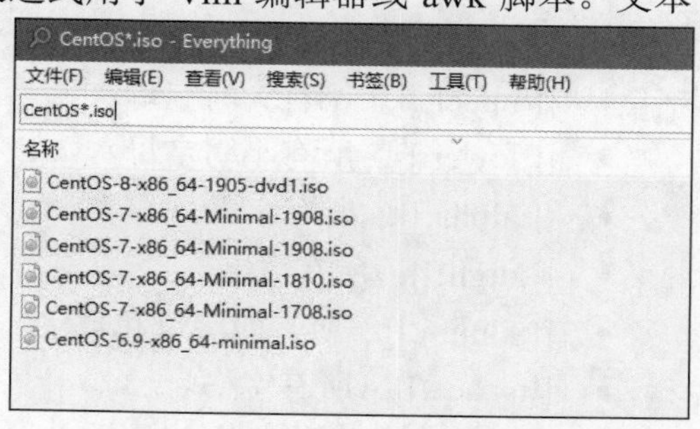

图 1-11 搜索以 CentOS 开头且扩展名为.iso 的文件

4．通配符在 Linux 操作系统中的应用

Linux 操作系统中通配符的基本使用方法如下。

```
1 [root@laohan_httpd_server ~]# touch laohan-{1..3}.txt
2 [root@laohan_httpd_server ~]# ls -lh  --full-time *.txt
3 -rw-r--r-- 1 root root 0 2019-12-04 22:50:23.000000000 +0800 laohan-1.txt
4 -rw-r--r-- 1 root root 0 2019-12-04 22:50:23.000000000 +0800 laohan-2.txt
5 -rw-r--r-- 1 root root 0 2019-12-04 22:50:23.000000000 +0800 laohan-3.txt
6 [root@laohan_httpd_server ~]#
7 [root@laohan_httpd_server ~]# ls -lh  --full-time duoduo*.txt
8 ls: cannot access duoduo*.txt: No such file or directory
```

上述代码中，第 2 行表示会在当前目录下搜索扩展名为.txt 的文件，该指令会被解释成如下指令的合集。

```
ls -lh  --full-time 1.txt
ls -lh  --full-time 2.txt
ls -lh  --full-time 3.txt
ls -lh  --full-time a.txt
ls -lh  --full-time b.txt
ls -lh  --full-time d.txt
ls -lh  --full-time laohan.txt
```

上述代码第 2 行，执行 ls 指令时，传递给 ls 指令的有 1.txt～3.txt、a.txt～d.txt、laohan.txt 等参数。第 7 行执行后，由于当前目录下面没有对应的文件或目录，直接将“duoduo*.txt”作为 ls 指令的参数，传给了 ls，此时“*”只是一个普通的 ls 参数而已，已经失去了通配的意义。由于找不到文件，因此会出现“No such file or directory”的提示。

5. Shell 常用通配符

Shell 常用通配符如表 1-11 所示。

表 1-11 Shell 常用通配符

字符	含义
*	匹配 0 个或多个任意字符，即匹配任何内容
?	匹配一个任意字符
[]	匹配“[]”中任意一个字符。如[abc]代表一定匹配一个字符，或者是 a，或者是 b，或者是 c
[-]	匹配“[]”中任意一个字符，“-”代表一个范围。例如，[a-z]代表匹配一个小写字母
[^]	逻辑非，表示匹配不是“[]”内的一个字符。例如，[^0-9] 代表匹配一个不是数字的字符
{s1,s2,…}	逻辑或，表示匹配 s1 或 s2

注意：通配符看起来有点像正则表达式，但是它与正则表达式不同，不能混淆。把通配符理解为 Shell 特殊字符即可。而且涉及的只有“*”“?”“[]”“{}”这几种。

备注：几种常见的特殊符号表示如下。

- [[:upper:]]：所有大写字母。
- [[:lower:]]：所有小写字母。
- [[:alpha:]]：所有字母。
- [[:digit:]]：所有数字。
- [[:alnum:]]：所有的字母和数字。
- [[:space:]]：所有空格。
- [[:punct:]]：所有标点符号。

通配符用来匹配符合条件的文件名，通配符是完全匹配。ls、find、cp 这些指令不支持正则表达式，所以只能使用 Shell 自己的通配符来进行匹配。

实例目录中包含如下 5 个.txt 文件，代码如下。

```
[root@laohan-shell-1 ~]# touch {laohan,duoduo,python,shell,nginx}.txt
[root@laohan-shell-1 ~]# ls -l *.txt
-rw-r--r-- 1 root root    0 2019-12-07 21:12:08.521716909 +0800 shell.txt
-rw-r--r-- 1 root root    0 2019-12-07 21:12:08.521716909 +0800 python.txt
-rw-r--r-- 1 root root    0 2019-12-07 21:12:08.521716909 +0800 nginx.txt
-rw-r--r-- 1 root root 1020 2019-12-07 21:12:08.521716909 +0800 laohan.txt
-rw-r--r-- 1 root root    0 2019-12-07 21:12:08.521716909 +0800 duoduo.txt
```

查找以“lao”开头的.txt 文件，代码如下。

```
[root@laohan-shell-1 ~]# ls -l laohan*.txt
-rw-r--r-- 1 root root 1020 2019-12-07 21:12:08.521716909 +0800 laohan.txt
```

查找以“lao”开头且长度为 6 位的.txt 文件，代码如下。

```
[root@laohan-shell-1 ~]# ls -l lao???.txt
-rw-r--r-- 1 root root 1020 2019-12-07 21:12:08.521716909 +0800 laohan.txt
```

查找以“duo”开头，即第一位为 d，第二位为 u，第三位为 o 的.txt 文件。

```
[root@laohan-shell-1 ~]# ls -l duo[d][u][o].txt
-rw-r--r-- 1 root root 0 2019-12-07 21:12:08.521716909 +0800 duoduo.txt
```

注意：对于“[]”中连续的字符串可以采用简写的形式，包含首尾字符，中间使用“~”连接，如 ls a[bcdefg][hijklm].txt 可以简写为 ls a[b~g][h~m].txt。

6. 综合应用

（1）显示/var 目录下所有以“l”开头，以一个小写字母结尾，且中间出现一个任意字符的文件或目录。

```
ls  -d  /var/l?[[:lower:]]
```

（2）显示/etc 目录下，以任意一个数字开头，且以非数字结尾的文件或目录。

```
ls  -d  /etc/[0-9]*[^0-9]
```

（3）显示/etc 目录下，以非字母开头，后面跟一个字母，及其他任意长度、任意字符的文件或目录。

```
ls  -d  /etc/[^a-z][a-z]
```

（4）复制/etc 目录下，所有以“.conf”结尾，且以 m、n、r、p 开头的文件或目录至/tmp/conf.d/目录下。

```
cp  -r  /etc/[mnrp]*.conf /tmp/conf.d/
```

【实例 1-38】通配符综合应用

创建文件 file1～file6，代码如下所示。

```
[root@laohan-shell-1 ~]# touch file{1..6}
[root@laohan-shell-1 ~]# ls -l file*
-rw-r--r-- 1 root root 0 2019-12-07 21:25:04.241834964 +0800 file6
-rw-r--r-- 1 root root 0 2019-12-07 21:25:04.241834964 +0800 file5
-rw-r--r-- 1 root root 0 2019-12-07 21:25:04.241834964 +0800 file4
-rw-r--r-- 1 root root 0 2019-12-07 21:25:04.241834964 +0800 file3
-rw-r--r-- 1 root root 0 2019-12-07 21:25:04.241834964 +0800 file2
-rw-r--r-- 1 root root 0 2019-12-07 21:25:04.241834964 +0800 file1
```

显示以“file”开头，后面跟任意单个字符的文件，代码如下。

```
[root@laohan-shell-1 ~]# ls -l file?
-rw-r--r-- 1 root root 0 2019-12-07 21:25:04.241834964 +0800 file6
-rw-r--r-- 1 root root 0 2019-12-07 21:25:04.241834964 +0800 file5
```

```
-rw-r--r-- 1 root root 0 2019-12-07 21:25:04.241834964 +0800 file4
-rw-r--r-- 1 root root 0 2019-12-07 21:25:04.241834964 +0800 file3
-rw-r--r-- 1 root root 0 2019-12-07 21:25:04.241834964 +0800 file2
-rw-r--r-- 1 root root 0 2019-12-07 21:25:04.241834964 +0800 file1
```

显示以“file”开头，结尾是 1～6 的任意数字的文件，代码如下。

```
[root@laohan-shell-1 ~]# ls -l file[1-6]
-rw-r--r-- 1 root root 0 2019-12-07 21:25:04.241834964 +0800 file6
-rw-r--r-- 1 root root 0 2019-12-07 21:25:04.241834964 +0800 file5
-rw-r--r-- 1 root root 0 2019-12-07 21:25:04.241834964 +0800 file4
-rw-r--r-- 1 root root 0 2019-12-07 21:25:04.241834964 +0800 file3
-rw-r--r-- 1 root root 0 2019-12-07 21:25:04.241834964 +0800 file2
-rw-r--r-- 1 root root 0 2019-12-07 21:25:04.241834964 +0800 file1
```

显示以“file”开头，排除结尾是 1～2 的字符的文件，代码如下。

```
[root@laohan-shell-1 ~]# ls -l file[^1-2]
-rw-r--r-- 1 root root 0 2019-12-07 21:25:04.241834964 +0800 file6
-rw-r--r-- 1 root root 0 2019-12-07 21:25:04.241834964 +0800 file5
-rw-r--r-- 1 root root 0 2019-12-07 21:25:04.241834964 +0800 file4
-rw-r--r-- 1 root root 0 2019-12-07 21:25:04.241834964 +0800 file3
```

1.10.2 Shell 元字符

除了通配符由 Shell 负责预先解释后，将处理结果传给指令行之外，Shell 还有一系列自己的其他特殊字符，如 Shell 元字符（特殊字符 Meta）。Shell 元字符如表 1-12 所示。

表 1-12 Shell 元字符

元字符	含义
IFS	由<space>、<tab>、<enter>三者之一组成
CR	由<enter>产生
=	设定变量
$	进行变量或运算替换
>	重定向 stdout
<	重定向 stdin
|	指令管道
&	重定向文件描述符，或将指令置于背景执行
()	用于运算或指令替换
{}	常用在变量替换的界定范围
;	在前一条指令结束时，忽略其返回值，继续执行下一条指令
&&	在前一条指令结束时，若返回值为 true，继续执行下一条指令
||	在前一条指令结束时，若返回值为 false，继续执行下一条指令
!	执行 history 列表中的指令

1.10.3 Shell 转义字符

有时候要让通配符或者元字符变成普通字符，就需要用到转义字符。Shell 程序提供的转义字符有 3 种，如表 1-13 所示。

表 1-13 Shell 转义字符

转义字符	含义
''	硬转义，其内部所有的 Shell 元字符、通配符都会被关闭
""	软转义，其内部只允许出现特定的 Shell 元字符
\	转义，去除其后紧跟的元字符或通配符的特殊意义

【实例 1-39】转义字符实例

```
1 root@laohan-shell-1:~ #ls \*.sh
2 ls: 无法访问*.sh: 没有那个文件或目录
3 root@laohan-shell-1:~ #ls '*.sh'
4 ls: 无法访问*.sh: 没有那个文件或目录
5 root@laohan-shell-1:~ #ls 'test.sh'
6 test.sh
7 root@laohan-shell-1:~ #ls *.sh
8 canshu.sh  laohan.sh  Parameter-location.sh  parameter.sh  Predefined.sh sum.sh
9test.sh
```

上述代码中，第 1 行加入了转义字符，"*"已经失去了通配符意义。Shell 通配符、元字符和转义字符总结如下。

- Shell 的通配符，由 Shell 解释含义，主要应用于文件名和路径扩展。
- 元字符作用于 ls、find、rm 等指令上。
- 通配符和元字符都由特殊字符组成。
- 转义字符用于屏蔽部分或屏蔽全部的通配符、元字符，转义的目的是输出特殊字符。

1.11 本章练习

【练习 1-1】写一个脚本，输出当前操作系统相关信息

包括内核版本、主机名、文件描述符，参考脚本内容如下所示。

```
[root@laohan_httpd_server chapter-1]# cat host-info.sh
#!/bin/bash

:<<collect-host-info
Version:1.1
Author:Hanyanwei

1.内核版本
2.主机名
3.文件描述符
collect-host-info


echo -e "\033[41;37m************$(basename $0) 脚本开始执行**************\033[0m"
echo "******* 当前主机  $(ip ro |grep src |awk '{print $NF}')  信息如下所示 ******"
echo "内核版本为: $(uname -r)"
echo "主机名为: $(uname -n)"
echo "文件描述符为: $(ulimit -n)"
echo -e "\033[41;37m************$(basename $0) 脚本执行完毕**************\033[0m"
```

脚本执行结果如下所示。

```
[root@laohan_httpd_server chapter-1]# ./host-info.sh
**************host-info.sh 脚本开始执行*****************
******* 当前主机  192.168.1.110   信息如下所示 ******
内核版本为：2.6.32-696.el6.x86_64
主机名为：Shell-programmer
文件描述符为：1024
**************host-info.sh 脚本执行完毕*****************
```

【练习 1-2】写一个脚本自动安装 Nginx 软件

nginx-install.sh 脚本内容如下所示。

```
[root@laohan_httpd_server ~]# cat /root/Shell-scripts/chapter-1/nginx-install.sh
#!/bin/bash
:<<nginx
1.环境准备：先安装准备环境
yum -y install wget  gcc gcc-c++ automake pcre pcre-devel zlip zlib-devel openssl
openssl-devel
2.下载 Nginx 安装包
3.解压安装包
4.编译 Nginx：make
5.生成脚本及配置文件：make
6.安装：make install（创建相关目录）
7.启动
8.通过指令启动和关闭 Nginx
nginx

yum -y  install epel-release wget  && yum -y install gcc gcc-c++ automake pcre
pcre-devel zlip zlib-devel openssl openssl-devel
cd /opt && wget -c http://nginx.org/download/nginx-1.14.0.tar.gz && tar xf nginx-
1.14.0.tar.gz
cd nginx-1.14.0 &&  ./configure  --prefix=/usr/local/nginx  --sbin-path=/usr/local/
nginx/sbin/nginx --conf-path=/usr/local/nginx/conf/nginx.conf --error-log-path=/var/
log/nginx/error.log  --http-log-path=/var/log/nginx/access.log  --pid-path=/var/run/
nginx/nginx.pid --lock-path=/var/lock/nginx.lock  --user=nginx --group=nginx --with-
http_ssl_module --with-http_stub_status_module --with-http_gzip_static_module --http-
client-body-temp-path=/var/tmp/nginx/client/ --http-proxy-temp-path=/var/tmp/nginx/
proxy/ --http-fastcgi-temp-path=/var/tmp/nginx/fcgi/ --http-uwsgi-temp-path=/var/
tmp/nginx/uwsgi --http-scgi-temp-path=/var/tmp/nginx/scgi --with-pcre


make && make install ; echo $?
useradd  -s /sbin/nologin  nginx  && mkdir -pv /var/tmp/nginx/client/
/usr/local/nginx/sbin/nginx -t && /usr/local/nginx/sbin/nginx
netstat -tnpl |grep 80 && ps -ef |grep nginx
```

执行脚本成功后，浏览器会访问图 1-12 所示的 Nginx 默认 HTML 页面。

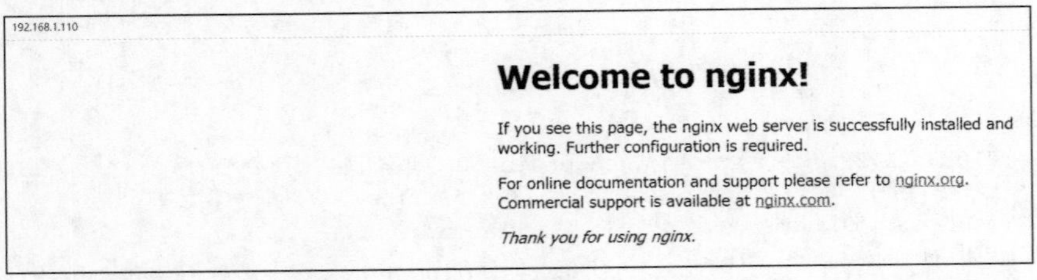

192.168.1.110

Welcome to nginx!

If you see this page, the nginx web server is successfully installed and working. Further configuration is required.

For online documentation and support please refer to nginx.org.
Commercial support is available at nginx.com.

Thank you for using nginx.

图 1-12　Nginx 默认 HTML 页面

1.12 编写 Shell 脚本经验

一般使用 3 种方法编写 Shell 脚本，具体如下所示。

- 使用 vim 指令编辑 Shell 脚本。
- 使用 echo 指令重定向指令到脚本文件。
- 使用 Linux 终端。

【实例 1-40】使用 echo 指令编写 Shell 脚本

使用 echo 指令编写 Shell 脚本，代码如下。

```
[root@laohan_httpd_server ~]# echo '#!/bin/bash'>/data/sh/hello_world.sh
[root@laohan_httpd_server ~]# echo 'echo "hello,world"'>>/data/sh/hello_world.sh
[root@laohan_httpd_server ~]# /bin/bash /data/sh/hello_world.sh
hello,world
[root@laohan_httpd_server ~]# cat /data/sh/hello_world.sh
#!/bin/bash
echo "hello,world"
```

【实例 1-41】使用 cat 指令编写多行脚本注意事项

使用 cat 指令编写 Shell 脚本及使用 cat 指令编写脚本时，若脚本中含有特殊字符或空格等内容时，需要使用“\”转义。

```
[root@laohan_httpd_server ~]# cat >/data/sh/hello_world2.sh<<abc
> #!/bin/bash
> #author hanyanwei
> #Desc cat >> hello world &print hello,world
> echo "hello,world"
> exit 3
> abc
[root@laohan_httpd_server ~]# /bin/bash /data/sh/hello_world2.sh
hello,world
[root@laohan_httpd_server ~]# cat /data/sh/hello_world2.sh
#!/bin/bash
#author hanyanwei
#Desc cat >> hello world &print hello,world
echo "hello,world"
exit 3
```

1.13 本章总结

本章主要讲解了 Shell 脚本的基础概念和一些使用 Shell 脚本时的注意事项。另外，本章还精选了 Shell 实例，让读者在掌握了理论之后，可以较快地练习 Shell，为下文的学习打下坚实的基础。

Shell 脚本比较适合基础系统自动化管理，如自动部署 Web 应用、批量查看系统负载、批量传输文件到多台目标服务器、大规模自动批量部署操作系统等。

SSH 和其他工具的结合则使得自动化管理更加如鱼得水，尤其是结合自动化运维工具 Ansible。

第2章

Shell 变量与字符串

在实际的企业级 Shell 脚本开发过程中，变量和字符串的处理是每个 Linux 系统工程师需要熟练掌握的基础技能之一。通过本章的学习，读者可以掌握 Shell 编程的变量初级和高级知识、Bash 环境变量、字符串处理的相关细节。

2.1 Shell 基础知识

2.1.1 绝对路径与相对路径

1．绝对路径

在 Linux 中，绝对路径是从根目录（"/"被称为根目录）开始的，依次将各级目录的名字组合起来，形成的路径就称为某个文件的绝对路径。例如，根目录下有目录 usr，usr 目录下有子目录 bin，bin 目录下有二进制可执行文件 who，则 who 文件的绝对路径则是/usr/bin/who。

注意： Linux 操作系统中，如果某一个路径是从"/"开始的，那么该路径一定是从绝对路径开始匹配的，如/laohan.txt，即表示根目录下有一个名为 laohan.txt 的文件。

2．相对路径

相对路径是指相对当前所在路径的位置，例如用户当前所在的路径位置为/usr 目录，即根目录下的 usr 目录下，则二进制可执行文件 who 相对当前位置的路径为 bin/who，代码如下。

```
[root@laohan-zabbix-server ~]# cd /usr/
[root@laohan-zabbix-server usr]# pwd
/usr
[root@laohan-zabbix-server usr]# ls -l ./bin/who
-rwxr-xr-x. 1 root root 49968 Oct 31  2018 ./bin/who
[root@laohan-zabbix-server usr]# pwd
/usr
```

3．Linux 操作系统路径中一些特殊符号的说明

- "."表示用户所处的当前目录。
- ".."表示上一级目录，是相对于当前目录而言的。
- "～"表示当前用户的主目录。
- "～USER"组合 USER 变量，表示用户名为 USER 的主目录，这里 USER 指的是在/etc/passwd 中存在的用户名。

4．绝对路径实例

【实例 2-1】Linux 系统中的绝对路径

在 Linux 中，绝对路径是从"/"开始的，如/usr 目录、/etc/passwd 文件。

```
cd /root/Shell-scripts/chapter-2/
```

上述代码以绝对路径方式进入/root/Shell-scripts/chapter-2/目录。

```
pwd
```

上述代码判断用户当前所处的位置，即所处目录的绝对路径如下。

```
[root@Shell-programmer ~]# cd /root/Shell-scripts/chapter-2/
[root@Shell-programmer chapter-2]# pwd
/root/Shell-scripts/chapter-2
```

5. 相对路径实例

【实例 2-2】Linux 系统中的相对路径

相对路径是以“.”或“..”开始的，其中“.”表示用户所处的当前目录，而“..”表示上一级目录。注意要把“.”和“..”当作目录。

```
cd /root/
```

上述代码以绝对路径的方式进入根目录中的/root 目录。

```
pwd
```

上述代码确认当前目录是否为/root 目录。

```
cd Shell-scripts/
```

上述代码以相对路径的方式进入 Shell-scripts/目录。

```
pwd
```

上述代码确认当前目录是否为/root/Shell-scripts 目录。

```
cd chapter-2/
```

上述代码以相对路径的方式进入 chapter-2/目录。

```
cd ../../
```

上述代码从当前路径回溯至两级目录，即从/root/Shell-scripts/chapter-2 目录，首先返回/root/Shell-scripts/目录，然后返回/root/Shell-scripts/目录的上一级，/root 目录，操作及显示过程如下。

```
[root@Shell-programmer ~]# cd /root/
[root@Shell-programmer ~]# pwd
/root
[root@Shell-programmer ~]# cd Shell-scripts/
[root@Shell-programmer Shell-scripts]# pwd
/root/Shell-scripts
[root@Shell-programmer Shell-scripts]# cd chapter-2/
[root@Shell-programmer chapter-2]# pwd
/root/Shell-scripts/chapter-2
[root@Shell-programmer chapter-2]# cd ../../
[root@Shell-programmer ~]# pwd
/root
```

实现【实例 2-2】的思路分解如下。

- 首先以绝对路径的方式进入/root 目录。
- 然后以/root 目录为基准目录，以相对路径的方式进入/root 目录下的 Shell-scripts/，又以 Shell-scripts/目录为基准目录，进入 Shell-scripts/目录下的 chapter-2 目录。
- 最后以/root/Shell-scripts/chapter-2 目录为基准目录，向上返回两级目录，chapter-2 目录的上一级目录为/root/Shell-scripts/目录，Shell-scripts 目录的上一级目录为/root 目录，其中“../../”表示以当前目录为起始目录的两层上级目录。

6. 路径知识小结

理解路径的基本操作对象是目录。

绝对路径从根目录开始，相对路径不从根目录开始，如 Linux 中的“～”代表用户主目录，这就是相对路径。如果现在用户名是 hanyanwei，用户目录下有个文件名为 1.txt，那么绝对路径就是/home/hanyanwei/1.txt，相对路径就是~/1.txt。

7. 路径与 PATH

如何修改 Linux 操作系统下的 PATH 环境变量（即如何添加自己的路径到 PATH 环境变量中）呢？

修改 Linux 的 PATH 环境变量有 3 种方法，如下所示。

（1）直接在指令行中输入如下指令。

```
PATH=$PATH:/etc/apache/bin
```

这种方法只对当前会话有效，也就是说当登出或注销系统后，PATH 设置就会恢复原有设置。

（2）修改/etc/profile 文件。

在/etc/profile 文件中添加如下指令。

```
PATH=$PATH:/etc/apache/bin
```

（注意："="两边不能有任何空格）。这种方法最好，除非你手动强制修改 PATH 的值，否则 PATH 值将不会改变。

（3）修改用户主目录下的.bash_profile 隐藏文件。

```
vim ~/.bash_profile
```

把用户需要添加的路径添加到 PATH 后面，这种方法只针对用户起作用。

注意：若采用修改/etc/profile 文件的方法改变 PATH，则必须重新登录才能生效，以下方法可简化工作。

如果修改/etc/profile 并添加 PATH，那么编辑结束后执行如下指令，可使配置文件立即生效。

```
source profile
```

上述指令和如下指令的作用相同。

```
./profile
```

上述指令执行后，添加到 PATH 环境变量中的值会立即生效，这个方法的原理是再执行一次/etc/profile。注意：如果用 sh /etc/profile 是不行的。因为 sh 是在子 Shell 进程中执行的，即使 PATH 改变了也不会反映到当前环境中，但是 source 是在当前 Shell 进程中执行的，所以我们能看到 PATH 的值已经被改变。

8. 路径与 PATH 环境变量在实际运维生产环境中的应用

【实例 2-3】修改 Nginx PATH 环境变量

```
ll /usr/local/nginx/sbin/nginx
```

上述代码查看 Nginx 安装位置。

```
file /usr/local/nginx/sbin/nginx
```

上述代码查看 Nginx 文件类型。

```
[root@Shell-programmer ~]# ll /usr/local/nginx/sbin/nginx
-rwxr-xr-x 1 root root 6055802 Jul 23 00:40 /usr/local/nginx/sbin/nginx
[root@Shell-programmer ~]# file /usr/local/nginx/sbin/nginx
/usr/local/nginx/sbin/nginx: ELF 64-bit LSB executable, x86-64, version 1 (SYSV),
dynamically linked (uses shared libs), for GNU/Linux 2.6.18, not stripped
```

从上述代码中可以看到 Nginx 文件是二进制可执行文件，每次执行 Nginx 进程重启和关闭服务，都需要输出一长串字符串。如要重启 Nginx，则要输入以下指令。

```
/usr/local/nginx/sbin/nginx -t
```

上述代码检测 Nginx 配置文件语法是否正确。

```
/usr/local/nginx/sbin/nginx -s reload
```

上述代码重启 Nginx 服务。

```
[root@Shell-programmer ~]# /usr/local/nginx/sbin/nginx -t
nginx: the configuration file /usr/local/nginx/conf/nginx.conf syntax is ok
nginx: configuration file /usr/local/nginx/conf/nginx.conf test is successful
[root@Shell-programmer ~]# /usr/local/nginx/sbin/nginx -s reload
nginx: [error] invalid PID number "" in "/var/run/nginx/nginx.pid"
[root@Shell-programmer ~]#
[root@Shell-programmer ~]# /usr/local/nginx/sbin/nginx
[root@Shell-programmer ~]# /usr/local/nginx/sbin/nginx -t
nginx: the configuration file /usr/local/nginx/conf/nginx.conf syntax is ok
nginx: configuration file /usr/local/nginx/conf/nginx.conf test is successful
[root@Shell-programmer ~]# /usr/local/nginx/sbin/nginx -s reload
```

每次都这样操作会显得很烦琐，可以用如下两种方法简化这种操作。

（1）定义指令别名。

```
alias nginx_reload="/usr/local/nginx/sbin/nginx -s reload"
```

上述代码定义别名 nginx_reload 的实际执行指令为/usr/local/nginx/sbin/nginx -s reload，这样以后每次输入别名 nginx_reload，相当于执行/usr/local/nginx/sbin/nginx -s reload 指令。

```
unalias nginx_reload
```

上述代码取消 nginx_reload 别名。

（2）追加 Nginx 可执行文件路径到 PATH 环境变量。

```
export PATH=$PATH:/usr/local/nginx/sbin
```

上述代码将/usr/local/nginx/sbin 路径添加到 PATH 环境变量。

```
nginx -t
```

上述代码是检测配置文件语法。

```
nginx -s reload
```

上述代码不输入 Nginx 绝对路径即可重新加载 Nginx 配置文件，使配置生效。

```
1   [root@Shell-programmer ~]# export PATH=$PATH:/usr/local/nginx/sbin
2   [root@Shell-programmer ~]# nginx -t
3   nginx: the configuration file /usr/local/nginx/conf/nginx.conf syntax is ok
4   nginx: configuration file /usr/local/nginx/conf/nginx.conf test is successful
5   [root@Shell-programmer ~]# nginx -s reload
```

上述代码第 1 行将/usr/local/nginx/sbin 二进制文件设置为 PATH 环境变量，第 2 行使用该目录下的 Nginx 指令检测配置文件语法，第 3～4 行为执行结果，第 5 行传入 reload 信号重新加载 Nginx 配置。

2.1.2 显示登录信息数据

用户通过 SSH 连接工具远程登录 Linux 主机时，Linux 操作系统终端会输出一些说明文字，告知登录者 Linux 操作系统版本、当前时间、用户名、欢迎文字等信息。这些信息都是根据当前主机设定的环境变量、指令别名等定义的，Linux 系统管理员可以根据环境变量自定义这些信息。另外，这些设定值又分为系统级设定值和用户级自定义设定值，区别在于生效范围和配置文件路径有所不同。

1. /etc/issue

Linux 系统管理员通过终端接口（tty1～tty6）登录操作系统时会有一些提示信息，如操作系统版本、当前登录名等。这些信息被定义在/etc/issue 文件中，CentOS 6.9 操作系统 64 位/etc/issue 文件内容如下所示。

```
[root@Shell-programmer ~]# cat /etc/redhat-release
CentOS release 6.9 (Final)
[root@Shell-programmer ~]# uname -rm
2.6.32-696.el6.x86_64 x86_64
[root@Shell-programmer ~]# cat /etc/issue
CentOS release 6.9 (Final)
Kernel \r on an \m

[root@linux ~]# cat /etc/issue
Fedora Core release 4 (Stentz)
Kernel \r on an \m
```

CentOS 中预设了上述信息，\r 和\m 的具体含义可在 man 手册中查看。

/etc/issue 文件中的转义字符如表 2-1 所示。

表 2-1 /etc/issue 文件中的转义字符

转义字符	含义
\d	显示本地端时间的日期
\l	显示第几个终端接口
\m	显示硬件的等级（i386/i486/i586/i686……）
\n	显示主机的网络名
\o	显示域名
\r	显示操作系统的版本（和“uname -r”指令输出的结果一致）
\t	显示本地端时间的时间
\s	显示操作系统的名称
\v	显示操作系统的版本

【实例 2-4】修改操作系统版本信息

查看/etc/issue 配置文件信息代码如下（如图 2-1 所示）。

```
cat /etc/issue
```

注意：此配置只在登录 Linux 终端（接口为 tty1 ~ tty6）生效。

2. /etc/motd

CentOS 中的/etc/motd 文件可以设置使用者登录操作系统后的一些提示信息。

如果需要告知用户登录操作系统后的一些注意事项和通知等提示信息，那么可以将该提示信息加入/etc/motd 文件中。

如下实例告知用户登录Linux 操作系统后应该遵守计算机安全法等提示信息。

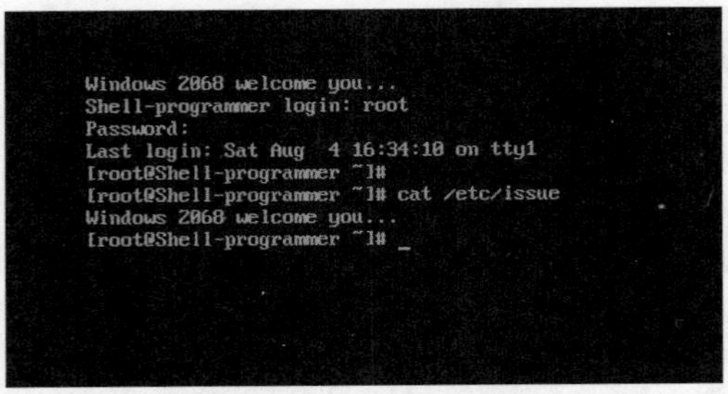

```
Windows 2068 welcome you...
Shell-programmer login: root
Password:
Last login: Sat Aug  4 16:34:10 on tty1
[root@Shell-programmer ~]#
[root@Shell-programmer ~]# cat /etc/issue
Windows 2068 welcome you...
[root@Shell-programmer ~]# _
```

图 2-1　配置文件信息

【实例 2-5】登录操作系统提示信息

实现的代码如下。

```
[root@Shell-programmer ~]# echo "_^ ^_ 您已登录系统，请遵守计算机安全法 _^^_">/etc/motd
You have new mail in /var/spool/mail/root
[root@Shell-programmer ~]# cat /etc/motd
_^ ^_ 您已登录系统，请遵守计算机安全法 _^^_

[root@Shell-programmer ~]# logout
Connection closing...Socket close.

Connection closed by foreign host.

Disconnected from remote host(Shell-programmer) at 16:47:16.

Type 'help' to learn how to use Xshell prompt.
```

Linux 操作系统用户登录操作系统后，会显示如下信息。

```
1    Xshell 6 (Build 0095)
2    Copyright (c) 2002 NetSarang Computer, Inc. All rights reserved.
3
4    Type 'help' to learn how to use Xshell prompt.
5    [D:\~]$
6
7    Connecting to 193.168.1.110:22...
8    Connection established.
9    To escape to local shell, press 'Ctrl+Alt+]'.
10
11   Last login: Sat Aug  4 16:47:24 2018 from 193.168.1.104
12   _^ ^_ 您已登录操作系统，请遵守计算机安全法 _^^_
```

上述代码第 12 行是用户登录当前操作系统后的提示信息，在实际应用中起到提示和警示的作用，建议在生产环境中使用。

3. 交互式登录与非交互式登录

（1）交互式登录与非交互式登录基础知识。

Bash 有几种不同的运行模式，login Shell 与 non-login Shell、interactive Shell 与 non-interactive Shell（比如执行 Shell 脚本）。

上述两种模式交叉运行，即一个 login Shell 可能是一个交互式 Shell（interactive Shell），也可能是一个非交互式 Shell（non-interactive Shell）。

在下列情况下，我们可以获得一个 login Shell。

- 登录操作系统时获得的顶层 Shell 信息，包括通过本地终端登录和通过远程 SSH 服务器登录的信息，此时的 login Shell 是一个交互式 Shell。

- 在终端下使用--login 选项调用 Bash，可以获得一个交互式的 login Shell。
- 在脚本中使用--login 选项调用 Bash（比如在 Shell 脚本第 1 行做如下指定：#!/bin/bash --login），此时得到一个非交互式的 login Shell。
- 使用 su-切换到指定用户时，获得此用户的 login Shell。如果不使用-，则获得 non-login Shell。

（2）交互式 Shell 与非交互式 Shell 的区别。

login Shell 与 non-login Shell 的主要区别在于它们启动时会读取不同的配置文件，从而导致环境不一样。

- login Shell 启动时首先读取/etc/profile 文件中的全局配置，然后依次查找~/.bash_profile、~/.bash_login、~/.profile 这 3 个配置文件，并且读取第一个找到的并且可读的文件。login Shell 退出时读取并执行~/.bash_logout 中的指令。
- 交互式的 non-login Shell 启动时读取~/.bashrc 资源文件。非交互式的 non-login Shell 不读取上述所有配置文件，而是查找环境变量 BASH_ENV，读取并执行 BASH_ENV 指向的文件中的指令。

作为 login Shell 启动时，Bash 依次读取/etc/profile 和~/.profile 配置文件。作为 non-login Shell 启动时，Bash 读取环境变量 BASH_ENV 指向的文件。

系统管理员修改环境变量配置时，建议将配置写在~/.bashrc 中，然后在~/.bash_profile 中读取~/.bashrc，这样可以保证 login Shell 和交互式 non-login Shell 得到相同的配置。

【实例 2-6】login Shell 与 non-login Shell 的区别

下面通过实例来验证上面的描述，在~/.bash_profile 文件中设置如下变量。

```
name=hanyanwei
```

分别启动一个交互式 non-login Shell 和交互式 login Shell，并查看 name 变量值，代码如下。

```
1   [root@Shell-programmer ~]# echo 'name=hanyanwei' >>~/.bash_profile
2   [root@Shell-programmer ~]# pstree |grep bash
3          |-login---bash
4          |-sshd-+-sshd---bash
5          |      `-sshd---bash-+-grep
6   [root@Shell-programmer ~]# bash
7   [root@Shell-programmer ~]# pstree |grep bash
8          |-login---bash
9          |-sshd-+-sshd---bash
10         |      `-sshd---bash---bash-+-grep
11  [root@Shell-programmer ~]# echo $name
12
13  [root@Shell-programmer ~]# exit
14  exit
15  [root@Shell-programmer ~]# pstree |grep bash
16         |-login---bash
17         |-sshd-+-sshd---bash
18         |      `-sshd---bash-+-grep
19  [root@Shell-programmer ~]# bash --login
20  [root@Shell-programmer ~]# echo $name
21  hanyanwei
22  [root@Shell-programmer ~]# pstree |grep bash
23         |-login---bash
24         |-sshd-+-sshd---bash
25         |      `-sshd---bash---bash-+-grep
26  [root@Shell-programmer ~]# exit
```

```
27  logout
28  You have new mail in /var/spool/mail/root
29  [root@Shell-programmer ~]# pstree |grep bash
30        |-login---bash
31        |-sshd-+-sshd---bash
32        |      `-sshd---bash-+-grep
33  [root@Shell-programmer ~]# echo $SHLVL
34  1
```

上述代码第 6 行和第 19 行表示进入 Shell 子进程，第 33 行中的 echo $SHLVL 指令显示 Bash 层级。

2.1.3 Bash 环境变量加载过程

登录 Linux 操作系统时，/etc/profile、~/.bash_profile 等几个文件的执行过程如下。

首先读取/etc/profile 文件，然后读取用户目录下的~/.bash_profile、~/.bash_login、~/.profile 文件。

如果~/.bash_profile 文件存在，一般还会执行~/.bashrc 文件，因为在~/.bash_profile 文件中一般会有如下代码。

```
if [ -f ~/.bashrc ] ; then
   . ./bashrc
fi
```

在~/.bashrc 文件中，一般还会有如下代码。

```
if [ -f /etc/bashrc ] ; then
   . /etc/bashrc
fi
```

所以，~/.bashrc 文件会调用/etc/bashrc 文件，最后在退出 Shell 时，还会执行~/.bash_logout 文件。

执行顺序为/etc/profile→（~/.bash_profile | ~/.bash_login | ~/.profile）→~/.bashrc→/etc/bashrc→~/.bash_logout，如图 2-2 所示。

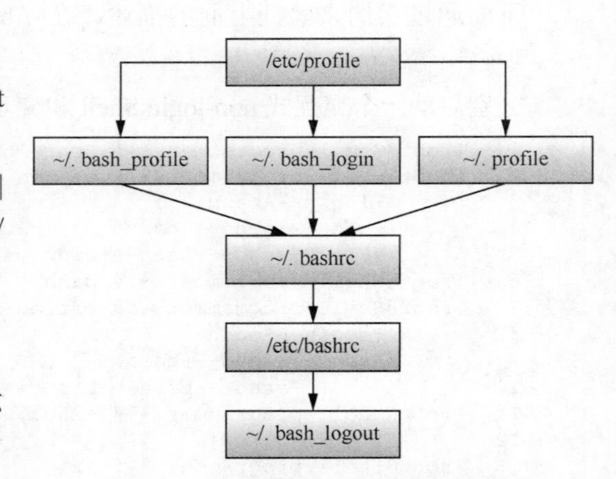

图 2-2 Bash 环境配置文件执行顺序

关于各个文件的作用域说明如下。

（1）/etc/profile。

/etc/profile 文件为系统的每个用户设置环境信息。当用户第一次登录时，该文件被执行。并从/etc/profile 文件的配置文件中搜集 Shell 的设置。

（2）~/.bash_profile。

每个用户都可使用该文件输入自己专用的 Shell 信息。当用户登录时，该文件仅执行一次！默认情况下，该文件设置一些环境变量，执行用户的/.bashrc 文件。

（3）~/.bashrc。

~/.bashrc 文件包含专用于某用户的 Bash Shell 的 Bash 信息。当登录和每次打开新的 Shell 时，该文件被读取。

（4）/etc/bashrc。

/etc/bashrc 为每一个运行 Bash Shell 的用户执行此文件。当 Bash Shell 被打开时，该文件被读取。

（5）~/.bash_logout。

当每次退出系统（或退出 Bash Shell）时，执行~/.bash_logout 文件。

另外，/etc/profile 中设定的变量（全局）可以作用于任何用户，而~/.bashrc 等中设定的变量（局部）只能继承/etc/profile 中的变量，他们是“父子”关系。

【实例 2-7】变量配置优先级测试

在/etc/profile、/etc/bashrc、~/.bashrc 以及~/.bash_profile 文件的最后追加同一个变量，并分别赋予不同的值，测试结果表明变量最后的值为~/.bash_profile 里的值。（4 个文件都没有修改其他设置，都是安装系统后的默认值。）

```
1 [root@Shell-programmer ~]# echo 'name=handuoduo' >>/etc/profile
2 [root@Shell-programmer ~]# echo 'name=hanyanwei' >>/etc/bashrc
3 [root@Shell-programmer ~]# echo 'name=hanmingze' >>~/.bashrc
4 [root@Shell-programmer ~]# echo 'name=hanmeimei' >>~/.bash_profile
5 [root@Shell-programmer ~]# echo $name
6 hanmeimei
```

上述代码第 1～4 行将 4 个文件都追加到不同的配置文件，开机后查看该文件内容的顺序如下所示。

- /etc/profile。
- /etc/bashrc。
- ~/.bashrc。
- ~/.bash_profile。

.1.4 常用 Bash 基本特性

1. 字符串和变量引用

引号有 3 种类型：单引号“''”、双引号“""”、反引号“``”。

字符串和变量引用如下所示。

- 单引号“''”：强引用，其内部的变量不会被替换，也就是变量名本身。
- 双引号“""”：弱引用，其内部的变量会被替换，实际使用的是变量的值，也就是内存对应存取的数据
- 反引号“``”：指令引用，指令会被替换成指令的结果被使用。
- 变量引用“$”：${NAME}，可简写为$NAME。

（1）强引用。

单引号中的内容原样输出，代码如下。

```
[root@Shell-programmer ~]# echo '$PATH'
$PATH
```

（2）弱引用。

双引号中的变量会被解析，代码如下。

```
[root@Shell-programmer ~]# echo "$PATH"
/usr/local/sbin:/usr/local/bin:/sbin:/bin:/usr/sbin:/usr/bin:/root/bin
```

（3）指令引用。

指令执行后的结果被前一条指令调用，代码如下。

```
[root@Shell-programmer ~]# echo `date `
2018 年 08 月 04 日星期六 18:52:37 CST
```

2. 指令别名

定义别名，将那些经常使用的操作组合用一个新的自定义指令来替代，提高操作效率。

【实例 2-8】别名应用

获取当前用户可以使用的别名，代码如下。

```
# alias
```

定义别名，代码如下。

```
# alias NAME='COMMAND'
```

别名的生命周期：当前 Shell 进程。设置别名永久生效是将相关的配置写入配置文件中，如下代码可以删除别名。

```
# unalias NAME
[root@Shell-programmer ~]# alias hello="echo 'Hello,World. I love linux so much'"
[root@Shell-programmer ~]# hello
Hello,World. I love linux so much
[root@Shell-programmer ~]# unalias hello
[root@Shell-programmer ~]# hello
-bash: hello: command not found
```

3. Linux 常用快捷键

Linux 常用快捷键如下。

- Ctrl + P：返回上一次输入指令字符。
- Ctrl + R：输入单词搜索历史指令。
- Ctrl + S：锁住终端。
- Ctrl + Q：解锁终端。
- Ctrl + L：清屏，相当于 clear 指令。
- Ctrl + C：另起一行。
- Ctrl + K：删除光标后面所有字符，相当于 Vim 编辑器中的 d Shift+$。
- Ctrl + U：删除光标前面所有字符，相当于 Vim 编辑器中的 d Shift+^。

4. 指令补全和路径补全

```
[root@laohan-Python yum.repos.d]#
Display all 1205 possibilities? (y or n)
```

上述代码表示连续按两次“Tab”键，会出现系统中所有可用的指令或程序。

（1）指令补全。

指令补全：Shell 程序在接收到用户执行指令的请求且分析完成之后，最左侧字符串将被当作指令去查找，查找机制如下所示。

- 查找内部指令。
- 查找外部指令。

（2）路径补全。

路径补全：在给定的起始路径的上级目录下，以对应路径下开头的字符串来逐一匹配上级目标下的每个文件。

- 唯一标识："Tab"键补全。
- 不能唯一标识："Tab"键给出列表。
- 错误路径：没有响应。

5. 花括号展开

花括号"{}"中的内容既可以是以逗号","分隔的字符串，也可以是一个序列表达式。在"{}"前后，可以跟前缀和后缀；"{}"展开支持嵌套，展开的字符串是无序的，按从左到右的顺序被保留。

（1）","分隔的字符串。

```
[root@Shell-programmer ~]# echo a{b,c,d}e
abe ace ade
```

Shell 脚本中可以在花括号中使用一组以逗号分隔的字符串或者字符串序列来进行字符串扩展，最终输出的结果是以空格分隔的字符串。

（2）序列表达式。

序列表达式的语法如下。

```
'{n..m[..INCR]}'
```

- n 和 m 是数字或单个字符，INCR 代表步长。
- 当 n 和 m 是数字时，展开为 n～m 的所有数字。数字可加前缀 0，如 01、001，使展开结果保持相同的宽度。
- 当 n 或 m 以 0 开头时，Shell 尝试将生成结果保持相同宽度。必要时以 0 进行填充。
- 当 n、m 是字母时，按字典序展开，n、m 必须是相同类型。当给出步长时，相邻字母的距离值为步长，默认步长为 1 或-1（看具体情况）。

```
{001..100} 生成 001, 002, ..., 100
```

使用{1..10..2}序列结合步长的方式生成数字，代码如下。

```
[root@Shell-programmer ~]# echo {1..10..2}
1 3 5 7 9
```

{a..f..2}生成如下代码。

```
[root@Shell-programmer ~]# echo {a..f..2}
a c e
```

- 花括号展开在其他展开之前进行，任何对于其他展开有特殊意义的字符都被保留。
- 在进行花括号展开时，Bash 对于"{}"的上下文和"{}"内的文本内容不做任何的语法解释。
- 为避免与参数展开产生冲突，字符串"${"被认为不需要做花括号展开。
- 要进行正确的花括号展开，必须包含未被引用的（Unquoted）"{"和"}"。并且在"{}"中，至少有一个未被引用的","或者一个有效的序列表达式。
- 书写不正确的花括号展开保留原样。
- 把"{"和","引用起来，可避免被认为是花括号展开的一部分。

序列构造典型的应用场景是，当字符串前缀太长的时候，比如创建多个包含绝对路径的文件时，使用花括号展开可以简化指令行语句，代码如下。

```
1  [root@laohan-Python ~]# mkdir -pv  ./laohan/{shell,python}/{1..3}
2  mkdir: created directory './laohan/shell/1'
3  mkdir: created directory './laohan/shell/2'
4  mkdir: created directory './laohan/shell/3'
5  mkdir: created directory './laohan/python/1'
6  mkdir: created directory './laohan/python/2'
7  mkdir: created directory './laohan/python/3'
8  [root@laohan-Python ~]# rm -rfv ./laohan/{shell,python}/{1..3}
9  removed directory './laohan/shell/1'
10 removed directory './laohan/shell/2'
11 removed directory './laohan/shell/3'
12 removed directory './laohan/python/1'
13 removed directory './laohan/python/2'
14 removed directory './laohan/python/3'
```

“{}”中序列常用选项和指令如下所示。

- ~：自动替换为用户的主目录。
- ~USERNAME：自动替换为指定用户的主目录。
- {}：可承载一个以“,”分隔的路径序列，该路径序列可被展开为多个独立路径。

【实例 2-9】路径扩展匹配

```
1  [root@Shell-programmer ~]# mkdir -pv /data/fastdfs/{file,images}/{extranet,
intranet}
2  mkdir: 已创建目录 "/data"
3  mkdir: 已创建目录 "/data/fastdfs"
4  mkdir: 已创建目录 "/data/fastdfs/file"
5  mkdir: 已创建目录 "/data/fastdfs/file/extranet"
6  mkdir: 已创建目录 "/data/fastdfs/file/intranet"
7  mkdir: 已创建目录 "/data/fastdfs/images"
8  mkdir: 已创建目录 "/data/fastdfs/images/extranet"
9  mkdir: 已创建目录 "/data/fastdfs/images/intranet"
```

上述代码中，第4行和第7行两个目录下均有extranet和intranet两个目录。

```
[root@Shell-programmer ~]# tree /data/fastdfs/
/data/fastdfs/
├── file
│   ├── extranet
│   └── intranet
└── images
    ├── extranet
    └── intranet

6 directories, 0 files
```

特殊指令替换示例如下。

```
[root@Shell-programmer ~]# cd ~
[root@Shell-programmer ~]# pwd
/root
[root@Shell-programmer ~]# cd ~hanyanwei/
[root@Shell-programmer hanyanwei]# pwd
/home/hanyanwei
```

6. 检测指令执行状态

可通过$?指令返回的结果判断指令是否执行成功。

【实例 2-10】判断指令或程序的执行结果

通过引用来保存或直接调用——“指令引用”。

```
`COMMAND`
$(COMMAND)
[root@Shell-programmer hanyanwei]# ls -ld `pwd` ; echo $?
drwx------ 2 hanyanwei hanyanwei 4096 7月  23 01:46 /home/hanyanwei
0
```

常见的指令执行状态有如下两种。

- 成功：返回值为0，表示上一条指令执行成功。
- 失败：取值范围为1～255，返回值为1～255的任意数字，表示上一条指令执行失败。

指令执行的两种状态，代码如下。

```
[root@Shell-programmer ~]# echo "你好" ; echo $?
你好
0
[root@Shell-programmer ~]# 你好 ; echo $?
-bash: 你好: command not found
127
```

7. glob文件名通配

glob：文件名通配，快速引用多个文件，可进行文件名整体匹配度检测。

元字符：基于元字符可编写匹配模式（Pattern）。

（1）*：匹配任意长度的任意字符。

“*”附近给定的字母是约束，满足约束条件的任意字符都会被匹配。

```
[root@laohan-Python ~]# rm -fv laohan[0-9].*
removed 'laohan1.log'
removed 'laohan2.log'
removed 'laohan3.log'
[root@laohan-Python ~]# ls -l *laohan*
-rw-r--r--. 1 root root  0 Apr 22 02:58 laohan_CSS
-rw-r--r--. 1 root root  0 Apr 22 02:58 laohan_HTML
-rw-r--r--. 1 root root 80 Apr 22 02:56 laohan.log
-rw-r--r--. 1 root root  0 Apr 22 02:58 laohan_Python
-rw-r--r--. 1 root root  0 Apr 22 02:58 laohan_Shell
[root@laohan-Python ~]# ls -l lao*han*
-rw-r--r--. 1 root root  0 Apr 22 02:58 laohan_CSS
-rw-r--r--. 1 root root  0 Apr 22 02:58 laohan_HTML
-rw-r--r--. 1 root root 80 Apr 22 02:56 laohan.log
-rw-r--r--. 1 root root  0 Apr 22 02:58 laohan_Python
-rw-r--r--. 1 root root  0 Apr 22 02:58 laohan_Shell
```

（2）?：匹配任意单个字符。

“?”可以匹配任意单个字符，代码如下。

```
[root@laohan-Python ~]# ls -l laohan???
ls: cannot access 'laohan???': No such file or directory
[root@laohan-Python ~]# ls -l laohan????
-rw-r--r--. 1 root root  0 Apr 22 02:58 laohan_CSS
-rw-r--r--. 1 root root 80 Apr 22 02:56 laohan.log
```

（3）[]：匹配指定集合内的任意单个字符。

“[]”可以匹配指定集合内的任意单个字符，代码如下。

```
[root@laohan-Python ~]# ls -ld [a-z]*
-rw-------. 1 root root 1491 Apr 21 01:45 anaconda-ks.cfg
-rw-r--r--. 1 root root  182 Apr 22 02:23 a.sh
-rw-r--r--. 1 root root  684 Apr 22 04:31 b.sh
drwxr-xr-x  3 root root   18 Apr 22 17:50 data
-rw-r--r--. 1 root root  455 Apr 22 04:20 disk.sh
-rw-r--r--. 1 root root  152 Apr 22 03:07 is_root.sh
-rw-r--r--. 1 root root    0 Apr 22 02:58 laohan_CSS
```

```
-rw-r--r--. 1 root root    0 Apr 22 02:58 laohan_HTML
-rw-r--r--. 1 root root   80 Apr 22 02:56 laohan.log
-rw-r--r--. 1 root root    0 Apr 22 02:58 laohan_Python
-rw-r--r--. 1 root root    0 Apr 22 02:58 laohan_Shell
-rw-r--r--  1 root root  115 Apr 22 14:18 read_echo.sh
-rw-r--r--  1 root root   34 Apr 22 14:16 read.sh
-rw-r--r--  1 root root   50 Apr 22 14:21 read_while_file.sh
```

Shell 程序中可以使用的集合字符如下所示。

- [a-z]、[A-Z]：不区分字符大小写。
- [a-z0-9]：小写字母和数字。
- [[:upper:]]：所有大写字母。
- [[:lower:]]：所有小写字母。
- [[:digit:]]：所有数字。
- [[:alpha:]]：所有字母。
- [[:alnum:]]：所有字母和数字。
- [[:space:]]：空格。
- [[:punct:]]：标点符号。
- [^]：匹配指定集合外的任意单个字符。
- [^[:alpha:]]：除字母以外的所有字符。

（4）通配符和元字符实例。

显示/etc 目录下，以非字母开头，后面跟了一个字母和其他任意长度、任意字符的文件或目录。

```
ls  -d  /etc/[^[:alpha:]][a-z]*
```

复制/etc 目录下，所有以“n”开头、以非数字结尾的文件或目录至/tmp/etc 目录下。

```
mkdir /tmp/etc
cp  -r  /etc/n*[^0-9]  /tmp/etc/
```

显示/usr/share/man 目录下，所有以“man”开头、以一个数字结尾的文件或目录。

```
ls  -d  /usr/share/man/man[0-9]
```

复制/etc 目录下，所有以“p”“m”“r”开头的，且以“.conf”结尾的文件或目录至/tmp/conf.d 目录下。

```
mkdir  /tmp/conf.d/
cp  -r  /etc/[pmr]*.conf   /tmp/conf.d/
```

8. 历史指令

Shell 进程会保存其会话中用户曾经执行过的指令，指令通过其“历史指令文件”来持久保存，每个用户都有自己专用的历史指令文件。

- HISTSIZE：Shell 进程的缓冲区保留的历史指令的条数，默认值为 1000。
- HISTFILESIZE：历史指令文件可保存的历史指令的条数，默认值为 1000。

```
[root@Shell-programmer ~]# echo $HISTSIZE
1000
[root@Shell-programmer ~]# echo $HISTFILESIZE
1000
```

【实例 2-11】历史指令相关操作

（1）查看历史指令列表：~/.bash_history。

- HISTFILE：当前用户的历史指令文件。
- 指令用法：# history。

```
history -c:
```

（2）清空历史指令格式如下所示。

history -d：删除指定的历史指令条目。

```
history -d 156
```

该指令其他选项说明如下。

- -a：将当前缓冲的历史指令追加到历史指令文件中。
- -n：从历史指令文件中读取所有未被读取的指令。
- -r：读取历史指令文件并将内容追加到历史指令列表中。

（3）调用历史指令列表中的指令实现重复执行的目的。

- !#：再一次执行历史指令列表中的第#条指令。
- !!：再一次执行上一条指令。
- !STRING：再一次执行历史指令列表中最近一个以指定的 STRING 开头的指令。

（4）控制历史指令的记录方式。可通过 HISTCONTROL 环境变量进行，其取值如下。

- ignoredups：忽略重复的指令，即连续且相同的指令。
- ignorespace：以空格开头的指令不记入历史。
- ignoreboth：上述两者同时生效。

使用修改 NAME='VALUE'变量值的方式设置历史指令的记录方式，代码如下。

```
# echo $HISTCONTROL
ignoredups
# HISTCONTROL="ignoreboth"
# echo $HISTCONTROL
ignoreboth
```

建议熟练掌握上述代码。

.1.5 Shell 一次性执行多条指令

Shell 在执行某条指令的时候，会返回一个值，该返回值保存在 Shell 变量“$?”中。当 $? == 0 时，表示执行成功；当$? == 1 时，表示执行失败。

有时候，下一条指令的执行依赖前一条指令是否执行成功。例如：在成功地执行一条指令之后再执行另一条指令，或者在一条指令执行失败后再执行另一条指令等。Shell 提供了“&&”和“||”来实现指令执行控制的功能，Shell 将根据“&&”或“||”前面指令的返回值来控制其后指令的执行。

要实现在一行执行多条 Linux 指令，可分成以下几种情况。

1. 每条指令之间用“;”隔开

说明：这种情况下，各指令的执行结果，不会影响其他指令的执行，即每条指令都会被执行，但不保证每条指令都执行成功。

【实例 2-12】多条指令同时执行

使用“;”执行 whoami 和 uptime 指令，代码如下。

```
[root@Shell-programmer ~]# whoami ; uptime
root
 23:40:24 up  5:52,  2 users,  load average: 0.00, 0.00, 0.00
```

上述代码中先执行 whoami 指令，再执行 uptime 指令，who 指令的运行结果不会影响 uptime 指令的运行。

2．每条指令之间用“&&”隔开

说明：这种情况下，若前面的指令执行成功，才会执行后面的指令，这样可以保证所有的指令执行完毕后，执行过程都是成功的。

- 指令之间使用“&&”连接，实现逻辑与的功能。
- 只有在“&&”左边的指令返回为真（指令返回值 $? == 0）时，“&&”右边的指令才会被执行。
- 只要有一条指令返回为假（指令返回值 $? == 1），后面的指令就不会被执行。

【实例 2-13】使用“&&”执行多条指令

使用“&&”连接指令，“&&”前面的指令运行成功才会执行“&&”后的指令，代码如下。

```
[root@Shell-programmer ~]# whoami && uptime
root
 23:40:24 up  5:52,  2 users,  load average: 0.00, 0.00, 0.00
```

上述代码中第 2 条指令只有在第 1 条指令成功执行之后才执行。当“&&”前的指令“whoami”成功执行后“uptime”才执行，根据指令产生的退出码判断是否执行成功（0 表示成功，非 0 表示失败）。

3．每条指令之间用“||”隔开

说明：“||”表示逻辑或，这种情况下，只有前面的指令执行失败后才去执行下一条指令，直到执行成功一条指令为止。

- 每条指令之间使用“||”连接，实现逻辑或的功能。
- 只有在“||”左边的指令返回为假（指令返回值 $? == 1）时，“||”右边的指令才会被执行。这和 C 语言中的逻辑或语法功能相同，即实现短路逻辑或操作。
- 只要有一条指令返回为真（指令返回值 $? == 0），后面的指令就不会被执行。

【实例 2-14】逻辑与、逻辑或组合

逻辑与和逻辑或组合成较为复杂的表达式，代码如下。

```
[root@Shell-programmer ~]# ls -l /etc/passwd && echo "File exists..." || echo
"File not exists..."
-rw-r--r-- 1 root root 1028 8月  4 16:30 /etc/passwd
File exists...
[root@Shell-programmer ~]# ls -l /etc/passwd_new && echo "File exists..." ||
echo "File not exists..."
ls: 无法访问/etc/passwd_new: 没有那个文件或目录
File not exists...
```

4．指令组合

Shell 脚本中的多条指令可以组合使用。指令组合的基本语法格式如下。

```
(command1;command2[;command3...])
```

- 一条指令需要独占一个物理行，如果需要将多条指令放在同一行，指令之间使用指令分隔符“;”分隔。执行的效果等同于多条独立的指令单独执行的效果。

- “()”表示在当前 Shell 中将多条指令作为一个整体执行。需要注意的是，使用“()”标注的指令在执行前都不会切换当前工作目录，也就是说指令组合都是在当前工作目录下被执行的，尽管指令中有切换目录的指令。
- 指令组合常和指令执行控制结合起来使用。

【实例 2-15】指令组合

逻辑或结合圆括号实现较为复杂的判断语句或表达式，代码如下。

```
[root@Shell-programmer ~]# rm /etc/passwd.bak || (cd /etc;echo "delete file fail...")
rm: 无法删除"/etc/passwd.bak": 没有那个文件或目录
delete file fail...
```

上述代码表示，如果目录/etc 下不存在/etc/passwd.bak 文件，则执行“()”内的指令组合。

2.2 Shell 变量与运算符

2.2.1 变量基础知识

1. 基础知识

变量是脚本语言的核心。Shell 编程中变量是无类型的。

Shell 编程中变量又分为本地变量（用户在当前 Shell 生命周期中使用，随 Shell 进程的消亡而无效，类似局部变量）、环境变量（适用于所有由登录进程产生的子进程，类似全局变量），以及位置变量（向 Shell 脚本传递参数，只读）。

Shell 脚本编程中，创建变量很简单，给变量一个名称即可。默认情况下，变量的值为空，可以通过“=”为变量赋值。需要注意，变量和变量的值概念不同。

```
1   [root@laohan-zabbix-server ~]# desc="跟老韩学 Python"
2   [root@laohan-zabbix-server ~]# echo ${desc}
3   跟老韩学 Python
```

上述代码第 1 行定义名为 desc 的变量，其值为“跟老韩学 Python”，第 3 行为 desc 变量的值。

2. 变量命名规则

如下示例定义了一个变量 str，变量名为 str，变量值为 hello 字符串。

```
str="hello"
```

Shell 编程中变量名对大小写字母是敏感的，因此大小写字母不同的两个变量名并不代表同一个变量。

变量命名规则如下。

- 首个字符必须为大小写字母中的其中一个（a～z、A～Z）。
- 设定变量的格式为 a=b，其中 a 为变量名，b 为变量值，“=”两边不能有空格。
- 变量名只能由英文字母、数字以及下画线组成，而且不能以数字开头。
- 当变量值带有特殊字符（如空格）时，需要加上单引号；如果包含“$”，可以直接定义，不用加单引号。
- 如果变量值里面使用了单引号，那么在变量值外面加上双引号。
- 单引号可以让特殊字符变成普通字符。

- 声明变量时不能使用标点符号。
- 声明变量时不能使用 Bash 里的关键字（使用 help 指令可查看 Bash 关键字）。

3. 用户自定义变量

变量名与变量值都是用户自定义的，用户可根据需要进行定义和修改。

（1）变量定义。

变量定义：变量名=变量值。

注意：在 Shell 脚本编程中，“=”左右不能有空格，而在 Python 编程中则可以，读者要注意区分，实例如下所示。

【实例 2-16】Shell 脚本定义变量

Shell 脚本定义变量，代码如下。

```
[root@Shell-programmer ~]# name = hanyanwei
-bash: name: command not found
[root@Shell-programmer ~]# name=hanyanwei
```

Python 脚本定义变量，代码如下。

```
[root@Shell-programmer ~]# python3.4
Python 3.4.8 (default, Apr  9 2018, 11:43:18)
[GCC 4.4.7 20120313 (Red Hat 4.4.7-18)] on linux
Type "help", "copyright", "credits" or "license" for more information.
>>> name = "hanyanwei"
>>> print(name)
hanyanwei
>>> exit()
```

（2）变量调用。

【实例 2-17】变量的取值

简单的变量调用可使用 echo 指令，如 echo $变量名，代码如下。

```
[root@Shell-programmer ~]# name="hanyanwei"
[root@Shell-programmer ~]# echo $name
hanyanwei
[root@Shell-programmer ~]# echo ${name}
hanyanwei
```

上述代码使用 echo $name 和 echo ${name}获取变量值。

（3）变量叠加。

【实例 2-18】变量叠加

变量叠加的代码如下。

```
[root@Shell-programmer ~]# num_1=123
[root@Shell-programmer ~]# num_1="$num_1"456
[root@Shell-programmer ~]# num_1="${num_1}"789
[root@Shell-programmer ~]# echo $num_1
123456789
```

添加应用程序环境变量到 PATH 路径，代码如下。

```
[root@Shell-programmer ~]# dir_path_1="/usr/"
[root@Shell-programmer ~]# dir_path_1="$dir_path_1"local/
[root@Shell-programmer ~]# dir_path_1="${dir_path_1}"mysql
[root@Shell-programmer ~]# echo ${dir_path_1}
/usr/local/mysql
```

（4）查看系统运行变量。

set 指令能够查看当前系统运行的所有变量，包括系统环境变量与当前 Shell 的用户自定义变量。

【实例 2-19】查看系统变量

查看系统变量的代码如下。

```
[root@Shell-programmer ~]# set
BASH=/bin/bash
BASHOPTS=checkwinsize:cmdhist:expand_aliases:extquote:force_fignore:hostcomplete:
interactive_comments:login_shell:progcomp:promptvars:sourcepath
BASH_ALIASES=()
BASH_ARGC=()
BASH_ARGV=()
BASH_CMDS=()
BASH_LINENO=()
BASH_SOURCE=()
BASH_VERSINFO=([0]="4" [1]="1" [2]="2" [3]="2" [4]="release" [5]="x86_64-redhat-
linux-gnu")
BASH_VERSION='4.1.2(2)-release'
COLORS=/etc/DIR_COLORS
COLUMNS=123
DIRSTACK=()
EUID=0
GROUPS=()
G_BROKEN_FILENAMES=1
HISTCONTROL=ignoredups
HISTFILE=/root/.bash_history
HISTFILESIZE=1000
HISTSIZE=1000
HOME=/root
HOSTNAME=Shell-programmer
HOSTTYPE=x86_64
ID=0
IFS=$' \t\n'
LANG=en_US.UTF-8
LESSOPEN='||/usr/bin/lesspipe.sh %s'
LINES=19
LOGNAME=root
LS_COLORS='rs=0:di=01;34:ln=01;36:mh=00:pi=40;33:so=01;35:do=01;35:bd=40;33;01:
cd=40;33;01:or=40;31;01:mi=01;05;37;41:su=37;41:sg=30;43:ca=30;41:tw=30;42:ow=34;42:
st=37;44:ex=01;32:*.tar=01;31:*.tgz=01;31:*.arj=01;31:*.taz=01;31:*.lzh=01;31:*.lzma=
01;31:*.tlz=01;31:*.txz=01;31:*.zip=01;31:*.z=01;31:*.Z=01;31:*.dz=01;31:*.gz=01;31:
*.lz=01;31:*.xz=01;31:*.bz2=01;31:*.tbz=01;31:*.tbz2=01;31:*.bz=01;31:*.tz=01;31:*.
deb=01;31:*.rpm=01;31:*.jar=01;31:*.rar=01;31:*.ace=01;31:*.zoo=01;31:*.cpio=01;31:
*.7z=01;31:*.rz=01;31:*.jpg=01;35:*.jpeg=01;35:*.gif=01;35:*.bmp=01;35:*.pbm=01;35:
*.pgm=01;35:*.ppm=01;35:*.tga=01;35:*.xbm=01;35:*.xpm=01;35:*.tif=01;35:*.tiff=01;
35:*.png=01;35:*.svg=01;35:*.svgz=01;35:*.mng=01;35:*.pcx=01;35:*.mov=01;35:*.mpg=01;
35:*.mpeg=01;35:*.m2v=01;35:*.mkv=01;35:*.ogm=01;35:*.mp4=01;35:*.m4v=01;35:*.mp4v=
01;35:*.vob=01;35:*.qt=01;35:*.nuv=01;35:*.wmv=01;35:*.asf=01;35:*.rm=01;35:*.rmvb=
01;35:*.flc=01;35:*.avi=01;35:*.fli=01;35:*.flv=01;35:*.gl=01;35:*.dl=01;35:*.xcf=
01;35:*.xwd=01;35:*.yuv=01;35:*.cgm=01;35:*.emf=01;35:*.axv=01;35:*.anx=01;35:*.ogv=
01;35:*.ogx=01;35:*.aac=01;36:*.au=01;36:*.flac=01;36:*.mid=01;36:*.midi=01;36:*.
mka=01;36:*.mp3=01;36:*.mpc=01;36:*.ogg=01;36:*.ra=01;36:*.wav=01;36:*.axa=01;36:*.
oga=01;36:*.spx=01;36:*.xspf=01;36:'
MACHTYPE=x86_64-redhat-linux-gnu
MAIL=/var/spool/mail/root
MAILCHECK=60
OPTERR=1
OPTIND=1
OSTYPE=linux-gnu
PATH=/usr/local/sbin:/usr/local/bin:/sbin:/bin:/usr/sbin:/usr/bin:/root/bin
```

```
    PIPESTATUS=([0]="0")
    PPID=8266
    PROMPT_COMMAND='printf "\033]0;%s@%s:%s\007" "${USER}" "${HOSTNAME%%.*}" "${PWD/#
$HOME/~}"'
    PS1='[\u@\h \W]\$ '
    PS2='> '
    PS4='+ '
    PWD=/root
    SHELL=/bin/bash
    SHELLOPTS=braceexpand:emacs:hashall:histexpand:history:interactive-comments:monitor
    SHLVL=1
    SSH_CLIENT='193.168.1.104 52516 22'
    SSH_CONNECTION='193.168.1.104 52516 193.168.1.110 22'
    SSH_TTY=/dev/pts/0
    TERM=xterm
    UID=0
    USER=root
    _=/usr/local/mysql
    colors=/etc/DIR_COLORS
    dir_path_1=/usr/local/mysql
    name=hanyanwei
    str_1=abcdefghi
    str_2=abcdef
```

上述代码输出系统中所有的环境变量。

（5）删除变量。

使用 unset 指令可以删除变量。

使用方法：unset var_name。unset 并不是删除变量里面的值，而是删除变量，因此变量名前不需加“$”。

【实例 2-20】删除变量

使用 unset 删除变量，代码如下。

```
[root@Shell-programmer ~]# num_1=1
[root@Shell-programmer ~]# num_2=2
[root@Shell-programmer ~]# echo ${num_1}
1
[root@Shell-programmer ~]# echo ${num_2}
2
[root@Shell-programmer ~]# unset num_1
[root@Shell-programmer ~]# echo ${num_1}

[root@Shell-programmer ~]# unset num_2
[root@Shell-programmer ~]# echo ${num_2}

[root@Shell-programmer ~]#
```

2.2.2 Bash 环境变量

Shell 中的变量可以简单分为环境变量和自定义变量。

环境变量有时也被称为全局变量，它是操作系统为 Shell 事先定义的一组变量，这些变量共同描述了当前 Shell 运行的系统环境；而自定义变量则是用户根据需要而定义的变量，它有时也被称为局部变量，自定义变量可以为局部变量也可以为全局变量。为了区分两者，环境变量通常用大写字母表示，而自定义变量通常使用小写字母表示。

Bash 指令可以进入当前 Shell 进程的子进程，可以通过 pstree 指令查看当前所在的 Shell

进程，即通过这个方法做后面的环境变量与用户自定义变量生效区域的实验。

环境变量是一组变量的集合，它们描述了当前 Shell 运行的环境信息，典型的环境变量为 PATH 环境变量，它描述了可执行文件的路径信息，通过 env 指令可以查看当前 Shell 环境下所有环境变量及其对应的值。

【实例 2-21】查看所有环境变量的值

查看所有环境的值，代码如下。

```
[root@Shell-programmer ~]# env
HOSTNAME=Shell-programmer
TERM=xterm
SHELL=/bin/bash
HISTSIZE=1000
SSH_CLIENT=193.168.1.104 52516 22
SSH_TTY=/dev/pts/0
USER=root
LS_COLORS=rs=0:di=01;34:ln=01;36:mh=00:pi=40;33:so=01;35:do=01;35:bd=40;33;01:
cd=40;33;01:or=40;31;01:mi=01;05;37;41:su=37;41:sg=30;43:ca=30;41:tw=30;42:ow=34;42:
01;31:*.tlz=01;31:*.txz=01;31:*.zip=01;31:*.z=01;31:*.Z=01;31:*.dz=01;31:*.gz=01;31:
*.lz=01;31:*.xz=01;31:*.bz2=01;31:*.tbz=01;31:*.tbz2=01;31:*.bz=01;31:*.tz=01;31:*.
deb=01;31:*.rpm=01;31:*.jar=01;31:*.rar=01;31:*.ace=01;31:*.zoo=01;31:*.cpio=01;31:
*.7z=01;31:*.rz=01;31:*.jpg=01;35:*.jpeg=01;35:*.gif=01;35:*.bmp=01;35:*.pbm=01;35:
*.pgm=01;35:*.ppm=01;35:*.tga=01;35:*.xbm=01;35:*.xpm=01;35:*.tif=01;35:*.tiff=01;35:
*.png=01;35:*.svg=01;35:*.svgz=01;35:*.mng=01;35:*.pcx=01;35:*.mov=01;35:*.mpg=01;
35:*.mpeg=01;35:*.m2v=01;35:*.mkv=01;35:*.ogm=01;35:*.mp4=01;35:*.m4v=01;35:*.mp4v=
01;35:*.vob=01;35:*.qt=01;35:*.nuv=01;35:*.wmv=01;35:*.asf=01;35:*.rm=01;35:*.rmvb=
01;35:*.flc=01;35:*.avi=01;35:*.fli=01;35:*.flv=01;35:*.gl=01;35:*.dl=01;35:*.xcf=
01;35:*.xwd=01;35:*.yuv=01;35:*.cgm=01;35:*.emf=01;35:*.axv=01;35:*.anx=01;35:*.ogv=
01;35:*.ogx=01;35:*.aac=01;36:*.au=01;36:*.flac=01;36:*.mid=01;36:*.midi=01;36:*.mka=
01;36:*.mp3=01;36:*.mpc=01;36:*.ogg=01;36:*.ra=01;36:*.wav=01;36:*.axa=01;36:*.oga=
01;36:*.spx=01;36:*.xspf=01;36:
MAIL=/var/spool/mail/root
PATH=/usr/local/sbin:/usr/local/bin:/sbin:/bin:/usr/sbin:/usr/bin:/root/bin
PWD=/root
LANG=en_US.UTF-8
HISTCONTROL=ignoredups
SHLVL=1
HOME=/root
LOGNAME=root
SSH_CONNECTION=193.168.1.104 52516 193.168.1.110 22
LESSOPEN=||/usr/bin/lesspipe.sh %s
G_BROKEN_FILENAMES=1
_=/bin/env
```

1. 环境变量与自定义环境变量的区别

- 环境变量是全局变量，自定义环境变量是局部变量。
- 自定义环境变量只在当前的 Shell 中生效，环境变量在当前 Shell 和这个 Shell 的所有子 Shell 中生效。
- 用户可以自定义环境变量，但对系统生效的环境变量名和变量作用是固定的。

2. 自定义环境变量

使用如下方法可以自定义环境变量。

（1）export 变量名=变量值。

（2）变量名=变量值，export 变量名。

```
[root@Shell-programmer ~]# export name=hanyanwei
[root@Shell-programmer ~]# age=18 ; export age
[root@Shell-programmer ~]# set |grep "name\|age"
_=age
age=18
name=hanyanwei
```

3．查看环境变量

Linux 操作系统中查看环境变量设置，可使用如下指令。

- set 或 declare：查看所有变量。
- env：查看环境变量。

4．添加环境变量

增加环境变量的基本步骤如下。

- 编写 Bash 脚本。
- 加入 PATH 环境变量，用“:”分隔。
- 使用 source 指令使配置文件立即生效。

5．删除环境变量

删除环境变量，语法如下。

```
# unset 环境变量
```

6．PS1、PS2 环境变量

Linux 操作系统中的 Shell 程序默认设置两级用户提示符。

第一级是 Bash 在等待指令输入时的提示符，可以通过在用户主目录下.bash_profile 文件里设置 PS1 变量来实现。

PS1 常用环境变量如表 2-2 所示。

表 2-2 PS1 常用环境变量

环境变量	显示值
\a	以 ASCII 格式编码的铃声，使用时计算机会发出嗡嗡的响声
\d	以星期数、月、天格式来表示当前日期。例如，“Mon May 26”
\h	本地机的主机名，但不带末尾的域名
\H	完整的主机名
\j	运行在当前 Shell 会话中的工作数
\l	当前终端设备名
\n	一个换行符
\r	一个回车符
\s	Shell 程序名
\t	以 24 小时制、hours:minutes:seconds 的格式表示当前时间
\T	以 12 小时制表示当前时间
\@	以 12 小时制、AM/PM 格式来表示当前时间，例如 10:51 PM
\A	以 24 小时制、hours:minutes 格式表示当前时间
\u	当前用户名

续表

环境变量	显示值
\v	Shell 程序的版本号，例如 4.3
\V	Shell 程序的版本号，例如 4.3.11
\w	当前工作目录名
\W	当前工作目录名的最后部分
\!	当前指令的历史号
\#	当前 Shell 会话中的指令数
\$	显示“$”字符，root 用户显示“#”字符
\[	以某种方式来操作终端仿真器，如移动光标或者更改文本颜色
\]	标志着非输出字符序列结束

设置提示符显示格式为<用户名>@<当前目录名> $，代码如下。

【实例 2-22】修改 PS1 变量

修改 PS1 变量的代码如下。

```
[root@Shell-programmer ~]# PS1="\u@\W\$ "
root@~$ whoami
root
root@~$ exit
logout
```

当 Bash 期待输入更多的信息以完成指令时将显示第二级提示符。

比如：输入 cp filename1 \，按“Enter”键，此时就出现第二级提示符，其中“\”是续行的意思。

默认的第二级提示符为“>”。

如果要改变第二级提示符，可以通过在.bash_profile 文件里设置 PS2 变量来实现。

一个非常长的指令可以通过在末尾加“\”使其分行显示。我们可以通过修改 PS2，将提示符修改为“hanyanwei->”或者“>>”，实例如下。

【实例 2-23】修改 PS2 变量

原 PS2 提示符为“>”，代码如下。

```
[root@Shell-programmer ~]# ls -lhrt \
> /etc/passwd
-rw-r--r-- 1 root root 1.1K 8月   4 16:30 /etc/passwd
```

原 PS2 提示符被修改为“hanyanwei->”，代码如下。

```
[root@Shell-programmer ~]# PS2='hanyanwei->'
[root@Shell-programmer ~]# ls -lhrt --full-time \
hanyanwei->/etc/passwd
-rw-r--r-- 1 root root 1.1K 2018-08-04 16:30:43.797176226 +0800 /etc/passwd
```

原 PS2 提示符被修改为“>>”。

```
[root@Shell-programmer ~]# PS2='>>'
[root@Shell-programmer ~]# echo $PS2
>>
[root@Shell-programmer ~]# ls -lhrt --full-time /etc/passwd \
```

```
>> /etc/shadow
-rw-r--r-- 1 root root 1.1K 2018-08-04 16:30:43.797176226 +0800 /etc/passwd
---------- 1 root root  691 2018-08-04 16:30:43.803176226 +0800 /etc/shadow
```

2.2.3 Bash 语言与位置参数变量

1. Bash 语言变量

当前语言查询。使用 locale 指令查询当前操作系统支持的语言种类。

【实例 2-24】查询支持的语言种类

```
[root@Shell-programmer ~]# locale
LANG=zh_CN.UTF-8
LC_CTYPE="zh_CN.UTF-8"
LC_NUMERIC="zh_CN.UTF-8"
LC_TIME="zh_CN.UTF-8"
LC_COLLATE="zh_CN.UTF-8"
LC_MONETARY="zh_CN.UTF-8"
LC_MESSAGES="zh_CN.UTF-8"
LC_PAPER="zh_CN.UTF-8"
LC_NAME="zh_CN.UTF-8"
LC_ADDRESS="zh_CN.UTF-8"
LC_TELEPHONE="zh_CN.UTF-8"
LC_MEASUREMENT="zh_CN.UTF-8"
LC_IDENTIFICATION="zh_CN.UTF-8"
LC_ALL=
```

2. Bash 位置参数变量

Linux 操作系统 Bash 位置参数变量如表 2-3 所示。

表 2-3　　Linux 操作系统 Bash 位置参数变量

位置参数变量	作用
$n	n 为数字，$0 代表指令本身，$1～$9 代表第 1 个到第 9 个参数，10 以上的参数需要用“{}”标注，如 ${10}
$*	代表指令行中所有的参数，所有的参数可看作一个整体
$@	代表指令行中所有的参数，每个参数可看作单个个体
$#	代表指令行中所有参数的个数

注意：使用$*、$@、$#时最好使用双引号标注，避免出现歧义。

2.2.4 Bash 预定义变量

1. 环境变量

Shell 是一种动态类型语言和弱类型语言，其常用环境变量如表 2-4 所示。

表 2-4　　常用环境变量

变量名	变量值
$Shell	默认 Shell，Shell 的全路径名
$HOME	当前用户主目录
$LANG	默认语言

续表

变量名	变量值
$PATH	默认可执行程序路径，指令搜索路径，以冒号为分隔符
$PWD	当前目录
$UID	用户 ID
$USER	当前用户
$COLUMNS	定义指令编辑模式下可使用指令行的长度
$HISTFILE	历史指令文件
$HISFILESIZE	历史指令文件中最多可包含的指令条数
$IFS	定义 Shell 使用的分隔符，默认内部域分隔符
$LOGNAME	当前的登录名
$TERM	终端类型
$TMOUT	设置 Shell 自动退出时长，0 表示禁止 Shell 自动退出

【实例 2-25】输出常用环境变量

查看 Linux 操作系统常用环境变量，代码如下。

```
[root@Shell-programmer ~]# echo $SHELL
/bin/bash
[root@Shell-programmer ~]# echo $HOME
/root
[root@Shell-programmer ~]# echo $LANG
zh_CN.UTF-8
[root@Shell-programmer ~]# echo $PATH
/usr/local/sbin:/usr/local/bin:/sbin:/bin:/usr/sbin:/usr/bin:/root/bin
[root@Shell-programmer ~]# echo $PWD
/root
[root@Shell-programmer ~]# echo $UID
0
[root@Shell-programmer ~]# echo $USER
root
```

上述代码中的变量使用频率很高，希望读者熟练掌握。

【实例 2-26】输出环境变量

env 和 set 指令完整输出显示如下。

```
1    [root@laohan_Shell_Python ~]# set | head
2    ABRT_DEBUG_LOG=/dev/null
3    BASH=/bin/bash
4    BASHOPTS=checkwinsize:cmdhist:expand_aliases:extglob:extquote:force_fignore:
histappend:interactive_comments:login_shell:progcomp:promptvars:sourcepath
5    BASH_ALIASES=()
6    BASH_ARGC=()
7    BASH_ARGV=()
8    BASH_CMDS=()
9    BASH_COMPLETION_COMPAT_DIR=/etc/bash_completion.d
10   BASH_LINENO=()
11   BASH_SOURCE=()
12   [root@laohan_Shell_Python ~]# env
13   XDG_SESSION_ID=932724
14   HOSTNAME=laohan_Shell_Python
15   TERM=xterm
16   SHELL=/bin/bash
17   HISTSIZE=3000
18   SSH_CLIENT=61.149.98.116 60170 51518
19   SSH_TTY=/dev/pts/1
```

```
  20  USER=root
  21  LS_COLORS=rs=0:di=01;34:ln=01;36:mh=00:pi=40;33:so=01;35:do=01;35:bd=40;33;01:
cd=40;33;01:or=40;31;01:mi=01;05;37;41:su=37;41:sg=30;43:ca=30;41:tw=30;42:ow=34;42:
st=37;44:ex=01;32:*.tar=01;31:*.tgz=01;31:*.arc=01;31:*.arj=01;31:*.taz=01;31:*.lha=
01;31:*.lz4=01;31:*.lzh=01;31:*.lzma=01;31:*.tlz=01;31:*.txz=01;31:*.tzo=01;31:*.t7z=
01;31:*.zip=01;31:*.z=01;31:*.Z=01;31:*.dz=01;31:*.gz=01;31:*.lrz=01;31:*.lz=01;31:*.
lzo=01;31:*.xz=01;31:*.bz2=01;31:*.bz=01;31:*.tbz=01;31:*.tbz2=01;31:*.tz=01;31:*.deb=
01;31:*.rpm=01;31:*.jar=01;31:*.war=01;31:*.ear=01;31:*.sar=01;31:*.rar=01;31:*.alz=
01;31:*.ace=01;31:*.zoo=01;31:*.cpio=01;31:*.7z=01;31:*.rz=01;31:*.cab=01;31:*.jpg=
01;35:*.jpeg=01;35:*.gif=01;35:*.bmp=01;35:*.pbm=01;35:*.pgm=01;35:*.ppm=01;35:*.
tga=01;35:*.xbm=01;35:*.xpm=01;35:*.tif=01;35:*.tiff=01;35:*.png=01;35:*.svg=01;35:
*.svgz=01;35:*.mng=01;35:*.pcx=01;35:*.mov=01;35:*.mpg=01;35:*.mpeg=01;35:*.m2v=01;
35:*.mkv=01;35:*.webm=01;35:*.ogm=01;35:*.mp4=01;35:*.m4v=01;35:*.mp4v=01;35:*.vob=
01;35:*.qt=01;35:*.nuv=01;35:*.wmv=01;35:*.asf=01;35:*.rm=01;35:*.rmvb=01;35:*.flc=
01;35:*.avi=01;35:*.fli=01;35:*.flv=01;35:*.gl=01;35:*.dl=01;35:*.xcf=01;35:*.xwd=01;
35:*.yuv=01;35:*.cgm=01;35:*.emf=01;35:*.axv=01;35:*.anx=01;35:*.ogv=01;35:*.ogx=01;
35:*.aac=01;36:*.au=01;36:*.flac=01;36:*.mid=01;36:*.midi=01;36:*.mka=01;36:*.mp3=01;
36:*.mpc=01;36:*.ogg=01;36:*.ra=01;36:*.wav=01;36:*.axa=01;36:*.oga=01;36:*.spx=01;
36:*.xspf=01;36:
  22  MAIL=/var/spool/mail/root
  23  PATH=/usr/local/sbin:/usr/local/bin:/usr/sbin:/usr/bin:/root/bin
  24  PWD=/root
  25  LANG=zh_CN.UTF-8
  26  SHLVL=1
  27  HOME=/root
  28  LOGNAME=root
  29  SSH_CONNECTION=61.149.98.116 60170 172.19.16.14 51518
  30  LESSOPEN=||/usr/bin/lesspipe.sh %s
  31  PROMPT_COMMAND=history -a; printf "\033]0;%s@%s:%s\007" "${USER}" "${HOSTNAME%%.
*}" "${PWD/#$HOME/~}"
  32  XDG_RUNTIME_DIR=/run/user/0
  33  HISTTIMEFORMAT=%F %T
  34  _=/usr/bin/env
```

上述代码第 1 行执行 set 指令，第 2～11 行为执行结果，第 12 行执行 env 指令，第 13～34 行为执行结果。

2. 普通变量与临时环境变量

- 普通变量定义：VAR=value。
- 临时环境变量定义：export VAR=value。
- 变量引用：$VAR。

【实例 2-27】普通变量与临时环境变量

设置与查看 Linux 系统中的普通变量与临时环境变量，代码如下。

```
1   [root@Shell-programmer ~]# ps ajxf |grep pts
2     1238  2284   2284  2284 ?           -1 Ss    0   0:00  \_ sshd: root@pts/0
3     2284  2286   2286  2286 pts/0     2286 Ss+   0   0:00  |   \_ -bash
4     1238  2351   2351  2351 ?           -1 Ss    0   0:00  \_ sshd: root@pts/1
5     2351  2353   2353  2353 pts/1     2369 Ss    0   0:00      \_ -bash
6     2353  2369   2369  2353 pts/1     2369 R+    0   0:00          \_ ps ajxf
7     2353  2370   2369  2353 pts/1     2369 S+    0   0:00          \_ grep pts
8   [root@Shell-programmer ~]# echo $$
9   2353
10  [root@Shell-programmer ~]# str='hello world'
11  [root@Shell-programmer ~]# echo $str
12  hello world
```

```
13  [root@Shell-programmer ~]# bash
14  [root@Shell-programmer ~]# echo $$
15  2371
16  [root@Shell-programmer ~]# ps ajxf |grep pts
17   1238  2284  2284  2284 ?          -1 Ss    0   0:00  \_ sshd: root@pts/0
18   2284  2286  2286  2286 pts/0     2286 Ss+   0   0:00  |   \_ -bash
19   1238  2351  2351  2351 ?          -1 Ss    0   0:00  \_ sshd: root@pts/1
20   2351  2353  2353  2353 pts/1     2380 Ss    0   0:00      \_ -bash
21   2353  2371  2371  2353 pts/1     2380 S     0   0:00          \_ bash
22   2371  2380  2380  2353 pts/1     2380 R+    0   0:00              \_ ps ajxf
23   2371  2381  2380  2353 pts/1     2380 S+    0   0:00              \_ grep pts
24  [root@Shell-programmer ~]# echo $str
25
26  [root@Shell-programmer ~]# exit
27  exit
28  [root@Shell-programmer ~]# echo $str
29  hello world
30  [root@Shell-programmer ~]# export var
31  [root@Shell-programmer ~]# bash
32  [root@Shell-programmer ~]# echo $$
33  2382
34  [root@Shell-programmer ~]# ps ajxf |grep pts
35   1238  2284  2284  2284 ?          -1 Ss    0   0:00  \_ sshd: root@pts/0
36   2284  2286  2286  2286 pts/0     2286 Ss+   0   0:00  |   \_ -bash
37   1238  2351  2351  2351 ?          -1 Ss    0   0:00  \_ sshd: root@pts/1
38   2351  2353  2353  2353 pts/1     2391 Ss    0   0:00      \_ -bash
39   2353  2382  2382  2353 pts/1     2391 S     0   0:00          \_ bash
40   2382  2391  2391  2353 pts/1     2391 R+    0   0:00              \_ ps ajxf
41   2382  2392  2391  2353 pts/1     2391 S+    0   0:00              \_ grep pts
42  [root@Shell-programmer ~]#  ps -ef |grep ssh
43  root       1238     1  0 17:48 ?        00:00:00 /usr/sbin/sshd
44  root       2284  1238  0 21:14 ?        00:00:00 sshd: root@pts/0
45  root       2351  1238  0 22:47 ?        00:00:00 sshd: root@pts/1
46  root       2394  2382  0 22:51 pts/1    00:00:00 grep ssh
```

上述代码第 1 行执行 ps axjf，第 2～7 行为执行结果，其中，第一列是 PPID（父进程 ID），第二列是 PID（子进程 ID）。

当 SSH 连接 Shell 时，当前终端 PPID（-bash）是 sshd 守护程序的 PID（root@pts/0），因此在当前终端下的所有进程的 PPID 都是-bash 的 PID，比如执行指令、运行脚本。在-bash 下设置的变量，只在-bash 进程下有效，而-bash 下的子进程 bash 是无效的，当导出后才有效。

在当前 Shell 定义的变量一定要导出，否则在写脚本时，会引用不到。还要注意退出终端后，所有自定义的变量都会被清除，需要在/etc/profile 文件中定义变量使其永久生效。

3. 位置变量

位置变量指的是函数或脚本后的第 n 个参数。$1～$n，需要注意的是从第 10 个开始要用“{}”调用，例如${10}，shift 指令可控制位置变量。

【实例 2-28】位置变量

使用 shift 指令改变变量的位置，代码如下。

```
[root@Shell-programmer chapter-2]# ./shift.sh  1 2 3
1=======: 1
2=======: 2
3=======: 3
[root@Shell-programmer chapter-2]# cat shift.sh
#!/bin/bash
echo "1=======: $1"
echo "2=======: $2"
echo "3=======: $3"
```

- 每执行一次 shift 指令，位置变量个数就会减一，而变量值则提前一位。
- shift n 可设置向前移动 n 位。
- shift 指令用于对参数进行移动（左移），通常用于在不知道传入参数个数的情况下依次遍历每个参数，然后进行相应处理（常见于 Linux 中各种程序的启动脚本）。

【实例 2-29】依次读取输入的参数并输出参数个数

使用 shift 指令读取程序输入的参数，并输出参数的值与参数的个数，代码如下。

```
[root@Shell-programmer chapter-2]# cat shift-2.sh  a
#!/bin/bash
while [ $# != 0 ];do
echo "第一个参数为：$1，参数个数为$#：个"
shift
done
```

执行结果如下所示。

```
[root@Shell-programmer chapter-2]# ./shift-2.sh  a b c d e f
第一个参数为：a，参数个数为 6：个
第一个参数为：b，参数个数为 5：个
第一个参数为：c，参数个数为 4：个
第一个参数为：d，参数个数为 3：个
第一个参数为：e，参数个数为 2：个
第一个参数为：f，参数个数为 1：个
```

从执行结果可知，shift（shift 1）指令每执行一次，变量的个数（$#）就减一（$1 变量被销毁后，$2 就变成了$1），而变量值提前一位。

4．特殊变量

Shell 语言的特殊变量主要在对参数进行判断和对指令返回值进行判断时使用，包括脚本和函数参数，以及脚本和函数的返回值。

Shell 语言中的系统变量并不多，但是十分有用，特别是在做一些参数检测的时候。一些常用的特殊变量在实际应用中使用也非常广泛，Linux 操作系统常用特殊变量如表 2-5 所示。

表 2-5　Linux 操作系统常用特殊变量

特殊变量	说明
$0	脚本自身的名字
$?	返回上一条指令是否执行成功，0 为执行成功，非 0 为执行失败
$#	位置参数总数
$*	所有的位置参数被看作一个字符串
$@	每个位置参数被看作独立的字符串
$$	当前进程的 ID

【实例 2-30】常用系统变量

脚本内容如下所示。

```
[root@Shell-programmer chapter-2]# cat ./use-var.sh
#!/bin/bash
#输出脚本的参数个数
echo "the number of parameters is $#"
#输出上一条指令的退出状态码
echo "the return code of last command is $?"
#输出当前脚本的名称
echo "the script name is $0"
```

```
#输出所有的参数
echo "the parameters are $*"
#输出其中的几个参数
```

脚本执行结果如下所示。

```
[root@Shell-programmer chapter-2]# ./use-var.sh  handuoduo  hanmeimei  hanmingze
the number of parameters is 3
the return code of last command is 0
the script name is ./use-var.sh
the parameters are handuoduo hanmeimei hanmingze*
```

【实例 2-31】特殊变量之"$0"

"$0-Shell"表示本身的文件名，脚本内容和执行结果如下所示。

```
[root@Shell-programmer chapter-2]# ./var_name.sh
$0 变量输出的内容是：./var_name.sh
[root@Shell-programmer chapter-2]# cat ./var_name.sh
#!/bin/bash
echo "\$0 变量输出的内容是：$0"
```

【实例 2-32】特殊变量之"$?"

- "$?"表示最后运行的指令的结束代码（返回值）。
- 脚本和指令都有返回值。

```
[root@Shell-programmer chapter-2]# cat ./return_var.sh
#!/bin/bash
echo "当前登录的用户是：$(whoami)"
echo "上一条指令的返回值是：$?"
[root@Shell-programmer chapter-2]# ./return_var.sh
当前登录的用户是：root
上一条指令的返回值是：0
```

【实例 2-33】特殊变量之"$#"

"$#"表示添加到 Shell 的参数个数，代码如下。

```
[root@Shell-programmer chapter-2]# cat parm_count.sh
#!/bin/bash
clear
echo "上面指令的返回值是：$(echo $?)"
echo "第一个传入的参数是：$1"
echo
echo "第二个传入的参数是：$2"

[root@Shell-programmer chapter-2]# ./parm_count.sh handuoduo hanmingze
上面指令的返回值是：0
第一个传入的参数是：handuoduo

第二个传入的参数是：hanmingze
```

【实例 2-34】特殊变量之"$*"与"$@"

- "$* -"表示所有参数列表。
- ""$*""用"""标注，以""$1 $2 … $n""的形式输出所有参数。
- "$*"与"$@"都提供了对所有参数的快速访问，这两个都能够在单个变量中存储所有的指令行参数。
- "$*"会将指令行上提供的所有参数当作一个单词保存，其会被当作单个参数，而不是多个对象。
- "$@"会将指令行上提供的所有参数当作同一个字符串中的多个独立的单词。他允许遍历所有的值，将提供的每个参数分隔开，通常通过 for 指令完成此操作。

```
[root@Shell-programmer chapter-2]# cat var_count.sh
#!/bin/bash
 echo -e "\033[32m这里是\$* and \$@ test的对比测试......\033[0m"
 echo "\$* 传进来的参数is:"$* #这里两个执行结果是一样的
 echo
 echo "\$@ 传进来的参数is:"$@ #
 count=0
 for var in "$*"
 do
    count=$[$count+1]
    echo "$count:"$var
 done

 echo "\$* done."

 count=0
 for var in "$@"
 do
    count=$[$count+1]
    echo "$count:"$var
 done
 echo "\$@ done."

[root@Shell-programmer chapter-2]# ./var_count.sh handuoduo hanmingze
这里是$* and $@ test的对比测试......
$* 传进来的参数is:handuoduo hanmingze

$@ 传进来的参数is:handuoduo hanmingze
1:handuoduo hanmingze
$* done.
1:handuoduo
2:hanmingze
$@ done.
```

【实例 2-35】特殊变量之“$$”

“$$”表示当前 Shell 进程的 PID。

```
[root@Shell-programmer chapter-2]# cat var_$$.sh
#!/bin/bash
echo "process is : $$"
[root@Shell-programmer chapter-2]# ./var_$$.sh
process is : 2462
[root@Shell-programmer chapter-2]# ./var_$$.sh
process is : 2463
[root@Shell-programmer chapter-2]# ./var_$$.sh
process is : 2464
[root@Shell-programmer chapter-2]# ./var_$$.sh
process is : 2465
[root@Shell-programmer chapter-2]# ./var_$$.sh
process is : 2466
[root@Shell-programmer chapter-2]# ./var_$$.sh
process is : 2467
[root@Shell-programmer chapter-2]# ./var_$$.sh
process is : 2468
```

5．只读变量

使用一个定义过的变量，只要在变量名前面加“$”即可，实例如下所示。

【实例 2-36】只读变量

使用 readonly 关键字可以将普通变量定义为只读变量。

```
[root@Shell-programmer chapter-2]# cat readonly_var.sh
#!/bin/bash
url="http://jd*.com"
readonly url
echo  "\$url is $url"
[root@Shell-programmer chapter-2]# ./readonly_var.sh
$url is http://jd*.com
```

2.2.5 变量的类型

1．是否需要编译

根据是否需要编译可以将程序设计语言分为两类，分别是静态类型语言和动态类型语言。

（1）静态类型语言。

静态类型语言是在编译期间就确定变量类型的语言，例如Java、C++、Pascal，在这些语言中使用变量时，必须首先声明其类型。

（2）动态类型语言。

动态类型语言是在程序执行过程中才确定变量的数据类型的语言。常见的有VBScript、PHP及Python。在这些语言中，变量的数据类型根据第一次赋给该变量的值的数据类型来确定。

2．是否需要定义变量类型

根据变量是否强制要求类型定义，可以将程序设计语言分为强类型语言和弱类型语言。

（1）强类型语言。

强类型语言要求用户在定义变量的时候必须明确指定其数据类型，例如Java和C++。在强类型语言中，数据类型之间的转换非常重要。

（2）弱类型语言。

弱类型语言不要求用户明确指定变量的数据类型，例如JavaScript。

3．Shell变量类型

一般情况下，变量通过name=value的方式赋值，注意“=”两边不要留空格。

Shell程序中，默认变量类型为字符串，代码如下。

```
1    [root@laohan_Shell_Python ~]# a=6
2    [root@laohan_Shell_Python ~]# b=8
3    [root@laohan_Shell_Python ~]# echo $a+$b
4    6+8
```

上述代码中，第1行和第2行分别定义两个变量，第3行让变量执行运算，第4行为执行结果。可以发现，二者并没有执行计算，而是将其作为字符串拼接输出到控制台，由此可以得出：Shell变量类型的默认值为字符串。

（1）使用Shell中的标准语法访问变量。

【实例2-37】访问Shell变量的标准语法

要想访问变量，只需在变量名前面添加“$”，解释器就会对它进行展开，建议使用${var_name}的形式访问变量。如果该变量并不存在，解释器会输出为空，代码如下。

```
1    [root@laohan_Shell_Python ~]# name="韩艳威"
2    [root@laohan_Shell_Python ~]# echo $name
```

```
3    韩艳威
4    [root@laohan_Shell_Python ~]# echo $age
5
6    [root@laohan_Shell_Python ~]# echo $namehaha
7
8    [root@laohan_Shell_Python ~]# echo ${name }haha
9    -bash: ${name }haha: 坏的替换
10   [root@laohan_Shell_Python ~]# echo ${name}haha
11   韩艳威 haha
```

上述代码第 1 行定义 name 变量，第 2 行输出 name 变量值，第 3 行为执行结果。第 4 行表示输出 age 变量的值，由于未设置 age 变量，因此输出为空。

第 6 行表示输出 namehaha 变量的值，由于未设置该变量，因此第 7 行同样输出为空。第 8 行为变量读取错误，第 9 行为执行结果。第 10 行使用标准形式访问变量，可以正常输出 name 变量值，后面直接和 haha 字符串进行拼接，第 11 行为变量和字符串的拼接输出结果。

（2）变量类型定义。

Bash 程序中变量只有两种类型：字符串和数组。严格意义上，Bash 没有变量类型。Bash 中的变量，在运行的时候会被展开成其对应的值（默认为字符串）。

可以使用 declare 或 typeset 关键字来定义变量类型，declare 语法如表 2-6 所示。

表 2-6 declare 语法

语法	说明
declare –a name	定义数组变量
declare –f name	函数的名字
declare –F name	同上，但只显示函数的名字
declare –i name	定义整数变量
declare –r name	定义只读变量
declare –x name	同 export，即在当前环境和外部的 Shell 环境中均可使用

【实例 2-38】自定义变量类型

使用 declare 关键字定义整型变量，代码如下。

```
1    [root@laohan_Shell_Python ~]# a=6
2    [root@laohan_Shell_Python ~]# b=8
3    [root@laohan_Shell_Python ~]# declare -i a
4    [root@laohan_Shell_Python ~]# declare -i b
5    [root@laohan_Shell_Python ~]# declare -i c
6    [root@laohan_Shell_Python ~]# c=$a+$b
7    [root@laohan_Shell_Python ~]# echo ${c}
8    14
9 [root@laohan_Shell_Python ~]# num_1=10; num_2=20;echo $(($num_1+$num_2))
10 30
```

上述代码中第 1～2 行定义变量，第 3～5 行使用 declare 关键字定义变量类型，第 6 行将变量的运算结果赋值给另外一个变量 c，第 7 行为执行结果。第 9 行也可以起到与上面代码相同的作用。

【实例 2-39】整数计算

使用 expr 指令实现整数计算，代码如下。

```
1 [root@laohan_Shell_Python ~]# a=10
2 [root@laohan_Shell_Python ~]# b=20
3 [root@laohan_Shell_Python ~]# expr $a + $b
4 30
```

使用 expr 关键字也可以实现计算，上述代码第 1～2 行定义变量，第 3 行使用 expr 计算变量的值，第 4 行为执行结果。

```
1    [root@laohan_Shell_Python ~]# a=6
2    [root@laohan_Shell_Python ~]# b='laohan'
3    [root@laohan_Shell_Python ~]# expr $a + $b
4    6
5    [root@laohan_Shell_Python ~]# echo $((0+6))
6    6
7    [root@laohan_Shell_Python ~]# expr $b + $b
8    0
9    [root@laohan_Shell_Python ~]# expr $b + $a
10   6
11   [root@laohan_Shell_Python ~]# let  c=$b+$a
12   [root@laohan_Shell_Python ~]# echo ${c}
13   6
```

上述代码中，第 3、5、11 行分别使用 expr、“(())”、let 执行整数计算，第 4、6、8、10、13 行为执行结果。

2.3 Shell 变量高级知识

2.3.1 变量删除和替换

Shell 可以进行变量的条件删除和替换，即只有某种条件发生时才进行删除和替换，条件放在“{}”中。

变量删除和替换语法如表 2-7 所示。

表 2-7 变量删除和替换语法

语法	说明
${变量名#匹配规则}	从变量头部进行规则匹配，将符合的最短的变量删除
${变量名##匹配规则}	从变量头部进行规则匹配，将符合的最长的变量删除
${变量名%匹配规则}	从变量尾部进行规则匹配，将符合的最短的变量删除
${变量名%%匹配规则}	从变量尾部进行规则匹配，将符合的最长的变量删除
${变量名/旧字符串/新字符串}	变量内容符合旧字符串规则，则第一个旧字符串会被新字符串替代
${变量名//旧字符串/新字符串}	变量内容符合旧字符串规则，则全部的旧字符串会被新字符串替代

【实例 2-40】变量删除

使用{}实现变量的删除，代码如下。

```
1    [root@VM_16_14_centos ~]# var_1="go laohan's shell,go laohan's python"
2    [root@VM_16_14_centos ~]# echo $var_1
3    go laohan's shell,go laohan's python
4    [root@VM_16_14_centos ~]# var_2=${var_1#*go}
```

```
5   [root@VM_16_14_centos ~]# echo $var_2
6   laohan's shell,go laohan's python
7   [root@VM_16_14_centos ~]# var_3=${var_1##*go}
8   [root@VM_16_14_centos ~]# echo $var_3
9   laohan's python
10  [root@VM_16_14_centos ~]# var_4=${var_1%go*}
11  [root@VM_16_14_centos ~]# echo $var_4
12  go laohan's shell,
13  [root@VM_16_14_centos ~]# var_5=${var_1%%laohan*}
14  [root@VM_16_14_centos ~]# echo $var_5
15  go
```

上述代码第 1 行定义 var_1 变量，第 2～3 行为输出变量值。

第 4 行表示删除 var_1 变量中第一个以“go”开头的字符串，第 5～6 行为输出变量值。

第 7 行表示删除 var_1 变量中所有以“go”开头的字符串，第 8～9 行为输出变量值。

第 10 行表示删除 var_1 变量中第一个以“go”结尾的字符串，第 11～12 行为输出变量值。

【实例 2-41】变量替换

```
1   [root@laohan_Shell_Python ~]# var_1="go laohan's shell,go laohan's python"
2   [root@laohan_Shell_Python ~]# echo $var_1
3   go laohan's shell,go laohan's python
4   [root@laohan_Shell_Python ~]# var_6=${var_1/"laohan's"/"老韩"}
5   [root@laohan_Shell_Python ~]# echo $var_6
6   go 老韩 shell,go laohan's python
7   [root@laohan_Shell_Python ~]# var_7=${var_1//"laohan's"/"老韩"}
8   [root@laohan_Shell_Python ~]# echo $var_7
9   go 老韩 shell,go 老韩 python
```

上述代码第 1 行定义 var_1 变量，第 2～3 行为输出变量值。

第 4 行表示将 var_1 变量中第一个出现的字符串“laohan's”替换为“老韩”，第 5～6 行为匹配输出结果，第 7 行将 var_1 变量中出现的所有字符串“laohan's”替换为“老韩”，第 8～9 行为匹配输出结果。

2.3.2 变量测试

1. 变量测试基本语法

变量测试基本语法如表 2-8 所示。本部分内容了解即可。

表 2-8 变量测试基本语法

str 配置	str 未配置	str 为空字符串	str 已配置且非空
var=${str-expr}	var=expr	var=	var=$str
var=${str:-expr}	var=expr	var=expr	var=$str
var=${str+expr}	var=	var=expr	var=expr
var=${str:+expr}	var=	var=	var=expr
var=${str=expr}	var=expr	var=	var=$str
var=${str:=expr}	var=expr	var=expr	var=$str

2. 变量测试常用方法

【实例 2-42】测试变量是否存在

（1）使用 if 和-v 测试变量是否存在。

测试脚本内容如下所示。

```
1   [root@laohan_Shell_Python chapter-2]# cat check_v_var.sh
2   # set var
3
4   name="韩艳威"
5
6   if [[ -v  name ]];then
7       echo "变量 name 已经被定义,开始输出..."
8       echo "我的名字是： ${name} !"
9   else
10      echo "变量 name 未被定义"
11  fi
12
13  echo
14  echo "**********************************"
15  echo
16
17  # not set var
18  if [[ -v age ]];then
19      echo "变量 age 被定义"
20  else
21      echo "变量 age 未被定义"
22  fi
```

上述代码第 4 行定义 name 变量，第 6～11 行判断 name 变量的值是否存在，第 12～16 行为优化脚本执行结果，第 18～22 行判断 age 变量的值是否存在，脚本执行结果如下所示。

```
1   [root@laohan_Shell_Python chapter-2]# bash check_v_var.sh
2   变量 name 已经被定义,开始输出...
3   我的名字是：韩艳威 !
4
5   **********************************
6
7   变量 age 未被设置
```

（2）使用 if 和-z 测试变量是否为空。

【实例 2-43】测试变量是否为空

脚本内容如下。

```
1   [root@laohan_Shell_Python chapter-2]# cat check_z_var.sh
2   #!/bin/bash
3
4   num=10
5
6   #num: variable is set
7   if [[ -z  ${num} ]];then
8       echo "The variable num is not set"
9   else
10      echo "The variable num is already set"
11      echo "The variable num  value is ${num}."
12  fi
```

```
13
14  echo
15  echo -e "\033[32;40m ********************** \033[0m"
16  echo
17
18  #name: variable is not set
19  if [[ -z ${name} ]];then
20      echo "The variable name is not set"
21  else
22      echo "The variable name is already set"
23      echo "The variable name is ${name}."
24  fi
```

上述代码第 4 行设置 name 变量，第 6～12 行判断 name 变量的值是否存在，第 13～17 行为优化脚本执行结果，第 19～24 行判断 name 变量的值是否存在。

注意：上述代码第 7 和 19 行中的变量名必须使用“{}”标注，否则会产生意想不到的错误。

正确执行结果如下。

```
1   [root@laohan_Shell_Python chapter-2]# bash check_z_var.sh
2   The variable num is already set
3   The variable num  value is 10.
4
5    **********************
6
7   The variable name is not set
```

错误执行结果如下。

```
1   [root@laohan_Shell_Python chapter-2]# bash check_z_var.sh
2   The variable num is already set
3   The variable num  value is 10.
4
5    **********************
6
7   The variable desc is already set
8   The variable desc is .
```

上述代码第 7～8 行为错误执行结果，其原因在于使用-z 判断变量时未使用“{}”标注变量名。

2.3.3 变量的长度

使用${#varname}可以获取变量中字符的数量，这与其他编程语言中获取字符串的长度有所不同，以 Python 为例，代码如下。

```
1   [root@laohan_Shell_Python ~]# python3
2   Python 3.6.8 (default, Aug  7 2019, 17:28:10)
3   [GCC 4.8.5 20150623 (Red Hat 4.8.5-39)] on linux
4   Type "help", "copyright", "credits" or "license" for more information.
5   >>> name = 'my name is laohan'
6   >>> len(name)
7   17
8   >>> exit()
```

上述代码第 5 行定义 name 变量的值为字符串，第 6 行使用 len()函数统计 name 变量的长度，第 7 行为输出结果。

【实例 2-44】获取 Shell 变量的长度

使用$结合{}获取变量的长度，代码如下。

```
1   [root@laohan_Shell_Python ~]# name="my name is laohan"
2   [root@laohan_Shell_Python ~]# echo ${#name}
3   17
```

上述代码第 1 行定义 name 变量的值为字符串，第 2 行输出变量 name 的长度，第 3 行为输出结果。

2.3.4 变量与 eval 指令

1. 变量嵌套

Shell 中经常会用到变量嵌套。比如，单个或多个变量的值作为变量名，再通过该变量名，获取其内部的变量信息。

```
1   [root@laohan_Shell_Python ~]# cat eval.sh
2   name="我的名字是韩艳威"
3   age="我今年 18 岁"
4   course="我的课程：跟老韩学 Linux 系统架构师，跟老韩学 Python 自动化运维开发."
5   desc="$name,$age,$course"
6   echo $("${name}","${age}","{$course}")
7   eval echo '$'"$name","$age","$course"
8   eval echo '$'{"name","age","course"}
9   [root@laohan_Shell_Python ~]# bash eval.sh
10  eval.sh:行 5: $'\346\210\221\347\232\204\345\220\215\345\255\227\346\230\257\351\
237\251\350\211\263\345\250\201,\346\210\221\344\273\212\345\271\26418\345\262\201,
{\346\210\221\347\232\204\350\257\276\347\250\213\357\274\232\350\267\237\350\200\
201\351\237\251\345\255\246Linux\347\263\273\347\273\237\346\236\266\346\236\204\
345\270\210\357\274\214\350\267\237\350\200\201\351\237\251\345\255\246Python\350\
207\252\345\212\250\345\214\226\350\277\220\347\273\264\345\274\200\345\217\221.}':
未找到指令
11
12  $我的名字是韩艳威,我今年 18 岁,我的课程：跟老韩学 Linux 系统架构师，跟老韩学 Python 自动化
运维开发.
13  我的名字是韩艳威我今年 18 岁我的课程：跟老韩学 Linux 系统架构师，跟老韩学 Python 自动化运维
开发.
```

上述代码中第 2～8 行为脚本内容，第 10～13 行为脚本执行结果。

第 10 行报错了，从上面可以看出$("${name}","${age}","${course}")这种写法会报错，可使用第 7 或 8 行的写法：eval echo '$'"$name","$age","$course"或 eval echo '$'{"name","age","course"}正确地获取信息。

2. eval 指令

eval 指令将会首先扫描指令行进行所有的置换，然后执行该指令。该指令适用于那些一次扫描无法实现其功能的变量，可对变量进行两次扫描。这些需要进行两次扫描的变量有时被称为复杂变量。eval 指令既可以用于回显简单变量，也可以用于回显复杂变量。

```
1   [root@laohan_Shell_Python ~]# bash eval_2.sh
2   韩艳威 18 Shell,Python
3   [root@laohan_Shell_Python ~]# cat eval_2.sh
```

```
4   name=  '韩艳威'
5   age=   18
6   course='Shell,Python'
7   while read k v
8   do
9       eval "${k}=${v}"
10  done < desc.txt
11  echo "$name $age $course"
```

上述代码中第 3～11 行为脚本内容，第 2 行为匹配输出结果。

2.4 Shell 运算符

Shell 运算符可以实现变量的赋值、算术运算、测试、比较等功能，运算符是构成表达式的基础，本节将讲述 Shell 运算符的使用。

2.4.1 变量赋值

Shell 中使用等号进行变量赋值，也可以使用等号来改变或初始化一个变量的值，在进行变量赋值时无须设置数据类型，这是 Shell 编程中变量数据类型的特点决定的，实例如下所示。

【实例 2-45】变量赋值

```
1 [root@laohan_httpd_server chapter-1]# str=5566
2 [root@laohan_httpd_server chapter-1]# echo $str
3 5566
4 [root@laohan_httpd_server chapter-1]# str='This is a string.'
5 [root@laohan_httpd_server chapter-1]# echo $str
6 This is a string.
```

上述代码中，第 1 行定义了名为 str 的变量，并对 str 赋值为 5566。第 2 行使用 echo 指令输出 str 变量的值，第 4 行对 str 变量重新赋值，第 5 行输出变量 str 的值。

```
1 [root@laohan_shell_c77 Shell]# cat while_test.sh
2 if [ $# != 1 ];then
3   echo "Wrong arg,please input one arg"
4   exit 1
5 fi
6
7 if [ $? == 0  ];then
8   if [ $(($1 % 2)) == 0 ];then
9       echo "The \$1 的值:  $1 是偶数"
10  else
11      echo "The \$1 的值:  $1 是奇数"
12  fi
13 fi
14 [root@laohan_shell_c77 Shell]# bash while_test.sh 19
15 The $1 的值:  19 是奇数
16 [root@laohan_shell_c77 Shell]# bash while_test.sh 10
17 The $1 的值:  10 是偶数
```

上述脚本中，第 2 行判断用户输入的参数是否为 1，第 7 行判断第 2～6 行的代码是否执行成功，执行成功才会执行第 8～13 行的代码，第 14～16 行为程序运行输出结果。

.4.2 算术运算符

算术运算符指的是可以在脚本中可以实现加、减、乘、除等数学运算的运算符，Shell 中常用的算术运算符如表 2-9 所示。

表 2-9 Shell 中常用的算术运算符

运算符	说明
+	对两个变量做加法
-	对两个变量做减法
*	对两个变量做乘法
/	对两个变量做除法
**	对两个变量做幂运算
%	取模运算，第一个变量除以第二个变量求余数
+=	加等于，在自身基础上加第二个变量
-=	减等于，在第一个变量的基础上减去第二个变量
*=	乘等于，在第一个变量的基础上乘第二个变量
/=	除等于，在第一个变量的基础上除以第二个变量
%=	取模赋值，第一个变量对第二个变量取模运算，再赋值给第一个变量

在使用这些运算符时，需要注意运算顺序，如输入下面的指令，输出“6+6”的结果。

```
1 [root@laohan_httpd_server chapter-1]# echo 6+6
2 6+6
```

上述代码中，第 1 行使用 echo 6+6 指令，第 2 行输出“6+6”。可以看出，Shell 并没有输出结果“12”，而是输出了“6+6”，在 Shell 中有 3 种方法可以更改运算顺序。

Python 编程中，可以直接输出整数值相加，代码如下。

```
1 [root@laohan-shell-1 ~]# python3.6
2 Python 3.6.8 (default, Aug  7 2019, 17:28:10)
3 [GCC 4.8.5 20150623 (Red Hat 4.8.5-39)] on linux
4 Type "help", "copyright", "credits" or "license" for more information.
5 >>> print(1 + 2)
6 3
7 >>> num = 1 + 1
8 >>> print("The num value is:",num,type(num))
9 The num value is: 2 <class 'int'>
10 >>> exit()
```

上述代码中，第 5 行使用 print()函数输出两个整数的运算结果，第 7 行定义名为 num 的变量，并将 1+ 1 表达式的运算结果赋值给 num，第 9 行输出变量 num 的值及其变量类型，第 10 行退出当前 Python 解释器的 Shell 终端。

【实例 2-46】使用 expr 指令执行数学运算

使用 expr 改变运算顺序，可以使用 echo `expr 6 + 6`来输出“6+6”的结果，用 expr 指令表示后面的表达式为一个数学运算，需要注意的是“`”并不是一个单引号，而是键盘上“Tab”键上面的反引号“`”，代码如下。

```
1 [root@laohan-shell-1 ~]# num=`expr  6+6`
2 [root@laohan-shell-1 ~]# echo $num
3 6+6
4 [root@laohan-shell-1 ~]# num=`expr  6 + 6`
```

```
5 [root@laohan-shell-1 ~]# echo $num
6 12
```

上述代码中第 4 行执行算术表达式`expr 6 + 6`，第 6 行输出该表达式计算结果。

【实例 2-47】使用 let 指令执行数学运算

let 指令是 Bash 中用于计算的工具，可用于执行一个或多个表达式，变量计算中不需要加上“$”来表示变量，如果表达式中包含了空格或其他特殊字符，则必须标注。使用 let 指令执行数学运算，可以先将运算的结果赋值给变量 res，运算指令是 res=let 6+6，然后使用 echo $res 指令输出 res 的值，如果没有 let，则会输出“6+6”，代码如下。

```
1 [root@laohan_httpd_server ~]# let res=6+6
2 [root@laohan_httpd_server ~]# echo $res
3 12
4 [root@laohan-shell-1 ~]# let num=(6 + 6)
5 [root@laohan-shell-1 ~]# echo $num
6 12
```

上述代码中第 1 行使用 let 指令执行“6+6”数学运算，并将结果赋值给 res，第 2 行使用 echo 指令输出变量 res 的值。

【实例 2-48】使用“$[]”执行数学运算

使用“$[]”执行数学运算，将一个数学运算写到“$[]”的“[]”中，“[]”中的内容将先进行数学运算，例如指令 echo $[6+6]，将输出结果 12，代码如下。

```
1 [root@laohan_httpd_server ~]# echo $[ 6 + 6 ]
2 12
3 [root@laohan_httpd_server ~]# num1=6
4 [root@laohan_httpd_server ~]# num2=6
5 [root@laohan_httpd_server ~]# echo $[ $num1 + $num2 ]
6 12
7 [root@laohan_httpd_server ~]# echo $[ $num1 - $num2 ]
8 0
9 [root@laohan_httpd_server ~]# echo $[ $num1 * $num2 ]
10 36
11 [root@laohan_httpd_server ~]# echo $[ $num1 / $num2 ]
12 1
13 [root@laohan_httpd_server ~]# echo $[ $num1 % $num2 ]
14 0
15 [root@laohan_httpd_server ~]# echo $[ $num1 ** $num2 ]
16 46656
```

上述代码中第 1 行使用“$[]”进行数学运算，直接在方括号内填写要运算的表达式即可，第 3～4 行分别定义变量 num1 和 num2，并对其赋值，其他行在$[]内使用变量，分别执行加、减、乘、除等运算。

2.5 Shell 编程之特殊符号

Linux Shell 中有 3 种引号，分别为双引号“" "”、单引号“' '”以及反引号“` `”。其中双引号对字符串中出现的$、"、`、\进行替换；单引号不进行替换，将字符串中所有字符作为普通字符输出；而反引号中字符串作为 Shell 指令执行，并返回执行结果。

2.5.1 双引号

双引号表示引用一个字符串，输出双引号中的内容，若存在**指令**、**变量**等内容时，会先执行指令，解析出结果再进行输出，在双引号中，除了$、"、`、\以外的所有字符都被解释成字符本身。

【实例 2-49】双引号解释变量

```
1 [root@laohan_httpd_server ~]# echo "$PATH"
2/usr/local/sbin:/usr/local/bin:/sbin:/bin:/usr/sbin:/usr/bin:/root/bin
```

从第 2 行输出的结果中可以看到，在双引号中，“$”被作为特殊字符处理，PATH 被解释为变量。

```
1 [root@laohan_httpd_server ~]# echo '$PATH'
2$PATH
```

从第 2 行输出的结果中可以看到，在单引号中，特殊字符失去了特殊意义而作为普通字符输出。

2.5.2 单引号

单引号属于强引用，它会忽略所有被标注的字符的特殊处理，被标注的字符会被原封不动地使用，唯一需要注意的是不允许引用自身。

【实例 2-50】输出单引号

Linux 系统中输出单引号，代码如下。

```
[root@laohan_httpd_server ~]# echo 'I love handuoduo so much...'
I love handuoduo so much...
```

在 Shell 中 echo 指令使用单引号时输出时可以使用如下方式。

echo 指令输出字符串时可以使用单引号或双引号标注，使用单引号会忽略字符串中的特殊字符，直接把特殊字符输出，此时它可以输出几乎所有的特殊字符，除了单引号，如果输出单引号会出现以下情况。

```
[root@laohan_httpd_server ~]# echo '''
>
>
>
```

上述代码输出结果中系统会让操作者继续输入数据，使用双引号的方式输出单引号，代码如下。

```
[root@laohan_httpd_server ~]# echo "'"
'
[root@laohan_httpd_server ~]#
```

上述代码成功地输出了单引号。如果由于某种特殊原因我们使用 echo 指令时只能使用单引号，此时如果想要输出单引号，可以把单引号替换成"'"，代码如下。

```
[root@laohan_httpd_server ~]# echo 'Hello' "'" 'world'
Hello ' world
```

上述代码成功地在“Hello”和“world”之间输出了一个单引号。

```
[root@laohan_httpd_server ~]# echo 'Hello' "'"  "'" 'world'
Hello ' ' world
[root@laohan_httpd_server ~]#
```

上述代码成功地在“Hello”和“world”之间输出了两个单引号。

2.5.3 反引号

反引号和$()标注的字符会被当作指令执行后替换原来的字符。

【实例 2-51】反引号实例

反引号解析 Linux 指令的输出结果，代码如下。

```
[root@laohan_httpd_server ~]# echo '$(echo  My name is handuoduo...)'
$(echo  My name is handuoduo...)
[root@laohan_httpd_server ~]# echo "$(echo  My name is handuoduo...)"
My name is handuoduo...
[root@laohan_httpd_server ~]# echo '`echo  My name is handuoduo...`'
`echo  My name is handuoduo...`
[root@laohan_httpd_server ~]# echo "`echo  My name is handuoduo...`"
My name is handuoduo...
```

在单引号中，特殊字符失去了特殊意义作为普通字符输出。

```
[root@laohan_httpd_server ~]# echo who
who
[root@laohan_httpd_server ~]# echo `who`
root pts/0 2018-09-08 17:26 (192.168.1.104) root pts/1 2018-09-08 08:54 (192.168.1.104)
```

who 是一个 Shell 指令，直接执行 echo who，Shell 会将 who 作为普通字符输出，如果我们加上反引号就不一样了，Shell 会将反引号内的指令解析为指令执行的结果后再输出。

2.5.4 反斜线

反斜线用于对特殊字符进行转义，如果字符串中含有&、*、+、^、$、`、"、|、?这些特殊字符，Shell 会认为字符串代表相应的运算，可以使用反斜线对这些特殊字符串进行转义。

【实例 2-52】反斜线实例

反斜线可以实现转义功能，将 Linux 系统中的特殊字符转义为普通字符。

```
[root@laohan_httpd_server ~]# echo *
11 12 1.log 1.txt 2.log 2.txt 3.log 3.txt 44 45 ab1.jpg ab2.jpg ab3.jpg abcdef
abcdefg abc.jpg a.sh def.png hanyanwei.a hanyanwei.b if.sh issue passwd passwd.bak
shadow Shell-scripts test.sh
[root@laohan_httpd_server ~]# echo \*
*
[root@laohan_httpd_server ~]#
```

【实例 2-53】反引号与“$()”区别

这两者都是指令替换。

```
[root@laohan_httpd_server ~]# greet="Welcome to beijing..."
[root@laohan_httpd_server ~]# echo $(echo $greet)
```

```
Welcome to beijing...
[root@laohan_httpd_server ~]# echo `echo $greet`
Welcome to beijing...
[root@laohan_httpd_server ~]# echo `echo ${greet}`
Welcome to beijing...
[root@laohan_httpd_server ~]#
```

或者如下代码。

```
[root@laohan_httpd_server ~]# echo $(date)
2018年 09月 08日星期六 19:05:20 CST
[root@laohan_httpd_server ~]# echo `date`
2018年 09月 08日星期六 19:05:23 CST
```

反引号与“$()”区别总结如下。

- 反引号是 Bourne Shell 遗留下来的。
- “$()”是 POSIX 支持的，同时也兼容反引号。“$()”对指令的嵌套更清晰，更方便。

主要提倡使用“$()”而不使用反引号有以下几个原因。

1．反引号不易于阅读，使用“$()”描述更符合代码编写规范

```
[root@laohan_httpd_server ~]# which gcc
/usr/bin/gcc
[root@laohan_httpd_server ~]# dirname $(which gcc)
/usr/bin
[root@laohan_httpd_server ~]# dirname $(dirname $(which gcc))
/usr
```

2．反引号嵌套使用需要反斜线转义

反引号嵌套使用时，需要使用反斜线转义内层的反引号，代码如下。

```
[root@laohan_httpd_server ~]# echo $(echo $(date))
2018年 09月 08日星期六 19:13:05 CST
[root@laohan_httpd_server ~]#
[root@laohan_httpd_server ~]# echo `echo `date``
date
[root@laohan_httpd_server ~]# echo `echo \`date\``
2018年 09月 08日星期六 19:13:29 CST
```

综上所述：“$()”是被提倡使用的，也是首选的，它具有清晰的语法和较好的可读性，嵌套很直观，内部解析是分开的，对反引号的解析也符合人们的习惯。

```
1 [root@laohan_httpd_server ~]# echo `echo \\\\`
2 \
3 [root@laohan_httpd_server ~]# echo $(echo \\\\)
4 \\
5 [root@laohan_httpd_server ~]#
6 [root@laohan_httpd_server ~]#
7 [root@laohan_httpd_server ~]#
8 [root@laohan_httpd_server ~]# echo `echo \\\\\\\\`
9 \\
10 [root@laohan_httpd_server ~]# echo $(echo \\\\\\\\)
11 \\\\
```

从上述代码得出如下结论。

- 反引号本身就对“\”进行了转义，保留了其本身意思，要在反引号中起到“\”

的特殊作用，必须使用两个“\”来进行表示。所以我们可以简单地想象，在反引号中，“\\”=“\”。

- “$()”中则不需要考虑“\”的问题，与平常使用的一样，即“\”=“\”。

2.6 Shell编程之字符串常用操作

2.6.1 获取字符串的长度

获取字符串长度操作在Shell脚本中很常用，下面归纳、汇总获取字符串长度的几种方法，建议读者熟练掌握。

1．使用${#str}来获取字符串的长度

使用$结合{}获取字符串或变量的长度，代码如下。

```
1   str="https://www.epubit.com/user/service/mybook"
2   echo "The string is: [${str}]"
3
4   str_length=${#str}
5   echo "The str length is: [${str_length}]"
```

上述代码第1行定义str变量，第4行将字符串的结果赋值给变量，第5行为输出结果。

2．使用awk的length方法来获取字符串长度

使用awk指令的length方法获取字符串或变量的长度，代码如下。

```
1 [root@laohan_Shell_Python ~]# str="My name is hanyanwei"
2 [root@laohan_Shell_Python ~]# echo ${str} | awk '{print length($0)}'
3 20
```

上述代码中用“{}”来放置变量，也可以用length($0)来统计文件中每行的长度，代码如下。

```
1   [root@laohan_Shell_Python ~]# head /etc/passwd | awk '{print length($0)}'
2   31
3   32
4   39
5   36
6   40
7   31
8   44
9   32
10  46
11  44
```

上述代码第1行获取字符串的长度，第2～11行为匹配输出结果。

3．使用awk的NF选项来获取字符串长度

使用awk指令的NF选项获取字符串或变量的长度，代码如下。

```
1 [root@laohan_Shell_Python ~]# str="hanyanwei"
2 [root@laohan_Shell_Python ~]# echo ${str} | awk -F "" '{print NF}'
3 9
```

上述代码中第 2 行使用 awk 指令的-F 选项作为分隔符，NF 为域的个数，即单行字符串的长度，第 3 行为匹配输出结果。

4. 使用 wc 的-L 选项来获取字符串的长度

使用 wc 指令的-L 选项获取字符串或变量的长度。

```
1  [root@laohan_Shell_Python ~]# str="我的名字是韩艳威"
2  [root@laohan_Shell_Python ~]# echo ${str} | wc -L
3  16
4  [root@laohan_Shell_Python ~]# str="My name is hanyanwei"
5  [root@laohan_Shell_Python ~]# echo ${str} | wc -L
6  20
7  [root@laohan_Shell_Python ~]# head /etc/passwd | wc -L
8  46
9  [root@laohan_Shell_Python ~]# head /etc/passwd
10 root:x:0:0:root:/root:/bin/bash
11 bin:x:1:1:bin:/bin:/sbin/nologin
12 daemon:x:2:2:daemon:/sbin:/sbin/nologin
13 adm:x:3:4:adm:/var/adm:/sbin/nologin
14 lp:x:4:7:lp:/var/spool/lpd:/sbin/nologin
15 sync:x:5:0:sync:/sbin:/bin/sync
16 shutdown:x:6:0:shutdown:/sbin:/sbin/shutdown
17 halt:x:7:0:halt:/sbin:/sbin/halt
18 mail:x:8:12:mail:/var/spool/mail:/sbin/nologin
19 operator:x:11:0:operator:/root:/sbin/nologin
20 [root@laohan_Shell_Python ~]# str="mail:x:8:12:mail:/var/spool/mail:/sbin/nologin"
21 [root@laohan_Shell_Python ~]# echo ${str} | wc -L
22 46
```

上述代码中第 2、5、7、21 行 wc 指令的-L 选项说明如下。

- 对多行文件来说，表示获取最长行的长度，46 表示/etc/passwd 文件最长行的长度为 46。
- 对单行字符串而言，表示获取当前行字符串的长度。

5. 使用 wc 的-c 选项获取字符串长度

使用 wc 指令的-c 选项获取字符串或变量的长度，代码如下。

```
1 [root@laohan_Shell_Python ~]# echo -n "HANyanwei" | wc -c
2 9
3 [root@laohan_Shell_Python ~]# echo "HANyanwei" | wc -c
4 10
```

上述代码中第 1 和 3 行中 wc 和 echo 指令选项说明如下。

- -c 选项：统计字符的个数。
- -n 选项：去除\n 换行符，不去除则默认带换行符，字符个数就为 10。

6. 使用 expr 的 length 方法来获取字符串长度

使用 expr 指令的 length 方法获取字符串或变量的长度，代码如下。

```
1 [root@laohan_Shell_Python ~]# str="hanyanwei"
2 [root@laohan_Shell_Python ~]# expr length ${str}
3 9
```

上述代码第 1～3 行使用过程中需要注意，若字符串中有空格无法统计，代码如下。

```
1 [root@laohan_Shell_Python ~]# str='hanyanwei is my name'
2 [root@laohan_Shell_Python ~]# expr length ${str}
3 expr: 语法错误
```

```
4 [root@laohan_Shell_Python ~]# str='hanyanwei is my name'
5 [root@laohan_Shell_Python ~]# expr length "${str}"
6 20
7 [root@laohan_Shell_Python ~]# echo ${str} | wc -L
8 20
```

上述代码第 2 行中变量求值未使用双引号，第 3 行为错误的输出。

7．使用 expr 的$str：“.*”技巧来获取字符串长度

获取字符串或变量的长度。

```
[root@laohan_Shell_Python ~]# str='abc';expr str : ".*"
3
```

上述代码中“.*”代表任意字符，即用任意字符来匹配字符串，结果表示匹配到 3 个，即字符串的长度为 3。

```
1 [root@laohan_Shell_Python ~]# str='hanyanwei is my name' ; expr ${str} : '.*'
2 expr: 语法错误
3 [root@laohan_Shell_Python ~]# str='hanyanwei is my name' ; expr "${str}" : '.*'
4 20
```

上述代码中第 3 行，获取变量建议使用${varname}的形式，否则会有意想不到的错误。

2.6.2 获取子串的索引值

获取子串在索引中的位置，语法如下所示。

```
expr index $string $substring
```

【实例 2-54】获取子串在索引中的位置

获取字符串中的子串在索引中的位置，代码如下。

```
1   [root@laohan_Shell_Python ~]# bash string_instrsub.sh
2   4
3   [root@laohan_Shell_Python ~]# cat string_instrsub.sh
4   # expr index "$string" "$substring"
5   var_1="My name is hanyanwei"
6   var_2="han"
7   subIndex=`expr index "${var_1}" "${var_2}"`
```

上述代码中第 2 行为执行结果，第 4～7 行为脚本内容。

查询“h”“a”“n”等字符串子串出现在 var_1 变量中的位置，第 2 行为输出结果。

【实例 2-55】字符串索引值获取技巧

在 Shell 中如果要从字符串中找某个字符或子串，同样有好几种方法，下面通过实例进行逐一验证。

1．使用 expr index 来求索引值

使用 expr index 指令获取字符串或变量的索引值。

```
1   [root@laohan_Shell_Python ~]# str="My name is hanyanwei"
2   [root@laohan_Shell_Python ~]# expr index ${str} 'M'
3   expr: 语法错误
4   [root@laohan_Shell_Python ~]# expr index "${str}" 'M'
5   1
6   [root@laohan_Shell_Python ~]# expr index "${str}" 'n'
```

```
7    4
8    [root@laohan_Shell_Python ~]# str="MMy name is hanyanwei"
9    [root@laohan_Shell_Python ~]# expr index "${str}" 'MM'
10   1
```

上述代码中第 1 行定义 str 变量，第 3 行为错误提示，第 2 行要查找的是第一个符合条件的字符所在的位置，此处的索引并不是从 0 开始的，而是从 1 开始的，如果返回 0，则表示查找失败。第 4 行查询字符“M”，返回的是 1，第 9 行查询字符“MM”，返回的仍然是 1，只以返回结果的第一个字符为主。

2．使用 awk 和列号来获取索引值

使用 awk 指令结合内置变量获取字符串或变量的索引值，代码如下。

```
1 [root@laohan_Shell_Python ~]# str="hanyanwei"
2 [root@laohan_Shell_Python ~]# echo $str | awk -F "" '{print $1,$NF}'
3 h i
```

上述代码中第 1 行定义 str 变量，第 2 行中$1 代表列号为 1，也可以看作索引值，其实是通过索引反过来求值。

3．使用 awk 的 match 方法来获取索引值

使用 awk 的 match 方法获取字符串或变量的索引值，代码如下。

```
  1   [root@laohan_Shell_Python ~]# echo "This is a test" | awk '{printf("%d\n",
match($0, "is"))}'
  2   3
  3   [root@laohan_Shell_Python ~]# echo "This is a test" | awk '{printf("%d\n",
match($0, "T"))}'
  4   1
  5   [root@laohan_Shell_Python ~]# echo "This is a test" | awk '{printf("%d\n",
match($0, "t"))}'
  6   11
  7   [root@laohan_Shell_Python ~]# expr index "${str}" 'Z'
  8   0
```

上述代码中第 1 行表示查找“is”，第 3 行表示查找“T”，第 5 行表示查找“t”，即字符串所在的第一个符合条件的索引值。符合则返回指定的正值，如第 7 行的返回结果不符合则返回 0，第 8 行为匹配输出结果。

【实例 2-56】获取字符串从头开始匹配的长度

expr 表达式中获取字符串从头开始匹配的长度语法如下。

```
expr match $string substring
```

以 string 开头，匹配“substring”字符串，返回匹配的字符串的长度，若找不到则返回 0。

```
1    [root@laohan_Shell_Python ~]# bash sub_string.sh
2    3 0 9 0
3    [root@laohan_Shell_Python ~]# cat sub_string.sh
4    # 获取字符串从头开始匹配的长度
5
6    v1="laohan is my nickname"
7    v2="lao"
8    v3="han"
9    v4="laohan is"
10   v5="nick.*"
11
```

```
12  subLen1=`expr match "$v1" "$v2"`
13  subLen2=`expr match "$v1" "$v3"`
14  subLen3=`expr match "$v1" "$v4"`
15  subLen4=`expr match "$v1" "$v5"`
16  echo $subLen1 $subLen2 $subLen3 $subLen4
```

上述代码中第 2 行为匹配输出结果，第 7 行和第 9 行才会返回为 0，第 10 行中的“.*”为正则表达式。

第 13 行和第 15 行中查找的字符串不在 v1 变量开头，所以输出结果为 0。

2.6.3 抽取字符串

抽取字符串的语法如表 2-10 所示。

表 2-10 抽取字符串的语法

语法	说明
${string:position}	从 string 中的 position 开始
${string:position:length}	从 position 开始，匹配长度为 length
${string:-position}	从右边开始匹配
${string(position)}	从左边开始匹配
expr substr $string $position $length	从 position 开始，匹配长度为 length

【实例 2-57】抽取字符串

使用{}结合 position 偏移量获取字符串或变量的子串，代码如下。

```
1   [root@laohan_Shell_Python ~]# str="我的名字是韩艳威"
2   [root@laohan_Shell_Python ~]# echo ${str:0:3}
3   我的名
4   [root@laohan_Shell_Python ~]# echo ${str:5}
5   韩艳威
6   [root@laohan_Shell_Python ~]# echo ${str:5:1}
7   韩
8   [root@laohan_Shell_Python ~]# echo ${str:5:2}
9   韩艳
10  [root@laohan_Shell_Python ~]# echo ${str:5:3}
11  韩艳威
12  [root@laohan_Shell_Python ~]# echo ${str:5:4}
13  韩艳威
14  [root@laohan_Shell_Python ~]# echo ${str:5:5}
15  韩艳威
16  [root@laohan_Shell_Python ~]# echo ${str:5:6}
17  韩艳威
18  [root@laohan_Shell_Python ~]# echo ${str:5:1000000}
19  韩艳威
20  [root@laohan_Shell_Python ~]# echo ${str:5:999999999999999}
21  韩艳威
22  [root@laohan_Shell_Python ~]# desc="laohan_Shell laohan_Python laohan_HTML
laohan_CSS"
23  [root@laohan_Shell_Python ~]# expr substr "${desc}" 14 13
24  laohan_Python
```

上述代码中第 1 行定义变量 str，第 2～21 行为匹配规则和输出结果。说明如下，expr substr "$str"格式，首位是 1 号位，后面必须有两个参数，${str:5:3}中 5 表示位数，3 表示长度。

注意：echo ${string:10:5}和 expr substr "$string" 10 5 的区别在于 echo ${string:10:5}以 0 开始标号，而 expr substr "$string" 10 5 以 1 开始标号。

2.6.4 Shell 中字符串反转的几种技巧

【实例 2-58】字符串反转

1．使用 rev 指令

使用 rev 指令实现字符串的反转，代码如下。

```
1    [root@laohan_Shell_Python ~]# echo "A B C" | rev
2    C B A
3    [root@laohan_Shell_Python ~]# echo 123456 >rev_file.log
4    [root@laohan_Shell_Python ~]# echo ABCDEF >>rev_file.log
5    [root@laohan_Shell_Python ~]# rev rev_file.log
6    654321
7    FEDCBA
```

上述代码中，第 1 行使用 rev 指令可以对字符串进行反转，第 2 行为输出结果，第 3～4 行为创建测试文件，第 5 行使用 rev 指令对文件中的内容进行反转，第 6～7 行为匹配输出结果。

2．使用 sed 指令

使用 sed 指令对字符串长度比较小的进行转换，代码如下。

```
1    [root@laohan_Shell_Python ~]# echo 'ABCD' | sed 's/\(.\)\(.\)\(.\)\(.\)/\4\3\2\1/g'
2    DCBA
3    [root@laohan_Shell_Python ~]# echo 'ABCD' | sed -r 's/(.)(.)(.)(.)/\4\3\2\1/'
4    DCBA
5
6    [root@laohan_Shell_Python ~]# echo 12345 | sed -r '/\n/!G;s/(.)(.*\n)/&\2\1/;
//D;s/.//'
7    54321
8    [root@laohan_Shell_Python ~]# echo 12345678910 | sed -r '/\n/!G;s/(.)(.*\n)/
&\2\1/;//D;s/.//'
9    01987654321
10   [root@laohan_Shell_Python ~]# echo 12345678910666888777 | sed -r '/\n/!G;s/
(.)(.*\n)/&\2\1/;//D;s/.//'
11   77788866601987654321
```

上述代码中第 1～2 行使用“(.)”正则表达式进行分组匹配。第 6、8、10 行同时使用 -r 选项，表示扩展正则表达式，无须使用反斜线进行转义。

3．使用 awk 指令

使用 awk 指令结合 for 循环实现字符串的反转，代码如下。

```
1    [root@laohan_Shell_Python ~]# echo ABCD | awk '{for(i=1;i<length;i++) {line=
substr($0,i,1) line}} END{print line}'
2    CBA
3    [root@laohan_Shell_Python ~]# echo ABCDEFG | awk '{for(i=1;i<length;i++) {line=
substr($0,i,1) line}} END{print line}'
4    FEDCBA
```

上述代码中第 1 行中的 substr($0,i,1)，表示当前字符从索引 i 开始，取当前位，length

即当前字符串的长度，即 3。line=substr($0,i,1) line 表示将 3 个值分别保存在内存栈中，输出结果为“CBA”。

```
substr($3,6,2)
```

表示是从第 3 个字段里的第 6 个字符开始，截取 2 个字符结束。

```
substr($3,6)
```

表示是从第 3 个字段里的第 6 个字符开始，一直到结尾。

4. 使用 Python 工具

使用 Python 中的 raw_input()函数实现字符串的反转，代码如下。

```
1 [root@laohan_Shell_Python ~]# echo ABCD | python -c 'print raw_input() [::-1]'
2 DCBA
```

上述代码中第 1 行在 Python 中可以很方便地实现字符串反转([::-1])，其中-c command 表示运行时以指令性字符串提交 Python 脚本，raw_input()函数将管道传过来的值作为字符串输入。

5. 使用 Perl 工具

使用 Perl 工具实现字符串的反转，代码如下。

```
[root@laohan_Shell_Python ~]# echo ABCD | perl -nle 'print scalar reverse $_'
DCBA
```

上述代码分析如下。

- print scalar reverse $_表示将管道传递过来的字符串传到默认标量“$_”，再用 reverse 取反。
- -e 表示让 Perl 程序可以在 Perl 指令行中运行，比如“perl -e 'print "Hello,World!\n"'”。
- -n 表示增加了循环功能，可以逐行处理文本。
- -l 表示用来给每行增加一个换行符“\n”。

6. 使用 Bash 实现

使用 read 指令结合 for 循环实现字符串反转，代码如下。

```
[root@laohan_Shell_Python ~]# echo "ABCDEFGHIJKLMN" | { read ; for((i=${#REPLY};
i>0;i--)) do echo -n ${REPLY:i-1:1}; done; echo; }
NMLKJIHGFEDCBA
```

上述代码分析如下。

- { cmd1;cmd2;cmd3;}，在当前的 Shell 下顺序执行指令，第一条指令与“{”之间有空格，最后一条指令以“;”结尾。
- read 通过管道读取传过来的字符串，让其放置在默认的 REPLY 变量中，再通过循环${str:i:1}显示。

7. 使用脚本实现

使用${}结合 for 循环实现字符串反转，代码如下。

```
1   [root@laohan_Shell_Python ~]# bash rev_bash.sh  HANYANWEI
2   IEWNAYNAH
3
4   [root@laohan_Shell_Python ~]# cat rev_bash.sh
5   str=$1
6   len=${#str}
```

```
7   for((i=len;i>0;i--))
8   do
9     echo -n ${str:i:1}
10  done
```

上述代码第5～10行分析如下。

- ${str:i:1}，字符串取索引，长度为8，分别取到I、E、W、N、A、Y、N、A。
- -n表示取消换行符 。

.6.5 字符串实例

1. 项目需求描述

（1）变量内容如下所示。

```
str="laohan_Shell laohan_Python laohan_CSS laohan_JavaScript | Shell Python CSS
is very important ."
```

（2）需求描述。

执行脚本后，输出str字符串变量的值，并给出如下选项。

- 【1】输出str变量长度。
- 【2】删除str变量中所有为CSS的字符串。
- 【3】替换第一个laohan为hanyanwei。
- 【4】替换全部的laohan为韩艳威。

当用户输入数字1、2、3或4时会执行对应选项的功能，输入q或Q时退出程序。

2. 思路分析

（1）功能拆分。

将不同的功能按模块划分，并编写不同的函数，方便调用，函数代码如下所示。

```
function print_info
function len_str
function del_all_CSS
function rep_laohan_hanyanwei_first
function rep_laohan_hanyanwei_all
```

（2）编写函数。

编写对应功能的函数。

（3）主流程设计。

决定程序是在后台运行，还是执行一次后就退出。

（4）验证和测试。

先使用echo指令输出对应的内容，然后在对应内容中写入代码块以避免风险。

（5）代码优化迭代。

不断更新和优化代码。

【实例2-59】字符串替换和删除

通过本实例，将字符串的知识进行整合和梳理，并逐步帮助读者建立编程思想，程序执行结果如下。

```
1   [root@laohan_Shell_Python ~]# bash str_rep_del.sh
2   【string=laohan_Shell laohan_Python laohan_CSS laohan_JavaScript | Shell Python
CSS is very important .】
3
4    ***********【菜单内容开始】*****************
5   【1】输出 str 变量长度
6   【2】删除 str 变量中所有为 CSS 的字符串
7   【3】替换第一个 laohan 为 hanyanwei
8   【4】替换全部的 laohan 为韩艳威
9    ************【菜单内容结束】****************
10  请输入(1|2|3|4|q|Q): 1
11
12
13  str 变量长度为:【94】
14
15  【string=laohan_Shell laohan_Python laohan_CSS laohan_JavaScript | Shell Python
CSS is very important .】
16
17   ***********【菜单内容开始】*****************
18  【1】输出 str 变量长度
19  【2】删除 str 变量中所有为 CSS 的字符串
20  【3】替换第一个 laohan 为 hanyanwei
21  【4】替换全部的 laohan 为韩艳威
22   ************【菜单内容结束】****************
23  请输入(1|2|3|4|q|Q): 2
24
25  laohan_Shell laohan_Python laohan_ laohan_JavaScript | Shell Python  is very
important .
26  【所有的 CSS 字符串都已经被删除】
27
28  【string=laohan_Shell laohan_Python laohan_CSS laohan_JavaScript | Shell Python
CSS is very important .】
29
30   ***********【菜单内容开始】*****************
31  【1】输出 str 变量长度
32  【2】删除 str 变量中所有为 CSS 的字符串
33  【3】替换第一个 laohan 为 hanyanwei
34  【4】替换全部的 laohan 为韩艳威
35   ************【菜单内容结束】****************
36  请输入(1|2|3|4|q|Q): 3
37
38  hanyanwei_Shell laohan_Python laohan_CSS laohan_JavaScript | Shell Python CSS
is very important .
39  【第一个 laohan 被替换为 hanyanwei】
40
41  【string=laohan_Shell laohan_Python laohan_CSS laohan_JavaScript | Shell Python
CSS is very important .】
42
43   ***********【菜单内容开始】*****************
44  【1】输出 str 变量长度
45  【2】删除 str 变量中所有为 CSS 的字符串
46  【3】替换第一个 laohan 为 hanyanwei
47  【4】替换全部的 laohan 为韩艳威
48   ************【菜单内容结束】****************
49  请输入(1|2|3|4|q|Q): 4
50
51  韩艳威_Shell 韩艳威_Python 韩艳威_CSS 韩艳威_JavaScript | Shell Python CSS is
very important .
```

```
52  【所有的 laohan 被替换为韩艳威】
53
54  【string=laohan_Shell laohan_Python laohan_CSS laohan_JavaScript | Shell Python
CSS is very important .】
55
56   ************【菜单内容开始】*****************
57  【1】输出 str 变量长度
58  【2】删除 str 变量中所有为 CSS 的字符串
59  【3】替换第一个 laohan 为 hanyanwei
60  【4】替换全部的 laohan 为韩艳威
61   ************【菜单内容结束】****************
62  请输入(1|2|3|4|q|Q): 5
63
64  您输入的内容不正确，请重新输入
65  仅能输入括号中的内容(1|2|3|4|q|Q)
66  【string=laohan_Shell laohan_Python laohan_CSS laohan_JavaScript | Shell
    Python CSS is very important .】
67
68   ************【菜单内容开始】*****************
69  【1】输出 str 变量长度
70  【2】删除 str 变量中所有为 CSS 的字符串
71  【3】替换第一个 laohan 为 hanyanwei
72  【4】替换全部的 laohan 为韩艳威
73   ************【菜单内容结束】****************
74  请输入(1|2|3|4|q|Q): q
75
76  【程序已经退出...】
```

上述代码中，第 1 行格式化文件内容，第 4～10 行为程序执行后显示的内容。

第 13～22 行为用户输入数字“1”后显示的内容，第 25～35 行为用户输入数字“2”后显示的内容，第 38～48 行为用户输入数字“3”后显示的内容，第 51～61 行为用户输入数字“4”后显示的内容，第 64～74 行为用户输入数字“5”后显示的内容，第 76 行为用户输入字母“q”后显示的内容。

程序内容如下所示。

```
1   [root@laohan_Shell_Python ~]# cat str_rep_del.sh
2   str="laohan_Shell laohan_Python laohan_CSS laohan_JavaScript | Shell
    Python CSS is very important ."
3
4   #功能模块
5   function print_info {
6       echo ' ************【菜单内容开始】***************** '
7       echo -e "\033[32;40m【1】输出 str 变量长度\033[0m"
8       echo -e "\033[32;40m【2】删除 str 变量中所有为 CSS 的字符串\033[0m"
9       echo -e "\033[32;40m【3】替换第一个 laohan 为 hanyanwei\033[0m"
10      echo -e "\033[32;40m【4】替换全部的 laohan 为韩艳威\033[0m"
11      echo ' ************【菜单内容结束】**************** '
12  }
13
14
15  function len_str {
16      echo
17      echo "str 变量长度为:【${#str}】"
18      echo
19  }
20
21
22  function del_all_CSS {
```

```
23      echo "${str//CSS/}"
24      echo -e "\033[31;40m【所有的CSS字符串都已经被删除】\033[0m"
25      echo
26  }
27
28
29  function rep_laohan_hanyanwei_first {
30      echo "${str/laohan/hanyanwei}"
31      echo -e "\033[31;40m【第一个 laohan 被替换为 hanyanwei】\033[0m"
32      echo
33  }
34
35  function rep_laohan_hanyanwei_all {
36      echo "${str//laohan/韩艳威}"
37      echo -e "\033[31;40m【所有的 laohan 被替换为韩艳威】\033[0m"
38      echo
39
40  }
41
42
43  # print_info
44  # len_str
45  # del_all_CSS
46  # rep_laohan_hanyanwei_first
47  # rep_laohan_hanyanwei_all
48
49  # 主流程设计
50  while true
51  do
52      echo "【string=$str】"
53      echo
54      print_info
55      read -p "请输入(1|2|3|4|q|Q): " choose
56      echo
57
58      case $choose in
59          1)
60              len_str
61              ;;
62          2)
63              del_all_CSS
64              ;;
65          3)
66              rep_laohan_hanyanwei_first
67              ;;
68          4)
69              rep_laohan_hanyanwei_all
70              ;;
71          q|Q)
72              echo -e "\033[35;40m【程序已经退出...】\033[0m"
73              exit
74              ;;
75          *)
76              echo -e "\033[31;40m您输入的内容不正确，请重新输入\033[0m"
77              echo -e "\033[32;40m仅能输入括号中的内容(1|2|3|4|q|Q)\033[0m"
78          ;;
79      esac
```

上述代码中，第5～12行为print_info()函数的主体内容，第14～19行为len_str()函数的主体内容，第22～26行为del_all_CSS()函数的主体内容，第29～33行为rep_laohan_hanyanwei_first()函数的主体内容，第35～40行为rep_laohan_hanyanwei_all()函数的主体内容，第50～79行为程序的主流程设计，即控制程序的逻辑行为。

注意：Shell脚本编程中，如果有枚举之类的判断，最好使用 case 语句。

6.6 字符串常用测试方法

在编写 Shell 脚本时，经常需要比较两个字符串以检查它们是否相等。当两个字符串长度相同且包含相同的字符序列时，它们是相等的。比较运算符是比较并返回 true 或 false 的运算符，在 Shell 中比较字符串时，可以使用以下方法。

- string1 = string2 和 string1 == string2 -，如果操作数相等，则=、==运算符将返回 true。
- 将=运算符与 test [指令一起使用。
- 将==运算符与[[指令配合使用以进行模式匹配。
- string1 != string2 -，如果操作数不相等，则不等式运算符将返回 true。
- string1 =~ regex -，如果左侧操作数与右侧扩展的正则表达式匹配，则 regex 运算符返回 true。
- string1 > string2 -，如果左侧操作数大于按字典顺序（字母顺序）排序的右侧操作数，则大于运算符返回 true。
- string1 < string2 -，如果右侧操作数大于按字典顺序（字母顺序）排序的左侧操作数，则小于运算符返回 true。
- -z string -，如果字符串长度为 0，则返回 true。
- -n string -，如果字符串长度不为 0，则返回 true。

以下是比较字符串时需要注意的几点。

- 在二进制运算符和操作数之间必须使用空格。
- 始终在变量名前后使用双引号，以避免出现单词拆分或模糊问题。
- Bash 不会按“类型”分隔变量，根据上下文将变量视为整数或字符串。

【实例 2-60】判断两个字符串是否相等

使用=运算符判断两个字符串是否相等，代码如下。

```
1   [root@laohan_Shell_Python ~]# cat str_var_1.sh
2   var_1="laohan"
3   var_2="laohan"
4   if [ "$var_1" = "$var_2" ];then
5       echo "equal."
6   else
7       echo "not equal."
8   fi
9
10
11  [root@laohan_Shell_Python ~]# bash str_var_1.sh
12  equal.
```

上述代码第 2～8 行为脚本内容，第 12 行为匹配输出结果。

【实例 2-61】判断多个字符串是否相等

使用==运算符判断多个字符串是否相等，代码如下。

```
1   [root@laohan_Shell_Python ~]# bash str_var_2.sh
2   【请输入您的名字】老韩
```

```
3   【请输入您的代码】 9527
4   【请输入您的密码】 123
5   身份识别成功，欢迎进入系统...
6   [root@laohan_Shell_Python ~]# bash str_var_2.sh
7   【请输入您的名字】韩艳威
8   【请输入您的代码】 9527
9   【请输入您的密码】 123
10  非系统管理人员，请立即离开...
11  [root@laohan_Shell_Python ~]# cat str_var_2.sh
12  read -p "【请输入您的名字】 " name
13  read -p "【请输入您的代码】 " code
14  read -p "【请输入您的密码】 " pwd
15  if [[ "${name}" == "老韩" &&  "${code}" == 9527 &&  "${pwd}" == 123 ]] ;then
16    echo -e "\033[32;40m身份识别成功，欢迎进入系统...\033[0m"
17  else
18    echo -e "\033[31;40m非系统管理人员，请立即离开...\033[0m"
19  fi
```

上述代码第1～5行为正确测试内容，第6～10行为错误测试内容，第12～19行为脚本内容。

注意：使用多个变量作为条件判断时，需要使用“[[]]”结合“&&”。

【实例 2-62】字符串是否不相等

使用!=运算符判断字符串是否不相等，代码如下。

```
1   [root@laohan_Shell_Python ~]# var_3="laohan"
2   [root@laohan_Shell_Python ~]# var_4="laohan"
3   [root@laohan_Shell_Python ~]# test $var_3 == $var_4 ; echo $?
4   0
5   [root@laohan_Shell_Python ~]# test $var_3 = $var_4 ; echo $?
6   0
7   [root@laohan_Shell_Python ~]# test $var_3 != $var_4 ; echo $?
8   1
```

上述代码第1～2行定义变量，第3行和第5行分别测试变量是否相等，第7行使用test测试字符串不相等，第8行为输出结果。

使用逻辑和“&&”和逻辑或“||”比较字符串代码如下。

```
[root@laohan_Shell_Python ~]# name="laohan"
[root@laohan_Shell_Python ~]# [ "$name" == "laohan"  ] && echo "Yes" || echo "No"
Yes
[root@laohan_Shell_Python ~]# [ "$name" == "hanyanwei"  ] && echo "Yes" || echo "No"
No
```

上述代码使用逻辑运算符判断字符串是否相等。

【实例 2-63】检查字符串是否包含子字符串

有多种检查字符串是否包含子字符串的方法，测试代码在子字符串周围使用“*”，这意味着匹配所有字符。

```
1   [root@laohan_Shell_Python ~]# var_1="hanyanwei"
2   [root@laohan_Shell_Python ~]# var_2="hanyanwei_Shell"
3   [root@laohan_Shell_Python ~]# var_3="hanyanwei_Python"
4   [root@laohan_Shell_Python ~]# var_4="hanyanwei_HTML"
5   [root@laohan_Shell_Python ~]# var_5="hanyanwei_CSS"
6   [root@laohan_Shell_Python ~]# var_6="hanyanwei_JavaScript"
7   [root@laohan_Shell_Python ~]# [ "$var_1" =~ .*laohan.* ]
8   -bash: [: =~: 期待二元表达式
9   [root@laohan_Shell_Python ~]# [[ "$var_1" =~ .*laohan.* ]] && echo "Yes" ||
    echo "No"
```

```
10  No
11  [root@laohan_Shell_Python ~]# [[ "$var_1" =~ .*han.* ]] && echo "Yes" || echo "No"
12  Yes
13  [root@laohan_Shell_Python ~]# [[ "$var_2" =~ .*han.* ]] && echo "Yes" || echo "No"
14  Yes
15  [root@laohan_Shell_Python ~]# [[ "$var_3" =~ .*han.* ]] && echo "Yes" || echo "No"
16  Yes
17  [root@laohan_Shell_Python ~]# [[ "$var_4" =~ .*han.* ]] && echo "Yes" || echo "No"
18  Yes
19  [root@laohan_Shell_Python ~]# [[ "$var_5" =~ .*han.* ]] && echo "Yes" || echo "No"
20  Yes
21  [root@laohan_Shell_Python ~]# [[ "$var_6" =~ .*han.* ]] && echo "Yes" || echo "No"
22  Yes
```

【实例 2-64】检查字符串是否为空

Shell 脚本中检查字符串是否为空，可以使用-n 和-z 运算符来实现。

- -z：判断字符串是否为空。
- -n：判断字符串是否为非空。

```
1   [root@laohan_Shell_Python ~]# var=''
2   [root@laohan_Shell_Python ~]# if [[ -z $var ]]; then
3   >   echo "String is empty."
4   > fi
5   String is empty.
6   [root@laohan_Shell_Python ~]# var='韩艳威'
7   [root@laohan_Shell_Python ~]# if [[ -n $var ]]; then
8   >   echo "String is not empty."
9   > fi
10  String is not empty.
```

上述代码第 1 行定义空变量，第 2～4 行测试字符串是否为空，第 5 行为返回结果，第 7～9 行测试变量是否为非空字符串，第 10 行为返回结果。

-n 判断字符串是否为非空总结如下。

- [-n $str]等价于 str=[-n]。
- 条件测试[-n]相当于 test -n，Bash 的内建指令 test 在只有一个参数的情况下，只要参数不为空就返回 true。

```
The expression is true if and only if the argument is not null.
```

判断字符串是否为空只需要使用[${str}] 就可以了，如果加上了双引号，[-n "$str"] 就扩展成了[-n ""]。建议读者使用如下代码判断字符串是否为空。

```
[ ${#str} -eq 0 ]  && echo "The \$str is null"
[ _${str} = _ ]   && echo "The \$str is null"
```

完整代码如下所示。

```
1   [root@laohan_Shell ~]# str=
2   [root@laohan_Shell ~]# [ ${#str}  -eq 0 ] && echo "The \$srt is null." ; echo $?
3   The $srt is null.
4   0
5   [root@laohan_Shell ~]# [ _${str} = _ ] && echo "The \$str is null." ; echo $?
6   The $str is null.
7   0
```

上述代码第 2 行和第 5 行判断字符串是否为空，并返回判断结果。

【实例 2-65】判断字符串是否为空

使用“[]”直接判断字符串是否为空，代码如下。

```
1   [root@laohan_Shell ~]# name="韩艳威"
2   [root@laohan_Shell ~]# [ ! "$name" ] && echo "The \$name is empty" ; echo $?
3   1
4   [root@laohan_Shell ~]# [ ! "$test" ] && echo "The \$test is empty" ; echo $?
5   The $test is empty
6   0
```

上述代码第 2 行和第 4 行使用“[]”直接判断，省略了 if 关键字，非常简洁，推荐在快速测试时使用。

【实例 2-66】使用 case 语句比较字符串

除了使用测试运算符，还可以使用 case 语句比较字符串，代码如下。

```
1   [root@laohan_Shell ~]# bash str_case.sh laohan
2   跟老韩学 Linux 自动化运维
3   跟老韩学 Python 自动化运维
4   [root@laohan_Shell ~]# bash str_case.sh 韩艳威
5   跟老韩学 Linux 系统架构
6   跟老韩学 Shell 编程
7   [root@laohan_Shell ~]# bash str_case.sh CentOS
8   安装 CentOS 7
9   [root@laohan_Shell ~]# bash str_case.sh RedHat
10  安装 RedHat 7
11  [root@laohan_Shell ~]# cat str_case.sh
12  # case matched string
13  case $1 in
14      "CentOS")
15      echo -e "安装 CentOS 7"
16          ;;
17      "RedHat")
18      echo -e "安装 RedHat 7"
19          ;;
20      "LAOHAN"|"laohan")
21      echo -e "跟老韩学 Linux 自动化运维"
22      echo -e "跟老韩学 Python 自动化运维"
23          ;;
24      *)
25      echo -e "跟老韩学 Linux 系统架构"
26      echo -e "跟老韩学 Shell 编程"
27          ;;
```

上述代码中第 1～10 行为测试和输出结果，第 12～27 行为程序内容。

总结：变量会在脚本真正执行前替换成其对应的值。

2.7 Shell 指令替换与数学运算

2.7.1 指令替换

Linux 操作系统中的指令替换在编写 Shell 脚本时非常实用，指令替换的基本特点如下。

- 指令替换，即在 Shell 内嵌套多条指令，一次性执行得到一条或多条指令的运算输出结果。

- 指令替换与变量替换用法类似，都是用来重组指令的运行行为，先完成反引号里的指令运算过程，然后将其结果替换出来，重组成新的指令行。

【实例 2-67】指令替换

Shell 中指令替换符有两种，即“``”与“$()”，如下所示。

```
1   [root@laohan_Shell_Python ~]# name="韩艳威"
2   [root@laohan_Shell_Python ~]# echo $(name)
3   韩艳威
4   [root@laohan_Shell_Python ~]# age=18
5   [root@laohan_Shell_Python ~]# echo `$(age)`
6   -bash: 18: 未找到指令
7
8  [root@laohan_Shell_Python ~]# echo $(age)
9  18
10  [root@laohan_Shell_Python ~]# echo `whoami`
11  root
```

上述代码中，第 1 行定义 name 变量，第 2 行使用“$()”获取变量的值，第 4 行定义 age 变量，第 5 行使用“``”获取变量的值，第 6 行为输出结果，第 8 行使用“$()”可以正常获取变量的值，第 10 行将 whoami 指令放入“``”中执行，可以正常输出结果。

```
1   [root@laohan_Shell ~]# num_1=10
2   [root@laohan_Shell ~]# num_2=20
3   [root@laohan_Shell ~]# echo "$(($num_1+$num_2))"
4   30
5   [root@laohan_Shell ~]# echo "$(($num_1 + $num_2))"
6   30
7   [root@laohan_Shell ~]# echo "$((num_1 + num_2))"
8   30
```

上述代码中，第 3、5、7 行均可以进行整数运算。

【实例 2-68】Shell 脚本中的进制问题

```
  1   [root@laohan_Shell ~]# echo -e "$(date +%Y) year have passwd $(($(date +%j)/
7)) weeks"
  2   -bash: 088: value too great for base (error token is "088")
  3   [root@laohan_Shell_Python ~]# echo -e "$(date +%Y) year have passwd $(($
(date +%j)/7)) weeks"
  4   -bash: 088: 数值太大不可为算术进制的基（错误符号是 "088")
  5   [root@laohan_Shell ~]# echo -e "$(date +%Y) year have passwd $((10#$(date +
%j)/7)) weeks"
  6   2020 year have passwd 12 weeks
```

上述代码中第 1～4 行为错误的输出结果，报错核心在于数字 8 的前面填充了 0，Shell 把它当成八进制数（base is 8），Shell 认为 08 是不合法的八进制数。为解决该问题，需要显式告知 Shell，这是个前面填充了 0 的十进制数，如第 5 行所示，第 6 行为正确的输出结果。

【实例 2-69】计算用户数量

使用 for 循环统计用户数量，代码如下。

```
1   [root@laohan_Shell ~]# bash count_user.sh
2   The 1 user is: root
3   The 2 user is: bin
4   The 3 user is: daemon
5   The 4 user is: adm
6   The 5 user is: lp
7   The 6 user is: sync
8   The 7 user is: shutdown
```

```
9   The 8 user is: halt
10  The 9 user is: mail
11  The 10 user is: operator
12  The 11 user is: games
13  The 12 user is: ftp
14  The 13 user is: nobody
15  The 14 user is: systemd-network
16  The 15 user is: dbus
17  The 16 user is: polkitd
18  The 17 user is: libstoragemgmt
19  The 18 user is: abrt
20  The 19 user is: rpc
21  The 20 user is: ntp
22  The 21 user is: postfix
23  The 22 user is: chrony
24  The 23 user is: sshd
25  The 24 user is: tcpdump
26  The 25 user is: syslog
27  The 26 user is: centos
28  The 27 user is: nginx
29  [root@laohan_Shell ~]# cat count_user.sh
30  index=1
31  for user in $(cat /etc/passwd | cut -d ":" -f1)
32  do
33      echo "The ${index} user is: ${user}"
34      index=$(($index + 1))
35  done
```

上述代码中第1～28行为执行结果，第30～35行为脚本内容。

2.7.2 Shell 数学运算基础知识

在 Bash 中，定义的所有变量都属于弱变量，没有变量类型的概念。

例如定义一个变量 num=100，此时的变量 num 默认是一个字符串，即使它看着像一个数字，代码如下。

```
1 [root@laohan_Shell ~]# num=100
2 [root@laohan_Shell ~]# echo $num+=88
3 100+=88
```

上述代码第3行并不是数学运算后的结果188。

Shell 脚本可以使用 let 指令、"(())"和"[]"进行基本的算术运算，在进行高级运算时，可以使用 expr 和 bc 指令。可以将变量的值定义为数值，此时，数值会被存储为字符串。还可以使用其他方法将其像数字一样进行计算，代码如下。

```
1   [root@laohan_Shell ~]# num_1=6
2   [root@laohan_Shell ~]# num_2=8
3   [root@laohan_Shell ~]# let res=num_1+num_2
4   [root@laohan_Shell ~]# echo $res
5   14
```

上述代码第1～2行定义变量，第3行使用 let 指令直接进行数学运算，使用 let 运算时，变量名前面不需要添加"$"，第5行输出运算结果。

2.7.3 整数运算之"$[]"

Bash Shell 为了保持跟 Bourne Shell 兼容而包含了 expr 指令，但它同样也提供了一个执行数学表达式更简单的方法。在 Bash Shell 中，在将一个数学运算结果赋给某个变量时，可以用“$[]”将数学表达式包裹起来。

使用“$[]”进行计算，简单方便，适合不太复杂的计算，代码如下。

```
1    [root@laohan_Shell ~]# num=1
2    [root@laohan_Shell ~]# echo $[$num+1]
3    2
4    [root@laohan_Shell ~]# res_1=$[1 + 6]
5    [root@laohan_Shell ~]# echo $res_1
6    7
7    [root@laohan_Shell ~]# res_2=$[$res_1 * 100]
8    [root@laohan_Shell ~]# echo $res_2
9    700
```

上述代码第 1 行定义变量，第 2 行使用“$[]”进行整数运算，第 3 行为匹配输出结果，第 4～6 行与第 1～3 行相同，第 7 行使用一个变量接收另外一个变量和整数的运算结果，第 8 行输出变量运算结果，第 9 行为匹配输出内容。

2.7.4 整数运算之“(())”

整数运算“(())”使用方法：((表达式 1,表达式 2,表达式 3))。

相比使用方括号和 let 指令的整数运算方法，使用“(())”更为强大，如下所示。

- 支持 a++、a--操作。
- 支持多个表达式运算，各个表达式之间用“,”分开。
- 可以进行逻辑运算、四则运算。
- 扩展了 for、while、if 条件测试运算。
- 所有变量可以不用“$”前缀。

```
1    [root@laohan_Shell ~]# num_1=6
2    [root@laohan_Shell ~]# ((res_1 = num_1 + 1,res_2 = res_1 + 1))
3    [root@laohan_Shell ~]# echo $res_1
4    7
5    [root@laohan_Shell ~]# echo $res_2
6    8
```

上述代码第 1 行定义变量，第 2 行使用“(())”进行数学运算，第 3～6 行为匹配输出结果。

如果“(())”带“$”，将获得表达式的运算结果，可以将运算结果赋值给左边的变量，代码如下。

```
1    [root@laohan_Shell ~]# x=10
2    [root@laohan_Shell ~]# y=20
3    [root@laohan_Shell ~]# total=$((x*y))
4    [root@laohan_Shell ~]# echo $total
5    200
```

上述代码第 1～2 行定义变量，第 3 行使用 total 变量接收其他变量的运算结果，第 4～5 行为匹配输出结果。

2.7.5 整数运算之 let

let 指令是 Shell 的内建指令，我们可以借助 let 指令进行整数运算，这种方法只支持整数运算，不支持包含小数的运算，代码如下。

```
1   [root@laohan_Shell ~]# let num_1=1+1
2   [root@laohan_Shell ~]# echo $num_1
3   2
4   [root@laohan_Shell ~]# let num_2=1-2
5   [root@laohan_Shell ~]# echo $num_2
6   -1
7   [root@laohan_Shell ~]# let num_3=5/2
8   [root@laohan_Shell ~]# echo $num_3
9   2
10  [root@laohan_Shell ~]# let num_4=6*6*6
11  [root@laohan_Shell ~]# echo $num_4
12  216
13  [root@laohan_Shell ~]# num_5=5
14  [root@laohan_Shell ~]# num_6=6
15  [root@laohan_Shell ~]# let res_num=${num_5}+${num_6}
16  [root@laohan_Shell ~]# echo $res_num
17  11
18  [root@laohan_Shell ~]# let num_float=1.1*3
19  -bash: let: num_float=1.1*3: 语法错误: 无效的算术运算符（错误符号是 ".1*3"）
```

上述代码中第 1～16 行使用 let 指令测试四则运算的加、减、乘、除，第 18 行使用 let 指令进行浮点数运算，第 19 行为错误提示。

当使用 let 指令进行算术运算时，运算过程与运算结果中都不会包含小数，而且这种方法需要借助一个变量，将运算后的值赋值给这个变量后进行输出。let 指令是 Shell 内建指令，这是它的优势，只要当前服务器上存在 Shell，即可使用它进行整数运算。

let 指令总结如下所示。

- 运算符号和参数之间不能有空格。
- 与 expr 指令相比，let 指令更简洁直观。
- let 使用位运算符“<<”“>>”“&”时需要用“\”转义。

2.7.6 整数运算之 expr

Bash 支持很多运算符，包括算术运算符、关系运算符、逻辑运算符、字符串运算符以及文件测试运算符，原生 Bash 不支持简单的数学运算，但是可以通过其他指令来实现，如 awk 和 expr，其中 expr 使用最为广泛。

最开始，Bourne Shell 提供了一个特别的指令用来处理数学表达式。expr 指令允许在指令行上处理数学表达式，但是特别笨拙，代码如下。

```
[root@laohan_Shell ~]# expr 1 + 5
6
```

expr 指令能识别一些不同的数字和字符串运算符，如表 2-11 和表 2-12 所示。

表 2-11　Shell 整数运算

代码	含义
expr $num_1 operator $num_2	operator 可以为加、减、乘、除、比较等运算符
$(($num_1 operator $num_2))	operator 可以为加、减、乘、除、比较等运算符

注意：expr 运算符左右两边必须使用空格分隔，否则会报错。

表 2-12　Shell 常用运算符

类型	具体符号
整数的算术运算符	+、−、*、/、%
赋值运算符	+=、−=、*=、/=、%=
位运算符	<<、>>、&
位运算赋值运算符	<<=、>>=、&=

Shell 编程中 expr 常用运算符如表 2-13 和表 2-14 所示。

表 2-13　expr 运算符

运算符	含义
num1 | num2	num1 不为空且非 0，返回 num1，否则返回 num2
num1 & num2	num1 不为空且非 0，返回 num1，否则返回 0
num1 < num2	num1 小于 num2，返回 num1，否则返回 0
num1 <= num2	num1 小于等于 num2，返回 1，否则返回 0
num1 = num2	num1 等于 num2，返回 1，否则返回 0
num1 != num2	num1 不等于 num2，返回 1，否则返回 0
num1 > num2	num1 大于 num2，返回 1，否则返回 0
num1 >= num2	num1 大于等于 num2，返回 1，否则返回 0

表 2-14　Shell 常用运算符

运算符	含义
num1 + num2	求和
num1 − num2	求差
num1 * num2	求积
num1 / num2	求商
num1 % num2	求余

注意：在使用>、<、>=、<=、*、|等符号时，为确保测试结果的准确性，需要使用“\”进行转义，代码如下。

```
1   [root@laohan_Shell ~]# num_1=88888
2   [root@laohan_Shell ~]# num_2=66666
3   [root@laohan_Shell ~]# expr $num_1 > $num_2
4   [root@laohan_Shell ~]# expr $num_1 \> $num_2
5   1
```

上述代码中，第 3 行使用 expr 进行运算时，未使用转义符对“>”进行转义，导致匹配结果不正确，第 4 行使用转义符，第 5 行为正确的匹配结果。

【实例 2-70】基本运算

使用 expr 实现基本运算，代码如下。

```
1   [root@laohan_Shell ~]# s=`expr 7 + 8`
2   [root@laohan_Shell ~]# echo $s
3   15
4   [root@laohan_Shell ~]# expr $s \* 60
5   900
6   [root@laohan_Shell ~]#
7   [root@laohan_Shell ~]# expr `expr 5 + 6` \* 1000
8   11000
```

上述代码中，第 1 行为分步计算，先计算“7+8”，第 4 行再对和乘 60，第 5 行为匹配输出结果。第 7 行则异步完成计算，第 8 行为匹配输出结果。expr 使用总结如下所示。

- 运算符和参数之间要用空格分隔。
- 通配符“*”在作为乘法运算符时要用“\”转义。
- “` `”可以改变运算顺序，先计算“``”里面的内容，相当于算术运算中的括号。

【实例 2-71】判断正整数

需求：写一个脚本，让用户输入数字 num，判断 num 是否为正整数，然后计算 1+2+3+…+num。若用户输入的数字不正确，则提示用户继续输入，脚本内容如下所示。

```
1   [root@laohan_Shell ~]# bash judge_int.sh
2   请输入正整数：99.99.99
3   您输入的数字不正确，请重新输入
4   请输入正整数：laohan
5   您输入的数字不正确，请重新输入
6   请输入正整数：10
7   1+2+3+...+10 = 55
8   [root@laohan_Shell ~]# cat judge_int.sh
9   while true; do
10  read -p "请输入正整数："  num
11  expr $num + 999 &> /dev/null
12  if [ $? -eq 0 ];then
13      if [ `expr $num \> 0` -eq 1 ];then
14          for ((i=1;i<=$num;i++))
15          do
16              sum=`expr $sum + $i`
17          done
18          echo "1+2+3+...+${num} = ${sum}"
19          exit
20      fi
21  fi
22  echo "您输入的数字不正确，请重新输入 "
23  continue
24
25  done
```

上述代码中，第 11～12 行判断输入的数字是否为整数，第 13 行判断输入的数字是否为正整数。

该程序核心知识点如下。

- 判断用户输入的是否是整数。
- 判断用户输入整数是否大于 0。

分析，正整数是大于 0 的，代码逻辑如下。

（1）先判断 num 是否为整数。

（2）再判断 num 是否大于 0。

一个数是一个整数，同时又大于 0，即为正整数。

使用任意一个数字和 num 变量进行运算，如果返回值为 2，则表示不是整数，整数的返回值为 0，代码如下。

```
1   [root@laohan_Shell ~]# num=1
2   [root@laohan_Shell ~]# expr `expr $num + 1`; echo $?
3   2
4   0
5   [root@laohan_Shell ~]# num=1.0
```

```
6   [root@laohan_Shell ~]# expr `expr $num + 1`; echo $?
7   expr: 非整数参数
8   expr: 缺少操作数
9   Try 'expr --help' for more information.
10  2
```

上述代码中，第 1 行定义正整数变量 num，第 2 行使用 expr 进行计算并输出返回值，第 3～4 行为程序运算结果和程序执行状态返回结果，可以看到程序执行成功后返回值为 0。

第 5 行定义 num 变量为浮点数，第 6 行使用 expr 进行计算并输出返回值，第 7～10 行为程序运算结果和程序执行状态返回结果，可以看到程序未成功执行，返回值为 2。

```
1   [root@laohan_Shell ~]# num=1
2   [root@laohan_Shell ~]# expr $num \> 0
3   1
```

上述代码中，第 1 行定义变量 num，第 2 行判断变量 num 是否大于 0，第 3 行为匹配输出结果。

.7.7 数学运算之 bc

Bash 内置了对整数四则运算的支持，但是并不支持浮点数运算，而 bc 指令可以很方便地进行浮点数运算。

bc 指令除了做基本的数学运算，另外一个用途就是进行进制转换。在指令行模式下，bc 指令的格式如下所示。

```
variable=`echo "options; expression" | bc`
```

在 Shell 中的用法如下。

```
1   [root@laohan_Shell ~]# echo "12+14" | bc
2   26
3   [root@laohan_Shell ~]# echo "10^2" | bc
4   100
5   [root@laohan_Shell ~]# x=`echo "100+200" | bc`
6   [root@laohan_Shell ~]# echo $x
7   300
```

上述代码第 1～7 行为 bc 指令的基础使用方法。

bc 运算符对照如表 2-15 所示。

表 2-15 bc 运算符对照

运算符	含义
num1 + num2	求和
num1 - num2	求差
num1 * num2	求积
num1 / num2	求商
num1 % num2	求余
num1 ^ num2	指数运算

【实例 2-72】bc 指令实现数学运算

使用 bc 指令实现数学运算，代码如下。

```
1   [root@laohan_Shell ~]# bc
2   bc 1.06.95
```

```
3   Copyright 1991-1994, 1997, 1998, 2000, 2004, 2006 Free Software Foundation,
    Inc.
4   This is free software with ABSOLUTELY NO WARRANTY.
5   For details type `warranty'.
6   13 + 15
7   28
8   13 - 15
9   -2
10  13 * 15
11  195
12  13 / 15
13  0
14  13 % 15
15  13
16  scale=0
17  13 / 15
18  0
19  scale=1
20  13 / 15
21  .8
22  scale=3
23  3 / 8
24  .375
25  30 / 8
26  3.750
27  scale=100
28  100 / 33
29  3.030303030303030303030303030303030303030303030303030303030303030303\
30  03030303030303030303030303030303
31  exit
32  0
```

上述代码第1～15行为在交互式模式下使用bc指令进行运算的结果，第16～32行为设置精度后，通过bc指令计算后的匹配输出结果。

【实例2-73】脚本中使用bc指令

使用bc指令实现浮点数运算，代码如下。

```
1   [root@laohan_Shell ~]# bash bc.sh
2   请输入第1个整数数字： 100
3   请输入第2个浮点数字： 99.9999
4   The Addition of 100 and 99.9999 is 199.9999
5   The Subtraction of 100 and 99.9999 is .0001
6   The Multiplication of 100 and 99.9999 is 9999.9900
7   The Division of 100 and 99.9999 is 1.0000
8   [root@laohan_Shell ~]# cat bc.sh
9   read -p "请输入第1个整数数字： " num1
10  read -p "请输入第2个浮点数字： " num2
11  add=`echo "scale=4; $num1+$num2" | bc`
12  sub=`echo "scale=4; $num1-$num2" | bc`
13  multi=`echo "scale=4;$num1*$num2" | bc`
14  div=`echo "scale=4;$num1/$num2" | bc`
15  echo "The Addition of $num1 and $num2 is $add"
16  echo "The Subtraction of $num1 and $num2 is $sub"
17  echo "The Multiplication of $num1 and $num2 is $multi"
18  echo "The Division of $num1 and $num2 is $div"
```

上述代码第1～18行为bc指令在Shell脚本中的基本使用方法。

注意：默认情况下，bc指令的scale设置为0，即scale=0。

2.8 本章练习

【练习 2-1】写一个脚本，查看当前主机 CPU、内存、计算机型号及主板信息

参考脚本内容如下所示。

```
[root@VM_0_12_centos ~]# cat info.sh
#!/bin/bash
:<<note
Description:
查看当前主机 CPU、内存、计算机型号及主板信息
(1)查看 CPU 信息（型号）
(2)查看内存信息
(3)查看内存个数和大小
(4)查看主板型号
(5)查看计算机型号
(6)查看当前操作系统内核信息
(7)查看当前操作系统发行版信息

Version:1.1
Author:HanYanWei
DateTime:2018-08-05
note

cpu_info=$(cat /proc/cpuinfo | grep name | cut -f2 -d: | uniq -c)
mem_info=$(cat /proc/meminfo)
rpm -q dmidecode || yum -y install dmidecode >/dev/null 2 >&1
mem_count=$(dmidecode -t memory)
board_info=$(dmidecode |grep -A16 "System Information$")
product_info=$(dmidecode | grep "Product Name")
kernel_info=$(uname -a)
system_info=$(cat /etc/issue | grep Linux)

echo -e "\033[32;40m 当前主机 CPU 信息：  $cpu_info  \033[0m"
echo -e "\033[32;40m 当前主机内存信息：  $mem_info  \033[0m"
echo -e "\033[32;40m 当前主机内存个数信息：  $mem_count  \033[0m"
echo -e "\033[32;40m 当前主机主板信息：  $board_info  \033[0m"
echo -e "\033[32;40m 当前主机信息：  $product_info  \033[0m"
echo -e "\033[32;40m 当前主机内核信息：  $kernel_info  \033[0m"
echo -e "\033[32;40m 当前主机系统信息：  $system_info  \033[0m"
```

脚本执行结果如下。

```
[root@VM_0_12_centos ~]# bash info.sh
dmidecode-3.12-7.el6.x86_64
 当前主机 CPU 信息：      1  Intel(R) Xeon(R) CPU E5-26xx v4
 当前主机内存信息：  MemTotal:         1922248 kB
MemFree:          1274060 kB
Buffers:           149580 kB
Cached:            383532 kB
SwapCached:             0 kB
Active:            502232 kB
Inactive:           67428 kB
Active(anon):       36560 kB
Inactive(anon):       164 kB
Active(file):      465672 kB
Inactive(file):     67264 kB
Unevictable:            0 kB
Mlocked:                0 kB
SwapTotal:              0 kB
```

```
SwapFree:              0 kB
Dirty:                76 kB
Writeback:             0 kB
AnonPages:         36540 kB
Mapped:             9036 kB
Shmem:               176 kB
Slab:              50424 kB
SReclaimable:      31924 kB
SUnreclaim:        18500 kB
KernelStack:        1360 kB
PageTables:         2380 kB
NFS_Unstable:          0 kB
Bounce:                0 kB
WritebackTmp:          0 kB
CommitLimit:      961124 kB
Committed_AS:     209972 kB
VmallocTotal:   34359738367 kB
VmallocUsed:       10908 kB
VmallocChunk:   34359723968 kB
HardwareCorrupted:     0 kB
AnonHugePages:      6144 kB
HugePages_Total:       0
HugePages_Free:        0
HugePages_Rsvd:        0
HugePages_Surp:        0
Hugepagesize:       2048 kB
DirectMap4k:        8184 kB
DirectMap2M:     2088960 kB
当前主机内存个数信息:  # dmidecode 3.12
SMBIOS 3.4 present.

Handle 0x1000, DMI type 16, 15 bytes
Physical Memory Array
        Location: Other
        Use: System Memory
        Error Correction Type: Multi-bit ECC
        Maximum Capacity: 2 GB
        Error Information Handle: Not Provided
        Number Of Devices: 1

Handle 0x1100, DMI type 17, 21 bytes
Memory Device
        Array Handle: 0x1000
        Error Information Handle: 0x0F01
        Total Width: 64 bits
        Data Width: 64 bits
        Size: 2048 MB
        Form Factor: DIMM
        Set: None
        Locator: DIMM 0
        Bank Locator: Not Specified
        Type: RAM
        Type Detail: None
   当前主机主板信息:  System Information
        Manufacturer: Bochs
        Product Name: Bochs
        Version: Not Specified
        Serial Number: 3c5e6a32-ff24-4e10-8599-83a8792403b1
        UUID: 3C5E6A32-FF24-4E10-8599-83A8792403B1
        Wake-up Type: Power Switch
        SKU Number: Not Specified
        Family: Not Specified

Handle 0x0300, DMI type 3, 20 bytes
```

```
  Chassis Information
      Manufacturer: Bochs
      Type: Other
      Lock: Not Present
      Version: Not Specified
      Serial Number: Not Specified
  当前主机信息:     Product Name: Bochs
  当前主机内核信息:  Linux VM_0_12_centos 2.6.32-696.6.3.el6.x86_64 #1 SMP Wed Jul 12 14:
17:22 UTC 2017 x86_64 x86_64 x86_64 GNU/Linux
  当前主机系统信息:
```

【练习 2-2】写一个脚本，安装 Percona 5.6 二进制版本的服务

请读者自行完成相关练习，提示信息如下。

- 到国内镜像网站下载 Percona 5.6 二进制版本。
- 由于安装的是数据库服务器，因此需规划好安装目录和数据目录，并创建相关目录，准备类似 my3316.cnf 配置文件。
- 需要以 root 管理员用户安装。
- 使用 YUM 程序安装 MySQL 依赖包和库文件。
- 创建运行 Percona 服务的用户，并对数据目录、日志目录等进行授权。
- 初始化数据库服务，启动数据库，确认端口和进程是否存在。
- 登录数据库，输出登录成功信息，并输出数据库版本信息。

【练习 2-3】统计字符串的长度

写一个脚本，统计字符串的长度。

```
1   [root@laohan_Shell_Python ~]# bash str_len_1.sh
2   变量$str 的内容为:
3   My name is hanyanwei
4   我的名字是韩艳威
5   跟老韩学 Shell
6   跟老韩学 Python
7   跟老韩学 HTML
8   跟老韩学 CSS
9   跟老韩学 JavaScript
10  跟老韩学 Linux 自动化运维系列课程以及
11  跟老韩学 Linux 系统架构师课程
12  即将上线 | 敬请期待 |
13  ............................
14  ............................
15
16
17    【The length of '$str' is 196.】]
18
19  The $str length is 320.
20  The $str length is 320.
```

上述代码中第 2～20 行为匹配输出内容，脚本内容如下所示。

```
1   [root@laohan_Shell_Python ~]# cat str_len_1.sh
2   str="
3   My name is hanyanwei
4   我的名字是韩艳威
5   跟老韩学 Shell
6   跟老韩学 Python
7   跟老韩学 HTML
8   跟老韩学 CSS
```

```
9   跟老韩学 JavaScript
10  跟老韩学 Linux 自动化运维系列课程以及
11  跟老韩学 Linux 系统架构师课程
12  即将上线 | 敬请期待 |
13  ..............................
14  ..............................
15  "
16  # The str length of methon <1>
17  length=${#str}
18  echo "变量\$str 的内容为: ${str}"
19  echo
20  echo -e "\033[32;40m 【The length of '\$str' is ${length}.】\033[0m] "
21  echo
22
23  # The str length of methon <2><>
24  length_2=`expr length "${str}"`
25  length_3=`expr "${str}" : '.*'`
26  echo "The \$str length is ${length_2}."
27  echo "The \$str length is ${length_3}."
```

上述代码中第2～27行为脚本内容。

脚本扩展思路如下。

（1）如何从程序外部传入数据。

（2）传入的数据为空如何判断。

（3）写一个函数，将不同的功能进行封装。

2.9 本章总结

学完本章，读者可以掌握以下知识。

- 了解和掌握 Linux 操作系统中相对路径和绝对路径相关的知识。
- 了解和掌握交互式登录和非交互式登录环境信息设定。
- 掌握 Bash 基本特性，以及 Bash 环境变量配置文件加载过程和读取顺序。
- 了解和掌握变量的定义、命名规则的制定、删除、系统特殊变量和系统环境变量、预定义变量等。
- 掌握 Shell 字符串操作，如字符串的长度、拼接及字符串匹配测试等。
- 掌握 Shell 整数运算和浮点数运算，如 bc 指令的基本使用方法。

第3章

Shell 正则表达式与文本处理三剑客

在 Linux 操作系统中使用正则表达式较多的有 3 个工具，分别为 grep、sed 以及 awk，这 3 个工具被称为“文本处理三剑客”。

文本处理三剑客是 Linux 系统管理员必须掌握的 Linux 核心文本处理工具集，三者的基本功能都是处理文本或目录文件，但三者核心功能的侧重点又有所不同。

- grep 指令适合单纯地查找或匹配显示文本。
- sed 指令适合编辑匹配到的文本文件，可以对匹配到的文件进行增、删、改、查等操作。
- awk 指令适合处理结构化的文本数据或进行 Linux 系统管理中的数据统计等操作。

3.1 正则表达式基础

3.1.1 正则表达式的定义和分类

1. 正则表达式的定义

在计算机科学中，正则表达式是一种描述一组字符串的模式，是为处理大量文本、字符串而定义的一套规则和方法，以行为单位进行处理。

正则表达式这个概念最初是由 UNIX 操作系统中的工具软件（例如 sed 和 grep）普及开的。正则表达式通常缩写成 regex，单数有 regexp、regex，复数有 regexps、regexes、regexen。这些是正则表达式的定义。

正则表达式将某个字符模式与所查找的字符串相匹配，由两部分组成。

- 普通字符：包括大小写字母、数字、标点符号及一些其他符号。
- 元符号：指在正则表达式中具有特殊意义的专用字符。

2. 正则表达式分类

- 基本的正则表达式：Basic Regular Expression 或 Basic RegEx，简称 BREs。
- 扩展的正则表达式：Extended Regular Expression 或 Extended RegEx，简称 EREs。
- Perl 的正则表达式：Perl Regular Expression 或 Perl RegEx，简称 PREs。

3.1.2 元字符

1. 基础元字符

在正则表达式中，用于匹配的特殊符号又称作元字符。在 Shell 脚本中，元字符又分为基础元字符和扩展元字符，常用元字符如表 3-1 所示。

表 3-1 常用元字符

元字符	基本说明
*	前一个字符匹配 0 次或任意多次
.	匹配除换行符外的任意一个字符
^	匹配行首
$	匹配行尾

续表

元字符	基本说明
[]	匹配方括号中指定的任意一个字符，且只匹配一个字符
[^]	匹配除方括号中的字符以外的任意一个字符
\	转义符，用于取消特殊符号的含义
\{n\}	表示其前面的字符恰好出现 n 次
\{n,m\}	表示其前面的字符至少出现 n 次，最多出现 m 次

2．扩展元字符

在正则表达式中还可以支持一些元字符，比如"+""?""|""()"。

Linux 支持这些元字符，其中 grep 指令默认不支持。如果要想支持这些元字符，则必须使用 egrep 或 grep -E 指令，因此，又把这些元字符称作扩展元字符。表 3-2 列举了 Shell 程序中支持的扩展元字符。

表 3-2 Shell 扩展元字符

扩展元字符	基本说明
+	前一个字符匹配 1 次或任意多次
?	前一个字符匹配 0 次或 1 次
|	匹配两个或多个分支选择
()	匹配其整体为一个字符，由多个单个字符组成的大字符

3.2 grep 与正则表达式

grep 是通用正则表达式解析器（General Regular Expression Parser）的缩写。

grep 指令的功能是分析一行信息，提取我们所需要的文本信息，需要注意的是它以整行为单位进行数据的选取。

3.2.1 grep 基础知识

1．grep 基本语法格式

grep 语法格式如下所示。

（1）grep [option] [pattern] [file1,file2…]。

（2）command | grep [option][pattern]。

grep 指令中的模式匹配可以理解为"网"，过滤不需要的内容，根据**模式**查找文本，并将符合模式的文本行显示出来，格式如下所示。

```
模式 pattern
```

grep 中的**模式匹配**是由"文本字符+正则表达式元字符"组合而成的匹配条件，格式如下。

```
grep [OPTIONS] PATTERN [FILE...]
```

2．grep 常用选项

grep 常用选项如表 3-3 所示。

表 3-3 grep 常用选项

选项	说明
-a	将二进制文件以文本文件的方式查找数据
-c	只输出匹配行的数量，不显示具体内容
-i	忽略大小写（只适用于单字符）
-h	查询多文件时不显示文件名
-l	查询多文件时只输出包含匹配字符的文件名
-n	显示匹配行和行号
-s	不显示不存在或匹配文本的错误信息
-v	显示包含匹配文本的所有行
-r	递归查找
-w	匹配整词
-E	支持扩展正则表达式
-F	不支持正则表达式
-x	匹配整行

3．查询多个文件

使用 echo 指令结合重定向符号创建测试文件，代码如下。

```
1 [root@laohan_httpd_server ~]# echo "sort aa" > 1.txt
2 [root@laohan_httpd_server ~]# echo "sort bb" > 2.txt
3 [root@laohan_httpd_server ~]# echo "sort cc" > 1.log
4 [root@laohan_httpd_server ~]# echo "sort dd" > 2.log
5 grep "sort " *.txt
```

上述代码第 5 行表示在所有.txt 文件中查找“sort”关键字。

```
grep "sort " *
```

上述代码表示在所有的文件中查找“sort”关键字。

```
[root@laohan_httpd_server ~]# grep 'aa' * --color
1.txt:sort aa
```

上述代码表示在当前目录下，查找所有包含“aa”字符的文件。

3.2.2 grep 与正则表达式

【实例 3-1】关键字次数匹配

查询“root”在/etc/passwd 文件中出现的次数，代码如下。

```
[root@laohan_httpd_server ~]# grep -c 'root' /etc/passwd
2
```

匹配 Nginx 日志文件中包含“200”的行，代码如下。

```
[root@www.blog*.com logs]grep -n "200" access_hanaynwei.com_20160314.log  |wc -l
99
```

【实例 3-2】行号匹配

查询特定字符串并输出行号，代码如下。

```
[root@laohan_httpd_server ~]# grep -n 'root' /etc/passwd
1:root:x:0:0:root:/root:/bin/bash
11:operator:x:11:0:operator:/root:/sbin/nologin
```

上述代码中使用-n 选项显示匹配内容的行号及其内容。

【实例 3-3】显示非匹配行

测试文件内容和显示结果如下所示。

```
1   [root@laohan_httpd_server ~]# grep -v 'root' /etc/passwd
2   bin:x:1:1:bin:/bin:/sbin/nologin
3   daemon:x:2:2:daemon:/sbin:/sbin/nologin
4   adm:x:3:4:adm:/var/adm:/sbin/nologin
5   lp:x:4:7:lp:/var/spool/lpd:/sbin/nologin
6   sync:x:5:0:sync:/sbin:/bin/sync
7   shutdown:x:6:0:shutdown:/sbin:/sbin/shutdown
8   halt:x:7:0:halt:/sbin:/sbin/halt
9   mail:x:8:12:mail:/var/spool/mail:/sbin/nologin
10  uucp:x:10:14:uucp:/var/spool/uucp:/sbin/nologin
11  games:x:12:100:games:/usr/games:/sbin/nologin
12  gopher:x:13:30:gopher:/var/gopher:/sbin/nologin
13  ftp:x:14:50:FTP User:/var/ftp:/sbin/nologin
14  nobody:x:99:99:Nobody:/:/sbin/nologin
15  vcsa:x:69:69:virtual console memory owner:/dev:/sbin/nologin
16  saslauth:x:499:76:Saslauthd user:/var/empty/saslauth:/sbin/nologin
17  postfix:x:89:89::/var/spool/postfix:/sbin/nologin
18  sshd:x:74:74:Privilege-separated SSH:/var/empty/sshd:/sbin/nologin
19  ntp:x:38:38::/etc/ntp:/sbin/nologin
```

上述代码第 1 行表示将含“root”的行过滤掉，显示不包含“root”关键字的行，第 2～19 行为匹配输出结果，还可以在一行中同时排除多个选项，代码如下。

```
1   [root@lamp_0_16 grep]# echo '跟老韩学Python' > grep.log
2   [root@lamp_0_16 grep]# echo '跟老韩学Shell' >> grep.log
3   [root@lamp_0_16 grep]# echo '跟老韩学HTML' >> grep.log
4   [root@lamp_0_16 grep]# echo '跟老韩学CSS' >> grep.log
5   [root@lamp_0_16 grep]# echo '跟老韩学JavaScript' >> grep.log
6   [root@lamp_0_16 grep]# cat grep.log
7   跟老韩学Python
8   跟老韩学Shell
9   跟老韩学HTML
10  跟老韩学CSS
11  跟老韩学JavaScript
12  [root@lamp_0_16 grep]# grep -v -e 'Shell' -e 'Python'  grep.log
13  跟老韩学HTML
14  跟老韩学CSS
15  跟老韩学JavaScript
```

上述代码中第 1～5 行创建测试文件，第 6 行使用 cat 指令显示文件内容，第 7～11 行为具体文件内容，第 12 行表示不显示含“Shell”和“Python”字符串的行，第 13～15 行为匹配输出结果。

【实例 3-4】忽略字符大小写

grep 查询特定内容默认区分大小写字符，-i 选项忽略字符的大小写，代码如下。

```
1   [root@laohan_httpd_server ~]# echo "ROOT" > 1.txt
2   [root@laohan_httpd_server ~]# echo "root" > 1.txt
3   [root@laohan_httpd_server ~]# grep -i "root" --color *
4   1.txt:root
5   anaconda-ks.cfg:rootpw  --iscrypted $6$7BxrKmr/zJ8shf.J$BJF8ztZ0WZEReT94J0g
H8Q66aTy2qrbAKF0jyBL/OFcwgCEHYqCdSlZ09o4qhoonzP2JjQzyF2UpFDd5VWfJ50
```

```
6   anaconda-ks.cfg:#logvol / --fstype=ext4 --name=lv_root --vgname=VolGroup
--grow --size=1024 --maxsize=51200
7   install.log:安装 rootfiles-8.1-6.1.el6.noarch
```

上述代码第 1～2 行创建测试文件，第 3 行为匹配规则，第 4～7 行为匹配输出结果。

【实例 3-5】匹配空行

测试文件内容如下所示。

```
echo "
root
ROOT

bb

cc" > 1.txt
```

执行结果如下所示。

```
1    [root@laohan_httpd_server ~]# echo "
2    > root
3    > ROOT
4    >
5    > bb
6    >
7    > cc" > 1.txt
8    [root@laohan_httpd_server ~]# grep -v "^$" 1.txt
9    root
10   ROOT
11   bb
12   cc
```

上述代码第 2～7 行为测试文件内容，第 8 行为匹配规则，第 9～12 行为匹配输出结果。

注意：去掉空行与注释行，也可以使用如下指令。

```
1 root@laohan-shell-1:~ #grep -Ev "^$|#" /etc/nginx/nginx.conf
2 user nginx;
3 worker_processes auto;
4 error_log /var/log/nginx/error.log;
5 pid /run/nginx.pid;
6 include /usr/share/nginx/modules/*.conf;
7 events {
8   worker_connections 1024;
9 }
10 http {
11   log_format  main  '$remote_addr - $remote_user [$time_local] "$request" '
12                     '$status $body_bytes_sent "$http_referer" '
13                     '"$http_user_agent" "$http_x_forwarded_for"';
14   access_log  /var/log/nginx/access.log  main;
15   sendfile            on;
16   tcp_nopush          on;
17   tcp_nodelay         on;
18   keepalive_timeout   65;
19   types_hash_max_size 2048;
20   include             /etc/nginx/mime.types;
21   default_type        application/octet-stream;
22   include /etc/nginx/conf.d/*.conf;
23   server {
24      listen       80 default_server;
25      listen       [::]:80 default_server;
26      server_name  _;
27      root         /usr/share/nginx/html;
28      include /etc/nginx/default.d/*.conf;
```

```
29         location / {
30         }
31         error_page 404 /404.html;
32            location = /40x.html {
33         }
34         error_page 500 502 503 504 /50x.html;
35            location = /50x.html {
36         }
37     }
38 }
```

上述代码第 1 行与 egrep -v "^$|#" /etc/nginx/nginx.conf 指令作用完全相同，第 2～38 行为匹配输出结果。

【实例 3-6】多条件匹配

grep 指令多条件匹配代码如下。

```
1   [root@laohan_httpd_server ~]#  cat /etc/passwd | grep -E "root|spool"
2   root:x:0:0:root:/root:/bin/bash
3   lp:x:4:7:lp:/var/spool/lpd:/sbin/nologin
4   mail:x:8:12:mail:/var/spool/mail:/sbin/nologin
5   uucp:x:10:14:uucp:/var/spool/uucp:/sbin/nologin
6   operator:x:11:0:operator:/root:/sbin/nologin
7   postfix:x:89:89::/var/spool/postfix:/sbin/nologin
```

上述代码第 1 行中的-E 选项，匹配/etc/passwd 文件中包含“root”或“spool”的行，第 2～7 行为匹配输出结果。

【实例 3-7】关键字颜色显示

将测试内容写入文件，代码如下。

```
echo "grep='grep --color'" >>/etc/profile && . /etc/profile
tail -1 /etc/profile
```

代码输出结果如下。

```
[root@laohan_httpd_server ~]# echo "grep='grep --color'" >>/etc/profile && . /etc/
profile
[root@laohan_httpd_server ~]# tail -1 /etc/profile
grep='grep --color'
```

【实例 3-8】只显示与模式匹配到的字符串

只显示与模式匹配到的字符串，代码如下。

```
1   [root@www.blog*.com ~]grep -o 'root' /etc/passwd
2   root
3   root
4   root
5   root
```

上述代码中第 1 行的匹配规则只匹配包含“root”字符串的行，第 2～5 行为匹配输出结果。

【实例 3-9】以“r”开头、“t”结尾、中间是任意字符

匹配以“r”开头、“t”结尾、中间是任意字符的内容，代码如下。

```
1   [root@www.blog*.com ~]grep 'r..t' /etc/passwd
2   root:x:0:0:root:/root:/bin/bash
3   operator:x:11:0:operator:/root:/sbin/nologin
4   ftp:x:14:50:FTP User:/var/ftp:/sbin/nologin
```

上述代码中第1行匹配某个字符开头，中间是任意字符，以某个字符结尾的内容，第2～4行为匹配输出结果。

【实例3-10】显示匹配行后的内容

使用grep指令可对一个较大的文件执行**行匹配操作**，如查看匹配行之前或匹配行之后的行，可分别使用“-A”“-B”“-C”选项满足特定的查询需求，代码如下。

```
1   root@laohan-shell-1:~ #grep  'root' -A 1 /tmp/passwd
2   root:x:0:0:root:/root:/bin/bash
3   bin:x:1:1:bin:/bin:/sbin/nologin
4   --
5   operator:x:11:0:operator:/root:/sbin/nologin
6   games:x:12:100:games:/usr/games:/sbin/nologin
7   --
8   root:x:0:0:root:/root:/bin/bash
9   operator:x:11:0:operator:/root:/sbin/nologin
10  root:x:0:0:root:/root:/bin/bash
11  operator:x:11:0:operator:/root:/sbin/nologin
12  root:x:0:0:root:/root:/bin/bash
13  operator:x:11:0:operator:/root:/sbin/nologin
14  root:x:0:0:root:/root:/bin/bash
```

上述代码第1行表示在第1行后面匹配包含“root”字符串的行，第2～14行为匹配输出结果。

【实例3-11】显示匹配行前的内容

使用grep指令显示匹配行前的内容，代码如下。

```
1   root@laohan-shell-1:~ #grep  'root' -B 1 /tmp/passwd
2   root:x:0:0:root:/root:/bin/bash
3   --
4   mail:x:8:12:mail:/var/spool/mail:/sbin/nologin
5   operator:x:11:0:operator:/root:/sbin/nologin
6   --
7   chrony:x:998:996::/var/lib/chrony:/sbin/nologin
8   root:x:0:0:root:/root:/bin/bash
9   operator:x:11:0:operator:/root:/sbin/nologin
10  root:x:0:0:root:/root:/bin/bash
11  operator:x:11:0:operator:/root:/sbin/nologin
12  root:x:0:0:root:/root:/bin/bash
13  operator:x:11:0:operator:/root:/sbin/nologin
14  root:x:0:0:root:/root:/bin/bash
```

上述代码第1行匹配包含“root”字符串的行，第2～14行为匹配输出结果。

【实例3-12】显示匹配行前后行内容

使用grep指令显示匹配行前后行内容，代码如下。

```
1   root@laohan-shell-1:~ #grep  'root' -C 1 /tmp/passwd
2   root:x:0:0:root:/root:/bin/bash
3   bin:x:1:1:bin:/bin:/sbin/nologin
4   --
5   mail:x:8:12:mail:/var/spool/mail:/sbin/nologin
6   operator:x:11:0:operator:/root:/sbin/nologin
7   games:x:12:100:games:/usr/games:/sbin/nologin
8   --
9   chrony:x:998:996::/var/lib/chrony:/sbin/nologin
10  root:x:0:0:root:/root:/bin/bash
11  operator:x:11:0:operator:/root:/sbin/nologin
12  root:x:0:0:root:/root:/bin/bash
13  operator:x:11:0:operator:/root:/sbin/nologin
14  root:x:0:0:root:/root:/bin/bash
15  operator:x:11:0:operator:/root:/sbin/nologin
16  root:x:0:0:root:/root:/bin/bash
```

第1行匹配包含root字符串的前后1行，第2～16行为匹配输出结果。

注意： 如果匹配结果有多个，会用"--"作为各匹配结果之间的分隔符；如果多个结果显示的行数相连或重叠则不会显示"--"分隔符。

【实例3-13】多文件查找

使用grep指令进行多文件查找，代码如下。

```
1   root@laohan-shell-1:~ #grep laohan -l *.sh
2   root@laohan-shell-1:~ #echo laohan > 1.txt
3   root@laohan-shell-1:~ #echo laohan > 2.txt
4   root@laohan-shell-1:~ #echo laohan > 3.txt
5   root@laohan-shell-1:~ #
6   root@laohan-shell-1:~ #grep laohan -l *.txt
7   1.txt
8   2.txt
9   3.txt
```

上述代码第1～4行表示创建测试文件，第6行使用-l选项可以在多个文件中匹配相关内容，第7～9行为匹配输出结果。

【实例3-14】递归查找

使用grep指令进行递归查找多个目录中的关键字，代码如下。

```
1   [root@laohan_shell_c77 ~]# grep -r  root /etc/* | head
2   /etc/aliases:postmaster: root
3   /etc/aliases:bin:        root
4   /etc/aliases:daemon:     root
5   /etc/aliases:adm:        root
6   /etc/aliases:lp:         root
7   /etc/aliases:sync:       root
8   /etc/aliases:shutdown:   root
9   /etc/aliases:halt:       root
10  /etc/aliases:mail:       root
11  /etc/aliases:news:       root
```

上述代码中第1行表示查找/etc/目录以及子目录下包含"root"字符串的全部文件，第2～11行为匹配输出结果。

【实例3-15】列出匹配的文件名

用grep -r来查找所有匹配的文件，代码如下。

```
1   [root@laohan_shell_c77 ~]# grep -rl  root /etc/* | head
2   /etc/aliases
3   /etc/aliases.db
4   /etc/anacrontab
5   /etc/audit/auditd.conf
6   /etc/cron.d/0hourly
7   /etc/crontab
8   /etc/dbus-1/system.d/org.freedesktop.hostname1.conf
9   /etc/dbus-1/system.d/org.freedesktop.import1.conf
10  /etc/dbus-1/system.d/org.freedesktop.locale1.conf
11  /etc/dbus-1/system.d/org.freedesktop.login1.conf
```

上述代码中第1行表示在/etc/开头的目录下匹配所有包含"root"字符串的文件，第2～11行为匹配输出结果。

【实例3-16】实时过滤日志

grep表达式与tail指令结合，实时过滤日志文件内容，代码如下。

```
1   [root@laohan_shell_c77 ~]# tail /tmp/date.log |grep 2019  --line-buffered
2   2019年 12月 15日星期日 19:50:54 CST
```

```
3    2019年 12月 15日星期日 19:50:57 CST
4    2019年 12月 15日星期日 19:51:00 CST
5    2019年 12月 15日星期日 19:51:03 CST
6    2019年 12月 15日星期日 19:51:06 CST
7    2019年 12月 15日星期日 19:51:09 CST
8    2019年 12月 15日星期日 19:51:12 CST
9    2019年 12月 15日星期日 19:51:27 CST
10   2019年 12月 15日星期日 19:51:30 CST
11   2019年 12月 15日星期日 19:51:33 CST
12   2019年 12月 15日星期日 19:51:36 CST
13   2019年 12月 15日星期日 19:51:39 CST
14   [root@laohan_shell_c77 ~]# while [ 1 ]; do  date  >> /tmp/date.log; sleep 1;done
15   [root@laohan_shell_c77 ~]# tailf /tmp/date.log |grep 2019  --line-buffered
16   2019年 12月 15日星期日 19:50:54 CST
17   2019年 12月 15日星期日 19:50:57 CST
18   2019年 12月 15日星期日 19:51:00 CST
19   2019年 12月 15日星期日 19:51:03 CST
20   2019年 12月 15日星期日 19:51:06 CST
21   2019年 12月 15日星期日 19:51:09 CST
22   2019年 12月 15日星期日 19:51:12 CST
23   2019年 12月 15日星期日 19:51:27 CST
24   2019年 12月 15日星期日 19:51:30 CST
25   2019年 12月 15日星期日 19:51:33 CST
26   2019年 12月 15日星期日 19:51:36 CST
27   2019年 12月 15日星期日 19:51:39 CST
```

上述代码中第 1 行表示使用 tail 指令实时输出日志内容，并使用 grep 过滤包含“2019”关键字的行，其中--line-buffered 选项表示使用行缓冲，第 14 行为循环测试语句，第 16～27 为匹配输出结果。

【实例 3-17】结合正则表达式

从文件内容中查找与正则表达式匹配的行，使用–E 选项，语法格式如下所示。

```
grep -E "[1-9]+"
```

或

```
egrep "[1-9]+"
grep -E "正则表达式" 文件名
```

查找以数字“200”开头的行，代码如下。

```
1   [root@laohan_shell_c77 ~]# for  ((i=1; i<=10000 ; i++)) ;do curl -I localhost
>/dev/null 2>&1 ;done
2   [root@laohan_shell_c77 ~]# grep  -c  -E "200" /var/log/nginx/access.log
3   11004
4   [root@laohan_shell_c77 ~]# grep -E "^root"  /etc/passwd
5   root:x:0:0:root:/root:/bin/bash
```

上述代码第 1 行使用 for 循环创建测试文件，第 2 行匹配“200”状态码，第 3 行为匹配输出结果，第 4 行匹配以“root”开头的行，第 5 行为匹配输出结果。

【实例 3-18】包括或者排除指定内容

使用 grep 指令查找包括或排除指定的内容，代码如下。

```
1   [root@laohan_shell_c77 ~]# echo '跟老韩学 Linux 运维' > laohan.log
2   [root@laohan_shell_c77 ~]# echo '跟老韩学 Linux 运维' > laohan1.log
3   [root@laohan_shell_c77 ~]# echo '跟老韩学 Linux 运维' > laohan2.log
4   [root@laohan_shell_c77 ~]# echo '跟老韩学 Linux 运维' > laohan3.log
5   [root@laohan_shell_c77 ~]# echo '跟老韩学 Linux 运维' > laohan4.log
6   [root@laohan_shell_c77 ~]# echo '跟老韩学 Linux 运维' > laohan5.log
7   [root@laohan_shell_c77 ~]# echo '跟老韩学 Linux 运维' > laohan6.log
```

```
8   [root@laohan_shell_c77 ~]# cat laohan*.log
9   跟老韩学 Linux 运维
10  跟老韩学 Linux 运维
11  跟老韩学 Linux 运维
12  跟老韩学 Linux 运维
13  跟老韩学 Linux 运维
14  跟老韩学 Linux 运维
15  跟老韩学 Linux 运维
16  [root@laohan_shell_c77 ~]# grep "老韩" . -r --include=laohan{1..2}.log
17  ./laohan1.log:跟老韩学 Linux 运维
18  ./laohan2.log:跟老韩学 Linux 运维
19  #在查找结果中排除所有 laohan*.log 文件，代码如下。
20  [root@laohan_shell_c77 ~]# grep "老韩" . -r --exclude "laohan*.log"
21  ./Scripts/Shell/sleep.sh:echo "跟老韩学 Shell 编程自动化运维基础"
22  ./Scripts/Shell/sleep.sh:echo "跟老韩学 Shell 编程自动化运维基础"
23  ./Scripts/Shell/sleep.sh:echo "跟老韩学 Shell 编程自动化运维基础"
24  ./Scripts/Shell/sleep.sh:echo "跟老韩学 Shell 编程自动化运维基础"
25  ./Scripts/Shell/sleep.sh:echo "跟老韩学 Shell 编程自动化运维基础"
26  ./Scripts/Shell/sleep.sh:echo "跟老韩学 Shell 编程自动化运维基础"
27  ./.viminfo:     echo -e "\033[32;40m 跟老韩学 Shell !!!   \033[0m"
28  ./.viminfo:        echo -e "\033[32;40m 跟老韩学 Shell !!!    \033[0m"
```

上述代码中第 1～7 行表示创建测试文件，第 8 行使用 cat 指令显示文件内容，第 9～15 行为测试文件内容，第 16 行表示匹配“老韩”字符串，排除“laohan1.log”和“laohan2.log”，第 17～18 行为匹配输出结果。

第 20 行匹配“老韩”字符串，排除所有以“laohan”开头、以“.log”结尾的文件，第 21～28 行为匹配输出结果。

在查找结果中排除文件列表里的文件，代码如下。

```
grep "老韩" . -r --exclude "laohan*.log" --exclude-from filelist
```

【实例 3-19】匹配 0 字节的文件

使用 grep 指令匹配 0 字节的文件，代码如下。

```
1   [root@laohan_shell_c77 ~]# echo 'Linux' > file1
2   [root@laohan_shell_c77 ~]# echo 'Linux' > file2
3   [root@laohan_shell_c77 ~]# echo 'Linux' > file3
4   [root@laohan_shell_c77 ~]# ls -lhrt -S file*
5   -rw-r--r-- 1 root root 6 12月 15 20:21 file3
6   -rw-r--r-- 1 root root 6 12月 15 20:21 file2
7   -rw-r--r-- 1 root root 6 12月 15 20:21 file1
8   [root@laohan_shell_c77 ~]# grep 'Linux' file* -lZ
9   file1file2file3[root@laohan_shell_c77 ~]#
10  [root@laohan_shell_c77 ~]# grep 'Linux' file* -lZ | xargs -0  ls -lhrt --full-time
11  -rw-r--r-- 1 root root 6 2019-12-15 20:21:53.341047072 +0800 file1
12  -rw-r--r-- 1 root root 6 2019-12-15 20:21:55.638047067 +0800 file2
13  -rw-r--r-- 1 root root 6 2019-12-15 20:21:57.244047064 +0800 file3
14  [root@laohan_shell_c77 ~]# grep 'Linux' file* -lZ | xargs -0  rm -fv
15  已删除"file1"
16  已删除"file2"
17  已删除"file3"
```

上述代码中第 1～3 行表示创建测试文件，第 4 行使用通配符列出以“file”开头的文件，第 5～7 行为匹配输出结果。第 8 行使用 grep 匹配包含“file”字符串的文件，第 9 行为匹配输出结果。第 10 行结合 xargs 指令查找大小为 0 字节的以“file”开头的文件，第 11～13 行为匹配输出结果。第 14 行使用匹配规则删除以“file”开头且大小为 0 字节的文件，第 15～17 行为匹配输出结果。

【实例 3-20】静默输出

grep 指令过滤信息，静默输出语法如下所示。

```
grep -q "test" filename
```

静默输出不会输出任何信息，如果指令运行成功返回 0，失败则返回非 0 值。一般用于条件测试。

```
1 [root@laohan_shell_c77 ~]# grep -q '老韩' laohan1.log ; echo $?
2 0
3 [root@laohan_shell_c77 ~]# grep -q '老韩韩艳威' laohan1.log ; echo $?
4 1
5 [root@laohan_shell_c77 ~]# cat laohan1.log
6 跟老韩学 Linux 运维
```

上述代码中第 1 行表示“老韩”字符串在 laohan1.log 中存在，第 3 行表示“老韩韩艳威”字符串在 laohan1.log 文件中不存在。

【实例 3-21】匹配文件相同行内容

输出 grep.log 文件中与 grep.log_bak 文件相同的行。

```
1    [root@lamp_0_16 grep]# cat grep.log
2    跟老韩学 Python
3    跟老韩学 Shell
4    跟老韩学 HTML
5    跟老韩学 CSS
6    跟老韩学 JavaScript
7    [root@lamp_0_16 grep]# cat grep.log_bak
8    跟老韩学 Python
9    [root@lamp_0_16 grep]# grep -f grep.log grep.log_bak
10   跟老韩学 Python
```

上述代码第 2～6 行为 grep.log 文件的内容，第 8 行为 grep.log_bak 文件的内容，第 9 行匹配两个文件中相同的行，第 10 行为匹配输出结果。

【实例 3-22】匹配文件不同内容

输出 grep.log_bak 文件中与 grep.log 文件不同的行，代码如下。

```
1    [root@lamp_0_16 grep]# grep -f -v grep.log grep.log_bak
2    grep: -v: No such file or directory
3    [root@lamp_0_16 grep]# grep -v  -f grep.log grep.log_bak
4    [root@lamp_0_16 grep]#
5    [root@lamp_0_16 grep]#
6    [root@lamp_0_16 grep]# grep -v  -f grep.log_bak grep.log
7    跟老韩学 Shell
8    跟老韩学 HTML
9    跟老韩学 CSS
10   跟老韩学 JavaScript
```

上述代码中第 1 行参数使用错误，第 2 行表示参数位置错误，对比的源文件在开头，第 6 行为正确的匹配模式，第 7～10 行为两个文件的不同内容。

【实例 3-23】匹配开头不分大小写的单词

使用 grep 指令匹配开头不分大小写的单词，代码如下。

```
1  [root@lamp_0_16 grep]# echo -e "LAOhan\nlaohan" | xargs -n1 | grep -i l
2  LAOhan
3  laohan
```

```
4  [root@lamp_0_16 grep]# echo -e "LAOhan\nlaohan" | xargs -n1 | grep '[lL]'
5  LAOhan
6  laohan
```

上述代码中第 1 行和第 4 行的匹配结果相同，第 2～3 行和第 5～6 行为匹配输出结果。

【实例 3-24】输出匹配的前 3 个结果

使用 grep 指令输出匹配的前 3 个结果，代码如下。

```
1   [root@lamp_0_16 grep]# cat grep.log
2   跟老韩学 Python
3   跟老韩学 Shell
4   跟老韩学 HTML
5   跟老韩学 CSS
6   跟老韩学 JavaScript
7   LAOhan
8   laohan
9   老韩
10  老韩
11  老韩
12  老韩
13  老韩
14  老韩
15  老韩
16  老韩
17  [root@lamp_0_16 grep]# grep -c '老韩' grep.log
18  13
19  [root@lamp_0_16 grep]# grep  -m 3 '老韩' grep.log
20  跟老韩学 Python
21  跟老韩学 Shell
22  跟老韩学 HTML
```

上述代码中第 2～16 行为文件内容，第 17～18 行表示匹配关键字“老韩”有 13 行，第 19 行表示匹配“老韩”关键字，且只显示前 3 行，第 20～22 行为匹配输出结果。

如下代码可以使用正则表达式匹配实现。

```
1  [root@lamp_0_16 grep]# seq 1 20 | grep -m 3 -E '[0-9]{2}'
2  10
3  11
4  12
```

上述代码第 1 行匹配显示两位数字，第 2～4 行为匹配输出结果。

【实例 3-25】统计关键字匹配行数量

使用 grep 指令统计关键字匹配行数量，代码如下。

```
[root@lamp_0_16 grep]# seq 1 20  |grep -c -E '[0-9]{2}'
11
```

上述代码结合正则表达式统计相关匹配内容的行数。

【实例 3-26】匹配服务器所有 IP 地址

使用 grep 指令匹配服务器所有 IP 地址，代码如下。

```
1   [root@lamp_0_16 grep]# ifconfig |grep -E -o "[0-9]{1,3}\.[0-9]{1,3}\.[0-9]
{1,3}\.[0-9]{1,3}"
2   172.16.0.16
3   255.255.240.0
4   172.16.15.255
5   127.0.0.1
6   255.0.0.0
7   [root@lamp_0_16 grep]# ip ro
8   default via 172.16.0.1 dev eth0
```

```
9   169.254.0.0/16 dev eth0 scope link metric 1002
10  172.16.0.0/20 dev eth0 proto kernel scope link src 172.16.0.16
11  [root@lamp_0_16 grep]# ip ro  |grep -E -o "[0-9]{1,3}\.[0-9]{1,3}\.[0-9]{1,3}\.[0-9]{1,3}"
12  172.16.0.1
13  169.254.0.0
14  172.16.0.0
15  172.16.0.16
```

上述代码中第 1 行和第 11 行匹配规则相同，第 2～6 行和第 12～15 行均为匹配输出结果。

【实例 3-27】不显示错误输出

使用 grep 指令不显示错误输出，代码如下。

```
1   [root@lamp_0_16 grep]# grep '哈哈' grep.log
2   [root@lamp_0_16 grep]# echo $?
3   1
4   [root@lamp_0_16 grep]# grep '哈哈' grep.log_
5   grep: grep.log_: No such file or directory
6   [root@lamp_0_16 grep]# grep -s '哈哈' grep.log_
7   [root@lamp_0_16 grep]# echo $?
8   2
9   [root@lamp_0_16 grep]# perror 2
10  OS error code   2:  No such file or directory
```

上述代码中第 1 行在文件中查找“哈哈”字符串，第 3 行返回值为 1，表示在该文件中没有相关的字符串。

第 4 行在文件中查找“哈哈”字符串，第 8 行返回值为 2，表示查找的文件不存在。

第 9 行使用 perror 指令查看错误码，第 10 行为返回结果。

【实例 3-28】匹配压缩文件内容

使用 grep 指令匹配压缩文件内容，代码如下。

```
1   [root@lamp_0_16 grep]# tar czf grep.log.tgz grep.log
2   [root@lamp_0_16 grep]# zgrep '老韩' grep.log
3   跟老韩学 Python
4   跟老韩学 Shell
5   跟老韩学 HTML
6   跟老韩学 CSS
7   跟老韩学 JavaScript
8   老韩
9   老韩
10  老韩
11  老韩
12  老韩
13  老韩
14  老韩
15  老韩
```

上述代码中第 1 行打包并压缩文件，第 2 行表示在压缩文件中查找包含“老韩”关键字的行，第 3～15 行为匹配输出结果。

3.3 sed 与正则表达式

sed 是指流编辑器（Stream Editor），一个非交互式的行编辑器。

sed 指令一次处理一行内容，处理内容时，把当前处理的行存储在临时缓冲区中，称为“模式空间”（Pattern Space）。接着用 sed 指令处理缓冲区中的内容，处理完成后，把缓冲区的内容发送至标准输出（显示器）接着处理下一行，这样不断重复，直到处理至文件末尾。

sed 指令主要用于自动编辑一个或多个文件、简化对文件的反复操作、编写转换程序等。在日常的运维工作中，经常使用 sed 指令来处理行操作，如非交互模式下的自动替换、自动追加文件内容等操作。

3.3.1 sed 语法与基础指令

1. 基本语法

sed 编辑器基本特点如下所示。

- 非交互式的编辑器，它每次只处理一行文件并把其输出到终端。
- 模式空间即存放当前正在处理的行的缓存空间。一旦处理工作完成，sed 编辑器就会把结果输出到终端，然后清空模式空间并把下一行读入模式空间，进行相关处理；直到最后一行。
- sed 指令是无破坏性的，它可以不更改原文件，除非使用重定向保存输出结果或者使用特定生效参数（-i 选项）。
- 对于一行文本，sed 指令是依次执行的，如果同时指定多条指令，要注意每条指令之间可能产生的相互影响。
- 对于多条 sed 指令，可以用花括号将它们包括在内，注意右花括号一定要单独成行。
- 可以把一系列的 sed 指令写入文件中并调用-f 选项。

2. 语法和寻址方式

（1）语法。

```
sed [options] 'command' filename(s)
```

（2）寻址方式。

- 单行寻址：[line-address] command，寻找匹配 line-address 的行并进行处理。
- 行集合寻址：[regexp] command，匹配文件中的一行或多行，如/^laohan/command 匹配所有以 laohan 开头的行。
- 多行寻址：[line-address1, line-address2] command，寻找两个地址之间的内容并做相应的处理。

3. 调用 sed 指令的两种形式

调用 sed 指令的两种形式，如下所示。

```
sed [options] 'command' file(s)
sed [options] -f scriptfile file(s)
```

4. sed 指令常用选项

sed 指令常用选项如表 3-4 所示。

表 3-4 sed 指令常用选项

选项	说明
-n	只有经过 sed 特殊处理的那一行（或者动作）才会被列出来
-e	直接在指令列模式上进行 sed 的动作编辑
-f	直接将 sed 的动作写在一个文件内，-f filename 则可以运行 filename 内的 sed 动作
-r	支持正则表达式
n1、n2	代表选择进行动作的行数
a	新增，a 的后面可以接字串，内容会出现在下一行
c	c 的后面可以接字串，这些字串可以取代 n1、n2 之间的行
d	删除一行或多行，可使用地址定位
i	插入，i 的后面可以接字串
p	将某个选择的数据输出，通常与-n 选项组合使用
s	与正则表达式匹配使用，如 1,20s/old/new/g

3.3.2 sed 基本应用

sed 替换文件内容或字符串的基本语法如下所示。

```
sed 's/原字符串/替换字符串/'
```

单引号中，s 表示查找替换，3 根反斜线中间的内容是替换的样式，特殊字符需要使用反斜线进行转义。

sed 执行替换时的规则如下所示。

- 单引号是没有办法用反斜线转义的，这时候只要把指令中的单引号改为双引号就行了，格式如下。

```
sed "s/原字符串'/替换字符串'/"
```

- 指令中的 3 根反斜线分隔符可以换成别的符号。替换目录字符串的时候有较多反斜线，这个时候换成其他的分隔符较为方便，只需要紧跟 s 定义即可。
- 将分隔符换成问号，如下所示。

```
sed 's?原字符串?替换字符串?'
```

- 可以在末尾加 g 替换每一个匹配的关键字，否则只替换每行的第一个。

```
sed 's/原字符串/替换字符串/g'
```

上述代码表示替换所有匹配关键字。

【实例 3-29】创建测试文件

创建测试文件，代码如下。

```
1   [root@lamp_0_16 sed]# head /etc/passwd > passwd
2   [root@lamp_0_16 sed]# cat passwd
3   root:x:0:0:root:/root:/bin/bash
4   bin:x:1:1:bin:/bin:/sbin/nologin
5   daemon:x:2:2:daemon:/sbin:/sbin/nologin
6   adm:x:3:4:adm:/var/adm:/sbin/nologin
7   lp:x:4:7:lp:/var/spool/lpd:/sbin/nologin
8   sync:x:5:0:sync:/sbin:/bin/sync
9   shutdown:x:6:0:shutdown:/sbin:/sbin/shutdown
```

```
10  halt:x:7:0:halt:/sbin:/sbin/halt
11  mail:x:8:12:mail:/var/spool/mail:/sbin/nologin
12  operator:x:11:0:operator:/root:/sbin/nologin
```

上述代码第3～12行为测试文件内容。

【实例3-30】替换字符串

使用sed指令替换字符串，代码如下。

```
1   [root@lamp_0_16 sed]# sed 's/root/'老韩'/' passwd
2   老韩:x:0:0:root:/root:/bin/bash
3   bin:x:1:1:bin:/bin:/sbin/nologin
4   daemon:x:2:2:daemon:/sbin:/sbin/nologin
5   adm:x:3:4:adm:/var/adm:/sbin/nologin
6   lp:x:4:7:lp:/var/spool/lpd:/sbin/nologin
7   sync:x:5:0:sync:/sbin:/bin/sync
8   shutdown:x:6:0:shutdown:/sbin:/sbin/shutdown
9   halt:x:7:0:halt:/sbin:/sbin/halt
10  mail:x:8:12:mail:/var/spool/mail:/sbin/nologin
11  operator:x:11:0:operator:/老韩:/sbin/nologin
```

上述代码第1行，将第1个"root"字符串替换为"老韩"字符串。passwd文件内容并未被修改，代码如下。

```
1   [root@lamp_0_16 sed]# cat passwd
2   root:x:0:0:root:/root:/bin/bash
3   bin:x:1:1:bin:/bin:/sbin/nologin
4   daemon:x:2:2:daemon:/sbin:/sbin/nologin
5   adm:x:3:4:adm:/var/adm:/sbin/nologin
6   lp:x:4:7:lp:/var/spool/lpd:/sbin/nologin
7   sync:x:5:0:sync:/sbin:/bin/sync
8   shutdown:x:6:0:shutdown:/sbin:/sbin/shutdown
9   halt:x:7:0:halt:/sbin:/sbin/halt
10  mail:x:8:12:mail:/var/spool/mail:/sbin/nologin
11  operator:x:11:0:operator:/root:/sbin/nologin
```

上述代码中第2行的内容并未做任何改变。

【实例3-31】替换指定字符串

使用sed指令指定匹配范围，可以替换指定的字符串，代码如下。

```
1   cat >/opt/laohan.course<<laohan
2   跟老韩学 Python
3   跟老韩学 Shell
4   跟老韩学 HTML
5   跟老韩学 CSS
6   跟老韩学 JavaScript
7   laohan
8   [root@laohan-zabbix-server ~]# sed '1s#老韩#韩艳威#' /opt/laohan.course
9   跟韩艳威学 Python
10  跟老韩学 Shell
11  跟老韩学 HTML
12  跟老韩学 CSS
13  跟老韩学 JavaScript
14  [root@laohan-zabbix-server ~]# sed '$s#老韩#韩艳威#' /opt/laohan.course
15  跟老韩学 Python
16  跟老韩学 Shell
17  跟老韩学 HTML
18  跟老韩学 CSS
19  跟韩艳威学 JavaScript
20  [root@laohan-zabbix-server ~]# sed '2,5s#老韩#韩艳威#' /opt/laohan.course
21  跟老韩学 Python
```

```
22  跟韩艳威学 Shell
23  跟韩艳威学 HTML
24  跟韩艳威学 CSS
25  跟韩艳威学 JavaScript
26  [root@laohan-zabbix-server ~]# sed '2,$s#老韩#韩艳威#' /opt/laohan.course
27  跟老韩学 Python
28  跟韩艳威学 Shell
29  跟韩艳威学 HTML
30  跟韩艳威学 CSS
31  跟韩艳威学 JavaScript
```

上述代码第 1～7 行为测试内容，第 8 行将/opt/laohan.course 文件中第 1 行“老韩”字符串替换为“韩艳威”字符串。

第 14 行将/opt/laohan.course 文件中最后一行“老韩”字符串替换为“韩艳威”字符串。

第 20 行将/opt/laohan.course 文件中的第 2～5 行“老韩”字符串替换为“韩艳威”字符串。

第 26 行将/opt/laohan.course 文件中的第 2 行到最后一行“老韩”字符串替换为“韩艳威”字符串。

```
1   [root@lamp_0_16 sed]# sed '1s/root/'老韩'/g' passwd
2   老韩:x:0:0:老韩:/老韩:/bin/bash
3   bin:x:1:1:bin:/bin:/sbin/nologin
4   daemon:x:2:2:daemon:/sbin:/sbin/nologin
5   adm:x:3:4:adm:/var/adm:/sbin/nologin
6   lp:x:4:7:lp:/var/spool/lpd:/sbin/nologin
7   sync:x:5:0:sync:/sbin:/bin/sync
8   shutdown:x:6:0:shutdown:/sbin:/sbin/shutdown
9   halt:x:7:0:halt:/sbin:/sbin/halt
10  mail:x:8:12:mail:/var/spool/mail:/sbin/nologin
11  operator:x:11:0:operator:/root:/sbin/nologin
```

上述代码第 1 行表示将 passwd 文件中，第 1 行中所有的“root”字符串替换为“老韩”。

【实例 3-32】替换并修改文件内容

测试文件内容如下所示。

```
[root@lamp_0_16 sed]# head passwd
root:x:0:0:root:/root:/bin/bash
bin:x:1:1:bin:/bin:/sbin/nologin
daemon:x:2:2:daemon:/sbin:/sbin/nologin
adm:x:3:4:adm:/var/adm:/sbin/nologin
lp:x:4:7:lp:/var/spool/lpd:/sbin/nologin
sync:x:5:0:sync:/sbin:/bin/sync
shutdown:x:6:0:shutdown:/sbin:/sbin/shutdown
halt:x:7:0:halt:/sbin:/sbin/halt
mail:x:8:12:mail:/var/spool/mail:/sbin/nologin
operator:x:11:0:operator:/root:/sbin/nologin
```

使用 sed 指令中的-i 选项执行替换修改操作，代码如下。

```
1   [root@lamp_0_16 sed]# sed -i "1s/root/老韩/g" passwd
2   [root@lamp_0_16 sed]# grep '老韩' passwd
3   老韩:x:0:0:老韩:/老韩:/bin/bash
```

第 1 行将“root”字符串替换为“老韩”，并将修改结果写入 passwd。

第 2 行使用 grep 指令查找“老韩”字符串是否在 passwd 文件中。

第 3 行为第 2 行执行后的返回结果，再次查看文件内容，代码如下。

```
[root@lamp_0_16 sed]# head -1 passwd
老韩:x:0:0:老韩:/老韩:/bin/bash
```

从上述代码中可以看到，passwd 文件内容已经被改变。

【实例 3-33】批量替换字符串

批量替换字符串语法如下所示。

```
sed -i "s/查找字段/替换字段/g" `grep 查找字段 -rl 路径`
sed -i "s/oldstring/newstring/g" `grep oldstring -rl yourdir
```

创建测试文件，代码如下。

```
[root@lamp_0_16 sed]# head /etc/passwd > passwd_1
[root@lamp_0_16 sed]# head /etc/passwd > passwd_2
[root@lamp_0_16 sed]# head /etc/passwd > passwd_3
[root@lamp_0_16 sed]# head /etc/passwd > passwd_4
[root@lamp_0_16 sed]# head /etc/passwd > passwd_5
[root@lamp_0_16 sed]# head /etc/passwd > passwd_6
[root@lamp_0_16 sed]# ls -lhrt passwd*
-rw-r--r-- 1 root root 385 Mar  1 21:38 passwd
-rw-r--r-- 1 root root 385 Mar  1 22:05 passwd_1
-rw-r--r-- 1 root root 385 Mar  1 22:05 passwd_2
-rw-r--r-- 1 root root 385 Mar  1 22:05 passwd_3
-rw-r--r-- 1 root root 385 Mar  1 22:05 passwd_4
-rw-r--r-- 1 root root 385 Mar  1 22:05 passwd_5
-rw-r--r-- 1 root root 385 Mar  1 22:05 passwd_6
```

查找文件中包含“root”字符串的文件。

```
1    [root@lamp_0_16 sed]# grep -rl 'root' *
2    passwd
3    passwd_1
4    passwd_2
5    passwd_3
6    passwd_4
7    passwd_5
8    passwd_6
```

上述代码第 1 行表示查找包含“root”字符串的文件，第 2～8 行为返回结果，均包含“root”字符串。建议在替换之前使用查找的方式确认替换的内容无误后，再执行替换操作。因为替换操作不可逆，所以提前做好备份工作，避免造成数据损坏，测试代码如下所示。

```
1    [root@lamp_0_16 sed]# sed  's/root/韩艳威/g' `grep -rl 'root' *` > res.log
2    [root@lamp_0_16 sed]# grep -c '韩艳威' res.log
3    13
4    [root@lamp_0_16 sed]# grep '韩艳威' res.log
5    operator:x:11:0:operator:/韩艳威:/sbin/nologin
6    韩艳威:x:0:0:韩艳威:/韩艳威:/bin/bash
7    operator:x:11:0:operator:/韩艳威:/sbin/nologin
8    韩艳威:x:0:0:韩艳威:/韩艳威:/bin/bash
9    operator:x:11:0:operator:/韩艳威:/sbin/nologin
10   韩艳威:x:0:0:韩艳威:/韩艳威:/bin/bash
11   operator:x:11:0:operator:/韩艳威:/sbin/nologin
12   韩艳威:x:0:0:韩艳威:/韩艳威:/bin/bash
13   operator:x:11:0:operator:/韩艳威:/sbin/nologin
14   韩艳威:x:0:0:韩艳威:/韩艳威:/bin/bash
15   operator:x:11:0:operator:/韩艳威:/sbin/nologin
16   韩艳威:x:0:0:韩艳威:/韩艳威:/bin/bash
17   operator:x:11:0:operator:/韩艳威:/sbin/nologin
```

第 1 行将所有文件中的“root”字符串替换为“韩艳威”字符串，并将修改结果重定向到 res.log 文件中。

第 2 行使用 grep 指令过滤包含“韩艳威”字符串的条目。

第 4 行使用 grep 指令查找包含“韩艳威”字符串的行，第 5～17 行为该指令返回内容。

【实例 3-34】追加可变字符串

利用 sed 指令在匹配某特定字符串的行尾添加字符串，思路为先匹配，后查找替换。

在 passwd 文件中包含“老韩”字符串的行的行尾添加“跟老韩学 Shell”字符串，代码如下。

```
1   [root@lamp_0_16 sed]# sed '/老韩/s/$/ 跟老韩学 Shell/' passwd
2   老韩:x:0:0:老韩:/老韩:/bin/bash 跟老韩学 Shell
3   bin:x:1:1:bin:/bin:/sbin/nologin
4   daemon:x:2:2:daemon:/sbin:/sbin/nologin
5   adm:x:3:4:adm:/var/adm:/sbin/nologin
6   lp:x:4:7:lp:/var/spool/lpd:/sbin/nologin
7   sync:x:5:0:sync:/sbin:/bin/sync
8   shutdown:x:6:0:shutdown:/sbin:/sbin/shutdown
9   halt:x:7:0:halt:/sbin:/sbin/halt
10  mail:x:8:12:mail:/var/spool/mail:/sbin/nologin
11  operator:x:11:0:operator:/root:/sbin/nologin
```

上述代码第 1 行在包含“老韩”字符串的行末尾追加“跟老韩学 Shell”字符串。

【实例 3-35】替换字符串

sed 的行追加（模式前后）和行替换，代码如下。

```
1   [root@lamp_0_16 sed]# seq 5 > laohan.log
2   [root@lamp_0_16 sed]# cat laohan.log
3   1
4   2
5   3
6   4
7   5
8   [root@lamp_0_16 sed]# sed -e '/1/c\我的名字是韩艳威' laohan.log
9   我的名字是韩艳威
10  2
11  3
12  4
13  5
14  [root@lamp_0_16 sed]# sed -e '/1/c\我的名字是韩艳威\n 跟老韩学 Shell' laohan.log
15  我的名字是韩艳威
16  跟老韩学 Shell
17  2
18  3
19  4
20  5
```

上述代码第 3～7 行为测试内容，第 8 行将内容中的第 1 行替换为“我的名字是韩艳威”，第 14 行将第 1 行的内容替换为第 15～16 两行内容，总结如下。

- “c”“\”之间紧挨着，要是替换的行很长，一行写不完，再加一个“\”。
- 增加两行使用“\n”即可。

【实例 3-36】追加字符串

sed 指令可以在匹配的模式之前（i）或之后（a）增加一行或多行。在匹配的模式之前增加一行内容到匹配字符前，代码如下。

```
1   [root@lamp_0_16 sed]# sed -e '/1/ i\跟老韩学 Shell' laohan.log
2   跟老韩学 Shell
3   1
4   2
5   3
6   4
7   5
```

上述代码中第 1 行匹配到数字 1 后，追加对应的字符串在其前面，第 2 行为追加的内容。

在匹配行前面增加两行内容，代码如下。

```
1    [root@lamp_0_16 sed]# sed -e '/1/ i\跟老韩学Shell \n跟老韩学HTML' laohan.log
2    跟老韩学Shell
3    跟老韩学HTML
4    1
5    2
6    3
7    4
8    5
```

上述代码第1行匹配到正则表达式后，第2～3行为追加内容。在匹配的模式之后（a），增加一行内容，代码如下。

```
1    [root@lamp_0_16 sed]# sed -e '/5/ a\跟老韩学Shell' laohan.log
2    1
3    2
4    3
5    4
6    5
7    跟老韩学Shell
```

上述代码第7行为追加内容。在匹配的模式之后，追加两行内容代码如下。

```
1    [root@lamp_0_16 sed]# sed -e '/5/ a\跟老韩学Shell \n跟老韩学HTML' laohan.log
2    1
3    2
4    3
5    4
6    5
7    跟老韩学Shell
8    跟老韩学HTML
```

上述代码第7～8行为追加内容。在匹配的模式之后，追加3行内容代码如下。

```
1    [root@lamp_0_16 sed]# sed -e '/5/ a\跟老韩学 Shell \n 跟老韩学 HTML \n 跟老韩学
CSS' laohan.log
2    1
3    2
4    3
5    4
6    5
7    跟老韩学Shell
8    跟老韩学HTML
9    跟老韩学CSS
```

上述代码中第7～9行为追加内容。在匹配的模式之后，追加4行内容代码如下。

```
1    [root@lamp_0_16 sed]# sed -e '/5/ a\跟老韩学 Shell \n 跟老韩学 HTML \n 跟老韩学
CSS \n跟老韩学JavaScript' laohan.log
2    1
3    2
4    3
5    4
6    5
7    跟老韩学Shell
8    跟老韩学HTML
9    跟老韩学CSS
10   跟老韩学JavaScript
```

上述代码中，第7～10行为正则表达式匹配追加内容。

3.3.3 sed 正则表达式应用实例

sed 指令的正则表达式非常强大，尤其是 GNU sed 这个版本，除了能够使用标准正则表达式，还支持 POSIX 类等扩展正则表达式。

sed 指令常用正则表达式如表 3-5 所示。

表 3-5 sed 指令常用正则表达式

正则表达式	说明
^	表示一行的开头，/^lao/表示以 lao 开头的行
$	表示一行的结尾，/}$/表示以}结尾的行
\<	表示词首，\<abc 表示以 abc 为开头的词
\>	表示词尾，abc\>表示以 abc 结尾的词
.	表示任何单个字符
*	表示某个字符出现了 0 次或多次
[ ]	字符集合。如：[abc]表示匹配 a 或 b 或 c，[a-zA-Z]表示匹配 26 个英文字符，[^a]表示匹配非 a 的字符，其中^表示取反

【实例 3-37】以行为单位的新增与删除

sed 指令中以行为单位的新增与删除，代码如下。

```
1   [root@lamp_0_16 sed]# nl passwd | sed '1d'
2        2  bin:x:1:1:bin:/bin:/sbin/nologin
3        3  daemon:x:2:2:daemon:/sbin:/sbin/nologin
4        4  adm:x:3:4:adm:/var/adm:/sbin/nologin
5        5  lp:x:4:7:lp:/var/spool/lpd:/sbin/nologin
6        6  sync:x:5:0:sync:/sbin:/bin/sync
7        7  shutdown:x:6:0:shutdown:/sbin:/sbin/shutdown
8        8  halt:x:7:0:halt:/sbin:/sbin/halt
9        9  mail:x:8:12:mail:/var/spool/mail:/sbin/nologin
10      10  operator:x:11:0:operator:/root:/sbin/nologin
11  [root@lamp_0_16 sed]# nl passwd | sed '$d'
12       1  老韩:x:0:0:老韩:/老韩:/bin/bash
13       2  bin:x:1:1:bin:/bin:/sbin/nologin
14       3  daemon:x:2:2:daemon:/sbin:/sbin/nologin
15       4  adm:x:3:4:adm:/var/adm:/sbin/nologin
16       5  lp:x:4:7:lp:/var/spool/lpd:/sbin/nologin
17       6  sync:x:5:0:sync:/sbin:/bin/sync
18       7  shutdown:x:6:0:shutdown:/sbin:/sbin/shutdown
19       8  halt:x:7:0:halt:/sbin:/sbin/halt
20       9  mail:x:8:12:mail:/var/spool/mail:/sbin/nologin
```

上述代码第 1 行表示删除文件中的第 1 行，第 2～10 行为匹配输出结果。第 11 行表示删除文件中的末行，第 12～20 行为匹配输出结果。

sed 的动作为“d”，d 即表示删除，因为第 1 行被删除了，所以显示的数据就没有第 1 行。

sed 后面接的动作，请务必用一对单引号标注。

【实例 3-38】删除第 2 行到最后一行

使用 sed 指令删除第 2 行到最后一行，代码如下。

```
1   [root@lamp_0_16 sed]# nl passwd | sed '2,$d'
2        1  老韩:x:0:0:老韩:/老韩:/bin/bash
```

上述代码中第 1 行表示从第 2 行开始删除到最后一行，第 2 行为匹配输出结果。

【实例 3-39】删除第 2 行和最后一行

使用 sed 指令删除第 2 行和最后一行，代码如下。

```
1   [root@lamp_0_16 sed]# nl passwd | sed '2d;$d'
2        1  老韩:x:0:0:老韩:/老韩:/bin/bash
3        3  daemon:x:2:2:daemon:/sbin:/sbin/nologin
4        4  adm:x:3:4:adm:/var/adm:/sbin/nologin
5        5  lp:x:4:7:lp:/var/spool/lpd:/sbin/nologin
6        6  sync:x:5:0:sync:/sbin:/bin/sync
7        7  shutdown:x:6:0:shutdown:/sbin:/sbin/shutdown
8        8  halt:x:7:0:halt:/sbin:/sbin/halt
9        9  mail:x:8:12:mail:/var/spool/mail:/sbin/nologin
```

上述代码中第 1 行表示删除第 2 行和最后一行，第 2～9 行为匹配输出结果。

【实例 3-40】删除奇数行

使用 sed 指令删除奇数行（从第 1 行开始隔一行删一行），代码如下。

```
1   [root@lamp_0_16 sed]# nl passwd | sed '1~2d'
2        2  bin:x:1:1:bin:/bin:/sbin/nologin
3        4  adm:x:3:4:adm:/var/adm:/sbin/nologin
4        6  sync:x:5:0:sync:/sbin:/bin/sync
5        8  halt:x:7:0:halt:/sbin:/sbin/halt
6       10  operator:x:11:0:operator:/root:/sbin/nologin
```

上述代码中第 1 行表示删除奇数行，第 2～6 行为匹配输出结果。

【实例 3-41】删除所有包含“老韩”的行

使用 sed 指令删除所有包含“老韩”的行，代码如下。

```
1   [root@lamp_0_16 sed]# nl passwd | sed '/老韩/d'
2        2  bin:x:1:1:bin:/bin:/sbin/nologin
3        3  daemon:x:2:2:daemon:/sbin:/sbin/nologin
4        4  adm:x:3:4:adm:/var/adm:/sbin/nologin
5        5  lp:x:4:7:lp:/var/spool/lpd:/sbin/nologin
6        6  sync:x:5:0:sync:/sbin:/bin/sync
7        7  shutdown:x:6:0:shutdown:/sbin:/sbin/shutdown
8        8  halt:x:7:0:halt:/sbin:/sbin/halt
9        9  mail:x:8:12:mail:/var/spool/mail:/sbin/nologin
10      10  operator:x:11:0:operator:/root:/sbin/nologin
```

上述代码中，第 1 行表示删除所有包含“老韩”的行，第 2～10 行为匹配输出结果。

【实例 3-42】删除特定匹配行

使用 sed 指令删除特定匹配行，代码如下。

```
1   [root@lamp_0_16 sed]# nl passwd | sed '/老韩/,3d'
2        4  adm:x:3:4:adm:/var/adm:/sbin/nologin
3        5  lp:x:4:7:lp:/var/spool/lpd:/sbin/nologin
4        6  sync:x:5:0:sync:/sbin:/bin/sync
5        7  shutdown:x:6:0:shutdown:/sbin:/sbin/shutdown
6        8  halt:x:7:0:halt:/sbin:/sbin/halt
7        9  mail:x:8:12:mail:/var/spool/mail:/sbin/nologin
8       10  operator:x:11:0:operator:/root:/sbin/nologin
```

上述代码中第 1 行表示删除前 3 行中匹配“老韩”的行，如果前 3 行没有匹配“老韩”的行，该规则会删除第 3 行之后的所有匹配“老韩”的行，第 2～8 行为匹配输出结果。

【实例 3-43】匹配特殊模式

使用 sed 指令匹配特殊模式，代码如下。

```
1   [root@lamp_0_16 sed]# nl passwd | sed '/老韩/,/sync/d'
2        7  shutdown:x:6:0:shutdown:/sbin:/sbin/shutdown
```

```
3        8    halt:x:7:0:halt:/sbin:/sbin/halt
4        9    mail:x:8:12:mail:/var/spool/mail:/sbin/nologin
5       10    operator:x:11:0:operator:/root:/sbin/nologin
```

上述代码中第 1 行表示删除第一个匹配“老韩”的行到第一个匹配“sync”的行。注意，只是找到第一次匹配到有“sync”的行，后边含有“sync”的行不会删除，第 2～5 行为匹配输出结果。

【实例 3-44】删除指定匹配行

使用 sed 指令删除指定匹配行，代码如下。

```
1    [root@lamp_0_16 sed]# nl passwd | sed '/老韩/,+2d'
2         4   adm:x:3:4:adm:/var/adm:/sbin/nologin
3         5   lp:x:4:7:lp:/var/spool/lpd:/sbin/nologin
4         6   sync:x:5:0:sync:/sbin:/bin/sync
5         7   shutdown:x:6:0:shutdown:/sbin:/sbin/shutdown
6         8   halt:x:7:0:halt:/sbin:/sbin/halt
7         9   mail:x:8:12:mail:/var/spool/mail:/sbin/nologin
8        10   operator:x:11:0:operator:/root:/sbin/nologin
```

上述代码中第 1 行表示删除匹配“老韩”的行及其下边的两行，第 2～8 行为匹配输出结果。

【实例 3-45】删除空行和注释行

使用 sed 指令删除空行和注释行，代码如下。

```
1    [root@lamp_0_16 sed]# sed '/^$/d' passwd
2    老韩:x:0:0:老韩:/老韩:/bin/bash
3    bin:x:1:1:bin:/bin:/sbin/nologin
4    daemon:x:2:2:daemon:/sbin:/sbin/nologin
5    adm:x:3:4:adm:/var/adm:/sbin/nologin
6    lp:x:4:7:lp:/var/spool/lpd:/sbin/nologin
7    sync:x:5:0:sync:/sbin:/bin/sync
8    shutdown:x:6:0:shutdown:/sbin:/sbin/shutdown
9    halt:x:7:0:halt:/sbin:/sbin/halt
10   mail:x:8:12:mail:/var/spool/mail:/sbin/nologin
11   operator:x:11:0:operator:/root:/sbin/nologin
12   #
13   #
14   #
15   #
16   #
17   #
18   #
19   #
20   [root@lamp_0_16 sed]#
21   [root@lamp_0_16 sed]#
22   [root@lamp_0_16 sed]# sed '/^#/d' passwd
23   老韩:x:0:0:老韩:/老韩:/bin/bash
24   bin:x:1:1:bin:/bin:/sbin/nologin
25   daemon:x:2:2:daemon:/sbin:/sbin/nologin
26   adm:x:3:4:adm:/var/adm:/sbin/nologin
27   lp:x:4:7:lp:/var/spool/lpd:/sbin/nologin
28   sync:x:5:0:sync:/sbin:/bin/sync
29   shutdown:x:6:0:shutdown:/sbin:/sbin/shutdown
30   halt:x:7:0:halt:/sbin:/sbin/halt
31   mail:x:8:12:mail:/var/spool/mail:/sbin/nologin
32   operator:x:11:0:operator:/root:/sbin/nologin
33
34
35
36
```

上述代码中第 1 行表示删除空行，第 2～19 行为匹配输出结果。

第 22 行表示删除注释行，第 23～36 行为匹配输出结果。

【实例 3-46】行后追加字符串

使用 sed 指令在文件的第 2 行后追加“跟老韩学 Shell 编程”字符串，代码如下。

```
1    [root@lamp_0_16 sed]# nl passwd | sed '2a 跟老韩学 Shell 编程'
2         1   老韩:x:0:0:老韩:/老韩:/bin/bash
3         2   bin:x:1:1:bin:/bin:/sbin/nologin 跟老韩学 Shell 编程
4
5         3   daemon:x:2:2:daemon:/sbin:/sbin/nologin
6         4   adm:x:3:4:adm:/var/adm:/sbin/nologin
7         5   lp:x:4:7:lp:/var/spool/lpd:/sbin/nologin
8         6   sync:x:5:0:sync:/sbin:/bin/sync
9         7   shutdown:x:6:0:shutdown:/sbin:/sbin/shutdown
10        8   halt:x:7:0:halt:/sbin:/sbin/halt
11        9   mail:x:8:12:mail:/var/spool/mail:/sbin/nologin
12       10   operator:x:11:0:operator:/root:/sbin/nologin
```

上述代码中第 1 行表示追加“跟老韩学 Shell 编程”到文件的第 2 行后，第 2～12 行为匹配输出结果。

【实例 3-47】行前追加字符串

使用 sed 指令在文件的第 1 行前追加“跟老韩学 Linux 架构师”字符串，代码如下。

```
1    [root@lamp_0_16 sed]# nl passwd | sed '1i 跟老韩学 Linux 架构师'
2    跟老韩学 Linux 架构师
3         1   老韩:x:0:0:老韩:/老韩:/bin/bash
4         2   bin:x:1:1:bin:/bin:/sbin/nologin
5         3   daemon:x:2:2:daemon:/sbin:/sbin/nologin
6         4   adm:x:3:4:adm:/var/adm:/sbin/nologin
7         5   lp:x:4:7:lp:/var/spool/lpd:/sbin/nologin
8         6   sync:x:5:0:sync:/sbin:/bin/sync
9         7   shutdown:x:6:0:shutdown:/sbin:/sbin/shutdown
10        8   halt:x:7:0:halt:/sbin:/sbin/halt
11        9   mail:x:8:12:mail:/var/spool/mail:/sbin/nologin
12       10   operator:x:11:0:operator:/root:/sbin/nologin
```

上述代码中第 1 行表示追加“跟老韩学 Linux 架构师”到文件的第 1 行内容的前面，第 2～12 行为匹配输出结果。

【实例 3-48】插入多行内容到 passwd 文件

如果增加的内容在两行以上，行之间都必须用“\n”进行分隔，使用 sed 指令插入多行内容到 passwd 文件，代码如下。

```
1    [root@lamp_0_16 sed]# nl passwd | sed '1i 跟老韩学 Linux 运维 \n 跟老韩学 Shell 编
程\n 跟老韩学 CSS'
2    跟老韩学 Linux 运维
3    跟老韩学 Shell 编程
4    跟老韩学 CSS
5         1   老韩:x:0:0:老韩:/老韩:/bin/bash
6         2   bin:x:1:1:bin:/bin:/sbin/nologin
7         3   daemon:x:2:2:daemon:/sbin:/sbin/nologin
```

上述代码中第 1 行表示插入多行内容到 passwd 文件中，第 2～7 行为匹配输出结果。

【实例 3-49】输出特定内容

使用 sed 指令只输出包含模式匹配的内容，代码如下。

```
[root@lamp_0_16 sed]# sed -n '/老韩/p' passwd
老韩:x:0:0:老韩:/老韩:/bin/bash
```

上述代码中只显示与关键字“老韩”相关的行。

【实例 3-50】查找数据并进一步处理

使用 sed 指令查找数据并进一步处理，代码如下。

```
1    [root@lamp_0_16 sed]# nl passwd
2         1    老韩:x:0:0:老韩:/老韩:/bin/bash
3         2    bin:x:1:1:bin:/bin:/sbin/nologin
4         3    daemon:x:2:2:daemon:/sbin:/sbin/nologin
5    [root@lamp_0_16 sed]# nl passwd | sed -n '/老韩/{s/老韩/跟老韩学 Linux 自动化运维/;p}'
6         1    跟老韩学 Linux 自动化运维:x:0:0:老韩:/老韩:/bin/bash
7    [root@lamp_0_16 sed]# nl passwd | sed -n '/老韩/{s/老韩/跟老韩学 Linux 自动化运维/
     g;p}'
8         1    跟老韩学 Linux 自动化运维:x:0:0:跟老韩学 Linux 自动化运维:/跟老韩学 Linux 自动
               化运维:/bin/bash
9    [root@lamp_0_16 sed]#
10   [root@lamp_0_16 sed]#
11   [root@lamp_0_16 sed]# nl passwd | sed -n '/老韩/{s/老韩/跟老韩学 Linux 自动化运
                                          维/;p;q}'
12        1    跟老韩学 Linux 自动化运维:x:0:0:老韩:/老韩:/bin/bash
```

上述代码中第 2～4 行为测试文件内容。

第 5 行表示在 passwd 文件中查找包含“老韩”字符串的行，并将第一个“老韩”替换为对应的字符串，第 6 行为匹配输出结果。

第 7 行为全局替换，第 8 行为匹配输出结果。

第 11 行为替换完关键字后退出，第 12 行为匹配输出结果。

【实例 3-51】多点编辑

sed 指令中的-e 选项表示多点编辑，代码如下。

```
1    [root@lamp_0_16 sed]# nl passwd
2         1    老韩:x:0:0:老韩:/老韩:/bin/bash
3         2    bin:x:1:1:bin:/bin:/sbin/nologin
4         3    daemon:x:2:2:daemon:/sbin:/sbin/nologin
5    [root@lamp_0_16 sed]# nl passwd | sed -e '2,$d' -e 's/老韩/<<跟老韩学 Linux 自
                                                       动化运维>>/'
6         1  <<跟老韩学 Linux 自动化运维>>:x:0:0:老韩:/老韩:/bin/bash
```

上述代码中，第 5 行表示删除 passwd 第 2 行到末尾的数据，并把第一个“老韩”替换为“<<跟老韩学 Linux 自动化运维>>”字符串。

第 6 行为匹配输出结果。

【实例 3-52】多重替换

sed 指令中的多重替换，可以在单行指令操作中多次替换匹配到的内容，代码如下。

```
1    [root@lamp_0_16 sed]# sed -e '1 s/老韩/韩艳威/' passwd
2    韩艳威:x:0:0:老韩:/老韩:/bin/bash
3    bin:x:1:1:bin:/bin:/sbin/nologin
4    daemon:x:2:2:daemon:/sbin:/sbin/nologin
5    老韩:x:0:0:老韩:/老韩:/bin/bash
6    [root@lamp_0_16 sed]# sed -e '1 s/老韩/韩艳威/g' passwd
7    韩艳威:x:0:0:韩艳威:/韩艳威:/bin/bash
8    bin:x:1:1:bin:/bin:/sbin/nologin
9    daemon:x:2:2:daemon:/sbin:/sbin/nologin
10   老韩:x:0:0:老韩:/老韩:/bin/bash
11   [root@lamp_0_16 sed]# sed -e '1,$s/老韩/韩艳威/' passwd
12   韩艳威:x:0:0:老韩:/老韩:/bin/bash
13   bin:x:1:1:bin:/bin:/sbin/nologin
14   daemon:x:2:2:daemon:/sbin:/sbin/nologin
15   韩艳威:x:0:0:老韩:/老韩:/bin/bash
16   [root@lamp_0_16 sed]# sed -e '1,$s/老韩/韩艳威/g' passwd
17   韩艳威:x:0:0:韩艳威:/韩艳威:/bin/bash
18   bin:x:1:1:bin:/bin:/sbin/nologin
19   daemon:x:2:2:daemon:/sbin:/sbin/nologin
20   韩艳威:x:0:0:韩艳威:/韩艳威:/bin/bash
```

上述代码中第1行表示将第一个“老韩”替换为“韩艳威”，第2～5行为匹配输出结果。第6行表示将第1行中所有的“老韩”替换为“韩艳威”，第7～10行为匹配输出结果。第11行将替换所有行的第一个“老韩”为“韩艳威”，第12～15行为匹配输出结果。第16行将所有的“老韩”替换为“韩艳威”，第17～20行为匹配输出结果。

【实例3-53】高级替换

使用sed指令中的&选项，可以实现字符串的高级查找替换，代码如下。

```
1    [root@lamp_0_16 sed]# nl passwd
2         1   老韩:x:0:0:老韩:/老韩:/bin/bash
3         2   bin:x:1:1:bin:/bin:/sbin/nologin
4         3   daemon:x:2:2:daemon:/sbin:/sbin/nologin
5         4   老韩:x:0:0:老韩:/老韩:/bin/bash
6    [root@lamp_0_16 sed]# sed -n 's/老韩/&是大家对我的爱称/p' passwd
7   老韩是大家对我的爱称:x:0:0:老韩:/老韩:/bin/bash
8   老韩是大家对我的爱称:x:0:0:老韩:/老韩:/bin/bash
```

上述代码中第2～5行为测试文件内容。

第6行替换“老韩”，并使用&引入替换内容，第7～8行为匹配输出结果。

&表示被替换后的内容，这里指被替换的字符串，通过&与给出的字符串连接，组成新字符串，替换后，所有以“老韩”开头的行中的“老韩”，都会被替换成“老韩是大家对我的爱称”。

【实例3-54】字符串大小写转换

使用sed指令可以实现字符串的大小写转换，代码如下。

```
1    [root@lamp_0_16 sed]# nl passwd
2         1   laohan
3         2   老韩:x:0:0:老韩:/老韩:/bin/bash
4         3   bin:x:1:1:bin:/bin:/sbin/nologin
5         4   daemon:x:2:2:daemon:/sbin:/sbin/nologin
6         5   老韩:x:0:0:老韩:/老韩:/bin/bash
7         6   laohan
8    [root@lamp_0_16 sed]# sed -e '1,$y/laohan/LAOHAN/' passwd
9    LAOHAN
10   老韩:x:0:0:老韩:/老韩:/biN/bAsH
11   biN:x:1:1:biN:/biN:/sbiN/NOLOgiN
12   dAemON:x:2:2:dAemON:/sbiN:/sbiN/NOLOgiN
13   老韩:x:0:0:老韩:/老韩:/biN/bAsH
14   LAOHAN
```

上述代码第2～7行为测试文件内容。

第8行将测试文件内所有“laohan”转换为大写字母，第9～14行为匹配输出结果。

【实例3-55】通过字符串匹配行

使用sed指令可以通过字符串匹配行，代码如下。

```
1    [root@lamp_0_16 sed]# nl passwd
2         1   laohan_shell
3         2   laohan
4         3   老韩:x:0:0:老韩:/老韩:/bin/bash
5         4   bin:x:1:1:bin:/bin:/sbin/nologin
6         5   daemon:x:2:2:daemon:/sbin:/sbin/nologin
7         6   老韩
8         7   老韩:x:0:0:老韩:/老韩:/bin/bash
9         8   laohan
10        9   laohan_python
11   [root@lamp_0_16 sed]#
12   [root@lamp_0_16 sed]# sed -n '/laohan/,/老韩/p' passwd
13   laohan_shell
```

```
14  laohan
15  老韩:x:0:0:老韩:/老韩:/bin/bash
16  laohan
17  laohan_python
```

上述代码中第 2～10 行为测试文件内容。

第 12 行表示只输出包含“laohan”字符串的行到包含“老韩”字符串的行之间的所有行。如果找不到包含“老韩”字符串的行，则一直输出到最后一行（确定行的范围是通过“,”实现的）。

第 13～17 行为匹配输出结果。

【实例 3-56】通过字符串匹配修改内容

使用 sed 指令可以通过字符串匹配修改内容，代码如下。

```
1   [root@lamp_0_16 sed]# cat passwd
2   laohan_shell
3   laohan
4   老韩:x:0:0:老韩:/老韩:/bin/bash
5   bin:x:1:1:bin:/bin:/sbin/nologin
6   daemon:x:2:2:daemon:/sbin:/sbin/nologin
7   老韩
8   老韩:x:0:0:老韩:/老韩:/bin/bash
9   laohan
10  laohan_python
11  [root@lamp_0_16 sed]# sed -n '/laohan/,/老韩/s/$/ ===>跟老韩学 Python/p' passwd
12  laohan_shell ===>跟老韩学 Python
13  laohan ===>跟老韩学 Python
14  老韩:x:0:0:老韩:/老韩:/bin/bash ===>跟老韩学 Python
15  laohan ===>跟老韩学 Python
16  laohan_python ===>跟老韩学 Python
```

上述代码中第 2～10 行为测试文件内容。

第 11 行表示包含“laohan”字符串的行到包含“老韩”字符串的行之间的行，每行的末尾用字符串“===>跟老韩学 Python”替换。

第 12～16 行为匹配输出结果。

“$/”表示每一行的结尾，“s/$/ ===>跟老韩学 Python/”表示每一行的结尾追加“===>跟老韩学 Python”字符串。

【实例 3-57】表达式赋值

使用 sed 指令可以基于 expression 的表达式赋值，代码如下。

```
1   [root@lamp_0_16 sed]# cat passwd
2   laohan_shell
3   laohan
4   老韩:x:0:0:老韩:/老韩:/bin/bash
5   bin:x:1:1:bin:/bin:/sbin/nologin
6   daemon:x:2:2:daemon:/sbin:/sbin/nologin
7   老韩
8   老韩:x:0:0:老韩:/老韩:/bin/bash
9   laohan
10  laohan_python
11  [root@lamp_0_16 sed]# sed --expression='s/shell/SHELL/' --expression='s/
    python/PYTHON/' passwd
12  laohan_SHELL
13  laohan
14  老韩:x:0:0:老韩:/老韩:/bin/bash
15  bin:x:1:1:bin:/bin:/sbin/nologin
16  daemon:x:2:2:daemon:/sbin:/sbin/nologin
17  老韩
```

```
18  老韩:x:0:0:老韩:/老韩:/bin/bash
19  laohan
20  laohan_PYTHON
```

上述代码第 2～10 行为测试文件内容。

第 11 行使用 expression 表达式，第 12～20 行为匹配输出结果。

【实例 3-58】将匹配结果写入文件

使用 sed 指令可以将匹配到的文件内容写入文件，代码如下。

```
1   [root@lamp_0_16 sed]# sed -n '/老韩/p' passwd
2   老韩:x:0:0:老韩:/老韩:/bin/bash
3   老韩
4   老韩:x:0:0:老韩:/老韩:/bin/bash
5   [root@lamp_0_16 sed]#
6   [root@lamp_0_16 sed]# sed -n '/老韩/w laohan.txt' passwd
7   [root@lamp_0_16 sed]# cat laohan.txt
8   老韩:x:0:0:老韩:/老韩:/bin/bash
9   老韩
10  老韩:x:0:0:老韩:/老韩:/bin/bash
```

上述代码中第 1 行表示匹配所有包含“老韩”字符串的行，第 2～4 行为匹配输出结果。

第 6 行表示将所有匹配到“老韩”字符串的行写入 laohan.txt 文件。

第 8～10 行为匹配输出结果。

在 passwd 中所有包含“老韩”的行都被写入 laohan.txt 文件，参数 w 表示将匹配的行写入指定的文件。

【实例 3-59】使用变量

在 sed 指令中使用变量，代码如下。

```
1   [root@lamp_0_16 sed]# desc='跟老韩学 Linux 运维，跟老韩学 Shell'
2   [root@lamp_0_16 sed]# echo $desc
3   跟老韩学 Linux 运维，跟老韩学 Shell
4   [root@lamp_0_16 sed]# sed -r "s/desc/${desc}/g" <<EOF
5   > hello desc
6   > EOF
7   hello 跟老韩学 Linux 运维，跟老韩学 Shell
```

上述代码中第 1 行定义 desc 变量，第 2 行输出 desc 变量的内容，第 3 行为输出结果。

第 4～6 行使用重定向读取文件内容，并引入变量，第 7 行为匹配输出结果。

【实例 3-60】匹配任意单个字符

使用 sed 指令可以匹配任意存在字符列表中的一个字符。

标准的正则表达式使用“[]”表示字符集，“[]”用于匹配任意单个存在“[]”里的字符，例如“[laohan]”可以匹配“l”“a”“o”“h”“a”“n”等字符中的任意一个字符。使用 sed 指令匹配任意单个字符，代码如下。

```
1   [root@lamp_0_16 sed]# echo -e "1_laohan\n2_laohan\n3_laohan\n123_laohan\n12_
laohan\n23_laohan\n0000001111_laohan\nabcewr12341_laohan" | sed -n '/[123]_laohan/p'
2   1_laohan
3   2_laohan
4   3_laohan
5   123_laohan
6   12_laohan
7   23_laohan
8   0000001111_laohan
9   abcewr12341_laohan
```

上述代码第 1 行表示匹配包含以“1”“2”或“3”开头的，以“_laohan”结尾的字符串的行，第 2～9 行为匹配输出结果。

【实例 3-61】取反匹配

“[^]”用于匹配任意单个不存在“[^]”里的字符，例如“[^Hh]”可以匹配任意单个字符，除了“H”或“h”。

取反匹配操作中不包括脱字符“^”本身，如果不需要匹配“^”，则需要重复输入“^”。

要进行取反匹配，代码如下。

```
1    [root@lamp_0_16 sed]# echo -e "1_laohan\n2_laohan\n3_laohan\na_laohan\nb_
laohan\nc_laohan" | sed -n '/[^123]_laohan/p'
2    a_laohan
3    b_laohan
4    c_laohan
```

上述代码第 1 行执行取反操作，表示匹配不以数字开头的，结尾为“_laohan”的字符串，第 2～4 行为匹配输出结果。

【实例 3-62】匹配连续字符

连续字符是按照 ASCII 表中出现的先后顺序排列的字符列表，标准的正则表达式使用“-”来表示连续字符。

- “-”左边的字符表示开始，右边的字符表示结束，例如 0-9 表示 0123456789，a-e 表示 abcde。
- 标准的正则表达式使用“[]”表示字符列表，俗称字符集。
- [-]用于匹配任意单个存在连续范围的字符集里的字符。例如[C-J]表示任意单个存在字符列表[CDEFGHIJ]里的字符。

要匹配连续字符，代码如下。

```
1    [root@lamp_0_16 ~]# echo -e "laohan\n1_lao\n2_han\n123\nabc" | sed -n '/[0-9]/p'
2    1_lao
3    2_han
4    123
5    [root@lamp_0_16 ~]# echo -e "laohan\n1_lao\n2_han\n123\nabc" | sed -n '/[a-z]/p'
6    laohan
7    1_lao
8    2_han
9    abc
```

上述代码第 1 行表示匹配以任意单个数字开头的字符串，第 2～4 行为匹配输出结果。

【实例 3-63】只出现 0 次或 1 次（\?）

标准的正则表达式使用问号“?”表示前面的字符只出现 0 次或 1 次。

因为 sed 指令将“?”当作普通字符，所以使用“\?”来表示前面的字符只出现 0 次或 1 次。

```
[root@lamp_0_16 ~]# echo -e "laohan\nlaaohan\nlaaaohan" | sed -n '/la\?o/p'
laohan
```

上述代码表示匹配以字符“l”开头，中间出现 0 次或 1 次“a”，并以字符“o”结尾的内容。

【实例 3-64】至少出现 1 次（\+）

标准的正则表达式使用加号“+”表示前面的字符至少需要出现 1 次。

因为 sed 指令将“+”当作普通字符，所以使用“\+”来表示匹配前面的字符需要出现至少 1 次。

```
1    [root@lamp_0_16 ~]# echo -e "laohan\nlaaohan\nlaaaohan" | sed -n '/la\+o/p'
2    laohan
3    laaohan
4    laaaohan
```

上述代码第1行表示匹配以字符“l”开头，“a”字符至少出现1次或多次，并以字符“o”结尾的内容，第2～4行为匹配输出结果。

【实例3-65】出现任意次（*）

标准的正则表达式使用星号“*”表示前面的字符可以出现任意次，即使用“*”可以表示出现0次、1次或更多次的字符。

例如“lao*han”可以匹配laohan、lahan或laoohan等字符，代码如下。

```
1    [root@lamp_0_16 ~]# echo -e "laohan\nlahan\nlaoohan\nla_han" | sed -n '/lao*
han/p'
2    laohan
3    lahan
4    laoohan
```

上述代码第1行表示匹配以“la”开头，“o”可以出现任意次，并以“han”字符串结尾的内容，第2～4行为匹配输出结果。

【实例3-66】精确出现n次（{n}）

标准的正则表达式使用“{n}”，表示前面的字符需要精确出现n次。

因为sed将“{n}”当作普通字符，所以使用“\{n\}”来表示前面的字符需要精确出现n次。

例如“^8\{3\}$”只能匹配888而不能匹配88或8888，代码如下。

```
[root@lamp_0_16 ~]#  echo -e "8\n88\n888\n8888\n88888_laohan\n888888_laohan\
n88888" | sed -n '/^8\{3\}$/p'
888
```

上述代码表示匹配以数字“8”开头，以数字“8”结尾，且是3位数的内容。

【实例3-67】至少出现n次（{n,}）

标准的正则表达式使用“{n,}”表示前面的字符至少出现n次。

因为sed指令将“{}”当作普通字符，所以使用“\{n,\}”来表示前面的字符需要至少出现n次。

例如“^8\{3,\}$”可以匹配888或8888，但不能匹配88，代码如下。

```
1    [root@lamp_0_16 ~]#  echo -e "8\n88\n888\n8888\n88888_laohan\n888888_laohan\
n88888" | sed -n '/^8\{3,\}$/p'
2    888
3    8888
4    88888
```

上述代码第1行表示匹配以数字8开头，以数字8结尾，且至少有3个8的内容，第2～4行为匹配输出结果。

【实例3-68】出现m～n次

“{m, n}”用于表示前面字符的至少出现m次，最多出现n次。

因为sed指令将“{}”当作普通字符，所以使用“\{m,n\}”来表示前面字符至少出现m次，最多出现n次。

例如“^8\{2,5\}$”可以匹配88、888、8888、88888，但是不会匹配8和888888，代码如下。

```
1    [root@lamp_0_16 ~]#  echo -e "8\n88\n888\n8888\n88888_laohan\n888888_laohan\
n88888" | sed -n '/^8\{2,5\}$/p'
```

```
2   88
3   888
4   8888
5   88888
```

上述代码第 1 行表示匹配数字“8”至少出现两次，最多出现 5 次的内容，第 2～5 行为匹配输出结果。

【实例 3-69】管道符（|）

竖线“|”被称为管道符，管道符在所有的正则表达式中都有着特殊的意义，它用于表示或的意思。

管道符通常和“()”一起使用，用于从两个选择中匹配一个，例如正则表达式“/laohan\(666\|888\)/”既可以匹配 laohan666 也可以匹配 laohan888，代码如下。

```
1   [root@lamp_0_16 ~]# echo -e "laohan5566\nlaohan666\nlaohan888\nlaohan999"  | sed
 -n '/laohan\(666\|888\)/ p'
2   laohan666
3   laohan888
```

上述代码第 1 行表示匹配以“laohan”开头、以“666”或“888”结尾的内容，第 2～3 行为匹配输出结果。

【实例 3-70】匹配行首（^）

脱字符“^”是标准正则表达式中的一个元字符，表示从一行的行首开始匹配。

例如“^老韩”表示匹配以“老韩”开始的行，代码如下。

```
1   [root@lamp_0_16 sed]# sed 's/^老韩//' passwd | head -3
2   :x:0:0:老韩:/老韩:/bin/bash
3   bin:x:1:1:bin:/bin:/sbin/nologin
4   daemon:x:2:2:daemon:/sbin:/sbin/nologin
5   [root@lamp_0_16 sed]# sed 's/^老韩/韩艳威/' passwd | head -3
6   韩艳威:x:0:0:老韩:/老韩:/bin/bash
7   bin:x:1:1:bin:/bin:/sbin/nologin
8   daemon:x:2:2:daemon:/sbin:/sbin/nologin
```

上述代码第 1 行表示将“老韩”替换为空格，第 5 行表示将“老韩”替换为“韩艳威”。

与之对应的“$”表示匹配的行必须以“$”前的文本结束。

【实例 3-71】匹配任意单个字符

匹配任意单个字符，代码如下。

```
1   [root@lamp_0_16 sed]# echo -e "laohan\na_laohan\nb_laohan\nc_laohan\nd_laohan\
ne_laohan" | sed -n '/^.laohan/p'
2   [root@lamp_0_16 sed]# echo -e "laohan\na_laohan\nb_laohan\nc_laohan\nd_laohan\
ne_laohan" | sed -n '/^..laohan/p'
3   a_laohan
4   b_laohan
5   c_laohan
6   d_laohan
7   e_laohan
```

上述代码第 1 行表示匹配以任意单个字符开头，紧接着是“laohan”字符串的行。

第 2 行表示匹配以任意两个字符开头，紧接着是“laohan”字符串的行，在上述代码第 2 行基础上增加以数字开头的 1_laohan、2_laohan，代码如下。

```
1   [root@lamp_0_16 sed]# echo -e "laohan\na_laohan\nb_laohan\nc_laohan\nd_laohan\
ne_laohan\n1_laohan\n2_laohan" | sed -n '/^..laohan/p'
```

```
2   a_laohan
3   b_laohan
4   c_laohan
5   d_laohan
6   e_laohan
7   1_laohan
8   2_laohan
```

上述代码中第 1 行新增了以数字开头的“1_laohan”“2_laohan”，均被匹配了，第 7～8 行为显示结果。

3.4 awk 与正则表达式

awk 是一款优良的文本处理工具，同时也是一个报告生成器，它拥有强大的文本格式化的能力，可以进行正则表达式的匹配、流程控制、数学运算，具备一个完整的语言应具备的多数特性。

awk 脚本通常由 3 部分组成，即 BEGIN、END 和带模式匹配选项的常见语句块。这 3 个部分都是可选项，在脚本中可省略任意部分。

3.4.1 awk 语法与基本指令

1．awk 工作模式

执行 awk 时，它会反复进行下列 4 个步骤。

（1）自动从指定的数据文件中读取一个数据行。

（2）自动更新（Update）相关的内建变量（NF、NR、$0 等变量）的值。

（3）依次执行程序中所有的 Pattern { Actions }指令。

（4）当执行完程序中所有 Pattern { Actions }指令时，若数据文件中还有未读取的数据，则重复执行步骤（1）到步骤（3）。

awk 默认将处理结果输出至标准输出，如果不指定输入文件，则使用标准输入，awk 标准输入选项如表 3-6 所示。

表 3-6 awk 标准输入选项

选项	说明
-F	指定输入字段（列）分隔符
-f	使用脚本文件

awk 语法格式如表 3-7 所示。

表 3-7 awk 语法格式

语法格式	说明
BEGIN	在读取数据之前处理指令
pattern	匹配模式
{commands}	处理指令，可能多行
END	在读取所有数据结束之后处理指令

最简单的操作，既没有 patter，也没有选项，代码如下。

```
1 [root@lamp_0_16 awk]# echo 跟老韩学 Python > laohan_python.log
2 [root@lamp_0_16 awk]# awk '{print}' laohan_python.log
3 跟老韩学 Python
```

上述代码中第 1 行表示将“跟老韩学 Python”字符串输入 laohan_python.log 文件中。第 2 行输出 laohan_python.log 文件中的内容，第 3 行为匹配输出结果。

2．awk 基础语法

awk 语法格式说明如下。

- 格式 1：前置指令 | awk [选项] '条件{编辑指令}'。
- 格式 2：awk [选项] '条件{编辑指令}' 文件。

选项表示 awk 在数据中查找的内容。

编辑指令如果包含多条语句时，可以用分号分隔，处理文本时，若未指定分隔符，则默认将空格、制表符等作为分隔符。print 是常见的指令，常用指令选项如下。

- -F：指定分隔符，可省略（默认分隔符为空格）。
- -V：调用外部 Shell 变量。

3．awk 内置变量与动作

awk 内置变量如表 3-8 所示。

表 3-8 awk 内置变量

内置变量	说明
$0	整行内容
$n	n 为正整数，代表第 n 个字段（列）的内容
$1～$n	当前行的第 1～n 个字段
NF	当前行的字段个数，从 1 开始计数
NR	当前行的行号，从 1 开始计数
FNR	多文件处理时，每个文件行号单独计数，都从 0 开始
FS	输入字段分隔符
RS	指定行分隔符
OFS	输出字段分隔符，默认为空格
ORS	输出字段分隔符，默认为换行符
FILENAME	当前输入的文件名
ARGC	指令行参数个数
ARGV	指令行参数数组

awk 常用动作如表 3-9 所示。

表 3-9 awk 常用动作

动作	说明
print	输出内容（默认值）
printf	格式化输出内容

awk 修饰符如表 3-10 所示。

表 3-10 awk 修饰符

修饰符	说明
+	右对齐
-	左对齐
#	显示八进制数在前面加 0，显示十六进制数在前面加 0x

awk 模式匹配如表 3-11 所示。

表 3-11 awk 模式匹配

模式匹配	说明
RegExp	按正则表达式匹配
关系运算	按关系运算匹配

4. print()和 printf()

awk 中同时提供了 print()和 printf()两种输出的函数。

print()函数的参数可以是变量、数值或者字符串。字符串必须用双引号标注，参数用逗号分隔。如果没有逗号，参数就串联在一起而无法区分。逗号的作用与输出文件的分隔符的作用是一样的，只是后者是空格而已。

printf()函数，其用法和 C 语言中 printf 语法相似，可以格式化字符串，输出复杂数据条目时，printf()更加好用，代码更易阅读。

printf()常用格式符如表 3-12 所示。

表 3-12 printf()常用格式符

格式符	说明
%s	输出字符串
%d	输出十进制数
%f	输出一个浮点数
%x	输出十六进制数
%o	输出八进制数
%e	输出数字的科学记数法形式
%c	输出单个字符的 ASCII

print()进行输出，默认输出每行内容，用“Enter”键换行。使用 printf()（默认没有加任何输出分隔符）进行格式化输出，代码如下。

```
1   [root@lamp_0_16 awk]# cat printf.sh
2   #!/bin/bash
3
4   printf "%-10s %-8s %-4s\n" 姓名性别体重 kg
5   printf "%-10s %-8s %-4.2f\n" 小明男 56.6666
6   printf "%-10s %-8s %-4.2f\n" 小东男 68.6666
7   printf "%-10s %-8s %-4.2f\n" 小花女 58.6666
8   [root@lamp_0_16 awk]# bash printf.sh
9   姓名      性别    体重 kg
10  小明      男      56.67
11  小东      男      68.67
12  小花      女      58.67
```

第 2～7 行为脚本内容，第 9～12 行为匹配输出结果，具体解释如下。

- %s、%c、%d、%f 都是格式替代符。
- %-10s 指宽度为 10 个字符（“-”表示左对齐，没有则表示右对齐），任何字符都会被显示在 10 个字符宽的字符串内，如果不足则自动以空格填充，超过也会将内容全部显示出来。
- %-4.2f 指格式化为小数，其中.2 表示保留 2 位小数。

3.4.2 awk 基础应用

1. 数据查询（列选择）

（1）查询文件中的某一列数据。

【实例 3-72】输出某一列数据

测试文件内容如下。

```
[root@laohan-zabbix-server ~]# cat awk.txt
国家或地区    姓名 年龄
中国    小明 18
日本    小花 17
德国    小李 16
```

awk 最基本的用法是将符合条件的列过滤并输出至终端，代码如下。

```
1    [root@laohan-zabbix-server ~]# awk '{print $1}' awk.txt
2    国家或地区
3    中国
4    日本
5    德国
```

上述代码第 1 行中的花括号表示一个动作，其中的 print 语句表示输出的动作，“$1”代表文件中的第 1 列，“$0”代表文件中的所有列。

【实例 3-73】输出整行数据

使用 awk 指令输出整行数据，代码如下。

```
1    [root@lamp_0_16 awk]# cat awk.log
2    root:x:0:0:root:/root:/bin/bash
3    bin:x:1:1:bin:/sbin:/sbin/nologin
4    daemon:x:2:2:daemon:/sbin:/sbin/nologin
5    老韩:x:3:4:老韩:/var/老韩:/sbin/nologin
6    曹操:x:4:7:曹操:/var/spool/曹操 d:/sbin/nologin
7    韩艳威:x:5:0:韩艳威:/sbin:/bin/韩艳威
8    shutdown:x:6:0:shutdown:/sbin:/sbin/shutdown
9    韩艳威:x:7:0:韩艳威:/sbin:/sbin/韩艳威
10   韩铭泽:x:8:12:韩铭泽:/var/spool/韩铭泽:/sbin/nologin
11   韩一铭:x:11:0:韩一铭:/root:/sbin/nologin
12   [root@lamp_0_16 awk]# awk '{print $0}' awk.log
13   root:x:0:0:root:/root:/bin/bash
14   bin:x:1:1:bin:/bin:/sbin/nologin
15   daemon:x:2:2:daemon:/sbin:/sbin/nologin
16   老韩:x:3:4:老韩:/var/老韩:/sbin/nologin
17   曹操:x:4:7:曹操:/var/spool/曹操 d:/sbin/nologin
18   韩艳威:x:5:0:韩艳威:/sbin:/bin/韩艳威
19   shutdown:x:6:0:shutdown:/sbin:/sbin/shutdown
20   韩艳威:x:7:0:韩艳威:/sbin:/sbin/韩艳威
21   韩铭泽:x:8:12:韩铭泽:/var/spool/韩铭泽:/sbin/nologin
22   韩一铭:x:11:0:韩一铭:/root:/sbin/nologin
```

上述代码中第 2～11 行为测试文件内容，第 12 行表示输出整行数据，第 13～22 行为匹配输出结果。

第 12 行中，单引号中的花括号标注的就是 awk 的语句。注意，其只能被单引号包含，其中的$1～$n 表示第几列。

注意，第 13～22 行虽然输出了全部的文本，但并不表示$0 是输出全部文本。因为 awk 是按行处理的，即每次输出一行，直至输出全部内容。

（2）高级列数据查询。

【实例 3-74】高级列数据查询

使用 awk 指令基于列的高级数据查询，代码如下。

```
1   [root@laohan-zabbix-server ~]# cat awk.txt
2   国家或地区 姓名 年龄
3   中国 小明 18
4   日本 小花 17
5   德国 小李 16
6   [root@laohan-zabbix-server ~]# awk '{print $1 $2}' awk.txt
7   国家或地区姓名
8   中国小明
9   日本小花
10  德国小李
11  [root@laohan-zabbix-server ~]# awk '{print $1 $2}' awk.txt
12  国家或地区姓名
13  中国小明
14  日本小花
15  德国小李
16  [root@laohan-zabbix-server ~]# awk '{print $1" "$2}' awk.txt
17  国家或地区 姓名
18  中国 小明
19  日本 小花
20  德国 小李
21  [root@laohan-zabbix-server ~]# awk '{print $1"\t"$2}' awk.txt
22  国家或地区 姓名
23  中国 小明
24  日本 小花
25  德国 小李
26  [root@laohan-zabbix-server ~]# awk '{print $NF}' awk.txt
27  年龄
28  18
29  17
30  16
31  [root@laohan-zabbix-server ~]# awk '{print NF}' awk.txt
32  3
33  3
34  3
35  3
36  [root@laohan-zabbix-server ~]# awk '{print $(NF-1)}' awk.txt
37  姓名
38  小明
39  小花
40  小李
41  [root@laohan-zabbix-server ~]# awk '{print NR FS NF}' awk.txt
42  1 3
43  2 3
44  3 3
45  4 3
46  [root@laohan-zabbix-server ~]# awk '{print NR FS  $(NF-1)}' awk.txt
47  1 姓名
48  2 小明
```

```
49  3 小花
50  4 小李
51  [root@laohan-zabbix-server ~]# awk '{print NR FS  $(NF-2)}' awk.txt
52  1 国家或地区
53  2 中国
54  3 日本
55  4 德国
56  [root@laohan-zabbix-server ~]# awk '{print NR FS  $(NF-3)}' awk.txt
57  1 国家或地区     姓名 年龄
58  2 中国     小明 18
59  3 日本     小花 17
60  4 德国     小李 16
```

上述代码第 2～5 行为测试文件内容，第 6 行中"$1 $2"中间的空格不起作用，第 16 行中"$1" "$2"加引号才会被 awk 解析。

第 26～60 行中的"NF"代表列数，支持运算，加上"$"代表列内容，"NR"代表行号，"FS"代表分隔符。

（3）精确查找某一列的值。

【实例 3-75】基于正则表达式匹配查找关键字

基于正则表达式使用 awk 指令查找文件中某列值是否符合匹配条件，符合匹配条件则进行下一步处理，代码如下。

```
1   [root@laohan-zabbix-server ~]# ps -efL > ps_ef.log
2   [root@laohan-zabbix-server ~]# awk '{if($3=="1") print}' ps_ef.log
3   root      1447    1  1447  0   1  2019 ?       00:03:04 /usr/lib/systemd/systemd-
journald
4   root      1473    1  1473  0   1  2019 ?       00:00:00 /usr/sbin/lvmetad -f
5   root      1482    1  1482  0   1  2019 ?       00:00:00 /usr/lib/systemd/systemd-
udevd
6   root      1664    1  1664  0   1 Jan13 ?       00:00:00 /bin/sh
（中间代码略）
7   root      28032   1 28032  0   1  2019 ?       00:00:43 -bash
8   root      32547   1 32547  0   1 Jan13 ?       00:00:00 nginx: master process /data/
app/lnmp/nginx/sbin/nginx
```

上述代码第 1 行查找 ps_ef.log 文件中，父进程等于 1 的内容，第 2～8 行为匹配输出结果。

【实例 3-76】输出文件列数

使用 awk 指令输出文件列数，代码如下。

```
1   [root@laohan-zabbix-server ~]# cat awk.txt
2   国家或地区 姓名 年龄
3   中国 小明 18
4   日本 小花 17
5   德国 小李 16
6   [root@laohan-zabbix-server ~]# awk '{print NF}' awk.txt
7   3
8   3
9   3
10  3
11  [root@laohan-zabbix-server ~]# awk -F: '{print NF}' /etc/passwd | head -3
12  7
13  7
14  7
15  [root@laohan-zabbix-server ~]# head -3 /etc/passwd
16  root:x:0:0:root:/root:/bin/bash
17  bin:x:1:1:bin:/bin:/sbin/nologin
18  daemon:x:2:2:daemon:/sbin:/sbin/nologin
```

上述代码第 6 行和第 11 行，分别输出各个文件总的列数，第 7～10 行和第 12～14 行为匹配输出结果。

2．分隔符

awk 中默认的分隔符是空格，但是这样的描述并不精确，因为 awk 的分隔符还分为以下两种情况，即“输入分隔符”和“输出分隔符”。

（1）输入分隔符。

awk 默认以空格为输入分隔符（Field Separator，FS）。

【实例 3-77】awk 默认输入分隔符

当 awk 逐行处理文本的时候，以输入分隔符为准，将文本分成多个片段，代码如下。

```
1    [root@laohan-zabbix-server ~]# awk '{print $1}' awk.txt
2    国家或地区
3    中国
4    日本
5    德国
6    [root@laohan-zabbix-server ~]# awk -F" " '{print $1}' awk.txt
7    国家或地区
8    中国
9    日本
10   德国
```

上述代码第 1 行和第 6 行的作用相同，以空格为分隔符，输出 awk.txt 文件中第 1 列的数据。

```
1    [root@laohan-zabbix-server ~]# awk -F"," '{print $1}' awk.txt
2    国家或地区 姓名 年龄
3    中国 小明 18
4    日本 小花 17
5    德国 小李 16
```

上述代码第 1 行使用逗号“,”作为分隔符，第 2～5 行为匹配输出结果，可以看出 awk 无视“,”，把一整行都当成第 1 列输出。

```
1    [root@laohan-zabbix-server ~]# awk -F"." '{print $1}' awk.txt
2    国家或地区 姓名 年龄
3    中国 小明 18
4    日本 小花 17
5    德国 小李 16
6    [root@laohan-zabbix-server ~]# cat awk.txt
7    国家或地区 姓名 年龄
8    中国 小明 18
9    日本 小花 17
10   德国 小李 16
```

从上述代码第 1～5 行的输出结果中可以看出，当使用 awk 指令中的-F 选项指定文件中不存在的分隔符时，会默认输出文件的所有内容。

【实例 3-78】awk 指定分隔符

awk 默认分隔符为空格，使用-F 选项可以自定义分隔符，代码如下。

```
   1    [root@laohan-zabbix-server ~]# echo "老韩_Shell,老韩_python,老韩_JavaScript" |
awk -F',' '{print $1}'
   2    老韩_Shell
   3    [root@laohan-zabbix-server ~]# echo "老韩_Shell,老韩_python,老韩_JavaScript" |
awk -F',' '{print $2}'
   4    老韩_python
   5    [root@laohan-zabbix-server ~]# echo "老韩_Shell,老韩_python,老韩_JavaScript" |
awk -F',' '{print $3}'
   6    老韩_JavaScript
```

```
  7   [root@laohan-zabbix-server ~]# echo "老韩_Shell,老韩_python,老韩_JavaScript" |
awk -F'[,_]' '{print $1"\n"$2"\n"$3"\n"$4"\n"$5"\n"$6}'
  8   老韩
  9   Shell
  10  老韩
  11  python
  12  老韩
  13  JavaScript
```

上述代码第 1 行、第 3 行、第 5 行使用“,”作为分隔符，第 2 行、第 4 行、第 6 行分别为其匹配输出结果，第 7 行使用“,”和“_”作为分隔符，第 8～13 行为匹配输出结果。

【实例 3-79】awk 使用 FS 指定分隔符

使用冒号“:”为指定分隔符匹配指定的文件内容，代码如下。

```
1    [root@lamp_0_16 awk]# awk 'BEGIN{FS=":"}''{print $1,$3}' awk.log
2    root 0
3    bin 1
4    daemon 2
5    老韩 3
6    曹操 4
7    韩艳威 5
8    shutdown 6
9    韩艳威 7
10   [root@lamp_0_16 awk]# awk -F":" '{print $1,$6}' awk.log
11   root /root
12   bin /bin
13   daemon /sbin
14   老韩 /var/老韩
15   曹操 /var/spool/曹操 d
16   韩艳威 /sbin
17   shutdown /sbin
18   韩艳威 /sbin
```

上述代码第 1 行与第 10 行规则相同，匹配输出结果分别为第 2～9 行与第 11～18 行。

- 在变量赋值之前先执行动作（这里为指定分隔符的动作），awk 默认的原理是逐行将文本读取（然后赋予动作中定义的变量）再执行动作。
- 变量$1、$3 是按照默认分隔符空格和制表符被赋值的，所以执行时会输出整行。

使用“,”作为指定分隔符，代码如下。

```
  1   [root@lamp_0_16 awk]# echo laohan_Shell,laohan_Python,laohan_HTML,laohan_CSS|
awk -F',' '{print $1, "\n"$2, "\n"$3,"\n"$4}'
  2   laohan_Shell
  3   laohan_Python
  4   laohan_HTML
  5   laohan_CSS
```

上述代码第 1 行指定以“,”为分隔符，第 2～5 行为匹配输出结果。若要指定以“6,”为分隔符（“6”和“,”被作为一个整体当作分隔符），代码如下。

```
  [root@lamp_0_16 awk]# echo laohan_Shell6,laohan_Python6,laohan_HTML6,laohan_CSS6 |
awk -F'6,' '{print $1, "\n"$2}
  laohan_Shell
  laohan_Python
  laohan_HTML
  laohan_CSS6
```

【实例 3-80】指定多分隔符和正则表达式

在应用的过程中可能需要多种分隔符截取数据，可以使用“-F'[ ]'”将分隔符放在方括号里面或以“-F'分隔符 1|分隔符 2'”来截取数据字段，代码如下。

```
1    [root@lamp_0_16 awk]# echo "1:老韩_Shell 2:老韩_Python 3:老韩_HTML 4:老韩_JavaScript" |awk -F'[ :]' '{print $2,"\n"$4,"\n"$6,"\n"$8}'
2    老韩_Shell
3    老韩_Python
4    老韩_HTML
5    老韩_JavaScript
6    [root@lamp_0_16 awk]# echo "1:老韩_Shell 2:老韩_Python 3:老韩_HTML 4:老韩_JavaScript" |awk -F' |:' '{print $2,"\n"$4,"\n"$6,"\n"$8}'
7    老韩_Shell
8    老韩_Python
9    老韩_HTML
10   老韩_JavaScript
```

上述代码第1行和第6行表示按空格或“:”分隔匹配的文件内容，第2～5行、7～10行为匹配输出结果。

文件中连续出现分隔符，取文件中的数据的时候会报错，例如在“老韩_Shell”后面再添加4个空格，结果就会出错，如下代码所示。

```
1    [root@lamp_0_16 awk]# echo "1:老韩_Shell     2:老韩_Python 3:老韩_HTML 4:老韩_JavaScript" |awk -F' |:' '{print $2,"\n"$4,"\n"$6,"\n"$8}'
2    老韩_Shell
3
4
5    老韩_Python
```

解决这个问题的办法是使用“-F'[ ]+'”，使用加号“+”将连续出现的分隔符当成一个分隔符进行处理，如下代码第1行所示。

```
1    [root@lamp_0_16 awk]# echo "1:老韩_Shell     2:老韩_Python 3:老韩_HTML 4:老韩_JavaScript" |awk -F'[: ]+' '{print $2,"\n"$4,"\n"$6,"\n"$8}'
2    老韩_Shell
3    老韩_Python
4    老韩_HTML
5    老韩_JavaScript
```

上述代码第2～5行为匹配输出结果。

```
1    [root@lamp_0_16 awk]# awk -F"[: \t]" '{print $1,$2,$3}' awk.log
2    root x 0
3    bin x 1
4    daemon x 2
5    老韩 x 3
6    曹操 x 4
7    韩艳威 x 5
8    shutdown x 6
9    韩艳威 x 7
```

上述代码第1行表示以“:”或空格制表符分隔awk.log文件的每一行，并输出第1、2、3列，第2～9行为匹配输出结果。

```
1    [root@lamp_0_16 awk]# awk -F: '$1~/^(老韩|曹操)/{print $2,$3}' awk.log
2    x 3
3    x 4
```

上述代码中第1行表示，如果该行的第二个字段以“老韩”或“曹操”开始，则输出该行的第2～3列。

（2）使用awk内置变量指定分隔符。

【实例3-81】使用内置分隔符

```
1    [root@laohan-zabbix-server ~]# echo "老韩_Shell,老韩_python,老韩_JavaScript" |awk -F"," '{print $1}'
```

```
2  老韩_Shell
3   [root@laohan-zabbix-server ~]# echo "老韩_Shell,老韩_python,老韩_JavaScript" |
awk '{print $1}' FS=","
4   老韩_Shell
5   [root@laohan-zabbix-server ~]# echo "老韩_Shell,老韩_python,老韩_JavaScript" |
awk '{print $1}' FS=,
6   老韩_Shell
```

上述代码第 1 行的“-F”必须写在前面，双引号可以省略，变成“-F,”，第 3 行中使用指定分隔符时“FS”必须写在后面，双引号可以省略，变成“FS=,”，第 6 行为匹配输出结果。

```
[root@laohan-zabbix-server ~]# echo '老韩_Shell,老韩_Python' | awk -F, -v OFS=
"***" '{print $1,$2}'
老韩_Shell***老韩_Python
```

上述代码使用 awk 的内置变量 OFS 来设定 awk 的输出分隔符。当然，变量要配合-v 选项使用。

（3）输出分隔符。

awk 将每行分隔后，输出到终端的时候，以什么字符作为分隔符呢？awk 默认的输出分隔符（Output Field Separator，OFS）也是空格。

【实例 3-82】指定输出分隔符

使用 OFS 指定输出分隔符，代码如下。

```
1   [root@laohan-zabbix-server ~]# echo "老韩_Shell,老韩_python,老韩_JavaScript" |
awk '{print $1,$2,$3}' FS=, OFS="***"
2   老韩_Shell***老韩_python***老韩_JavaScript
3   [root@laohan-zabbix-server ~]# echo "老韩_Shell,老韩_python,老韩_JavaScript" |
awk '{print $1,$2,$3}' FS=, OFS=***
4   老韩_Shell***老韩_python***老韩_JavaScript
```

上述代码第 3 行中，使用 OFS 指定了输出分隔符。

```
1   [root@laohan-zabbix-server ~]# echo "老韩_Shell,老韩_python,老韩_JavaScript" |
awk '{print $1,$2,$3}' FS=, OFS="***"
2   老韩_Shell***老韩_python***老韩_JavaScript
3   [root@laohan-zabbix-server ~]# echo "老韩_Shell,老韩_python,老韩_JavaScript" |
awk '{print $1}' FS=, OFS=***
4   老韩_Shell
```

上述代码第 3 行中虽然指定了分隔符，但是由于只输出了一列，因此从第 4 行的输出结果中无法看到分隔符的输出匹配效果。第 1 行输出了文件内容的第 1、2、3 列，从第 2 行的匹配输出结果中可以看到，各个列之间使用了指定的分隔符匹配输出结果。

总结：我们在使用 awk 的过程中，分隔符可以使用默认的空格（默认可以省略）和指定分隔符。

使用默认分隔符，代码如下。

```
[root@lamp_0_16 awk]# echo "三国演义 西游记 红楼梦 水浒传"|awk '{print $1}'
三国演义
```

指定分隔符的格式，如下所示。

- awk -F: '{print $n}' filename。
- awk -F':' '{print $n}' filename。

分别以上述方式指定分隔符，代码如下。

```
[root@lamp_0_16 awk]# echo "三国演义:西游记:红楼梦:水浒传"|awk -F: '{print $1}'
三国演义
```

```
[root@lamp_0_16 awk]# echo "三国演义:西游记:红楼梦:水浒传"|awk -F':' '{print $1}'
三国演义
```

【实例 3-83】两列合并一起显示

让两列合并在一起显示，不使用输出分隔符分开显示，代码如下。

```
1    [root@laohan-zabbix-server ~]# echo '老韩_Shell 老韩_Python' | awk  '{print $1$2}'
2    老韩_Shell老韩_Python
3    [root@laohan-zabbix-server ~]# echo '老韩_Shell 老韩_Python' | awk  '{print $1,$2}'
4    老韩_Shell 老韩_Python
```

上述代码第 1 行表示每行分隔后，第 1 列（第 1 个字段）和第 2 列（第 2 个字段）连接在一起输出，即“$1$2”表示**合并显示两者的内容**。

第 2 行表示每行分隔后，第 1 列（第一个字段）和第 2 列（第 2 个字段）以输出分隔符分隔后显示。

3．添加自定义字段

【实例 3-84】添加自定义字段

除了输出文本中的列，我们还能够添加自己的字段，将自己的字段与文件中的列结合起来，代码如下。

```
[root@laohan-zabbix-server ~]# awk '{print "第1列:"$1" | ""第2列:"$2}' awk.txt
第1列:国家/地区 | 第2列:姓名
第1列:中国 | 第2列:小明
第1列:日本 | 第2列:小花
第1列:德国 | 第2列:小李
```

从上述代码中可以看出，awk 可以通过双引号灵活地将我们指定的字段与每一列进行拼接。

【实例 3-85】在输出内容的开头和结尾添加自定义字段

```
1    [root@laohan-zabbix-server ~]# awk -F" " 'BEGIN{print "国籍姓名年龄"} {print $1,
$2,$3} END{print "跟老韩学Python"}' awk.log
2    国籍姓名年龄
3    中国小明 18
4    日本小花 17
5    德国小李 16
6    跟老韩学Python
```

上述代码先执行 BEGIN，读取 awk.log 文件，读入有空格分隔的数据记录。然后将记录按指定的域分隔符划分域，填充域，随后开始执行模式所对应的动作。接着开始读入第二条记录，直到将所有的记录都读取完毕。最后执行 END 操作。

上述代码第 1 行中的 BEGIN/END 属于特殊模式，仅在 awk 运行程序之前执行一次 BEGIN 或仅在 awk 运行程序之后执行一次 END。

4．awk 中的 BEGIN 和 END

awk 中有两个特别的表达式，即 BEGIN 与 END 表达式，两者都可用于 awk 中的模式匹配条件中，提供 BEGIN 和 END 的作用是给程序赋予在**初始状态**和在**程序结束**之后执行的一些操作。

任何在 BEGIN 之后列出的操作（在花括号内）将在 UNIX awk 开始扫描输入之前执行，而在 END 之后列出的操作将在扫描完全部的输入之后执行。因此，通常使用 BEGIN 来显示变量和预置（初始化）变量，使用 END 来输出最终执行结果，基本格式如下。

```
awk '
BEGIN { actions }
```

```
/pattern/ { actions }
/pattern/ { actions }.........
END { actions }
' filenames
```

（1）BEGIN 模式应用于 awk 指令或脚本时，在开始读入输入行之前，所有的动作被执行一次。

（2）输入行并解释。

（3）执行匹配的输入行动作。

（4）重复步骤（2）、步骤（3）。

（5）当读完所有输入行，END 模式被执行。

【实例 3-86】BEGIN 语句

使用 awk 的 BEGIN 语句，代码如下。

```
1  [root@laohan-zabbix-server ~]# awk 'BEGIN{print "测试 BEGIN 语句"}'
2  测试 BEGIN 语句
```

从上述代码第 2 行的输出结果中可以看到，我们并没有给出任何输入源，awk 就直接输出信息了。因为 BEGIN 模式在处理指定的文本之前，需要先执行 BEGIN 模式中指定的动作，虽然上述实例没有给定任何输入源，但是 awk 还是会先执行 BEGIN 模式指定的“输出”动作，输出完成后，发现并没有文本可以处理，于是就只完成了“输出 BEGIN”的操作。

【实例 3-87】BEGIN 语句结合模式匹配

简单的 BEGIN 测试语句代码如下。

```
[root@laohan-Python ~]# awk 'BEGIN{print "测试 BEGIN 语句"}'
测试 BEGIN 语句
```

上述测试代码中，只使用 print 语句输出 BEGIN 模式中的字符串，更为复杂的测试语句代码如下。

```
1    [root@laohan-zabbix-server ~]# awk 'BEGIN{print "测试BEGIN语句"} {print $1}' awk.txt
2    测试 BEGIN 语句
3    国家或地区
4    中国
5    日本
6    德国
```

上述代码第 1 行表示先处理完 BEGIN 的内容，再输出文本里面的内容，第 2～6 行为匹配输出结果。添加 END 语句，代码如下。

```
1    [root@laohan-zabbix-server ~]# awk 'BEGIN{print "***测试 BEGIN 语句开始***"} END
{print "***测试 END 语句结束***"}  {print $1}' awk.txt
2    ***测试 BEGIN 语句开始***
3    国家或地区
4    中国
5    日本
6    德国
7    ***测试 END 语句结束***
```

上述代码第 2～7 行为第 1 行执行后返回的结果，它就像一张“报表”，有“表头”“表内容”“表尾”。通常使用 BEGIN 来显示变量和预置（初始化）变量或输出提示信息，使用 END 来输出最终结果。

5．查询数据（行选择）

（1）匹配指定行。

【实例 3-88】匹配指定行

awk 中的内置变量 NR 可以输出指定行的内容，代码如下。

```
1    [root@laohan-zabbix-server ~]# nl awk.txt
2         1  国家或地区 姓名 年龄
3         2  中国 小明 18
4         3  日本 小花 17
5         4  德国 小李 16
6         5  中国 老韩 26
7         6  中国 小韩 16
8    [root@laohan-zabbix-server ~]# awk -F" " 'NR>=2 && NR <=5 {print $0}' awk.txt
9    中国   小明   18
10   日本   小花   17
11   德国   小李   16
12   中国   老韩   26
```

上述代码第 8 行使用“NR”和“&&”运算符输出文件中对应的行数，第 9～12 行为匹配输出结果。

（2）匹配所有行。

【实例 3-89】匹配所有行

使用空模式，可以匹配所有行，代码如下。

```
[root@laohan-zabbix-server ~]# awk '//'  awk.txt
国家或地区 姓名 年龄
中国 小明 18
日本 小花 17
德国 小李 16
中国 老韩 26
中国 小韩 16
```

> 注意：没有设置匹配规则时，每个花括号里的指令都会执行；反之，如果设置了匹配规则且有多个“{指令}”时，当表达式匹配到相应内容时，第一个花括号里的指令才会执行，否则，只执行第一个花括号后面的指令。简而言之，就是当表达式生效时，第一个花括号里的指令才会执行。

.4.3 awk 数字表达式与运算符

awk 有算术运算符、赋值运算符、逻辑运算符、关系运算法、其他运算符。

1. awk 算术运算符

awk 算术运算符如表 3-13 所示。

表 3-13 awk 算术运算符

运算符	说明
+	加
-	减
*	乘
/	除
%	余
^	幂

【实例 3-90】awk 数学表达式

awk 数学表达式基本运算实例代码如下。

```
1   [root@laohan-zabbix-server ~]# awk 'BEGIN{print 10 + 6}'
2   16
3   [root@laohan-zabbix-server ~]# awk 'BEGIN{print 10 - 6}'
4   4
5   [root@laohan-zabbix-server ~]# awk 'BEGIN{print 10 * 6}'
6   60
7   [root@laohan-zabbix-server ~]# awk 'BEGIN{print 10 / 6}'
8   1.66667
9   [root@laohan-zabbix-server ~]# awk 'BEGIN{print 10 % 6}'
10  4
11  [root@laohan-zabbix-server ~]# awk 'BEGIN{print 10 ^ 6}'
12  1000000
```

上述代码中奇数行使用 awk 进行数学运算，偶数行为匹配输出结果。

2. 赋值运算符

awk 赋值运算符如表 3-14 所示。

表 3-14　awk 赋值运算符

运算符	说明
=	等于
+=	加等于
-=	减等于
*=	乘等于
/=	除等于
%=	取模赋值
^=	幂等于

【实例 3-91】awk 赋值运算符

awk 赋值运算符基本运算演示代码如下。

```
[root@laohan-zabbix-server ~]# awk 'BEGIN{x=6;y=8;print(x+=y)}'
14
[root@laohan-zabbix-server ~]# awk 'BEGIN{x=6;y=8;print(x-=y)}'
-2
[root@laohan-zabbix-server ~]# awk 'BEGIN{x=6;y=8;print(x*=y)}'
48
[root@laohan-zabbix-server ~]# awk 'BEGIN{x=6;y=8;print(x/=y)}'
0.75
[root@laohan-zabbix-server ~]# awk 'BEGIN{x=6;y=8;print(x%=y)}'
6
[root@laohan-zabbix-server ~]# awk 'BEGIN{x=6;y=8;print(x^=y)}'
1679616
```

3. awk 逻辑运算符

awk 逻辑运算符如表 3-15 所示。

表 3-15　awk 逻辑运算符

运算符	说明
&&	逻辑与，语句两边必须同时匹配为真
||	逻辑或，语句两边同时或其中一边匹配为真
!	取反

（1）逻辑运算符之“&&”。

awk 逻辑运算符“&&”基本语法如下。

```
(CONDITION && CONDITION && ... )
```

【实例 3-92】awk 逻辑运算符之“&&”

逻辑运算符“&&”在 awk 中的应用，代码如下。

```
1    [root@laohan-zabbix-server ~]# cat course.test
2    张三丰      40 50 60
3    张无忌    87 82 92
4    韩艳威    80 90 100
5    [root@laohan-zabbix-server ~]# awk '{if($2>50 && $3>50) print $1}' course.test
6    张无忌
7    韩艳威
```

上述代码中第 2～4 行为测试文件内容，第 5 行使用“&&”运算符判断第 2 列和第 3 列同时大于 50，最后输出第 1 列的文件内容。

（2）逻辑运算符之“||”。

awk 逻辑运算符“||”基本语法如下。

```
(CONDITION || CONDITION || ... )
```

【实例 3-93】awk 逻辑运算符之“||”

逻辑运算符“||”在 awk 中的应用，代码如下。

运算符“||”的使用方法演示如下。

```
[root@laohan-zabbix-server ~]# cat course.test
张三丰    40 50 60
张无忌    87 82 92
韩艳威    80 90 100
[root@laohan-zabbix-server ~]# awk '{if($2<50 || $3<50 || $4<50) print $1}' course.test
张三丰
[root@laohan-zabbix-server ~]# awk '{if($2<50 || $3>50 || $4>50) print $1}' course.test
张三丰
张无忌
韩艳威
```

（3）逻辑运算符之“!”。

awk 逻辑运算符“!”基本语法如下。

```
!(CONDITION)
```

【实例 3-94】awk 逻辑运算符之“!”

取反运算符“!”在 awk 中的应用，代码如下。

```
[root@laohan-zabbix-server ~]# awk '{if(!($1=="韩艳威")) print $1}' course.test
张三丰
张无忌
[root@laohan-zabbix-server ~]# awk '{if(($1=="韩艳威")) print $1}' course.test
韩艳威
[root@laohan-zabbix-server ~]# awk '{if($1=="韩艳威") print $1}' course.test
韩艳威
```

4．关系运算符

关系运算符可以用来比较数字和字符串，以及表达式。表达式为真的时候，表达式返回结果为 1，反之，返回结果为 0，只有表达式为真，awk 才执行相关的动作。

awk 支持许多关系运算符，如表 3-16 所示，对于数据文件，我们经常需要把比较关系作为匹配模式。

表 3-16 awk 关系运算符

运算符	说明
>	大于
<	小于
>=	大于等于
<=	小于等于
!=	不等于
==	等于（比较数值是否相等）

“>”与“<”可以进行字符串比较，也可以进行数值比较，关键看操作数类型。如果是字符串，就会转换为字符串比较，如果是数字会转换为数值比较。字符串比较会按照 ASCII 顺序比较。

【实例 3-95】关系运算符

awk 关系运算符演示代码如下。

```
[root@laohan-zabbix-server ~]# awk 'BEGIN{x=11;if(x>9) print "OK"}'
OK
[root@laohan-zabbix-server ~]# awk 'BEGIN{x=11;if(x>9) {print "OK"}}'
OK
[root@laohan-zabbix-server ~]# awk 'BEGIN{x="11";if(x>9) {print "OK"}}'
[root@laohan-zabbix-server ~]# awk 'BEGIN{x=11;if(x>9) {print "OK"}}'
OK
```

5．awk 其他运算符

awk 其他运算符如表 3-17 所示。

表 3-17 awk 其他运算符

运算符	说明
$	字段引用
空格	字符串连接符
?	C 条件表达式
in	数组中是否存在某键值
++	自增运算符

【实例 3-96】自增运算符

自增运算符在 awk 中的应用，代码如下。

```
1    [root@lamp_0_16 awk]# awk 'BEGIN{a="c";print a++,++a;}'
2    0 2
3    [root@lamp_0_16 awk]# awk 'BEGIN{a="b";print a++,++a;}'
4    0 2
5    [root@lamp_0_16 awk]# awk 'BEGIN{a="abc";print a++,++a;}'
6    0 2
7    [root@lamp_0_16 awk]# awk 'BEGIN{a="老韩";print a++,++a;}'
8    0 2
```

上述代码第 1、3、5、7 行为匹配规则，第 2、4、6、8 行为匹配输出结果。

“a++”是先输出“a”再自增，“++a”是先自增再输出结果。先“a++”后，“a”的值就变成了 1，而“++a”又加了 1，结果就是 2。

所有的算术运算符进行操作时，操作数自动转为数值，所有非数值都转换为 0。

【实例 3-97】in 运算符

in 运算符在 awk 中的应用，代码如下。

```
  1    [root@lamp_0_16 awk]# awk 'BEGIN{name="老韩";arr_test[0]="老韩";arr_test [1]=
"韩艳威" ; print(name in arr_test)}'
  2    0
  3    [root@lamp_0_16 awk]# awk 'BEGIN{name="老韩";arr_test[0]="老韩";arr_test ["老韩"]=
"韩艳威" ; print(name in arr_test)}'
  4    1
```

上述代码中，第 1、3 行的 in 运算符判断数组中是否存在“老韩”键值。

【实例 3-98】三元运算

awk 中的三元运算代码演示如下。

```
  1    [root@laohan-zabbix-server ~]# awk 'BEGIN{a="b";arr[0]="b";arr[1]="c";print
(a in arr);}'
  2    0
  3    [root@laohan-zabbix-server ~]#
  4    [root@laohan-zabbix-server ~]# awk 'BEGIN{a="b";arr[0]="b";arr["b"]="c";print
(a in arr);}'
  5    1
  6    [root@laohan-zabbix-server ~]# awk 'BEGIN{a="b";arr[0]="b";arr[1]="c";for(x
in arr);print arr[x];}'
  7    c
  8    [root@laohan-zabbix-server ~]# awk 'BEGIN{a="b";arr[0]="b";arr["b"]="c";for(x
in arr);print arr[x];}'
  9    b
  10   [root@laohan-zabbix-server ~]# awk 'BEGIN{a="b";arr[0]="b";arr[1]="c";for(x
in arr) print x"="arr[x];}'
  11   0=b
  12   1=c
  13   [root@laohan-zabbix-server ~]# awk 'BEGIN{a="b";arr[0]="b";arr["b"]="c";for(x
in arr)print x"="arr[x]}'
  14   b=c
  15   0=b
```

上述代码中第 10 行判断“a”是否在 arr 数组中（判断的是键，不是值），所以一个结果是 0（非），一个结果是 1（是）。

4.4 awk 模式匹配

模式匹配在 awk 程序中非常重要，它决定着被处理数据文件中到底哪一行需要处理，并且做出什么样的处理，awk 指令的基本语法如下。

```
awk pattern { actions }
```

awk 后面的匹配模式和处理行为二者至少要有一个，不能同时缺失，代码如下。

【实例 3-99】默认模式匹配

awk 的默认模式匹配，代码如下。

```
1    [root@laohan-zabbix-server ~]# awk '{print}' awk.txt
2    国家或地区 姓名 年龄
3    中国 小明 18
4    日本 小花 17
5    德国 小李 16
6    中国 老韩 26
7    中国 小韩 16
8    laohanS
9    laohanSS
10   laohanSSS
11   laohanSSSS
```

```
12  laohanSSSSlaohanSSSSlaohanSSSS
13  laohanSlaohanSlaohanS
```

上述代码第 1 行由于 awk 处理文件时没有指定匹配模式，因此输出文件中的所有行，第 2～13 行为匹配输出结果。

awk 程序中的匹配模式一般有如下 6 种方式。

（1）关系表达式。

awk 可以支持许多关系运算符，例如“>”“<”“==”等。处理数据文件时经常需要把比较关系的结果作为匹配模式，然后进行下一步的数据处理或其他具体操作。

【实例 3-100】比较运算符

比较运算符在 awk 中的应用，代码如下。

```
1   [root@laohan-zabbix-server ~]# awk '$4 > 90 {print}' course.log
2   【姓名】         【班级】        【课程】          【分数】
3   韩一铭           03          Python 编程        99
```

上述代码第 1 行使用 awk pattern { actions }的形式。pattern { actions }一定要用单引号标注，防止被理解成 Shell 语言，标注后可被解释成 awk 语言。$4 是 awk 中的变量，表示被处理数据文件的第 4 列。

（2）正则表达式。

正则表达式的使用形式为，一定要把正则表达式放在两条反斜线之间，/regular_expression/。

【实例 3-101】匹配多字符串

awk 匹配多字符串代码如下。

```
1   [root@laohan-zabbix-server ~]# cat course.test
2   张三丰     40 50 60
3   张无忌   87 82 92
4   韩艳威   80 90 100
5   [root@laohan-zabbix-server ~]# awk '/^(韩..|张无忌)/{print $1}' course.test
6   张无忌
7   韩艳威
8   [root@laohan-zabbix-server ~]#
9   [root@laohan-zabbix-server ~]# awk '/^(韩..|张.忌)/{print $1}' course.test
10  张无忌
11  韩艳威
```

上述代码第 5 和第 9 行表示匹配以“韩”开头，中间是一个字符、结尾是一个字符的，或者是以张开头、中间是任意一个字符、结尾为“忌”的内容。

（3）混合模式。

awk 中的混合模式就是把关系表达式和正则表达式结合起来，可以使用“&&”“||”“!”来连接，不过它们都需要在单引号以内。

【实例 3-102】混合模式

awk 中混合使用逻辑判断和正则匹配，代码如下。

```
1   [root@laohan-zabbix-server ~]# cat course.log
2   【姓名】         【班级】         【课程】           【分数】
3   曹孟德           01              Web 前端           80
4   袁本初           02              Linux 运维         69
5   西游记           03              Python 编程        99
6   孙悟空           04              Shell 编程         78
7   韩铭泽           05              Java 编程          88
8   张无忌           05              Java 编程          88
9   [root@laohan-zabbix-server ~]# awk '/^韩/ && $4 > 80' course.log
```

```
10   韩铭泽          05              Java 编程        88
11   [root@laohan-zabbix-server ~]# awk '/^韩/ && $4 > 80 { print }' course.log
12   韩铭泽          05              Java 编程        88
```

上述代码第 9 行和第 11 行表示输出以“韩”开头，同时第 4 列的分数大于 80 分的行。

（4）区间模式。

区间模式用于匹配一段连续的文本行，语法如下。

```
awk 'pattern1, pattern2 { actions }'  file
```

【实例 3-103】区间模式匹配

区间模式匹配在 awk 中的应用，代码如下。

```
1    [root@laohan-zabbix-server ~]# cat course.log
2    【姓名】        【班级】          【课程】          【分数】
3    曹孟德          01                Web 前端          80
4    袁本初          02                Linux 运维        69
5    西游记          03                Python 编程       99
6    孙悟空          04                Shell 编程        78
7    孙悟空          04                Shell 编程        88
8    韩铭泽          05                Java 编程         88
9    张无忌          05                Java 编程         88
10   [root@laohan-zabbix-server ~]# awk '/^孙/, $4==88 { print }' course.log
11   孙悟空          04                Shell 编程        78
12   孙悟空          04                Shell 编程        88
```

上述代码第 10 行表示从以“孙”开头的行开始匹配，匹配到第 4 列等于 88 分的行后终止匹配，输出匹配模式开始和结束之间的连续的行。

注意：当满足 pattern1 或者 pattern2 的行不只一行的时候，会自动选择第一个符合要求的行。

（5）BEGIN 模式。

BEGIN 是 awk 编程中一种特殊的内置模式，不需要指定被处理数据文件，直接输出用户设置的内容，代码如下。

【实例 3-104】使用 BEGIN 模式输出字符串

使用 BEGIN 模式输出字符串，代码如下。

```
[root@laohan-zabbix-server ~]# awk 'BEGIN { print "Hello, World." }'
Hello, World.
```

上述代码中 BEGIN 模式在 awk 中的生命周期内只执行一次。

（6）END 模式。

和 BEGIN 模式正好相反，它是在 awk 处理完所有数据文件之后，即将退出程序时成立，在此之前 END 模式不成立。

【实例 3-105】END 模式输出统计次数

使用 END 模式输出统计次数，代码如下。

```
1    [root@laohan-zabbix-server ~]# cat course.log
2    【姓名】        【班级】          【课程】          【分数】
3    曹孟德          01                Web 前端          80
4    袁本初          02                Linux 运维        69
5    西游记          03                Python 编程       99
6    孙悟空          04                Shell 编程        78
7    孙悟空          04                Shell 编程        78
8    孙悟空          04                Shell 编程        78
```

```
 9    孙悟空         04              Shell 编程       78
 10   孙悟空         04              Shell 编程       78
 11   孙悟空         04              Shell 编程       78
 12   孙悟空         04              Shell 编程       78
 13   孙悟空         04              Shell 编程       78
 14   孙悟空         04              Shell 编程       88
 15   韩铭泽         05              Java 编程        88
 16   张无忌         05              Java 编程        88
 17   [root@laohan-zabbix-server ~]# awk '/^孙/{count++;} {print "以孙开头的行共出现
" count "次"}' course.log
 18   以孙开头的行共出现次
 19   以孙开头的行共出现次
 20   以孙开头的行共出现次
 21   以孙开头的行共出现次
 22   以孙开头的行共出现 1 次
 23   以孙开头的行共出现 2 次
 24   以孙开头的行共出现 3 次
 25   以孙开头的行共出现 4 次
 26   以孙开头的行共出现 5 次
 27   以孙开头的行共出现 6 次
 28   以孙开头的行共出现 7 次
 29   以孙开头的行共出现 8 次
 30   以孙开头的行共出现 9 次
 31   以孙开头的行共出现 9 次
 32   以孙开头的行共出现 9 次
 33   [root@laohan-zabbix-server ~]# awk '/^孙/{count++;} END{print "以孙开头的行共出现
" count "次"}' course.log
 34   以孙开头的共出现 9 次
```

上述代码第 1～16 行为测试文件内容，第 17 行统计以“孙”开头的行出现的次数，第 18～32 行为匹配输出结果，第 33 行使用 END 模式统计以“孙”开头的行出现的次数，第 34 行为匹配输出结果。

3.4.5 awk 与正则表达式

awk 同 sed 一样，也可以通过模式匹配来对输入的文本进行匹配处理。

1．awk 正则表达式元字符

awk 常用元字符如表 3-18 所示。

表 3-18　　awk 常用元字符

元字符	功能
^	字符串开头
$	字符串结尾
.	匹配任意单个字符串
*	重复 0 或多个前导字符
+	多字符模糊匹配
?	匹配 0 个或一个前导字符
[]	匹配指定字符组内的任一个字符
[^]	匹配不在指定字符组内的任一字符
()	子表达式组合
|	或者

awk 扩展元字符是指其默认不支持的元字符，以及需要添加参数才能支持的元字符，

如表 3-19 所示。

表 3-19　awk 扩展元字符

元字符	功能
x{m}	x 重复 m 次
x{m,}	x 重复至少 m 次
x{m,n}	x 重复至少 m 次，但不超过 n 次，结合-posix 或-re-interval 参数使用

匹配规则如下。

- /laohan{5}/表示匹配 laoha 再加上 5 个 n，即 laohannnnn。
- /(laohan){2,}/表示匹配 laohanlaohan、laohanlaohanlaohan 等。

2. awk 正则表达式运算符

正则表达式默认是在行内查找匹配的字符串，若有匹配则执行操作，但是有时候仅需要在固定的列匹配指定的正则表达式。

例如，在/etc/passwd 文件中第 5 列（$5）查找匹配 root 字符串的行，就需要用另外两个匹配运算符，并且 awk 里面只有这两个运算符来匹配正则表达式，如表 3-20 所示。

表 3-20　awk 正则表达式运算符

运算符	说明
~	用于对记录或区域的表达式进行匹配
!~	用于表达与~相反的意思

【实例 3-106】使用正则表达式匹配字符串数量

awk 中使用正则表达式匹配字符串数量，代码如下。

```
1   [root@lamp_0_16 awk]# cat laohan.log
2   laohannnnn
3   laohannnnnn
4   laohannnnnnn
5   laohannnnnnnn
6   laohannnnnnnnn
7   laohanlaohan
8   laohanlaohanlaohan
9   laohanlaohanlaohanlaohan
10  [root@lamp_0_16 awk]# awk '/laohan{5}/' laohan.log
11  laohannnnn
12  laohannnnnn
13  laohannnnnnn
14  laohannnnnnnn
15  laohannnnnnnnn
16  [root@lamp_0_16 awk]# awk '/(laohan){2,}/' laohan.log
17  laohanlaohan
18  laohanlaohanlaohan
19  laohanlaohanlaohanlaohan
```

上述代码第 2～9 行为测试文件内容，第 10 行的匹配输出结果为第 11～15 行，第 16 行的匹配输出结果为第 17～19 行。

【实例 3-107】模糊匹配

awk 中基于正则表达式的模糊匹配，代码如下。

```
1   [root@laohan-zabbix-server ~]# awk '/laohanS+/' awk.txt
2   laohanS
3   laohanSS
```

```
4    laohanSSS
5    laohanSSSS
6    laohanSSSSlaohanSSSSlaohanSSSS
7    [root@laohan-zabbix-server ~]# awk '/laohanS{1}/' awk.txt
8    laohanS
9    laohanSS
10   laohanSSS
11   laohanSSSS
12   laohanSSSSlaohanSSSSlaohanSSSS
13   [root@laohan-zabbix-server ~]# awk '/laohanS{2}/' awk.txt
14   laohanSS
15   laohanSSS
16   laohanSSSS
17   laohanSSSSlaohanSSSSlaohanSSSS
18   [root@laohan-zabbix-server ~]# awk '/laohanS{3}/' awk.txt
19   laohanSSS
20   laohanSSSS
21   laohanSSSSlaohanSSSSlaohanSSSS
22   [root@laohan-zabbix-server ~]# awk '/laohanS{4}/' awk.txt
23   laohanSSSS
24   laohanSSSSlaohanSSSSlaohanSSSS
25   [root@laohan-zabbix-server ~]# awk '/laohanS{5}/' awk.txt
26   [root@laohan-zabbix-server ~]# awk '/(laohanS){1}/' awk.txt
27   laohanS
28   laohanSS
29   laohanSSS
30   laohanSSSS
31   laohanSSSSlaohanSSSSlaohanSSSS
32   [root@laohan-zabbix-server ~]# cat awk.txt
33   国家或地区 姓名 年龄
34   中国 小明 18
35   日本 小花 17
36   德国 小李 16
37   中国 老韩 26
38   中国 小韩 16
39   laohanS
40   laohanSS
41   laohanSSS
42   laohanSSSS
43   laohanSSSSlaohanSSSSlaohanSSSS
```

上述代码第 1 行使用元字符“+”进行多字符模糊匹配，第 2～6 行为匹配输出结果，第 7～31 行使用元字符匹配字符串数量，其中第 26 行表示匹配圆括号中的 laohanS 至少 1 次。

【实例 3-108】正则表达式匹配

使用 awk 中的正则表达式匹配关键字，代码如下。

```
1 [root@lamp_0_16 awk]# awk -F":" '/曹操/{print $0}' awk.log
2 曹操:x:4:7:曹操:/var/spool/曹操/sbin/nologin
```

上述代码第 1 行表示匹配包含“曹操”字符串的行，第 2 行为匹配输出结果。

```
1    [root@lamp_0_16 awk]# awk -F":" '$1~/^曹操/{print $0} $NF~/n$/{print $0}' awk.log
2    bin:x:1:1:bin:/bin:/sbin/nologin
3    daemon:x:2:2:daemon:/sbin:/sbin/nologin
4    老韩:x:3:4:老韩:/var/老韩:/sbin/nologin
5    曹操:x:4:7:曹操:/var/spool/曹操/sbin/nologin
6    曹操:x:4:7:曹操:/var/spool/曹操/sbin/nologin
7    shutdown:x:6:0:shutdown:/sbin:/sbin/shutdown
```

上述代码第 1 行表示以“:”为分隔符，显示第一列以“曹操”开头或最后一列以“n”结尾的行，第 2～7 行为匹配输出结果。

```
1    [root@lamp_0_16 awk]# awk -F: '$1~/(^曹操|^老韩)/{print $0}' awk.log
2    老韩:x:3:4:老韩:/var/老韩:/sbin/nologin
3    曹操:x:4:7:曹操:/var/spool/曹操/sbin/nologin
4    老韩_Shell:老韩_Python:老韩_HTML
5    [root@lamp_0_16 awk]# awk -F: '$1~/^(曹操|老韩)/{print $0}' awk.log
6    老韩:x:3:4:老韩:/var/老韩:/sbin/nologin
7    曹操:x:4:7:曹操:/var/spool/曹操/sbin/nologin
8    老韩_Shell:老韩_Python:老韩_HTML
```

上述代码中第 1 行和第 5 行匹配规则的作用一致，其匹配输出结果为第 2～4 行和第 6～8 行。

【实例 3-109】统计 IP 地址的连接数量

使用 awk 统计日志中某天 IP 地址的连接数量，代码如下。

```
1    [root@lamp_0_16 logs]# grep '06/Mar/2020' access_log | awk '{print $1}' | sort |
uniq -c | sort -rn
2        941 221.218.234.18
3          6 39.144.24.134
4          4 123.151.77.71
5          3 61.158.148.80
6          3 183.185.165.59
7          2 ::1
8          1 91.83.247.160
9          1 220.194.106.92
10         1 193.202.44.194
11         1 192.241.205.105
12         1 185.143.221.172
13         1 178.211.100.9
14         1 178.166.27.80
15         1 163.177.13.2
16         1 111.30.142.233
```

上述代码第 1 行表示，使用 grep 指令过滤出关键字，结合 awk 获取含有 IP 地址的列，进行排序、去重，最后以倒序展示，第 2～16 行为匹配输出结果。

【实例 3-110】统计关键词出现次数

使用 awk 统计关键词出现次数，代码如下。

```
1    [root@lamp_0_16 awk]# awk '/老韩/{++cnt} END{ print "Count =", cnt}' awk.log
2    Count = 5
3    [root@lamp_0_16 awk]# awk '/韩艳威/{++cnt} END{ print "Count =", cnt}' awk.log
4    Count = 7
5    [root@lamp_0_16 awk]# awk '/root/{++cnt} END{ print "Count =", cnt}' awk.log
6    Count = 1
```

上述代码第 1 行、第 3 行、第 5 行表示匹配关键字并计数，第 2 行、第 4 行、第 6 行为匹配输出结果。

【实例 3-111】输出匹配行

使用 awk 输出匹配特定内容的行，代码如下。

```
1    [root@lamp_0_16 awk]# awk '$1~/[0-9][0-9]$/{print $1,$3}' awk.log
2    韩艳威:x:7:0:韩艳威:/sbin:/sbin/55/66
3    韩艳威:x:7:0:韩艳威:/sbin:/sbin/77/88
4    韩艳威:x:7:0:韩艳威:/sbin:/sbin/99/66
```

上述代码第 1 行表示，如果该行的最后两个字段以数字结束，则输出该行的第 1～3 列内容，第 2～4 行为匹配输出结果。

【实例 3-112】输出包含特定字符串的行

使用 awk 输出包含特定字符串的行，代码如下。

```
1    [root@lamp_0_16 awk]# awk '/老韩/ {print $0}' awk.log
2    老韩:x:3:4:老韩:/var/老韩:/sbin/nologin
3    [root@lamp_0_16 awk]# grep -n '老韩' awk.log
4    4:老韩:x:3:4:老韩:/var/老韩:/sbin/nologin
```

上述代码第 1 行表示输出 awk.log 文件中含有“老韩”字符串的行，第 2～4 行为匹配输出结果。

【实例 3-113】输出文件中第 2 个字段含有“曹操”字符串的行

使用 awk 输出文件中第 2 个字段含有“曹操”字符串的行，代码如下。

```
1    [root@lamp_0_16 awk]# awk -F: '$1~/曹操/{print $0}' awk.log
2    曹操:x:4:7:曹操:/var/spool/曹操/sbin/nologin
3    [root@lamp_0_16 awk]# awk -F: '$1 == "曹操" {print $0}' awk.log
4    曹操:x:4:7:曹操:/var/spool/曹操/sbin/nologin
5    [root@lamp_0_16 awk]# awk -F: '$1 ~/曹操/ {print $0}' awk.log
6    曹操:x:4:7:曹操:/var/spool/曹操/sbin/nologin
```

上述代码第 1、3 和 5 行表示输出第 2 个字段包含“曹操”的行，第 2、4 和 6 行为匹配输出结果，其中的“==”为比较运算符，“~”为正则匹配，awk 使用这些正则表达式和运算符组合过滤记录和适配符合语句的条件。

【实例 3-114】修改字段内容

```
1    [root@lamp_0_16 awk]# awk -F: '$1=="曹操"{$NF = "曹孟德";print}' awk.log
2    曹操 x 4 7 曹操曹孟德
```

上述代码中第 1 行表示输出 awk.log 文件中第一个字段是“曹操”的行，并把该行最后一列修改为“曹孟德”。

【实例 3-115】匹配行首和行尾

使用$1 与$NF 匹配行首和行尾的内容，代码如下。

```
1    [root@lamp_0_16 awk]# awk '{IGNORECASE=1; if($1 ~/^[a-z]/ && $NF ~/66$/) {print
$0}}' awk.log
2    hanyw:x:7:0:韩艳威:/sbin:/sbin/99/66
3    HANYW:x:7:0:韩艳威:/sbin:/sbin/99/66
```

上述代码第 1 行表示忽略字母大小写，匹配以“[a-z]”开头，并以“66”结尾的内容，第 2～3 行为匹配输出结果。

【实例 3-116】输出所有行第 1 个字段

输出所有行的第 1 个字段信息，代码如下。

```
1    [root@lamp_0_16 awk]# awk 'BEGIN{FS=":"} {print $1}' awk.log
2    root
3    bin
4    daemon
5    老韩
6    曹操
7    韩艳威
```

```
  8   shutdown
  9   韩艳威
  10  韩艳威
  11  韩艳威
  12  韩艳威
  13  hanyw
  14  HANYW
```

上述代码第 1 行表示使用“FS”指定分隔符为“:”，输出所有行第 1 个字段，第 2～14 行为匹配输出结果。

如下代码使用“\t”作为分隔符输出/etc/passwd 文件内容。

```
  [root@laohan-zabbix-server ~]# awk -F: '{print $1,$3,$6}' OFS="\t"  /etc/passwd |
head -3
  root     0        /root
  bin      1        /bin
  daemon   2        /sbin
```

【实例 3-117】以空格为分隔符，输出第 1 个字段

使用 FS 选项输出文本中的第 1 个字段信息，代码如下。

```
[root@lamp_0_16 awk]# echo 三国演义水浒传  | awk 'BEGIN{FS=" "}{print $1}'
三国演义
```

【实例 3-118】输出每一行的字段个数

使用 NF 选项输出每一行的字段个数，代码如下。

```
1    [root@lamp_0_16 awk]# awk 'BEGIN{FS=":"}{print NF}'  awk.log
2    7
3    7
4    7
5    7
6    6
7    7
8    7
9    7
10   7
11   7
12   7
13   7
14   7
```

上述代码中第 1 行表示输出每一行的字段个数，第 2～14 行为匹配输出结果。

【实例 3-119】使用 NR 输出行号，处理多个文件时行号累加

使用 NR 选项输出行号，代码如下。

```
1    [root@lamp_0_16 awk]# echo '1' > echo_1.log
2    [root@lamp_0_16 awk]# echo '2' > echo_2.log
3    [root@lamp_0_16 awk]# echo '1_2' >> echo_1.log
4    [root@lamp_0_16 awk]# echo '2_2' >> echo_2.log
5    [root@lamp_0_16 awk]# awk '{print NR}' echo_1.log  echo_2.log
6    1
7    2
8    3
9    4
```

上述代码第 1～4 行创建测试文件，第 5 行表示输出多个文件的行号，第 6～9 行为匹配输出结果。

【实例 3-120】多文件多行号

使用 FNR 选项输出多个文件的行号，代码如下。

```
1    [root@lamp_0_16 awk]# awk '{print FNR}' echo_1.log  echo_2.log
2    1
3    2
4    1
5    2
```

上述代码第 1 行表示分别统计行数，第 2～3 行为 echo_1.log 文件匹配输出结果，第 4～5 行为 echo_2.log 文件匹配输出结果。

FNR 在处理两个以上文件时会单独计数。

【实例 3-121】指定行分隔符

使用 RS 选项指定行分隔符，代码如下。

```
1    [root@lamp_0_16 awk]# echo 'a|b|c' | awk 'BEGIN{RS="|";} {print $0}'
2    a
3    b
4    c
5
```

上述代码第 1 行表示指定“|”为行分隔符，第 2～5 行为匹配输出结果。

【实例 3-122】匹配第 3 个字段小于 3 的所有行信息

匹配行字段信息，代码如下。

```
1    [root@lamp_0_16 awk]# awk 'BEGIN{FS=":"}$3 < 3 {print $0}' /etc/passwd
2    root:x:0:0:root:/root:/bin/bash
3    bin:x:1:1:bin:/bin:/sbin/nologin
4    daemon:x:2:2:daemon:/sbin:/sbin/nologin
```

上述代码中第 1 行表示以“:”为分隔符，匹配/etc/passwd 文件中第 3 个字段小于 3 的所有行信息。第 2～4 行为匹配输出结果。

【实例 3-123】运算符不匹配某个字段

不匹配某个字段的信息，代码如下。

```
1    [root@lamp_0_16 awk]# awk 'BEGIN{FS=":"} $1 !="韩艳威" {print $0}' awk.log
2    root:x:0:0:root:/root:/bin/bash
3    bin:x:1:1:bin:/bin:/sbin/nologin
4    daemon:x:2:2:daemon:/sbin:/sbin/nologin
5    老韩:x:3:4:老韩:/var/老韩:/sbin/nologin
6    曹操:x:4:7:曹操:/var/spool/曹操/sbin/nologin
7    shutdown:x:6:0:shutdown:/sbin:/sbin/shutdown
8    hanyw:x:7:0:韩艳威:/sbin:/sbin/99/66
9    HANYW:x:7:0:韩艳威:/sbin:/sbin/99/66
```

上述代码第 1 行表示以“:”为分隔符，匹配 awk.log 文件中第 1 个字段不为“韩艳威”的所有行信息，第 2～9 行为匹配输出结果。

【实例 3-124】逻辑或运算符

逻辑或运算符在 awk 中的应用，代码如下。

```
  1    [root@lamp_0_16 awk]# awk 'BEGIN{FS=":"} $1 == "老韩" || $1 == "曹操" {print $0}'
awk.log
  2    老韩:x:3:4:老韩:/var/老韩:/sbin/nologin
  3    曹操:x:4:7:曹操:/var/spool/曹操/sbin/nologin
```

上述代码第 1 行表示以“:”为分隔符，匹配 awk.log 文件中包含“老韩”或“曹操”

的所有行信息，第 2～3 行为匹配输出结果。

【实例 3-125】逻辑与运算符

逻辑与运算符在 awk 中的应用，代码如下。

```
1    [root@lamp_0_16 awk]# awk 'BEGIN{FS=":"} $1 !="韩艳威" && $1 != "曹操" {print $0}' awk.log
2    root:x:0:0:root:/root:/bin/bash
3    bin:x:1:1:bin:/bin:/sbin/nologin
4    daemon:x:2:2:daemon:/sbin:/sbin/nologin
5    老韩:x:3:4:老韩:/var/老韩:/sbin/nologin
6    shutdown:x:6:0:shutdown:/sbin:/sbin/shutdown
7    hanyw:x:7:0:韩艳威:/sbin:/sbin/99/66
8    HANYW:x:7:0:韩艳威:/sbin:/sbin/99/66
9    11:22:33:44:55:66:77
```

上述代码第 1 行表示匹配第一个字段中不包含“韩艳威”和“曹操”的行，第 2～9 行为匹配输出结果。

【实例 3-126】匹配 UID 等于 0 的行

匹配 UID 字段等于 0 的行，代码如下。

```
1 [root@lamp_0_16 awk]# awk 'BEGIN{FS=":"} $3 == 0 {print $0}' awk.log
2 root:x:0:0:root:/root:/bin/bash
```

上述代码第 1 行使用关系运算符，匹配 UID 等于 0 的行，第 2 行为匹配输出结果。

【实例 3-127】匹配以“老韩”等关键字开头的内容

匹配以“老韩”开头，后跟其他内容的行，代码如下。

```
1    [root@lamp_0_16 awk]# awk 'BEGIN{FS=":"} $1 ~/^老韩*/ {print}' awk.log
2    老韩:x:3:4:老韩:/var/老韩:/sbin/nologin
3    老韩_Shell:老韩_Python:老韩_HTML
4    [root@lamp_0_16 awk]# awk 'BEGIN{FS=":"} ($1 ~/^老韩*/) || ($1 ~/^韩艳威*/) {print}' awk.log
5    老韩:x:3:4:老韩:/var/老韩:/sbin/nologin
6    韩艳威:x:5:0:韩艳威:/sbin:/sbin/韩艳威
7    韩艳威:x:7:0:韩艳威:/sbin:/sbin/韩艳威
8    韩艳威:x:7:0:韩艳威:/sbin:/sbin/55/66
9    韩艳威:x:7:0:韩艳威:/sbin:/sbin/77/88
10   韩艳威:x:7:0:韩艳威:/sbin:/sbin/99/66
11   老韩_Shell:老韩_Python:老韩_HTML
```

上述代码第 1 行表示匹配以“老韩”开头的内容，第 2～3 行为匹配输出结果。

第 4 行表示匹配以“老韩”或“韩艳威”开头的内容，第 5～11 行为匹配输出结果。

awk 还允许使用逻辑运算符“||”（逻辑与）和“&&”（逻辑或）创建复合表达式，复合表达式为模式间将各表达式互相结合起来的表达式。

【实例 3-128】模式取反

模式取反在 awk 中的应用，代码如下。

```
1    [root@lamp_0_16 awk]# awk 'BEGIN{FS=":"} !($1 ~/^老韩*/ || $1 ~/^韩艳威*/) {print}' awk.log
2    root:x:0:0:root:/root:/bin/bash
3    bin:x:1:1:bin:/bin:/sbin/nologin
4    daemon:x:2:2:daemon:/sbin:/sbin/nologin
5    曹操:x:4:7:曹操:/var/spool/曹操/sbin/nologin
6    shutdown:x:6:0:shutdown:/sbin:/sbin/shutdown
7    hanyw:x:7:0:韩艳威:/sbin:/sbin/99/66
8    HANYW:x:7:0:韩艳威:/sbin:/sbin/99/66
9    11:22:33:44:55:66:77
```

上述代码第1行表示不匹配以“老韩”或“韩艳威”开头的内容，第2～9行为匹配输出结果。

【实例 3-129】添加自定义字段

使有 print 语句添加自定义字段，代码如下。

```
1    [root@lamp_0_16 awk]# awk 'BEGIN{FS=":"}    { print "第一列:"$1,"第二列:"$2,"第三列: "$3}' awk.log
2    第一列:root 第二列:x 第三列: 0
3    第一列:bin 第二列:x 第三列: 1
4    第一列:daemon 第二列:x 第三列: 2
5    第一列:老韩第二列:x 第三列: 3
6    第一列:曹操第二列:x 第三列: 4
7    第一列:韩艳威第二列:x 第三列: 5
8    第一列:shutdown 第二列:x 第三列: 6
9    第一列:韩艳威第二列:x 第三列: 7
10   第一列:韩艳威第二列:x 第三列: 7
11   第一列:韩艳威第二列:x 第三列: 7
12   第一列:韩艳威第二列:x 第三列: 7
13   第一列:hanyw 第二列:x 第三列: 7
14   第一列:HANYW 第二列:x 第三列: 7
15   第一列:11 第二列:22 第三列: 33
16   第一列:老韩_Shell 第二列:老韩_Python 第三列: 老韩_HTML
```

上述代码中第1行表示输出文本中的第1～3列，并添加自己的字段，将自己的字段与文件中的列结合起来，第2～16行为匹配输出结果。

awk 可以灵活地通过双引号将我们指定的字符与每一列进行拼接，或者把指定的字符当作一个新列插入原来的列，这是 awk 格式化文本能力的体现。

【实例 3-130】BEGIN 实例

BEGIN 语句在 awk 中的应用，代码如下。

```
1    [root@lamp_0_16 awk]# touch begin.log
2    [root@lamp_0_16 awk]# cat begin.log
3    [root@lamp_0_16 awk]# awk 'BEGIN{ print "这是测试BEGIN的语句"}' begin.log
4    这是测试 BEGIN 的语句
```

上述代码第1行创建空白测试文件，第2行查看文件内容。虽然指定了 begin.log 文件作为输入源，但是在开始处理文件之前，需要先执行 BEGIN 模式指定的“输出”操作，即第4行的输出结果。

【实例 3-131】模式组合

模式组合结合正则表达式在 awk 中的应用，代码如下。

```
1    [root@lamp_0_16 awk]# awk  'BEGIN{FS=":"}  BEGIN { print "BEGIN_1_test","BEGIN_2_test" } $1 ~/^老韩/ {print}' awk.log
2    BEGIN_1_test BEGIN_2_test
3    老韩:x:3:4:老韩:/var/老韩:/sbin/nologin
4    老韩_Shell:老韩_Python:老韩_HTML
```

上述代码中第1行使用 BEGIN 模式匹配，并结合正则表达式，第2～4行为匹配输出结果。

【实例 3-132】END 应用

END 语句在 awk 中的应用，代码如下。

```
1    [root@lamp_0_16 awk]# awk 'BEGIN{ print "\nBEGIN_我轻轻地来\n" ; print "就这样走，不
     回头\n" } {print $1} END{ print "\nEND_你轻轻地走\n" ;"一路走好..." }' awk.log
2
3    BEGIN_我轻轻地来
```

```
4
5   就这样走，不回头
6
7   root:x:0:0:root:/root:/bin/bash
8   bin:x:1:1:bin:/bin:/sbin/nologin
9   daemon:x:2:2:daemon:/sbin:/sbin/nologin
10  老韩:x:3:4:老韩:/var/老韩:/sbin/nologin
11  曹操:x:4:7:曹操:/var/spool/曹操/sbin/nologin
12  韩艳威:x:5:0:韩艳威:/sbin:/bin/韩艳威
13  shutdown:x:6:0:shutdown:/sbin:/sbin/shutdown
14  韩艳威:x:7:0:韩艳威:/sbin:/sbin/韩艳威
15  韩艳威:x:7:0:韩艳威:/sbin:/sbin/55/66
16  韩艳威:x:7:0:韩艳威:/sbin:/sbin/77/88
17  韩艳威:x:7:0:韩艳威:/sbin:/sbin/99/66
18  hanyw:x:7:0:韩艳威:/sbin:/sbin/99/66
19  HANYW:x:7:0:韩艳威:/sbin:/sbin/99/66
20  11:22:33:44:55:66:77
21  老韩_Shell:老韩_Python:老韩_HTML
22
23  END_你轻轻地走
24
25  [root@lamp_0_16 awk]# awk 'BEGIN{ print "\nBEGIN_我轻轻地来\n" ; print "就这样走，
    不回头\n" } {print $1} END{ print "\nEND_你轻轻地走\n"  "一路走好..." }' awk.log
26
27  BEGIN_我轻轻地来
28
29  就这样走，不回头
30
31  root:x:0:0:root:/root:/bin/bash
32  bin:x:1:1:bin:/bin:/sbin/nologin
33  daemon:x:2:2:daemon:/sbin:/sbin/nologin
34  老韩:x:3:4:老韩:/var/老韩:/sbin/nologin
35  曹操:x:4:7:曹操:/var/spool/曹操/sbin/nologin
36  韩艳威:x:5:0:韩艳威:/sbin:/bin/韩艳威
37  shutdown:x:6:0:shutdown:/sbin:/sbin/shutdown
38  韩艳威:x:7:0:韩艳威:/sbin:/sbin/韩艳威
39  韩艳威:x:7:0:韩艳威:/sbin:/sbin/55/66
40  韩艳威:x:7:0:韩艳威:/sbin:/sbin/77/88
41  韩艳威:x:7:0:韩艳威:/sbin:/sbin/99/66
42  hanyw:x:7:0:韩艳威:/sbin:/sbin/99/66
43  HANYW:x:7:0:韩艳威:/sbin:/sbin/99/66
44  11:22:33:44:55:66:77
45  老韩_Shell:老韩_Python:老韩_HTML
46
47  END_你轻轻地走
48  一路走好...
```

上述代码第 1 行匹配第 2～24 行输出结果，第 25 行匹配第 26～48 行输出结果，先处理完 BEGIN 的内容，再输出文本里面的内容，最后输出 END 内容。

【实例 3-133】END 模式

END 语句结合正则表达式在 awk 中的应用，代码如下。

```
1    [root@lamp_0_16 awk]# awk 'BEGIN{ print "BEGIN" }  $1~/^曹操/    { print $1 }
END{ print "END" ; "real over?" }' awk.log
2    BEGIN
3    曹操:x:4:7:曹操:/var/spool/曹操/sbin/nologin
4    END
```

上述代码中第 1 行模式匹配返回的结果就像一张“报表”，有“表头”“表内容”“表尾”。我们通常将变量初始化语句（如 var=0）以及输出文件头部的语句放入 BEGIN 语句块中，将输出结果等语句放入 END 语句块中，如第 2～4 行代码所示。

【实例 3-134】自定义变量

awk 中可以使用-v 选项自定义变量，代码如下。

```
1    [root@lamp_0_16 awk]# awk -v name=韩艳威 'BEGIN {print "我的名字是："name}'
2    我的名字是：韩艳威
3    [root@lamp_0_16 awk]# awk 'BEGIN {desc="跟老韩学 Shell" ; print desc}'
4    跟老韩学 Shell
```

上述代码中，第 1 行和第 3 行均定义了变量，第 2 行和第 4 行为匹配输出结果。

【实例 3-135】匹配字符串

awk 中基于某一列匹配字符串，代码如下。

```
[root@laohan-zabbix-server ~]# ss -tulanp | awk '$2 ~/ES|LIS|TIME|UN/ ||NR==1 {print NR,$1,$2,$3$4,$5,$6}'
1 Netid State Recv-QSend-Q Local Address:Port
2 udp UNCONN 00 *:68 *:*
3 udp UNCONN 00 172.16.0.14:123 *:*
4 udp UNCONN 00 127.0.0.1:123 *:*
5 udp UNCONN 00 *:51630 *:*
6 udp UNCONN 00 fe80::5054:ff:fe99:e6c8%eth0:123 :::*
7 udp UNCONN 00 ::1:123 :::*
8 tcp LISTEN 0128 127.0.0.1:9000 *:*
9 tcp LISTEN 0128 *:80 *:*
10 tcp LISTEN 0128 *:51518 *:*
11 tcp LISTEN 0128 *:10050 *:*
12 tcp LISTEN 0128 *:10051 *:*
13 tcp ESTAB 00 172.16.0.14:51148 169.254.0.55:5574
14 tcp TIME-WAIT 00 127.0.0.1:10050 127.0.0.1:41282
15 tcp TIME-WAIT 00 127.0.0.1:10050 127.0.0.1:41268
16 tcp TIME-WAIT 00 127.0.0.1:10050 127.0.0.1:41328
17 tcp TIME-WAIT 00 127.0.0.1:10050 127.0.0.1:41136
18 tcp TIME-WAIT 00 127.0.0.1:10050 127.0.0.1:41340
19 tcp TIME-WAIT 00 127.0.0.1:10050 127.0.0.1:41324
20 tcp TIME-WAIT 00 127.0.0.1:10050 127.0.0.1:41318
21 tcp TIME-WAIT 00 127.0.0.1:10050 127.0.0.1:41322
22 tcp TIME-WAIT 00 127.0.0.1:10050 127.0.0.1:41248
23 tcp TIME-WAIT 00 127.0.0.1:10050 127.0.0.1:41138
24 tcp TIME-WAIT 00 127.0.0.1:10050 127.0.0.1:41280
25 tcp TIME-WAIT 00 127.0.0.1:10050 127.0.0.1:41274
26 tcp TIME-WAIT 00 127.0.0.1:10050 127.0.0.1:41292
27 tcp TIME-WAIT 00 127.0.0.1:10050 127.0.0.1:41286
28 tcp TIME-WAIT 00 127.0.0.1:10050 127.0.0.1:41182
29 tcp TIME-WAIT 00 127.0.0.1:10050 127.0.0.1:41298
30 tcp TIME-WAIT 00 127.0.0.1:10050 127.0.0.1:41304
31 tcp TIME-WAIT 00 127.0.0.1:10050 127.0.0.1:41246
32 tcp TIME-WAIT 00 127.0.0.1:10050 127.0.0.1:41334
33 tcp TIME-WAIT 00 127.0.0.1:10050 127.0.0.1:41256
34 tcp ESTAB 0152 172.16.0.14:51518 61.149.99.73:53303
35 tcp TIME-WAIT 00 127.0.0.1:10050 127.0.0.1:41288
36 tcp TIME-WAIT 00 127.0.0.1:10050 127.0.0.1:41192
37 tcp TIME-WAIT 00 127.0.0.1:10050 127.0.0.1:41314
38 tcp TIME-WAIT 00 127.0.0.1:10050 127.0.0.1:41272
39 tcp TIME-WAIT 00 127.0.0.1:10050 127.0.0.1:41228
40 tcp TIME-WAIT 00 127.0.0.1:10050 127.0.0.1:41294
41 tcp TIME-WAIT 00 127.0.0.1:10050 127.0.0.1:41262
42 tcp LISTEN 0128 :::3316 :::*
43 tcp LISTEN 0128 :::10050 :::*
```

上面的实例匹配 ES|LIS|TIME|UN 状态，“~”表示模式开始，“//”中间是模式匹配语

法规则，这是一个正则表达式的匹配，该模式中又引入了内建变量“NR”输出表头，第1～43行为匹配输出结果。

awk中使用“!~”匹配表示模式中的取反操作，代码如下。

```
1   [root@laohan-zabbix-server ~]# cat awk.log
2   老韩_Shell    老韩_Linux
3   老韩_CSS    老韩_Nginx
4   老韩_Python    老韩_Apache
5   韩艳威_Shell    韩艳威_Nginx
6   韩艳威_Python    韩艳威_HTML
7   韩艳威_JavaScript    韩艳威_Flask
8   [root@laohan-zabbix-server ~]# awk ' $0  ~/老韩/ || NR == 1 {print NR, $1}' awk.log
9   1 老韩_Shell
10  2 老韩_CSS
11  3 老韩_Python
12  [root@laohan-zabbix-server ~]# awk '$0 !~/老韩/ || NR == 1 {print NR, $1}' awk.log
13  1 老韩_Shell
14  4 韩艳威_Shell
15  5 韩艳威_Python
16  6 韩艳威_JavaScript
17  [root@laohan-zabbix-server ~]# awk '$0 !~/老韩/ || NR == 1 {print NR, $2}' awk.log
18  1 老韩_Linux
19  4 韩艳威_Nginx
20  5 韩艳威_HTML
21  6 韩艳威_Flask
22  [root@laohan-zabbix-server ~]# awk '$0 !/老韩/ || NR == 1 {print NR, $2}' awk.log
23  1 老韩_Linux
24  2 老韩_Nginx
25  3 老韩_Apache
26  4 韩艳威_Nginx
27  5 韩艳威_HTML
28  6 韩艳威_Flask
29  [root@laohan-zabbix-server ~]# awk '$0 !~/老韩*/ || NR == 1 {print NR, $2}' awk.log
30  1 老韩_Linux
31  4 韩艳威_Nginx
32  5 韩艳威_HTML
33  6 韩艳威_Flask
34  [root@laohan-zabbix-server ~]# awk '$0 !~/*老韩*/ || NR == 1 {print NR, $2}' awk.log
35  1 老韩_Linux
36  2 老韩_Nginx
37  3 老韩_Apache
38  4 韩艳威_Nginx
39  5 韩艳威_HTML
40  6 韩艳威_Flask
```

上述代码中“!/老韩/”与“!~/老韩/”模式取反取得的结果相同。

【实例3-136】多条件匹配

awk中的多条件匹配，相当于Shell编程中的逻辑或运算逻辑，代码如下。

```
1 [root@laohan-zabbix-server ~]# awk '/韩/ || $4 > 80' FS=" " course.log
2 【姓名】        【班级】        【课程】        【分数】
3 西游记          03              Python 编程     99
4 孙悟空          04              Shell 编程      88
5 韩铭泽          05              Java 编程       88
6 张无忌          05              Java 编程       88
```

上述代码第1行匹配包含字符“韩”或第4列大于80的数据，第2～6行为匹配输出结果。

3.5 awk 数组与运算符

awk 中的数组是用来存储一系列值的变量，通过索引（下标）来访问值。

awk 中的数组称为关联数组，因为它的索引可以是数字也可以是字符串。

awk 数组中元素的键和值存储在 awk 程序内部的一个表中，该表采用散列算法，因此数组元素是随机排序的，数组格式如下。

```
array[index]=value
```

awk 数组结构如图 3-1 所示。

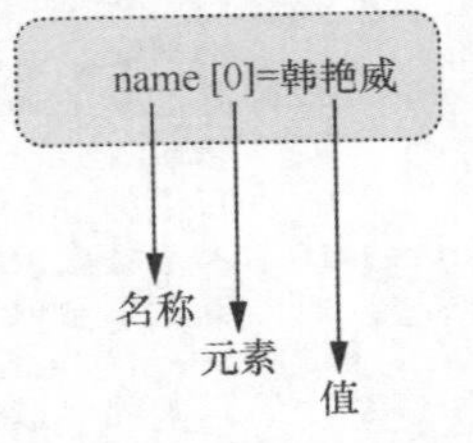

图 3-1 awk 数组结构

3.5.1 数组基础应用实例

【实例 3-137】用数字作数组索引

使用数字作数组索引，代码如下。

```
1    [root@lamp_0_16 awk]# awk 'BEGIN {desc[1]="老韩_Shell";desc[2]="老韩_Python" ;
print desc[1] "\n" desc[2]}'
2    老韩_Shell
3    老韩_Python
```

上述代码第 1 行使用数字当作索引，第 2～3 行为匹配输出结果。

【实例 3-138】可以用字符串作数组索引

基于字符串的数组索引，代码如下。

```
1    [root@lamp_0_16 awk]# awk 'BEGIN {desc["name"]="我的名字是：韩艳威;";desc["age"]= "
我的年龄是 18;";desc["like"]="我的爱好是篮球和音乐..." ; print desc["name"]"\n"desc["age"]
"\n"desc["like"]}'
2    我的名字是：韩艳威;
3    我的年龄是 18;
4    我的爱好是篮球和音乐...
```

上述代码第 1 行使用字符串当作索引，第 2～3 行为匹配输出结果。

【实例 3-139】for 循环

awk 中的 for 循环可以在 BEGIN 模式中指定，代码如下。

```
1    [root@lamp_0_16 awk]# awk 'BEGIN { for(i=1;i<=6;i++) print "平方运算结果", i, "是",
i*i }'
2    平方运算结果 1 是 1
3    平方运算结果 2 是 4
4    平方运算结果 3 是 9
5    平方运算结果 4 是 16
6    平方运算结果 5 是 25
7    平方运算结果 6 是 36
```

上述代码第 1 行使用 for 循环计算平方运算结果，第 2～7 行为匹配输出结果。

【实例 3-140】计算 1～100 的和

awk 中在 BEGIN 模式中计算 1～100 的和的数学运算，代码如下。

```
1   [root@lamp_0_16 awk]# awk 'BEGIN{ sum=0 ; for(n = 1; n <= 100; n++) sum += n;
print sum }'
2   5050
```

上述代码中第1行表示计算1+2+3+…+100的值，第2行为匹配输出结果。

【实例3-141】do while循环

do while循环在awk中的应用，代码如下。

```
1   [root@lamp_0_16 awk]# awk 'BEGIN { counter = 10; do {if (counter % 2 == 0)print
counter;counter-- } while( counter > 5 )}'
2   10
3   8
4   6
```

上述代码第1行匹配输出结果为第2～4行。

【实例3-142】通过NR设置索引，索引从1开始

通过NR设置索引的代码如下。

```
1   [root@lamp_0_16 awk]# tail -3 /etc/passwd
2   apache:x:48:48:Apache:/usr/share/httpd:/sbin/nologin
3   mysql:x:27:27:MariaDB Server:/var/lib/mysql:/sbin/nologin
4   zabbix:x:995:993:Zabbix Monitoring System:/var/lib/zabbix:/sbin/nologin
5   [root@lamp_0_16 awk]# tail -n3 /etc/passwd | awk -F: '{ a[NR]=$1} END{print a[1]}'
6   apache
7   [root@lamp_0_16 awk]# tail -3 /etc/passwd | awk -F: '{ a[NR]=$1} END{print a[2]} '
8   mysql
9   [root@lamp_0_16 awk]# tail -3 /etc/passwd | awk -F: '{ a[NR]=$1} END{print a[3]}'
10  zabbix
```

上述代码第2～4行为测试文件内容，第5行、第7行、第9行使用“NR”设置索引，第6行、第8行、第10行为匹配输出结果。

【实例3-143】通过for循环遍历数组

awk通过for循环遍历数组是Linux系统管理员经常使用的功能，用于统计TCP状态或IP地址等相关信息，代码如下。

```
1   [root@lamp_0_16 awk]# head  /etc/passwd | awk -F: '{a[NR]=$1} END{ for(k in
a) print a[k],k }'
2   adm 4
3   lp 5
4   sync 6
5   shutdown 7
6   halt 8
7   mail 9
8   operator 10
9   root 1
10  bin 2
11  daemon 3
12  [root@lamp_0_16 awk]# head /etc/passwd | awk -F: '{a[NR]=$1}  END{for(k=1 ;
k<=NR; k++) print a[k],k }'
13  root 1
14  bin 2
15  daemon 3
16  adm 4
17  lp 5
18  sync 6
19  shutdown 7
20  halt 8
```

```
21  mail 9
22  operator 10
```

上述代码第 1 行的 k 是数组的索引。第 1 行 for 循环的结果是乱序的，数组是无序存储的。第 12 行 for 循环通过索引获取的情况是排序正常的。所以当索引是数字序列时，建议使用 for(expr1;expr2;expr3)循环表达式，保持顺序不变。

第 2～11 行和第 13～22 行为匹配输出结果。

【实例 3-144】使用“++”作为索引

使用“++”作为索引，代码如下。

```
1   [root@lamp_0_16 awk]# head /etc/passwd | awk -F: '{ a[x++]=$1 } END{ for
(i = 0; i<= x -1; i++) print a[i],i }'
2   root 0
3   bin 1
4   daemon 2
5   adm 3
6   lp 4
7   sync 5
8   shutdown 6
9   halt 7
10  mail 8
11  operator 9
```

上述代码第 1 行表示 i 被 awk 初始化的值是 0，每循环一次加 1，第 2～11 行为匹配输出结果。

【实例 3-145】使用字段作为索引

使用字段作为索引，代码如下。

```
1   [root@lamp_0_16 awk]# head /etc/passwd | awk -F: '{a[$1]=$7} END{for(v in a)
print a[v],v}'
2   /sbin/shutdown shutdown
3   /sbin/nologin bin
4   /sbin/nologin mail
5   /sbin/halt halt
6   /sbin/nologin adm
7   /sbin/nologin operator
8   /bin/sync sync
9   /sbin/nologin daemon
10  /bin/bash root
11  /sbin/nologin lp
```

上述代码第 1 行表示使用字段作为索引，第 2～11 行为匹配输出结果。

【实例 3-146】统计相同字段出现次数

统计相同字段出现次数，代码如下。

```
1   [root@lamp_0_16 awk]# awk -F: '{a[$1]++} END{for(v in a ) print a[v],v}'
    awk.log | sort -rn
2   5 韩艳威
3   2 老韩_Shell
4   2 16
5   1 韩铭泽_Shell
6   1 老韩_Shell
7   1 老韩
8   1 曹操
9   1 shutdown
10  1 root
11  1 HANYW
12  1 hanyw
```

```
13  1 daemon
14  1 bin
15  1 11
```

上述代码第 1 行表示统计相同字段出现次数，第 2～15 行为匹配输出结果。

【实例 3-147】只输出出现次数大于等于 2 的内容

匹配索引次数大于等于 2 的内容，代码如下。

```
1    [root@lamp_0_16 awk]# awk -F: '{a[$1]++}  END{for(v in a) if(a[v]>=2) print
     a[v],v } ' awk.log  | sort -rn
2    5 韩艳威
3    2 老韩_Shell
4    2 16
```

上述代码第 1 行表示只输出出现次数大于等于 2 的内容，第 2～4 行为匹配输出结果。

【实例 3-148】统计 TCP 状态

统计 TCP 连接信息的状态及总数，代码如下。

```
1    [root@lamp_0_16 awk]# ss -an | awk '/^tcp/ {a[$2]++} END{for(v in a) print
     a[v],v}' | sort -rn
2    29 TIME-WAIT
3    7 SYN-RECV
4    5 LISTEN
5    2 ESTAB
```

上述代码第 1 行表示统计 TCP 状态，第 2～5 行为匹配输出结果。

【实例 3-149】int()函数

awk 中的 int()函数可以获取字符串中包含数字的值，代码如下。

```
1    [root@lamp_0_16 awk]# echo '66laohan 88laohan' | xargs -n1 | awk '{print int($0)}'
2    66
3    88
4    [root@lamp_0_16 awk]# awk 'BEGIN{print int(10 / 3)}'
5    3
6    [root@lamp_0_16 awk]# awk 'BEGIN{ print 10 / 3}'
7    3.33333
```

上述代码第 1 行、第 4 行、第 6 行使用 int()函数，第 2～3 行、第 5 行、第 7 行为匹配输出结果。

【实例 3-150】返回当前时间戳 systime()和 strftime()

systime()和 strftime()在 awk 中的应用，代码如下。

```
1    [root@lamp_0_16 awk]# awk 'BEGIN{print systime()}'
2    1583503369
3    [root@lamp_0_16 awk]# echo "1583503369" | awk '{print strftime("%Y-%m-%d
     %H:%M:%S",$0)}'
4    2020-03-06 22:02:49
```

上述代码第 1 行表示获取当前操作系统时间戳，第 2 行为输出结果，第 3 行将时间戳转换为当前的系统时间，第 4 行为匹配输出结果。

3.5.2 awk 变量详解

1. awk 内置变量与外部变量

【实例 3-151】内置变量$1 与$NF

内置变量$1 与$NF 在 awk 中的应用，代码如下。

```
[root@lamp_0_16 awk]# awk 'BEGIN{FS=":"} /^root/ {print $1,$NF}' /etc/passwd
root /bin/bash
```

FS 为字段分隔符，可以自己设置，默认是空格，因为 passwd 里面使用的是“:”分隔符，所以需要修改默认分隔符。NF 是字段总数，$0 代表当前行记录，$1～$n 是当前行的各个字段对应值。

【实例 3-152】获得普通变量

普通变量在 awk 中的应用，代码如下。

```
1   [root@lamp_0_16 awk]# name="老韩_Shell"
2   [root@lamp_0_16 awk]# echo | awk '{print name}' name="$name"
3   老韩_Shell
4   [root@lamp_0_16 awk]# echo | awk name="$name" '{print name}'
5   awk: cmd. line:1: name=老韩_Shell
6   awk: cmd. line:1:       ^ invalid char '楠 in expression
7   awk: cmd. line:1: name=老韩_Shell
8   awk: cmd. line:1:       ^ syntax error
9   [root@lamp_0_16 awk]# awk 'BEGIN{print name}' "name=$name"
10
11  [root@lamp_0_16 awk]#
```

上述代码第 1 行定义变量 name，第 2 行引用变量 name 的值，第 4 行输出 name 变量的值，第 5～8 行为匹配输出结果，第 9 行的匹配输出结果为第 10 行，其匹配规则正确格式代码如下。

```
awk: awk '{action}'  变量名=变量值
```

【实例 3-153】BEGIN 程序块中变量的应用

使用-v 选项设置变量，代码如下。

```
1   [root@lamp_0_16 awk]# course="老韩_Shell"
2   [root@lamp_0_16 awk]# echo | awk -v course="$course" 'BEGIN{print course}'
3   老韩_Shell
4   [root@lamp_0_16 awk]# echo | awk -v course="$course" '{print course}'
5   老韩_Shell
```

上述代码第 1、2、4 行匹配规则代码如下。

```
awk -v 变量名=变量值 [-v 变量名2=变量值2 …] 'BEGIN{action}'
```

第 3 行和第 5 行为匹配输出结果。

【实例 3-154】获取环境变量

使用 ENVIRON 获取环境变量信息，代码如下。

```
1   [root@lamp_0_16 awk]# awk 'BEGIN{for(i in ENVIRON) {print i"="ENVIRON[i]}}'
2   AWKPATH=.:/usr/share/awk
3   OLDPWD=/root
4   LANG=en_US.utf8
5   HISTSIZE=3000
6   XDG_RUNTIME_DIR=/run/user/0
7   USER=root
8   _=/usr/bin/awk
9   TERM=xterm
10  HISTTIMEFORMAT=%F %T
11  PROMPT_COMMAND=history -a; printf "\033]0;%s@%s:%s\007" "${USER}" "${HOSTNAME%%.
*}" "${PWD/#$HOME/~}"
12  SHELL=/bin/bash
13  SSH_CONNECTION=221.218.234.18 54794 172.16.0.16 51518
14  XDG_SESSION_ID=288871
15  LESSOPEN=||/usr/bin/lesspipe.sh %s
```

```
 16  PATH=/usr/local/sbin:/usr/local/bin:/usr/sbin:/usr/bin:/root/bin
 17  MAIL=/var/spool/mail/root
 18  SSH_CLIENT=221.218.234.18 54794 51518
 19  HOSTNAME=lamp_0_16
 20  HOME=/root
 21  PWD=/root/awk
 22  SSH_TTY=/dev/pts/1
 23  LOGNAME=root
 24  SHLVL=1
 25  LS_COLORS=rs=0:di=01;34:ln=01;36:mh=00:pi=40;33:so=01;35:do=01;35:bd=40;33;
01:cd=40;33;01:or=40;31;01:mi=01;05;37;41:su=37;41:sg=30;43:ca=30;41:tw=30;42:ow=34;
42:st=37;44:ex=01;32:*.tar=01;31:*.tgz=01;31:*.arc=01;31:*.arj=01;31:*.taz=01;31:*.
lha=01;31:*.lz4=01;31:*.lzh=01;31:*.lzma=01;31:*.tlz=01;31:*.txz=01;31:*.tzo=01;31:
*.t7z=01;31:*.zip=01;31:*.z=01;31:*.Z=01;31:*.dz=01;31:*.gz=01;31:*.lrz=01;31:*.lz=
01;31:*.lzo=01;31:*.xz=01;31:*.bz2=01;31:*.bz=01;31:*.tbz=01;31:*.tbz2=01;31:*.tz=
01;31:*.deb=01;31:*.rpm=01;31:*.jar=01;31:*.war=01;31:*.ear=01;31:*.sar=01;31:*.rar=
01;31:*.alz=01;31:*.ace=01;31:*.zoo=01;31:*.cpio=01;31:*.7z=01;31:*.rz=01;31:*.cab=
01;31:*.jpg=01;35:*.jpeg=01;35:*.gif=01;35:*.bmp=01;35:*.pbm=01;35:*.pgm=01;35:*.ppm=
01;35:*.tga=01;35:*.xbm=01;35:*.xpm=01;35:*.tif=01;35:*.tiff=01;35:*.png=01;35:*.svg=
01;35:*.svgz=01;35:*.mng=01;35:*.pcx=01;35:*.mov=01;35:*.mpg=01;35:*.mpeg=01;35:*.m2v=
01;35:*.mkv=01;35:*.webm=01;35:*.ogm=01;35:*.mp4=01;35:*.m4v=01;35:*.mp4v=01;35:*.vob=
01;35:*.qt=01;35:*.nuv=01;35:*.wmv=01;35:*.asf=01;35:*.rm=01;35:*.rmvb=01;35:*.flc=
01;35:*.avi=01;35:*.fli=01;35:*.flv=01;35:*.gl=01;35:*.dl=01;35:*.xcf=01;35:*.xwd=01;
35:*.yuv=01;35:*.cgm=01;35:*.emf=01;35:*.axv=01;35:*.anx=01;35:*.ogv=01;35:*.ogx=
01;35:*.aac=01;36:*.au=01;36:*.flac=01;36:*.mid=01;36:*.midi=01;36:*.mka=01;36:*.mp3=
01;36:*.mpc=01;36:*.ogg=01;36:*.ra=01;36:*.wav=01;36:*.axa=01;36:*.oga=01;36:*.spx=
01;36:*.xspf=01;36:
```

上述代码第 1 行表示使用 awk 内置变量 ENVIRON，可以直接获得环境变量。它是一个字典数组，即环境变量名就是它的键值。

第 2～25 行为匹配输出结果。

【实例 3-155】逻辑运算符

逻辑运算符在 awk 中的应用，代码如下。

```
 1 [root@lamp_0_16 awk]# awk 'BEGIN{a=1;b=2;print(a>0),(b<0),(a>6 && b <=2),(a >
6 || b <= 2);  }'
 2 1 0 0 1
```

上述代码中，第 1 行为匹配规则，第 2 行的返回结果中 1 代表真，0 代表假。

注意：“~!” 等同于 “!~”，二者功能完全一致。

【实例 3-156】正则运算符

正则运算符在 awk 中的应用，代码如下。

```
1 [root@lamp_0_16 awk]# awk 'BEGIN{test="老韩_Shell"; if(test ~ /^老韩*/) print "OK"}'
2 OK
```

上述代码第 1 行表示 test 是否符合正则匹配。第 2 行为匹配输出结果。

【实例 3-157】关系运算符

关系运算符在 awk 中的应用，代码如下。

```
1    [root@lamp_0_16 awk]# awk -F: '$1=="老韩"'  awk.log
2    老韩:x:3:4:老韩:/var/老韩:/sbin/nologin
3    [root@lamp_0_16 awk]# awk -F: '$3==0' /etc/passwd
4    root:x:0:0:root:/root:/bin/bash
5    [root@lamp_0_16 awk]# awk -F: '$1 ~/曹操/' awk.log
6    曹操:x:4:7:曹操:/var/spool/曹操/sbin/nologin
7    [root@lamp_0_16 awk]# awk -F: '$1 ~/老韩/' awk.log
8    老韩:x:3:4:老韩:/var/老韩:/sbin/nologin
```

```
9   老韩_Shell:老韩_Python:老韩_HTML
10  老韩_Shell:老韩_Python:老韩_HTML
11  老韩_Shell:老韩_Python:老韩_HTML
```

上述代码第 1 行表示，某行的第 1 个字段值等于“老韩”字符串，若测试条件为真，awk 将执行默认操作（输出该行内容），第 2 行为匹配输出结果。

第 3 行表示某行的第 3 个字段等于 0，若测试条件为真，将输出第 4 行匹配结果。

第 5 行和第 7 行匹配规则类似，匹配相关字符串的行，第 6 行和第 8～11 行为匹配输出结果。

awk 可以在模式中执行运算，awk 指令都将按浮点数执行算术运算。

【实例 3-158】算术运算符

算术运算符在 awk 中的应用，代码如下。

```
1 [root@lamp_0_16 awk]# echo 6 8 | awk  ' { if ($1*$2==48) print $1 * $2}'
2 48
3 [root@lamp_0_16 awk]# echo 6 8 | awk  ' { if ($1*$2==48) print "This is a test "}'
4 This is a test
```

上述代码第 1 行表示，awk 将记录的第 1 个字段与第 2 个字段的值相乘，如果乘积等于 48，则显示两者的运算结果。

第 3 行规则表示 if 条件语句成立，则输出匹配第 4 行。

```
[root@laohan-zabbix-server ~]# cat course.log
【姓名】          【班级】          【课程】          【分数】
曹孟德            01                Web 前端          80
袁小芳            02                Linux 运维        69
刘晓              03                Python 编程       99
孙悟空            04                Shell 编程        78
孙悟空            04                Shell 编程        78
孙悟空            04                Shell 编程        78
孙悟空            04                Shell 编程        78
孙悟空            04                Shell 编程        78
孙悟空            04                Shell 编程        78
孙悟空            04                Shell 编程        78
孙悟空            04                Shell 编程        78
孙悟空            04                Shell 编程        88
韩晓              05                Java 编程         88
张亮              05                Java 编程         88
[root@laohan-zabbix-server ~]# awk '{if (NR==1) {print $1;} else if (NR==2) {print
$2} else {print $3}}' FS=" " course.log
【姓名】
01
Linux 运维
Python 编程
Shell 编程
Shell 编程
Shell 编程
Shell 编程
Shell 编程
Shell 编程
Shell 编程
Shell 编程
Shell 编程
Java 编程
Java 编程
```

上述代码演示了 if 条件语句结合 NR 变量的具体使用。

2．awk 变量与 Shell 变量

在编写 Shell 脚本时，经常会使用到 awk 程序。但是有些复杂的逻辑，可能需要在 awk

中使用在 Shell 中定义的变量，而且 awk 程序处理之后产生的中间变量，还需要在 Shell 中继续处理。

（1）awk 中使用 Shell 中定义的变量。

方法一：使用“"'"”把 Shell 变量包括在内，即“"'$var'"”。

注意，这里使用的是“双引号+单引号+Shell 变量+单引号+双引号”的格式。

```
[root@laohan-zabbix-server ~]# name="韩艳威"
[root@laohan-zabbix-server ~]# awk 'BEGIN{print "'$name'"}'
韩艳威
[root@laohan-zabbix-server ~]# awk 'BEGIN{print "我的名字是：'$name'"}'
我的名字是：韩艳威
```

方法二：使用“"'""”把 Shell 变量包括在内，即“"'"$var"'"”。

注意，这里使用的是“双引号+单引号+双引号+Shell 变量+双引号+单引号+双引号”的格式。

如果变量的值中包含空格，为了不让 Shell 把空格作为分隔符，则应使用方法二。

```
[root@laohan-zabbix-server ~]# desc="欢迎跟老韩学 Python 跟老韩学 Shell"
[root@laohan-zabbix-server ~]# awk 'BEGIN{print "'"$desc"'"}'
欢迎跟老韩学 Python 跟老韩学 Shell
```

方法三：使用 export 变量，然后在 awk 中使用 ENVIRON["var"]形式获取环境变量的值。

```
[root@laohan-zabbix-server ~]# desc="欢迎跟老韩学 Python 跟老韩学 Shell" ; export desc
[root@laohan-zabbix-server ~]# awk 'BEGIN{print ENVIRON["desc"]}'
欢迎跟老韩学 Python 跟老韩学 Shell
```

方法四：使用 awk -v。

当定义的变量数量不多时，建议使用这种方法。

```
[root@laohan-zabbix-server ~]# desc="欢迎跟老韩学 Python 跟老韩学 Shell"
[root@laohan-zabbix-server ~]# awk -v  desc="$desc" 'BEGIN{print desc}'
欢迎跟老韩学 Python 跟老韩学 Shell
```

（2）Shell 使用 awk 程序定义的变量。

由 awk 向 Shell 传递变量，利用 awk 输出若干条 Shell 指令，然后用 Shell 执行这些指令。

```
1 [root@laohan-zabbix-server ~]# eval $(awk 'BEGIN{print "var1='str1';var2='str2'"}')
2 [root@laohan-zabbix-server ~]# echo "var1=$var1 ----- var2=$var2"
  var1=str1 ----- var2=str2
3 [root@laohan-zabbix-server ~]# eval $(awk '{printf("var1=%s; var2=%s; var3=%s;",
$1,$2,$3)}' course.log)
4 [root@laohan-zabbix-server ~]# echo "var1=$var1 ----- var2=$var2"
  var1=张亮 ----- var2=05
```

上述代码中演示了由 awk 向 Shell 传递变量以及使用 Shell 执行相关指令。

3．字符串连接

awk 中不需要定义数据类型，awk 内部会强制转换，如下所示。

【实例 3-159】字符串转数字

字符串转数字在 awk 中的应用，代码如下。

```
1 [root@lamp_0_16 awk]# awk 'BEGIN{ num_1 = "100" ; num_2 = "66 老韩 88"; print (num_1 +
num_2 + 0); }'
2 166
```

上述代码第 1 行，变量通过“+”连接运算，awk 会自动强制将字符串转为数字。非数字变成 0，发现第一个非数字字符，后面自动忽略，第 2 行为匹配输出结果。

【实例 3-160】数字转字符串

数字转字符串在 awk 中的应用，代码如下。

```
1 [root@lamp_0_16 awk]# awk 'BEGIN{a = 66; b = 88; c=(a""b); print c}'
2 6688
```

上述代码第 1 行将变量用“""”连接起来运算，第 2 行为匹配输出结果。

【实例 3-161】字符串连接操作

字符串连接在 awk 中的应用，代码如下。

```
1    [root@lamp_0_16 awk]# awk 'BEGIN{ name="我的名字是韩艳威,"; age = "我的年龄是 18" ;
     desc=(name""age);print desc }'
2    我的名字是韩艳威,我的年龄是 18
3    [root@lamp_0_16 awk]# awk 'BEGIN{ name="我的名字是韩艳威,"; age = "我的年龄是 18" ;
     desc=(name"\t"age);print desc }'
4    我的名字是韩艳威,    我的年龄是 18
5    [root@lamp_0_16 awk]# awk 'BEGIN{ name="我的名字是韩艳威,"; age = "我的年龄是 18" ;
     desc=(name"\n"age);print desc }'
6    我的名字是韩艳威,
7    我的年龄是 18
8    [root@lamp_0_16 awk]# awk 'BEGIN{ name="我的名字是韩艳威,"; age = "我的年龄是 18" ;
     desc=(name + age);print desc }'
9    0
```

上述代码第 1 行通过空格连接变量，第 2 行为匹配输出结果。第 3 行通过制表符连接变量，第 4 行为匹配输出结果。第 5 行通过回车符连接变量，第 6～7 行为匹配输出结果。第 8 行通过字符串连接符“+”，强制将左右两边的值转换为数字，然后进行操作，第 9 行为运算输出结果。

3.5.3 awk 流程控制

awk 程序中的 while、do while 和 for 循环中允许使用 break、continue 等关键字来控制流程走向，使用 exit 语句退出循环，使用 break 关键字中断当前正在执行的循环并跳转到循环外执行下一条语句。awk 流程控制语句基本格式如下。

```
if(表达式) #if ( Variable in Array )
语句 1
else
语句 2
```

格式中“语句 1”可以是多个语句，为了方便阅读，最好将多个语句用“{}”标注，awk 分支结构允许嵌套，基本格式如下。

```
if(表达式)

{语句 1}

else if(表达式)
{语句 2}
else
{语句 3}
```

【实例 3-162】while 循环

awk 中的 while 循环结合条件判断，代码如下。

```
1    [root@lamp_0_16 awk]# bash awk_while.sh
2    5050
```

```
3   [root@lamp_0_16 awk]# cat awk_while.sh
4   awk 'BEGIN{
5   num=100;
6   total=0;
7   while(i<=num){
8     total+=i;
9     i++;
10  }
11  print total;
12  }'
```

上述代码第 2 行为执行结果，第 4～12 行为 while 循环测试代码。

注意：花括号内的语句可以包含多条。

【实例 3-163】for 循环

awk 中的 for 循环代码如下。

```
1   [root@lamp_0_16 awk]# bash awk_for_1.sh
2   0=三国演义
3   1=水浒传
4   2=西游记
5   3=红楼梦
6   [root@lamp_0_16 awk]# cat awk_for_1.sh
7   awk 'BEGIN{
8   name[0]="三国演义"
9   name[1]="水浒传"
10  name[2]="西游记"
11  name[3]="红楼梦"
12  for(k in name){
13    print k"="name[k];
14  }
15  }'
16  [root@lamp_0_16 awk]#
17  [root@lamp_0_16 awk]# bash awk_for_2.sh
18  5050
19  [root@lamp_0_16 awk]# cat awk_for_2.sh
20  awk 'BEGIN{
21  total=0;
22  for(i=0;i<=100;i++){
23    total+=i;
24  }
25    print total;
26  }'
```

上述代码第 2～5 行、第 18 行为执行结果，第 7～15 行、第 20～26 行为测试代码。

【实例 3-164】do 循环

awk 中的 do 循环代码如下。

```
1   [root@lamp_0_16 awk]# bash awk_do.sh
2   5050
3   [root@lamp_0_16 awk]# cat awk_do.sh
4   awk 'BEGIN{
5   total=0;
6   i=0;
7     do {
8     total+=i;
9     i++;
10    }
11    while(i<=100)
12  print total;
13  }'
```

上述代码第 2 行为脚本执行结果，第 4～13 行为匹配输出结果。

以上为 awk 流程控制语句，流程控制中的其他参数如表 3-21 所示。

表 3-21 awk 流程控制参数

参数	说明
break	用于 while 或 for 循环时，导致退出程序循环
continue	用于 while 或 for 循环时，使程序循环移动到下一个迭代
next	导致读入下一个输入行，并返回到脚本的顶部
exit	语句使主输入循环退出并将控制转移到 END（如果 END 存在）。如果没有定义 END 规则，或在 END 中应用 exit 语句，则终止脚本的执行

上述流程控制语句性能相对于 Shell 而言非常高效，很多 Shell 程序都可以交给 awk，测试实例如下。

【实例 3-165】性能测试

使用 awk 程序处理文本，可轻松对几百万甚至几千万行数据进行处理，快速输出结果。

```
1   [root@lamp_0_16 awk]#  time (awk 'BEGIN{ total=0;for(i=0;i<=10000;i++){total+=
    i;}print total;}')
2   50005000
3
4   real  0m0.003s
5   user  0m0.002s
6   sys  0m0.001s
7   [root@lamp_0_16 awk]# time(total=0;for i in $(seq 10000);do total=$(($total+
    i));done;echo $total;)
8   50005000
9
10  real  0m0.063s
11  user  0m0.052s
12  sys  0m0.006s
```

上述代码第 2～6 行为 awk 运算及输出结果，第 8～12 行为 Shell 内置 for 循环输出结果，从二者的执行时间可以看出 awk 的效率是 Shell 程序的很多倍。

【实例 3-166】拆分文件

awk 拆分文件可以使用重定向，如下实例按第 2 列分隔文件，NR!=1 表示不统计表头。

```
1   [root@laohan-zabbix-server ~]# cat ss_awk.txt
2   udp UNCONN 00 *:68 *:*
3   udp UNCONN 00 172.16.0.14:123 *:*
4   udp UNCONN 00 127.0.0.1:123 *:*
5   udp UNCONN 00 *:57728 *:*
6   udp UNCONN 00 fe80::5054:ff:fe99:e6c8%eth0:123 :::*
7   udp UNCONN 00 ::1:123 :::*
8   tcp LISTEN 0128 127.0.0.1:9000 *:*
9   tcp LISTEN 0128 *:80 *:*
10  tcp LISTEN 0128 *:51518 *:*
11  tcp LISTEN 0128 *:10050 *:*
12  tcp LISTEN 0128 *:10051 *:*
13  tcp TIME-WAIT 00 127.0.0.1:10050 127.0.0.1:48958
14  tcp TIME-WAIT 00 127.0.0.1:10050 127.0.0.1:48928
15  tcp TIME-WAIT 00 127.0.0.1:10050 127.0.0.1:48772
16  tcp TIME-WAIT 00 127.0.0.1:10050 127.0.0.1:48944
17  tcp TIME-WAIT 00 127.0.0.1:10050 127.0.0.1:48978
18  tcp ESTAB 00 172.16.0.14:51148 169.254.0.55:5574
19  tcp TIME-WAIT 00 127.0.0.1:10050 127.0.0.1:48902
20  tcp TIME-WAIT 00 127.0.0.1:10050 127.0.0.1:48982
21  tcp TIME-WAIT 00 127.0.0.1:10050 127.0.0.1:48954
```

```
22  tcp TIME-WAIT 00 127.0.0.1:10050 127.0.0.1:48908
23  tcp TIME-WAIT 00 127.0.0.1:10050 127.0.0.1:48778
24  tcp TIME-WAIT 00 127.0.0.1:10050 127.0.0.1:48972
25  tcp TIME-WAIT 00 127.0.0.1:10050 127.0.0.1:48948
26  tcp TIME-WAIT 00 127.0.0.1:10050 127.0.0.1:48924
27  tcp TIME-WAIT 00 127.0.0.1:10050 127.0.0.1:48842
28  tcp TIME-WAIT 00 127.0.0.1:10050 127.0.0.1:48938
29  tcp TIME-WAIT 00 127.0.0.1:10050 127.0.0.1:48784
30  tcp TIME-WAIT 00 127.0.0.1:10050 127.0.0.1:48830
31  tcp TIME-WAIT 00 127.0.0.1:10050 127.0.0.1:48934
32  tcp TIME-WAIT 00 127.0.0.1:10050 127.0.0.1:48964
33  tcp TIME-WAIT 00 127.0.0.1:10050 127.0.0.1:48916
34  tcp TIME-WAIT 00 127.0.0.1:10050 127.0.0.1:48968
35  tcp TIME-WAIT 00 127.0.0.1:10050 127.0.0.1:48942
36  tcp ESTAB 052 172.16.0.14:51518 61.149.99.73:53303
37  tcp TIME-WAIT 00 127.0.0.1:10050 127.0.0.1:48974
38  tcp TIME-WAIT 00 127.0.0.1:10050 127.0.0.1:48774
39  tcp TIME-WAIT 00 127.0.0.1:10050 127.0.0.1:48922
40  tcp TIME-WAIT 00 172.16.0.14:45338 172.16.0.16:10050
41  tcp TIME-WAIT 00 127.0.0.1:10050 127.0.0.1:48786
42  tcp TIME-WAIT 00 127.0.0.1:10050 127.0.0.1:48930
43  tcp TIME-WAIT 00 127.0.0.1:10050 127.0.0.1:48898
44  tcp TIME-WAIT 00 127.0.0.1:10050 127.0.0.1:48878
45  tcp LISTEN 0128 :::3316 :::*
46  tcp LISTEN 0128 :::10050 :::*
47  [root@laohan-zabbix-server ~]# awk '{print $2}' ss_awk.txt
48  UNCONN
49  UNCONN
50  UNCONN
51  UNCONN
52  UNCONN
53  UNCONN
54  LISTEN
55  LISTEN
56  LISTEN
57  LISTEN
58  LISTEN
59  TIME-WAIT
60  TIME-WAIT
61  TIME-WAIT
62  TIME-WAIT
63  TIME-WAIT
64  ESTAB
65  TIME-WAIT
66  TIME-WAIT
67  TIME-WAIT
68  TIME-WAIT
69  TIME-WAIT
70  TIME-WAIT
71  TIME-WAIT
72  TIME-WAIT
73  TIME-WAIT
74  TIME-WAIT
75  TIME-WAIT
76  TIME-WAIT
77  TIME-WAIT
78  TIME-WAIT
79  TIME-WAIT
80  TIME-WAIT
81  TIME-WAIT
82  ESTAB
83  TIME-WAIT
84  TIME-WAIT
85  TIME-WAIT
```

```
86  TIME-WAIT
87  TIME-WAIT
88  TIME-WAIT
89  TIME-WAIT
90  TIME-WAIT
91  LISTEN
92  LISTEN
93  [root@laohan-zabbix-server ~]# awk 'NR!=1{print > $2}' ss_awk.txt
94  [root@laohan-zabbix-server ~]# ls -lhrt | tail -6
95  -rw-r--r-- 1 root root  184 Apr  6 21:09 awk.log
96  -rw-r--r-- 1 root root 2.0K Apr  6 21:27 ss_awk.txt
97  -rw-r--r-- 1 root root  171 Apr  6 21:34 UNCONN
98  -rw-r--r-- 1 root root 1.5K Apr  6 21:34 TIME-WAIT
99  -rw-r--r-- 1 root root  203 Apr  6 21:34 LISTEN
100 -rw-r--r-- 1 root root  100 Apr  6 21:34 ESTAB
```

查看分隔的文件内容，代码如下。

```
[root@laohan-zabbix-server ~]# cat UNCONN TIME-WAIT LISTEN ESTAB
udp UNCONN 00 172.16.0.14:123 *:*
udp UNCONN 00 127.0.0.1:123 *:*
udp UNCONN 00 *:57728 *:*
udp UNCONN 00 fe80::5054:ff:fe99:e6c8%eth0:123 :::*
udp UNCONN 00 ::1:123 :::*
tcp TIME-WAIT 00 127.0.0.1:10050 127.0.0.1:48958
tcp TIME-WAIT 00 127.0.0.1:10050 127.0.0.1:48928
tcp TIME-WAIT 00 127.0.0.1:10050 127.0.0.1:48772
tcp TIME-WAIT 00 127.0.0.1:10050 127.0.0.1:48944
tcp TIME-WAIT 00 127.0.0.1:10050 127.0.0.1:48978
tcp TIME-WAIT 00 127.0.0.1:10050 127.0.0.1:48902
tcp TIME-WAIT 00 127.0.0.1:10050 127.0.0.1:48982
tcp TIME-WAIT 00 127.0.0.1:10050 127.0.0.1:48954
tcp TIME-WAIT 00 127.0.0.1:10050 127.0.0.1:48908
tcp TIME-WAIT 00 127.0.0.1:10050 127.0.0.1:48778
tcp TIME-WAIT 00 127.0.0.1:10050 127.0.0.1:48972
tcp TIME-WAIT 00 127.0.0.1:10050 127.0.0.1:48948
tcp TIME-WAIT 00 127.0.0.1:10050 127.0.0.1:48924
tcp TIME-WAIT 00 127.0.0.1:10050 127.0.0.1:48842
tcp TIME-WAIT 00 127.0.0.1:10050 127.0.0.1:48938
tcp TIME-WAIT 00 127.0.0.1:10050 127.0.0.1:48784
tcp TIME-WAIT 00 127.0.0.1:10050 127.0.0.1:48830
tcp TIME-WAIT 00 127.0.0.1:10050 127.0.0.1:48934
tcp TIME-WAIT 00 127.0.0.1:10050 127.0.0.1:48964
tcp TIME-WAIT 00 127.0.0.1:10050 127.0.0.1:48916
tcp TIME-WAIT 00 127.0.0.1:10050 127.0.0.1:48968
tcp TIME-WAIT 00 127.0.0.1:10050 127.0.0.1:48942
tcp TIME-WAIT 00 127.0.0.1:10050 127.0.0.1:48974
tcp TIME-WAIT 00 127.0.0.1:10050 127.0.0.1:48774
tcp TIME-WAIT 00 127.0.0.1:10050 127.0.0.1:48922
tcp TIME-WAIT 00 172.16.0.14:45338 172.16.0.16:10050
tcp TIME-WAIT 00 127.0.0.1:10050 127.0.0.1:48786
tcp TIME-WAIT 00 127.0.0.1:10050 127.0.0.1:48930
tcp TIME-WAIT 00 127.0.0.1:10050 127.0.0.1:48898
tcp TIME-WAIT 00 127.0.0.1:10050 127.0.0.1:48878
tcp LISTEN 0128 127.0.0.1:9000 *:*
tcp LISTEN 0128 *:80 *:*
tcp LISTEN 0128 *:51518 *:*
tcp LISTEN 0128 *:10050 *:*
tcp LISTEN 0128 *:10051 *:*
tcp LISTEN 0128 :::3316 :::*
tcp LISTEN 0128 :::10050 :::*
tcp ESTAB 00 172.16.0.14:51148 169.254.0.55:5574
tcp ESTAB 052 172.16.0.14:51518 61.149.99.73:53303
```

使用 awk 也可以把指定的列输出到指定的文件，代码如下。

```
[root@laohan-zabbix-server awk]# awk 'NR!=1{print $1,$3 >$2}' ss_awk.txt
```

awk 还可以使用 if else if 语句（awk 作为脚本解释器），代码如下。

```
[root@laohan-zabbix-server awk]#  awk 'NR!=1{if($2 ~ /TIME|ESTABLISHED/) print >
"1.txt";
else if($2 ~ /LISTEN/) print > "2.txt";
else print > "3.txt" }' ss_awk.txt
[root@laohan-zabbix-server awk]# ls -lhrt |tail -3
-rw-r--r-- 1 root root  271 Apr  6 21:41 3.txt
-rw-r--r-- 1 root root  203 Apr  6 21:41 2.txt
-rw-r--r-- 1 root root 1.5K Apr  6 21:41 1.txt
```

3.5.4 awk 分组统计

awk 是 Linux 中强大的文本分析工具，很多时候我们需要对应用日志进行分析，awk 可以把日志文件逐行读入，以空格为默认分隔符对每行进行切片，再对切开的部分进行各种分析处理。

1．语句

awk 中的条件语句是从 C 语言中借鉴来的，而循环语句支持 while、do while、for、break、continue 等关键字，这些关键字的语义和 C 语言中的语义完全相同。

2．数组

awk 中数组的索引可以是数字和字母，数组的索引通常被称为关键字（Key）。

awk 中的值和关键字都存储在内部的一个键值应用散列表里。

由于散列不是顺序存储，因此在显示数组内容时会发现，它们并不是按照预料的顺序显示出来的。数组和变量一样，都是在使用时自动创建的，awk 也同样会自动判断其存储的是数字还是字符串。

【实例 3-167】awk 统计文件大小

创建测试文件，代码如下。

```
[root@laohan-zabbix-server awk]# dd if=/dev/zero of=./nginx.log bs=1M count=100
100+0 records in
100+0 records out
104857600 bytes (105 MB) copied, 0.291349 s, 360 MB/s
[root@laohan-zabbix-server awk]# dd if=/dev/zero of=./apache.log bs=1M count=100
100+0 records in
100+0 records out
104857600 bytes (105 MB) copied, 0.36369 s, 288 MB/s
[root@laohan-zabbix-server awk]# dd if=/dev/zero of=./1.jpg bs=1M count=100
100+0 records in
100+0 records out
104857600 bytes (105 MB) copied, 0.304065 s, 345 MB/s
[root@laohan-zabbix-server awk]# dd if=/dev/zero of=./2.jpg bs=1M count=100
100+0 records in
100+0 records out
104857600 bytes (105 MB) copied, 0.335195 s, 313 MB/s
[root@laohan-zabbix-server awk]# ls -lhrt *.jpg *.log
-rw-r--r-- 1 root root 100M Apr  6 21:49 nginx.log
```

```
-rw-r--r-- 1 root root 100M Apr  6 21:49 apache.log
-rw-r--r-- 1 root root 100M Apr  6 21:49 1.jpg
-rw-r--r-- 1 root root 100M Apr  6 21:49 2.jpg
```

下面的指令计算所有的.jpg 文件和.log 文件的大小总和。

```
[root@laohan-zabbix-server awk]# ls -lhrt *.jpg *.log | awk '{sum+=$5} END {print sum}'
400
```

【实例 3-168】统计 TCP 连接状态

使用 awk 统计 TCP 连接状态各个 connection 状态的用法，注意其中的数组的用法，代码如下。

```
[root@laohan-zabbix-server awk]# ss -atn |awk 'NR>1 {++i[$1]} END{for (a in i)
print a,i[a]}'
LISTEN 7
ESTAB 2
TIME-WAIT 32
[root@laohan-zabbix-server awk]# ss -atn |awk 'NR>1 {++i[$1]} END{for (a in i)
print a", "i[a]}'
LISTEN, 7
ESTAB, 2
TIME-WAIT, 35
```

上述代码和下面代码效果相同。

```
[root@laohan-zabbix-server awk]# ss -tna | awk 'NR!=1{a[$1]++;} END {for (i in
a) print i ", " a[i];}'
LISTEN, 7
ESTAB, 2
TIME-WAIT, 35
```

【实例 3-169】统计进程占用内存

统计每个用户的进程占了多少内存，代码如下。

```
1    [root@laohan-zabbix-server awk]# ps aux | awk 'NR!=1{a[$1]+=$6;} END { for(
i in a) print i ", " a[i]"KB";}'
2    nginx, 5132KB
3    polkitd, 6480KB
4    dbus, 1476KB
5    zabbix, 317532KB
6    libstor+, 428KB
7    php-fpm, 127256KB
8    ntp, 1356KB
9    mysql, 3108888KB
10   root, 139424KB
```

上述代码第 1～10 行统计每个用户的进程占用了多少内存。

【实例 3-170】求和

对文本中的第 4 列求和，代码如下。

```
[root@laohan-zabbix-server ~]# awk '{s+=$4} END{print s}' course.log
424
[root@laohan-zabbix-server ~]# awk '{s+=$4;print $2":"$3} END{print "SUM:"s}' course.log
【班级】:【课程】
01:Web 前端
02:Linux 运维
03:Python 编程
```

```
04:Shell 编程
05:Java 编程
SUM:424
```

上述代码统计第 4 列所有数字的总和。

【实例 3-171】求平均数

使用 awk 求平均数，代码如下。

```
[root@laohan-zabbix-server ~]# cat course.log
曹孟德          01         Web 前端         80
袁小芳          02         Linux 运维       69
刘晓            03         Python 编程      99
孙悟空          04         Shell 编程       88
张亮            05         Java 编程        88
[root@laohan-zabbix-server ~]# awk '{print a+=$4} END{print a/NR}' course.log
80
149
248
336
424
84.8
```

上述代码求平均数，即求和之后除以行数 NR。

【实例 3-172】增加指定列到文件中

增加指定列到文件中，代码如下。

```
[root@laohan-zabbix-server ~]# awk '{$1=++i FS $1}1' course.log
1 曹孟德 01 Web 前端 80
2 袁小芳 02 Linux 运维 69
3 西游记 03 Python 编程 99
4 刘晓 03 Python 编程 99
5 刘晓 03 Python 编程 99
6 刘晓 03 Python 编程 99
7 刘晓 03 Python 编程 99
8 刘晓 03 Python 编程 99
9 孙悟空 04 Shell 编程 88
10 张亮 05 Java 编程 88
```

上述代码第 1～10 行在每行的前面增加了行号。

关于“$1=++i FS $1”，以第 1 行为例：“++i”为 1，“FS”为分隔符，“$1”为第一列，这 3 项结合起来赋值给前面的“$1”，后面的 1 代表真，是整行输出的意思，也可以用“{print $0}”来代替。

```
[root@laohan-zabbix-server ~]# awk '{$(NF+1)=++i}1' course.log
曹孟德 01 Web 前端 80 1
袁小芳 02 Linux 运维 69 2
西游记 03 Python 编程 99 3
刘晓 03 Python 编程 99 4
刘晓 03 Python 编程 99 5
刘晓 03 Python 编程 99 6
刘晓 03 Python 编程 99 7
刘晓 03 Python 编程 99 8
孙悟空 04 Shell 编程 88 9
张亮 05 Java 编程 88 10
```

上述代码向文件中的最后一列添加 1 列。

【实例 3-173】统计 IP 地址

统计 access.log 文件中的 IP 地址，排序后输出，代码如下。

```
1    [root@laohan-zabbix-server ~]# awk '{print $1,$4,$9,$19,$22}' /data/app/lnmp/
nginx/logs/access.log  |sort | uniq -c | sort -nr  | head
```

```
2        214 111.230.183.58 [09/Feb/2020:20:44:51 404 Gecko/20100101
3        181 111.230.183.58 [09/Feb/2020:20:44:43 404 Gecko/20100101
4        179 211.159.186.241 [07/Apr/2020:12:52:36 404 Gecko/20100101
5        178 182.61.21.80 [02/Apr/2020:18:08:21 404 Gecko]
6        170 182.61.21.80 [02/Apr/2020:18:08:19 404 Gecko]
7        161 211.159.186.241 [07/Apr/2020:12:52:40 404 Gecko/20100101
8        134 211.159.186.241 [07/Apr/2020:12:52:32 404 Gecko/20100101
9        131 182.61.21.80 [02/Apr/2020:18:08:22 404 Gecko]
10       117 182.61.21.80 [02/Apr/2020:18:08:18 404 Gecko/20100101
11       115 211.159.186.241 [07/Apr/2020:12:52:28 404 Gecko] SE
```

上述代码第 1 行使用 awk 结合 Linux 指令分析 Web 日志，第 2～11 行为匹配输出结果。

3.6 本章总结

本章讲解了正则表达式、元字符和扩展正则表达式的基础知识，并安排了相关的练习题，建议读者从以下几个方面掌握本章的内容。

- 了解正则表达式的基础知识。
- 掌握元字符的意义。
- 掌握正则表达式。
- 掌握扩展正则表达式。
- 熟悉并掌握 grep 与正则表达式结合的具体使用方法。
- 扩展 grep、sed 与正则表达式的具体使用方法。
- 掌握 awk 的基本使用。

第4章

Shell编程之文件查找与处理

4.1 find 与正则表达式

4.1.1 find 运行机制

find 指令查找文件是从磁盘指定的目录开始查找，而不是从数据库查找，语法如下所示。

```
find  path  -option  [  -print ]  [ -exec  -ok  command ]  {} \;
find [路径] [选项] [操作]
```

1. 运行机制

find 指令用于在指定目录下查找文件，任何位于参数之前的字符串都将被视为要查找的目录名。如果使用该指令时，不设置任何参数，则 find 指令将在当前目录下查找子目录与文件，并且将查找到的子目录和文件全部显示出来。

```
find [path...] [expression_list]
```

运算符表达式（Expression）分为 3 种：选项（Options）、测试语句（Test）、动作（Action）。对于多个表达式，find 是从左向右处理的，所以表达式的前后顺序不同会造成不同的查找性能差距。

find 首先对整个指令行进行语法解析，并应用到给定的选项，然后定位到查找路径下，对路径下的文件或子目录进行表达式评估或测试，评估或测试的过程是按照表达式的顺序从左向右进行的（此处不考虑运算符的影响），如果最终表达式的评估结果为 true，则输出（默认）该文件的全路径名。

2. 使用模式对比

【实例 4-1】debug 模式

使用 find 指令的 debug 模式，可以输出更为详细的信息，代码如下。

```
1   [root@lamp_0_16 grep]# find  -D  search  ./  -maxdepth 1 -type f  | head
2   consider_visiting (early): './': fts_info=FTS_D , fts_level= 0, prev_depth=
-2147483648 fts_path='./', fts_accpath='./'
3   consider_visiting (late): './': fts_info=FTS_D , isdir=1 ignore=0 have_stat=
1 have_type=1
4   consider_visiting (early): './grep.log.tgz': fts_info=FTS_NSOK, fts_level=
1, prev_depth=0 fts_path='./grep.log.tgz', fts_accpath='grep.log.tgz'
5   consider_visiting (late): './grep.log.tgz': fts_info=FTS_NSOK, isdir=0 ignore=
0 have_stat=0 have_type=1
6   consider_visiting (early): './passwd': fts_info=FTS_NSOK, fts_level= 1, prev_
depth=1 fts_path='./passwd', fts_accpath='passwd'
7   consider_visiting (late): './passwd': fts_info=FTS_NSOK, isdir=0 ignore=0
have_stat=0 have_type=1
8   consider_visiting (early): './grep.log_bak': fts_info=FTS_NSOK, fts_level= 1,
prev_depth=1 fts_path='./grep.log_bak', fts_accpath='grep.log_bak'
9   consider_visiting (late): './grep.log_bak': fts_info=FTS_NSOK, isdir=0 ignore=
0 have_stat=0 have_type=1
10  consider_visiting (early): './grep.log': fts_info=FTS_NSOK, fts_level= 1, prev_
depth=1 fts_path='./grep.log', fts_accpath='grep.log'
11  consider_visiting (late): './grep.log': fts_info=FTS_NSOK, isdir=0 ignore=0
have_stat=0 have_type=1
12  consider_visiting (early): './': fts_info=FTS_DP, fts_level= 0, prev_depth=
1 fts_path='./', fts_accpath='./'
```

```
  13  consider_visiting (late): './': fts_info=FTS_DP, isdir=1 ignore=1 have_stat=
1 have_type=1
  14  ./grep.log.tgz
  15  ./passwd
  16  ./grep.log_bak
  17  ./grep.log
```

上述代码第 1 行以 debug 模式匹配当前目录下的前 10 行文件，第 2～17 行为匹配输出内容。

【实例 4-2】正常模式

find 指令的正常模式输出结果如下。

```
1 [root@lamp_0_16 ~]# find   ./  -maxdepth 1 -type f
2 ./nginx.txt
3 ./.cshrc
4 ./.bashrc
5 ./.viminfo
6 ./.bash_logout
7 ./.mysql_history
8 ./.bash_history
9 ./.pydistutils.cfg
10 ./.tcshrc
11 ./.bash_profile
```

上述代码中，第 1 行查找当前一级目录下的文件，第 2～11 行为匹配输出内容。

.1.2 find 运算符表达式

find 运算符表达式中的选项、测试语句以及动作等条件可以指定一个或多个，代码如下。

```
find /tmp -type f -name "*.log" -exec ls '{}' \;-print,
```

上述代码中 find 运算符表达式中给定了两个测试语句和两个动作，它们之间的匹配按从前向后（从左到右）的顺序进行评估。如果想要改变运算逻辑，则需要使用逻辑运算符优先级进行控制。

注意：理解 and 和 or 的评估方式非常重要，很可能写在 and 或 or 后面的表达式不起作用，导致执行结果不一致。

find 常用运算符优先级从高到低，如表 4-1 所示。

表 4-1 find 运算符优先级

运算符优先级	说明
(expr)	优先级最高
! expr	对 expr 的 true 和 false 结果取反
- not expr	等价于“! expr”
expr1 expr2	等同于 and 运算符
expr1 -and expr2	首先要求 expr1 为 true，然后以 expr1 查找的结果为基础继续检测 expr2，然后返回检测值为 true 的结果。因为 expr2 是以 expr1 结果为基础的，所以如果 expr1 返回 false，则 expr2 直接被忽略而不会进行任何操作
expr1 -o expr2	等同于 or 运算符
expr1 -or expr2	只有 expr1 为假时才评估 expr2
expr1,expr2	expr1 和 expr2 都会被检测，但 expr1 的 true 或 false 是被忽略的，只有 expr2 的结果才是最终状态值

注意：(expr)为了防止圆括号被 Shell 解释（进入子 Shell），所以需要转义，即\(...\)。

【实例 4-3】find 指令常用基本操作

- -print：输出（默认规则，可不加此选项）。
- -exec：对查找到的文件执行特定的操作，格式为“-exec command {} ;”。

（1）查找/etc 下的文件（非目录），扩展名为“.conf”、大于 10KB 的文件，最后将查找到的文件删除，代码如下。

```
find /etc -type f -name '*.conf' -size +10k -exec rm -f {} ;
```

（2）查找/var/log 目录下扩展名为“.log”、更改时间在 7 天以上的文件，最后将查找到的文件删除，代码如下。

```
find /var/log -name '*.log' -mtime +7 -exec rm -rf {} ;
```

（3）查找/etc 下的文件（非目录），扩展名为“.conf”、大于 10KB 的文件，将其复制到/root/conf 目录下，代码如下。

```
find /etc -type f  -name '*.conf' -size +10k -exec cp {} /root/conf ;
```

（4）find 其他常用实例，代码如下。

```
find /data/img/ -type f -size +50M ! -name "*Python" ! -name "*Shell"
find /data/img/ ! -regex  '.*\(Nginx|Apache\)$'
find /data/img/ -type f -size +50M ! \( -name "*Python" -o -name "*Shell" \)
find /data/img/ -type f -size +50M -and ! -name "*Python" -and ! -name "*Shell"
find /data/img -type f -size +50M ! -regex '\(.*Python\|.*Shell\)'
find /data/fastdfs/images/ -name '*.png' -or -name '*.jpg'
find /data/fastdfs/images/ -name '*.mpeg' -and -size +10M
```

【实例 4-4】ls 指令中的逻辑操作

ls 指令可以实现逻辑操作，代码如下。

```
[root@lamp_0_16 ~]# ls @(name1|name2)
ls: cannot access @(name1|name2): No such file or directory
[root@lamp_0_16 ~]#
[root@lamp_0_16 ~]#
[root@lamp_0_16 ~]# touch name{1..2}
[root@lamp_0_16 ~]# ls @(name1|name2)
name1  name2
```

find 语句实现逻辑操作，代码如下。

```
[root@laohan-zabbix-server scripts]# find ./ -maxdepth 2 \( -name "*.sh"  -o -name
"*.c" \) -print
./shell/auto_install_nginx.sh
./c/hello.c
```

【实例 4-5】查找特定的文件并输出详细信息

查找文件大小大于 1500KB 或文件大小等于 0 的文件列表并输出详细信息，代码如下。

```
1   [root@laohan-zabbix-server scripts]# find /etc -type f -size +1500k -o -size
0c -exec ls -hl {} \;
2   -rw-r--r--. 1 root root 0 Jun 10  2014 /etc/sysconfig/run-parts
3   -rw-------. 1 root root 0 Apr 11  2018 /etc/security/opasswd
4   -rw------- 1 root root 0 Nov 20  2018 /etc/cron.deny
5   -r--r--r--. 1 root root 0 Mar  7  2019 /etc/pki/ca-trust/extracted/pem/objsign-
    ca-bundle.pem
6   -rw-r--r--. 1 root root 0 Oct 31  2018 /etc/subgid
7   -rw-r--r--. 1 root root 0 Oct 31  2018 /etc/subuid
8   -rw-r--r--. 1 root root 0 Jun  7  2013 /etc/motd
9   -rw------- 1 root root 0 Apr 26  2019 /etc/selinux/targeted/semanage.read.LOCK
10  -rw------- 1 root root 0 Apr 26  2019 /etc/selinux/targeted/semanage.trans.LOCK
```

```
11  -rw-r--r-- 1 root root 0 Apr 26  2019 /etc/selinux/targeted/contexts/files/
    file_contexts.subs
12  -rw-r--r--. 1 root root 0 Jun  7  2013 /etc/exports
13  -rw-------. 1 root root 0 Mar  7  2019 /etc/crypttab
14  -rw-------. 1 root root 0 Mar  7  2019 /etc/.pwd.lock
15  -rw-r--r--. 1 root root 0 Oct 31  2018 /etc/environment
```

上述代码第1行表示匹配规则，第2～15行为匹配输出结果。

【实例4-6】查找当前目录中扩展名为“.log”的文件

查找当前目录中扩展名为“.log”的文件，代码如下。

```
1 [root@laohan_shell_c77 ~]# find . -type f -name "*.log"
2 ./Scripts/Shell/vim.log
3 ./laohan4.log
4 ./laohan5.log
5 ./laohan6.log
6 ./laohan.log
7 ./laohan1.log
8 ./laohan2.log
9 ./laohan3.log
10 [root@laohan_shell_c77 ~]# find . -type f -a  -name "*.log"
11 ./Scripts/Shell/vim.log
12 ./laohan4.log
13 ./laohan5.log
14 ./laohan6.log
15 ./laohan.log
16 ./laohan1.log
17 ./laohan2.log
18 ./laohan3.log
```

上述代码中，第10行使用and运算符，-name表达式是在-type筛选的结果基础上再匹配文件名的，将and运算符替换为or进行测试，代码如下。

```
1 [root@laohan_shell_c77 ~]# find . -type f -o -name "*.log"
2 ./.bash_logout
3 ./.bash_profile
4 ./.bashrc
5 ./.cshrc
6 ./.tcshrc
7 ./anaconda-ks.cfg
8 ./.bash_history
9 ./Scripts/Shell/read_p.sh
10 ./Scripts/Shell/sleep.sh
11 ./Scripts/Shell/while.sh
12 ./Scripts/Shell/while_nginx.sh
13 ./Scripts/Shell/while_test.sh
14 ./Scripts/Shell/vim.log
15 ./.ssh/known_hosts
16 ./laohan4.log
17 ./laohan5.log
18 ./laohan6.log
19 ./.viminfo
20 ./date
21 ./laohan.log
22 ./laohan1.log
23 ./laohan2.log
24 ./laohan3.log
```

上述代码中第 1 行使用了 or 运算符，返回结果中既有任意普通文件，也有任意.log 文件，但两者同名的文件只返回一次，第 2～24 行为匹配输出结果。

【实例 4-7】输出调试信息

查找文件时，使用“-D rates”输出调试信息，代码如下。

```
1 [root@lamp_0_16 ~]# find -D rates ./ -type f -a -name "*.log"
2 ./laohan3.log
3 ./laohan5.log
4 ./laohan1.log
5 ./laohan4.log
6 ./laohan2.log
7 ./laohan6.log
8 Predicate success rates after completion:
9  ( -name *.log [0.8] [6/31=0.193548] -a [0.95] [6/31=0.193548] [need type] -type
f 10 [0.95] [6/6=1]  ) -a [0.76] [6/31=0.193548] -print [1] [6/6=1]
```

上述代码中，将第 9 行简化，删掉所有方括号里的内容，得到如下结果。

```
( -name *.log -a -type f 10 ) -a -print
```

因此可以判断，第 1 行代码的执行逻辑如下。

```
find ./ ( -name *.log -a -type f ) -a -print
```

find 指令自动补上了-print 这个默认动作，find 指令的逻辑是评估-name，在-name 为真的基础上再评估-type，最后在-type 为真的基础上评估-print，也就是将扩展名为.log 且是普通文件的文件输出，此处的-name 被修改到了-type 的前面，是因为 find 自带优化功能，它会评估各个表达式的开销，将开销小的表达式放在前面，以便**优化查找**。但要注意的是，优化后的表达式和我们给出的 find 指令行的结果不会有任何出入，它们在逻辑上是相同的，只是更换了一些表达式的前后位置。

然后，按照前面的结论，分析下面 3 条 find 指令的具体逻辑执行过程。

```
1 [root@lamp_0_16 ~]# find ./ -type f -a -name "*.log" -print
2 ./laohan3.log
3 ./laohan5.log
4 ./laohan1.log
5 ./laohan4.log
6 ./laohan2.log
7 ./laohan6.log
8 [root@lamp_0_16 ~]# find ./ -type f -print -a -name "*.log"
9 ./nginx.txt
10 ./.cshrc
11 ./.bashrc
12 ./.viminfo
13 ./.bash_logout
14 ./laohan3.log
15 ./laohan5.log
16 ./.cache/abrt/lastnotification
17 ./.mysql_history
18 ./laohan1.log
19 ./laohan4.log
20 ./laohan2.log
21 ./.pip/pip.conf
22 ./.bash_history
23 ./.ssh/id_rsa.pub
```

```
24 ./.ssh/authorized_keys
25 ./.ssh/id_rsa
26 ./.pydistutils.cfg
27 ./laohan6.log
28 ./.tcshrc
29 ./.bash_profile
30 [root@lamp_0_16 ~]# find ./ -type f -print -a -name "*.log" -print
31 ./nginx.txt
32 ./.cshrc
33 ./.bashrc
34 ./.viminfo
35 ./.bash_logout
36 ./laohan3.log
37 ./laohan3.log
38 ./laohan5.log
39 ./laohan5.log
40 ./.cache/abrt/lastnotification
41 ./.mysql_history
42 ./laohan1.log
43 ./laohan1.log
44 ./laohan4.log
45 ./laohan4.log
46 ./laohan2.log
47 ./laohan2.log
48 ./.pip/pip.conf
49 ./.bash_history
50 ./.ssh/id_rsa.pub
51 ./.ssh/authorized_keys
52 ./.ssh/id_rsa
53 ./.pydistutils.cfg
54 ./laohan6.log
55 ./laohan6.log
56 ./.tcshrc
57 ./.bash_profile
```

上述代码中，第 1 行评估-type f 后得到所有普通文件，-name 再在普通文件的基础上筛选扩展名为“.log”的文件，最后评估-print 输出扩展名为“.log”的文件。

第 8 行评估-type f 后得到所有普通文件，然后在普通文件的基础上评估-print，评估后直接将所有普通文件都输出，再在输出的文件的基础上，评估-name，得到扩展名为“.log”的文件，但之后没有动作，所以评估得到扩展名为“.log”的文件的结果作废。

第 30 行评估-type f 后得到所有普通文件，然后在普通文件的基础上评估-print。评估后直接将所有普通文件都输出，再在输出的文件的基础上，评估-name，得到扩展名为“.log”的文件，再对得到的扩展名为“.log”的文件评估-print，评估后将再次输出扩展名为“.log”的文件，所以结果将输出两次扩展名为“.log”的文件，如第 36～37 行、第 38～39 行、第 42～43 行、第 44～45 行、第 46～47 行。

.1.3 find 常用选项及实例

运算符表达式中可使用的 find 选项有二三十个之多，在此只介绍常用的选项，如表 4-2 所示。

表 4-2　　find 指令常用选项

选项	说明
-name	根据文件名进行查找
-perm	根据文件权限进行查找
-prune	排除查找目录
-user	根据文件属主查找
-group	根据文件属组查找
-mtime -n | +n	根据文件更改时间查找
-type	按照文件类型查找
-size -n | +n	按文件大小查找
-mindepth n	从 n 级目录开始查找
-maxdepth n	最后查找到 n 级目录

find 指令常用文件类型如表 4-3 所示。

表 4-3　　find 指令常用文件类型

文件类型	说明
f	解释
d	普通文件
c	目录
b	字符设备文件
l	块设备文件
p	链接文件

【实例 4-8】查找当前目录下的文件

使用 find 指令查找当前目录下的文件，代码如下。

```
1   [root@laohan-zabbix-server data]# find . -maxdepth 2  -type f
2   ./app/nginx-1.17.6.tar.gz
3   ./scripts/1.log
4   ./scripts/2.log
5   ./scripts/3.log
6   ./scripts/4.log
7   ./scripts/5.log
8   ./scripts/6.log
```

上述代码第 1 行匹配当前二级目录下的所有文件，第 2～8 行为匹配输出结果。

【实例 4-9】查找当前目录下的链接文件

使用 find 指令查找当前目录下的链接文件，代码如下。

```
1   [root@laohan-zabbix-server data]# touch laohan.nginx
2   [root@laohan-zabbix-server data]# ln -sv laohan.nginx laohan_nginx
3   'laohan_nginx' -> 'laohan.nginx'
4   [root@laohan-zabbix-server data]# echo '跟老韩学 Linux 运维' >> laohan.nginx
5   [root@laohan-zabbix-server data]# nl laohan.nginx
6        1   跟老韩学 Linux 运维
7   [root@laohan-zabbix-server data]# nl laohan_nginx
8        1   跟老韩学 Linux 运维
9   [root@laohan-zabbix-server data]# find . -maxdepth 2  -type l
10  ./laohan_nginx
```

上述代码第 1 行创建测试文件，第 2 行创建软链接，第 9 行查找二级目录下的软链接文件，第 10 行为匹配输出结果。find 指令查找文件大小常用选项，如表 4-4 所示。

表 4-4　　find 指令查找文件大小选项

选项	说明
b	默认单位，如果单位为 B 或不写单位，则按照 512B 查找
c	查找单位是 c，按照 B 单位查找
w	查找单位是 w，按照双字节（中文）查找
k	按照 KB 单位查找，必须是小写的 k
M	按照 MB 单位查找，必须是大写的 M
G	按照 GB 单位查找，必须是大写的 G

【实例 4-10】查找/etc 目录下小于 1000B 的文件

使用 find 指令查找/etc 目录下小于 1000B 的文件，代码如下。

```
1   [root@laohan-zabbix-server data]# find . -maxdepth 2  -size -1000c
2   .
3   ./data
4   ./data/mysql3316
5   ./app
6   ./app/nginx-1.17.6
7   ./app/nginx
8   ./cache
9   ./scripts
10  ./scripts/shell
11  ./scripts/python
12  ./scripts/c
13  ./scripts/c++
14  ./scripts/test
15  ./scripts/1.log
16  ./scripts/2.log
17  ./scripts/3.log
18  ./scripts/4.log
19  ./scripts/5.log
20  ./scripts/6.log
21  ./laohan.nginx
22  ./laohan_nginx
```

上述代码第 1 行查找特定的文件，第 2～22 行为匹配输出结果。

【实例 4-11】查找/etc 目录下大于 1MB 的文件

使用 find 指令查找/etc 目录下大于 1MB 的文件，代码如下。

```
1   [root@laohan-zabbix-server data]# dd if=/dev/zero of=./laohan.txt bs=1M count=10
2   10+0 records in
3   10+0 records out
4   10485760 bytes (10 MB) copied, 0.00665063 s, 1.6 GB/s
5   [root@laohan-zabbix-server data]# dd if=/dev/zero of=./laohan_2.txt bs=1M count=10
6   10+0 records in
7   10+0 records out
8   10485760 bytes (10 MB) copied, 0.00606787 s, 1.7 GB/s
9   [root@laohan-zabbix-server data]# ls -lh laohan*.txt
10  -rw-r--r-- 1 root root 10M Dec 17 23:23 laohan_2.txt
11  -rw-r--r-- 1 root root 10M Dec 17 23:23 laohan.txt
12  [root@laohan-zabbix-server data]# find ./ -maxdepth 2 -size +1M
13  ./laohan.txt
14  ./laohan_2.txt
```

上述代码第 1 行和第 5 行分别创建测试文件，第 12 行查找大于 1MB 的文件，第 13～14 行为匹配输出结果。find 指令中的-mtime 常用选项如表 4-5 所示。

表 4-5　　find 指令-mtime 常用选项

选项	说明
-n	n 天之内修改的文件
+n	n 天之前修改的文件
n	正好 n 天修改的文件

【实例 4-12】查找 etc 目录下 5 天之内修改且扩展名为“.log”的文件

使用 find 指令查找 etc 目录下 5 天之内修改且扩展名为“.log”的文件，代码如下。

```
1    [root@laohan-zabbix-server data]# find ./ -maxdepth 2 -mtime -5 -name "*.log"
2    ./scripts/1.log
3    ./scripts/2.log
4    ./scripts/3.log
5    ./scripts/4.log
6    ./scripts/5.log
7    ./scripts/6.log
```

上述代码第 1 行匹配 5 天之内修改且扩展名为.log 的文件，第 2～7 行为匹配输出结果。

【实例 4-13】查找 etc 目录下 10 天之前修改且属主为 root 的文件

使用 find 指令查找 etc 目录下 10 天之前修改且属主为 root 的文件，代码如下。

```
[root@laohan-zabbix-server data]# find ./ -maxdepth 2 -mtime +10 -user root
./app/nginx-1.17.6.tar.gz
```

find 指令-mmin 常用选项如表 4-6 所示。

表 4-6　　find 指令-mmin 常用选项

选项	说明
-n	n 分钟之内修改的文件
+n	n 分钟之前修改的文件

【实例 4-14】查找/etc 目录下 30 分钟之前修改的文件

使用 find 指令查找/etc 目录下 30 分钟之前修改的文件，代码如下。

```
1    [root@laohan-zabbix-server data]# find ./ -maxdepth 2 -mmin +30
2    ./data
3    ./data/laohan-linux.com
4    ./data/mysql3316
5    ./app
6    ./app/nginx-1.17.6.tar.gz
7    ./app/nginx-1.17.6
8    ./app/nginx
9    ./cache
10   ./scripts
11   ./scripts/shell
12   ./scripts/python
13   ./scripts/c
14   ./scripts/c++
15   ./scripts/test
16   ./scripts/1.log
17   ./scripts/2.log
18   ./scripts/3.log
19   ./scripts/4.log
20   ./scripts/5.log
21   ./scripts/6.log
```

上述代码第 1 行查找 30 分钟之前被修改的文件，第 2～21 行为匹配输出结果。

【实例 4-15】查找/etc 目录下 30 分钟之内修改的目录

使用 find 指令查找/etc 目录下 30 分钟之内修改的目录，代码如下。

```
1   [root@laohan-zabbix-server data]# cp -av /etc/passwd scripts/
2   '/etc/passwd' -> 'scripts/passwd'
3   [root@laohan-zabbix-server data]# find ./ -maxdepth 3 -mmin -300 -type d
4   ./
5   ./scripts
6   [root@laohan-zabbix-server data]# find ./ -maxdepth 3 -mmin -30 -type d
7   ./
8   ./scripts
```

上述代码第 1 行创建测试文件，第 6 行查找 30 分钟之内被修改的目录，第 7～8 行为匹配输出结果。

【实例 4-16】从指定目录查找文件

使用 find 指令的 mindepth 选项演示如下，/data/scripts 的文件目录结构代码如下。

```
[root@laohan-zabbix-server ~]# tree -L 3 /data/scripts/
/data/scripts/
|-- 1.log
|-- 2.log
|-- 3.log
|-- 4.log
|-- 5.log
|-- 6.log
|-- c
|   |-- hello
|   `-- hello.c
|-- c++
|-- passwd
|-- python
|-- shell
|   `-- auto_install_nginx.sh
`-- test
    |-- 1.log
    |-- 2.log
    |-- 3.log
    |-- 4.log
    |-- 5.log
    `-- 6.log

5 directories, 16 files
```

从/data/scripts/下的二级目录开始查找，代码如下。

```
1   [root@laohan-zabbix-server ~]# find /data/scripts/ -mindepth 2
2   /data/scripts/shell/auto_install_nginx.sh
3   /data/scripts/c/hello.c
4   /data/scripts/c/hello
5   /data/scripts/test/1.log
6   /data/scripts/test/2.log
7   /data/scripts/test/3.log
8   /data/scripts/test/4.log
9   /data/scripts/test/5.log
10  /data/scripts/test/6.log
```

上述代码第 1 行查找文件，第 2～10 行为匹配输出结果。

1.4 find 进阶实例

Linux 中的 find 指令结合-path 和-prune 选项可以实现排除文件和目录的功能。

【实例 4-17】排除特定目录

使用 find 指令查找文件，排除“laohan”及子目录以外的目录，查找扩展名为“.html”的文件，代码如下。

```
1    [root@zabbix_server find]# find ./ -path '*lao*' -name "*.html"
2    ./laohan/1.html
3    ./laohan/2.html
4    [root@zabbix_server find]# find ./ -path './lao*' -a -prune -o -name "*.html"
-print
5    ./duoduo/6.html
6    ./duoduo/4.html
7    ./duoduo/1.html
8    ./duoduo/2.html
9    ./duoduo/5.html
10   ./duoduo/3.html
```

上述代码第 1 行查找扩展名为.html 的文件，排除含“lao”的文件，第 2～3 行为匹配输出结果。

第 4 行查找扩展名为“.html”的文件，排除以“./lao”开头的所有文件，第 5～10 行为匹配输出结果。

【实例 4-18】排除多个目录查找文件

使用 find 指令，排除“laohan”“duoduo”及子目录以外的目录，查找扩展名为“.html”的文件，代码如下。

```
1    [root@zabbix_server find]# find ./ \( -path './laohan*' -o -path './duoduo*'
\) -a -name "*.html" -print
2    ./laohan/1.html
3    ./laohan/2.html
4    ./duoduo/6.html
5    ./duoduo/4.html
6    ./duoduo/1.html
7    ./duoduo/2.html
8    ./duoduo/5.html
9    ./duoduo/3.html
```

上述代码中第 1 行表示匹配除“laohan”“duoduo”及子目录以外的目录，查找扩展名为“.html”的文件，第 2～9 行为匹配输出结果。

> **注意**：圆括号“()”表示表达式的结合。即 Shell 不对后面的字符进行特殊解释，而留给 find 指令去解释其意义。由于指令行不能直接使用圆括号，因此需要用反斜线进行转义（即转义字符使指令行认识圆括号）。同时注意“\(”和“\)”两边都需空格。

【实例 4-19】忽略文件或目录

使用 find 指令忽略多个文件或目录，最好的方法是多次使用-path，但要注意它们的逻辑匹配顺序，代码如下。

```
1    [root@laohan-zabbix-server ~]# find /data \( -path /data/cache -o -path /data/
app \) -prune -o -name "*.log"
2    /data/data/mysql3316/data/error.log
3    /data/data/mysql3316/data/slow.log
4    /data/app
5    /data/cache
6    /data/scripts/test/1.log
7    /data/scripts/test/2.log
8    /data/scripts/test/3.log
```

```
9   /data/scripts/test/4.log
10  /data/scripts/test/5.log
11  /data/scripts/test/6.log
12  /data/scripts/1.log
13  /data/scripts/2.log
14  /data/scripts/3.log
15  /data/scripts/4.log
16  /data/scripts/5.log
17  /data/scripts/6.log
18  /data/1.log
19  /data/2.log
20  /data/3.log
```

上述代码中第 1 行表示查找/data 下所有扩展名为“.log”的文件，但忽略/data/cache 和/data/app 两个目录中的扩展名为“.log”的文件，第 2～20 行为匹配输出结果。

1.5 find 中的 exec 与 xargs

1. find 与 exec

find 指令中的 exec 基本语法如下所示。

```
find 路径表达式 -exec 指令{} \;
```

- -exec 参数后面跟的是指令，它是以分号“;”作为结束标志的。所以这句指令后面的分号是不可缺少的，考虑到各个系统中分号会有不同的意义，所以需要在分号前面加反斜线进行转义。
- 花括号“{}”代表 find 指令查找到的文件名列表。

使用 find 指令查找文件并将其删除时，建议在真正执行 rm 指令删除匹配到的文件之前，最好先用 ls 指令将查找到的文件列表进行再次确认，确认查找到的文件列表是否为最终要删除的文件列表，避免删除其他文件造成数据丢失，进而导致一些列表的服务不可用或其他系统故障。

【实例 4-20】find exec 结合其他指令

使用 find 指令查找文件时，ls -l 可以应用于 find 指令的-exec 选项，代码如下。

```
1   [root@laohan-zabbix-server ~]# find ./ -type f -exec ls -l {} \;
2   -rw-r--r-- 1 root root 0 Dec 18 14:20 ./3.txt
3   -rw-r--r--. 1 root root 100 Dec 29  2013 ./.cshrc
4   -rw-r--r--. 1 root root 176 Dec 29  2013 ./.bashrc
5   -rw------- 1 root root 5076 Dec 17 11:06 ./.viminfo
6   -rw-r--r--. 1 root root 18 Dec 29  2013 ./.bash_logout
7   -rw------- 1 root root 11 Dec 18 14:07 ./.cache/abrt/lastnotification
8   -rw-r--r-- 1 root root 0 Dec 18 14:20 ./1.txt
9   -rw-r--r-- 1 root root 0 Dec 18 14:20 ./2.txt
10  -rw-r--r-- 1 root root 101 Dec 13 20:35 ./.pip/pip.conf
11  -rw------- 1 root root 18348 Dec 18 15:04 ./.bash_history
12  -rw------- 1 root root 0 Dec 13 20:35 ./.ssh/authorized_keys
13  -rw-r--r-- 1 root root 73 Dec 13 20:35 ./.pydistutils.cfg
14  -rw-r--r--. 1 root root 129 Dec 29  2013 ./.tcshrc
15  -rw-r--r--. 1 root root 176 Dec 29  2013 ./.bash_profile
```

上述代码中，第 1 行表示 find 指令匹配到了当前目录下的所有普通文件，并在-exec 选项中使用 ls -l 指令将它们列出，第 2～15 行为匹配输出结果。

【实例 4-21】按照日期查找文件

使用 find 指令在目录中查找更改时间在 10 日以前的文件并显示详细信息，代码如下。

```
1 [root@laohan-zabbix-server data]# find ./ -maxdepth 2 -type f -mtime +10 -exec
ls -l  {} \;
2-rw-r--r-- 1 root root 1037527 Nov 19 22:25 ./app/nginx-1.17.6.tar.gz
3-rw-r--r-- 1 root root 1141 Mar 12  2019 ./scripts/passwd
```

上述代码中，第 1 行表示在当前二级目录中查找更改时间在 10 日以前的文件并显示详细信息，第 2～3 行为匹配输出结果。

在 Shell 中用任何方式删除文件之前，应当先查看相应的文件，谨慎操作，避免误删文件。当使用诸如 mv 或 rm 指令时，可以使用-exec 选项的安全模式，对每个匹配到的文件进行操作之前对删除之类的提示信息进行确认。

2. find 与 xargs

使用 find 指令的-exec 选项处理匹配到的文件时，find 指令将所有匹配到的文件一起传递给 exec 执行。一些系统对传递给 exec 的指令长度有限制，导致 find 指令执行一段时间后出现类似“参数列太长”或“参数列溢出”的提示信息。

针对上述问题，可以将 find 指令匹配到的文件列表传递给 xargs 指令，而 xargs 指令默认每次只获取一部分文件而不是全部的文件，使用 xargs 指令只有一个进程。

【实例 4-22】查找普通文件，测试文件类型

使用 find 指令查找普通文件，测试文件类型，代码如下。

```
1    [root@laohan-zabbix-server scripts]# find . -maxdepth 2 -type f -print |xargs file
2    输出:
3    ./shell/auto_install_nginx.sh: ASCII text
4    ./c/hello.c:                   C source, ASCII text
5    ./c/hello:                     ELF 64-bit LSB executable, x86-64, version 1
(SYSV), dynamically linked (uses shared libs), for GNU/Linux 2.6.32, BuildID[sha1]=
b17ec57fd4fc9d76b0b7a739b39600790d402f84, not stripped
```

上述代码第 1 行表示查找文件并测试其类型，第 2～5 行为匹配输出结果。

【实例 4-23】根据用户权限查找文件

使用 find 指令查找所有用户具有读（r）、写（w）和可执行（x）权限的文件，回收读、写权限，新建测试文件，代码如下。

```
1    [root@laohan-zabbix-server scripts]# touch {1..6}.log
2    [root@laohan-zabbix-server scripts]# chmod o+w {1..6}.log
3    [root@laohan-zabbix-server scripts]# ls -l  {1..6}.log
4    -rw-r--rw- 1 root root 0 Dec 17 15:34 1.log
5    -rw-r--rw- 1 root root 0 Dec 17 15:34 2.log
6    -rw-r--rw- 1 root root 0 Dec 17 15:34 3.log
7    -rw-r--rw- 1 root root 0 Dec 17 15:34 4.log
8    -rw-r--rw- 1 root root 0 Dec 17 15:34 5.log
9    -rw-r--rw- 1 root root 0 Dec 17 15:34 6.log
10   [root@laohan-zabbix-server scripts]# find ./ -maxdepth 1  -type f  -print
     -perm o+w |xargs ls -l
11   -rw-r--rw- 1 root root 0 Dec 17 15:34 ./1.log
12   -rw-r--rw- 1 root root 0 Dec 17 15:34 ./2.log
13   -rw-r--rw- 1 root root 0 Dec 17 15:34 ./3.log
14   -rw-r--rw- 1 root root 0 Dec 17 15:34 ./4.log
15   -rw-r--rw- 1 root root 0 Dec 17 15:34 ./5.log
16   -rw-r--rw- 1 root root 0 Dec 17 15:34 ./6.log
17   [root@laohan-zabbix-server scripts]# find ./ -maxdepth 1  -type f  -print
     -perm o+w |xargs chmod o-w
18   [root@laohan-zabbix-server scripts]# find ./ -maxdepth 1  -type f  -print
     -perm o-w |xargs ls -l
19   -rw-r--r-- 1 root root 0 Dec 17 15:34 ./1.log
```

```
20  -rw-r--r-- 1 root root 0 Dec 17 15:34 ./2.log
21  -rw-r--r-- 1 root root 0 Dec 17 15:34 ./3.log
22  -rw-r--r-- 1 root root 0 Dec 17 15:34 ./4.log
23  -rw-r--r-- 1 root root 0 Dec 17 15:34 ./5.log
24  -rw-r--r-- 1 root root 0 Dec 17 15:34 ./6.log
```

上述代码第 1 行表示创建测试文件，第 2 行表示为文件用户添加写权限，第 10 行表示查找用户具备读、写权限的文件，第 11、16 行为匹配输出结果。

第 17 行表示回收其他人的读、写权限，第 19～24 行为匹配输出结果。

【实例 4-24】查找关键词

find 指令结合 grep 指令在所有的普通文件中查找关键词，代码如下。

```
1   [root@laohan-zabbix-server scripts]# echo '老韩' > 1.log
2   [root@laohan-zabbix-server scripts]# echo '老韩' > 2.log
3   [root@laohan-zabbix-server scripts]# echo '老韩' > 3.log
4   [root@laohan-zabbix-server scripts]# find . -type f -name "*.log" -print |xargs
    grep "老韩"
5   ./1.log:老韩
6   ./2.log:老韩
7   ./3.log:老韩
8   [root@laohan-zabbix-server scripts]# echo "跟老韩学 Shell" > 5.log
9   [root@laohan-zabbix-server scripts]# find . -type f -name "*.log" -print |xargs
    grep "老韩"
10  ./1.log:老韩
11  ./2.log:老韩
12  ./3.log:老韩
13  ./5.log:跟老韩学 Shell
14  [root@laohan-zabbix-server scripts]# find . -name \* -type f -print | xargs
    grep "老韩"
15  ./1.log:老韩
16  ./2.log:老韩
17  ./3.log:老韩
18  ./5.log:跟老韩学 Shell
```

上述代码中第 1～3 行表示创建测试文件，第 4 行表示查找含关键词“老韩”的文件，第 5～7 行为匹配输出结果。

第 8 行表示创建测试文件，第 9 行表示查找含关键词“老韩”的文件，第 10～13 行为匹配输出结果，第 14 行表示查找包含“老韩”关键词的文件，第 15～18 行为匹配输出结果。

说明：在上面的实例中，“\”用于取消 find 指令中的“*”在 Shell 中的特殊含义。

【实例 4-25】查找并移动文件

使用 find 指令中的 xargs 执行 mv 指令，将查找到的文件移动到指定位置，代码如下。

```
1   [root@laohan-zabbix-server scripts]# find . -type f -name "*.log" | xargs
    -i ls -l {}
2   -rw-r--r-- 1 root root 7 Dec 17 15:40 ./1.log
3   -rw-r--r-- 1 root root 7 Dec 17 15:40 ./2.log
4   -rw-r--r-- 1 root root 7 Dec 17 15:40 ./3.log
5   -rw-r--r-- 1 root root 0 Dec 17 15:34 ./4.log
6   -rw-r--r-- 1 root root 18 Dec 17 15:42 ./5.log
7   -rw-r--r-- 1 root root 0 Dec 17 15:34 ./6.log
8   [root@laohan-zabbix-server scripts]# find . -type f -name "*.log" | xargs
    -i cp -av {} test/
9   './1.log' -> 'test/1.log'
10  './2.log' -> 'test/2.log'
11  './3.log' -> 'test/3.log'
12  './4.log' -> 'test/4.log'
13  './5.log' -> 'test/5.log'
14  './6.log' -> 'test/6.log'
```

```
15  [root@laohan-zabbix-server test]# find . -type f -name "*.log" | xargs -I
    [] cp -av [] ../
16  './1.log' -> '../1.log'
17  './2.log' -> '../2.log'
18  './3.log' -> '../3.log'
19  './4.log' -> '../4.log'
20  './5.log' -> '../5.log'
21  './6.log' -> '../6.log'
22  [root@laohan-zabbix-server test]# ls -lhrt ../
23  total 16K
24  drwxr-xr-x 2 root root  6 Dec 17 11:04 python
25  drwxr-xr-x 2 root root  6 Dec 17 11:04 c++
26  drwxr-xr-x 2 root root 34 Dec 17 11:15 c
27  drwxr-xr-x 2 root root 35 Dec 17 14:04 shell
28  -rw-r--r-- 1 root root  0 Dec 17 15:34 6.log
29  -rw-r--r-- 1 root root  0 Dec 17 15:34 4.log
30  -rw-r--r-- 1 root root  7 Dec 17 15:40 1.log
31  -rw-r--r-- 1 root root  7 Dec 17 15:40 2.log
32  -rw-r--r-- 1 root root  7 Dec 17 15:40 3.log
33  -rw-r--r-- 1 root root 18 Dec 17 15:42 5.log
34  drwxr-xr-x 2 root root 84 Dec 17 15:46 test
```

上述代码第 1 行表示显示扩展名为“.log”的文件，第 2～7 行为匹配输出结果。

第 8 行表示复制扩展名为“*.log”的文件到 test 目录，第 9～14 行为匹配输出结果。

第 15 行表示复制文件到上一级目录，第 23～34 行为匹配输出结果。

说明：使用-i 选项默认前面的输出用“{}”代替，-I 选项可以指定其他代替字符，如第 15 行中的“[]”。

【实例 4-26】交互式删除文件

使用 find 指令中的 xargs 的-p 选项，交互式删除文件，代码如下。

```
1   [root@lamp_0_16 find]# ls -lhrt
2   total 4.0K
3   drwxr-xr-x 2 root root 4.0K Mar  2 16:09 laohan
4   -rw-r--r-- 1 root root    0 Mar  2 16:09 3.log
5   -rw-r--r-- 1 root root    0 Mar  2 16:09 2.log
6   -rw-r--r-- 1 root root    0 Mar  2 16:09 1.log
7   [root@lamp_0_16 find]# ls -lhrt laohan/
8   total 0
9   [root@lamp_0_16 find]# find . -name "*.log" | xargs -p -i mv -v {} laohan/
10  mv -v ./1.log laohan/ ?...y
11  './1.log' -> 'laohan/1.log'
12  mv -v ./3.log laohan/ ?...y
13  './3.log' -> 'laohan/3.log'
14  mv -v ./2.log laohan/ ?...y
15  './2.log' -> 'laohan/2.log'
16  [root@lamp_0_16 find]# ls -lhrt
17  total 4.0K
18  drwxr-xr-x 2 root root 4.0K Mar  2 16:11 laohan
19  [root@lamp_0_16 find]# ls -lhrt laohan/
20  total 0
21  -rw-r--r-- 1 root root 0 Mar  2 16:09 3.log
22  -rw-r--r-- 1 root root 0 Mar  2 16:09 2.log
23  -rw-r--r-- 1 root root 0 Mar  2 16:09 1.log
```

上述代码第 7 行表示查看 laohan 目录下的文件，第 8 行为显示结果，第 9 行表示移动当前目录下扩展名为“.log”的文件到 laohan 目录下，第 10～15 行为操作过程。

【实例 4-27】批量创建文件

使用一条指令批量创建文件，代码如下。

```
1   [root@zabbix_server duoduo]# echo 'one two three' | xargs -p touch
2   touch one two three ?...y
3   [root@zabbix_server duoduo]#
4   [root@zabbix_server duoduo]# ll
5   total 0
6   -rw-r--r-- 1 root root 0 Dec 2 19:42 1.html
7   -rw-r--r-- 1 root root 0 Dec 2 19:42 2.html
8   -rw-r--r-- 1 root root 0 Dec 2 19:42 3.html
9   -rw-r--r-- 1 root root 0 Dec 2 19:42 4.html
10  -rw-r--r-- 1 root root 0 Dec 2 19:42 5.html
11  -rw-r--r-- 1 root root 0 Dec 2 19:42 6.html
12  -rw-r--r-- 1 root root 0 Dec 3 16:51 one
13  -rw-r--r-- 1 root root 0 Dec 3 16:51 three
14  -rw-r--r-- 1 root root 0 Dec 3 16:51 two
```

上述代码第 1 行表示创建 3 个文件，第 12～14 行为匹配输出结果。

【实例 4-28】删除多个文件

使用一条指令删除多个文件，代码如下。

```
1   [root@zabbix_server duoduo]# echo 'one two three' | xargs -p rm
2   rm one two three ?...y
3   [root@zabbix_server duoduo]# ls -lhrt
4   total 0
5   -rw-r--r-- 1 root root 0 Dec 2 19:42 6.html
6   -rw-r--r-- 1 root root 0 Dec 2 19:42 5.html
7   -rw-r--r-- 1 root root 0 Dec 2 19:42 4.html
8   -rw-r--r-- 1 root root 0 Dec 2 19:42 3.html
9   -rw-r--r-- 1 root root 0 Dec 2 19:42 2.html
10  -rw-r--r-- 1 root root 0 Dec 2 19:42 1.html
```

上述代码第 1 行表示使用一条指令删除多个文件，第 2～10 行为匹配输出结果。

【实例 4-29】删除文件时给出提示信息

查找更改时间在 5 日之内的文件并删除它们，在删除之前先给出提示，代码如下。

```
1   [root@laohan-zabbix-server ~]# find .  -name  "*.txt"  -mtime  -5  -ok rm  {}  \;
2   < rm ... ./3.txt > ? n
3   < rm ... ./2.txt > ? n
4   [root@laohan-zabbix-server ~]# ls -lhrt --full-time *.txt
5   -rw-r--r-- 1 root root 0 2019-12-13 12:12:00.000000000 +0800 1.txt
6   -rw-r--r-- 1 root root 0 2019-12-18 14:20:45.408226611 +0800 3.txt
7   -rw-r--r-- 1 root root 0 2019-12-18 14:20:45.408226611 +0800 2.txt
```

上述代码中第 1 行表示使用 find 指令在当前目录中查找所有扩展名为“.txt”、更改时间在 5 日之内的文件，并删除它们，在删除之前给出提示，按“Y”键删除文件，按“N”键不删除，第 2～7 行为匹配输出结果。

【实例 4-30】匹配查找结果

使用 find 指令中的-exec 选项结合 grep 指令匹配关键字，代码如下。

```
1   [root@laohan-zabbix-server ~]# find /etc -name  "passwd*" -exec  grep "root" {} \;
2   root:x:0:0:root:/root:/bin/bash
3   operator:x:11:0:operator:/root:/sbin/nologin
4   root:x:0:0:root:/root:/bin/bash
5   operator:x:11:0:operator:/root:/sbin/nologin
```

上述代码第 1 行使用 find 指令首先匹配所有文件名为 passwd*的文件，例如 passwd、passwd.old、passwd.bak，然后执行 grep 指令查看在这些文件中是否存在一个 root 用户，第

2～5 行为匹配输出结果。

【实例 4-31】查找文件并将其移动到指定目录

使用 find 指令查找文件并将查找到的文件移动到指定目录，代码如下。

```
1    [root@laohan-zabbix-server ~]# find  ./ -name "*.txt" -exec ls -lhrt --full-
     time {}   \;
2    -rw-r--r-- 1 root root 0 2019-12-18 14:20:45.408226611 +0800 ./3.txt
3    -rw-r--r-- 1 root root 0 2019-12-13 12:12:00.000000000 +0800 ./1.txt
4    -rw-r--r-- 1 root root 0 2019-12-18 14:20:45.408226611 +0800 ./2.txt
5    -rw-r--r-- 1 root root 0 2019-12-18 14:20:45.408226611 +0800 ./test/3.txt
6    -rw-r--r-- 1 root root 0 2019-12-13 12:12:00.000000000 +0800 ./test/1.txt
7    -rw-r--r-- 1 root root 0 2019-12-18 14:20:45.408226611 +0800 ./test/2.txt
8    [root@laohan-zabbix-server ~]# find ./ -maxdepth 1  -name "*.txt" -exec /bin/
     cp -av {}  test/  \;
9    './3.txt' -> 'test/3.txt'
10   './1.txt' -> 'test/1.txt'
11   './2.txt' -> 'test/2.txt'
```

上述代码第 1 行表示查找扩展名为“.txt”的文件并显示他们，第 2～7 行为匹配输出结果，第 8 行表示复制扩展名为“.txt”的文件到 test 目录下，第 9～11 行为匹配输出结果。

【实例 4-32】查找文件并以列表形式排列

使用 find 指令查找当前目录的.txt 文件并以列表形式排列，代码如下。

```
1    [root@laohan-zabbix-server ~]# touch {1..3}.txt
2    [root@laohan-zabbix-server ~]# find ./ -name "*.txt" -exec ls -l "{}" \;
3    -rw-r--r-- 1 root root 0 Dec 18 17:08 ./3.txt
4    -rw-r--r-- 1 root root 0 Dec 18 17:08 ./1.txt
5    -rw-r--r-- 1 root root 0 Dec 18 17:08 ./2.txt
```

上述代码第 1 行表示创建测试文件，第 2 行表示查看文件，第 3～5 行为匹配显示结果。

【实例 4-33】批量修改文件名

使用 find 指令批量为当前目录下.txt 文件的扩展名增加_laohan，代码如下。

```
1    [root@laohan-zabbix-server ~]# find ./ -name "*.txt" -exec mv -v  "{}" "{}_
     laohan" \;
2    './3.txt' -> './3.txt_laohan'
3    './1.txt' -> './1.txt_laohan'
4    './2.txt' -> './2.txt_laohan'
```

上述代码中第 1 行表示修改查找到的文件名，第 2～4 行为匹配输出结果。

【实例 4-34】查找内容中包含“老韩”的文件列表

使用 find 指令查找内容中包含“老韩”的文件列表，代码如下。

```
1    [root@laohan-zabbix-server ~]# echo '跟老韩学 Shell 编程' > laohan.info
2    [root@laohan-zabbix-server ~]#  find . -type f  -exec grep '老韩'  -l {} \;
3    ./laohan.info
4    ./.bash_history
```

上述代码第 1 行表示创建测试文件，第 2 行表示查找包含“老韩”的文件列表，第 3～4 行为匹配输出结果。

总结：-exec 选项的技巧如下。

- -exec 选项后面跟的是指令，它是以分号为结束标志的，所以这条指令后面的分号是不可缺少的，考虑到各个系统中分号会有不同的意义，所以前面加反斜线。
- 花括号代表前面 find 查找出来的文件名。
- -exec 选项后面跟随所要执行的指令或脚本，然后是一对花括号、一个空格和一个反斜线，最后是一个分号。

- 指令格式为 cmd {} \。

【实例 4-35】删除所有的临时文件

使用 find 指令删除所有的临时文件，代码如下。

```
1   [root@laohan-zabbix-server ~]# touch {1..3}.tmp
2   [root@laohan-zabbix-server ~]# find ./ -name "*.tmp" -exec ls -lhrt --full-
    time  "{}" \;
3   -rw-r--r-- 1 root root 0 2019-12-18 17:16:44.318660100 +0800 ./2.tmp
4   -rw-r--r-- 1 root root 0 2019-12-18 17:16:44.318660100 +0800 ./3.tmp
5   -rw-r--r-- 1 root root 0 2019-12-18 17:16:44.318660100 +0800 ./1.tmp
6   [root@laohan-zabbix-server ~]# find ./ -name "*.tmp" -exec rm -fv  "{}" \;
7   removed './2.tmp'
8   removed './3.tmp'
9   removed './1.tmp'
10  [root@laohan-zabbix-server ~]# find ./ -name "*.tmp" -exec ls -lhrt --full-
    time  "{}" \;
```

上述代码中，第 1 行表示创建测试文件，第 2 行表示查找扩展名为“.tmp”的文件，第 3～5 行为匹配输出结果。第 6 行表示删除扩展名为“.tmp”的文件，第 7～10 行为匹配输出结果。

【实例 4-36】查找文件并将其内容写入指定文件

使用 find 指令查找当前目录下所有的扩展名为“.txt”的文件，并将查找到的文件的内容写入 all.txt 文件，代码如下。

```
1   [root@laohan-zabbix-server ~]# echo '跟老韩学 Linux 运维' > laohan.txt
2   [root@laohan-zabbix-server ~]#  find . -type f -name "*.txt" -exec cat {} \;
3   跟老韩学 Linux 运维
4   [root@laohan-zabbix-server ~]# echo '跟老韩学 zabbix 监控' > zabbix.txt
5   [root@laohan-zabbix-server ~]#  find . -type f -name "*.txt" -exec cat {} \;
6   跟老韩学 zabbix 监控
7   跟老韩学 Linux 运维
8   [root@laohan-zabbix-server ~]#  find . -type f -name "*.txt" -exec cat {} \;  >
    all_txt.info
9   [root@laohan-zabbix-server ~]# cat all_txt.info
10  跟老韩学 zabbix 监控
11  跟老韩学 Linux 运维
12  [root@laohan-zabbi > all.txt
```

上述代码第 1 行表示查找当前目录下所有的扩展名为“.txt”的文件，并将其写入 laohan.txt 文件中，第 2～12 行为匹配输出结果。

【实例 4-37】查找特定时间段的文件，交互式删除

使用 find 指令查找指定目录中 24 小时之内修改过并且扩展名为“.sh”的文件，并通过二次确认的方式删除，同时，将 3 天之前的扩展名为“.log”的文件复制到 bak 目录，代码如下。

```
1   [root@laohan-zabbix-server ~]# mkdir bak
2   [root@laohan-zabbix-server ~]# find /data -type f -mtime +3 -name "*.log"
    -exec cp -av {} bak/ \;
3   '/data/data/mysql3316/data/error.log' -> 'bak/error.log'
4   '/data/data/mysql3316/data/slow.log' -> 'bak/slow.log'
5   '/data/app/nginx/logs/error.log' -> 'bak/error.log'
6   '/data/app/nginx/logs/access.log' -> 'bak/access.log'
7   [root@laohan-zabbix-server ~]# find /data -type f -mtime +3 -name "*.log" -exec
    rm -fv {}  \;
8   removed '/data/data/mysql3316/data/error.log'
```

```
9   removed '/data/data/mysql3316/data/slow.log'
10  removed '/data/app/nginx/logs/error.log'
11  removed '/data/app/nginx/logs/access.log'
12  [root@laohan-zabbix-server shell]# find /data/scripts/shell/  -type f -mtime
    -1  -name "*.sh" -exec  ls -lhrt {} \;
13  -rw-r--r-- 1 root root 55 Dec 18 17:53 /data/scripts/shell/hello.sh
14  [root@laohan-zabbix-server shell]# find /data/scripts/shell/  -type f -mtime
    -1  -name "*.sh" -ok  {} \;
15  < {} ... /data/scripts/shell/hello.sh > ? n
16  [root@laohan-zabbix-server shell]# find /data/scripts/shell/  -type f -mtime
    -1  -name "*.sh" -exec  ls -lhrt {} \;
17  -rw-r--r-- 1 root root 55 Dec 18 17:53 /data/scripts/shell/hello.sh
```

上述代码第 7 行为删除操作，第 8～11 行为匹配输出结果，第 12、14、16 行显示相关文件。

【实例 4-38】查找文件并自定义显示

使用 find 指令找出所有扩展名为“.sh”的文件并以“File:文件名”的形式输出，代码如下。

```
1   [root@laohan-zabbix-server shell]# find . -type f -name "*.sh"
2   ./auto_install_nginx.sh
3   ./hello.sh
4   [root@laohan-zabbix-server shell]# find . -type f -name "*.sh" -exec printf
    "当前系统的脚本文件有:  %s\n" {} \;
5   当前系统的脚本文件有:  ./auto_install_nginx.sh
6   当前系统的脚本文件有:  ./hello.sh
```

上述代码中第 1 行查找扩展名为“.sh”的文件，第 2～3 行为查找结果，第 4 行使用格式化输出查找结果，第 5～6 行为匹配输出结果。

【实例 4-39】“Argument list too long”的解决方法

使用 find 指令提示“Argument list too long”的解决方法如下。

```
1   [root@laohan-zabbix-server ~]# cd  /data/test-data/
2   [root@laohan-zabbix-server test-data]# find . -name "*.txt" |wc -l
3   90000
4   [root@laohan-zabbix-server test-data]# rm -fv *.txt
5   -bash: /usr/bin/rm: Argument list too long
6   [root@laohan-zabbix-server test-data]# time find . -name "*.txt" | xargs rm -f
7
8   real    0m1.645s
9   user    0m0.160s
10  sys     0m1.579s
11  [root@laohan-zabbix-server test-data]# find . -name "*.txt" |wc -l
12  0
```

上述代码第 6 行使用管道结合 xargs 指令删除扩展名为“.txt”的文件，第 7～10 行为匹配输出结果。

【实例 4-40】使用循环创建多个文件

Shell 编程中利用循环创建多个文件，如下所示。

（1）用 while 循环。

```
i=1; while [ $i -le 99 ]; do name=`printf "test%02d.txt"  $i`; touch "$name"; i=$((
$i+1)); done
```

（2）用 for 循环和 seq 指令。

```
for i in $(seq 99); do name=$(printf test%02d.txt $i); touch "$name"; done
```

以上两条指令都将生成 test01.txt 到 test99.txt，共 99 个文件。

统计删除100万个文件耗时，代码如下。

```
1    root@laohan-zabbix-server test-data]# time find . -name "*.txt" |xargs -P6  rm -f
2
3    real    0m51.218s
4    user    0m3.589s
5    sys     1m0.307s
6    总共耗时 51 秒。
```

上述代码中第1行表示删除文件，第2～6行表示输出结果。

4.2 文本处理指令

4.2.1 locate 指令

locate 指令其实是“find -name”的另一种写法，但是搜索速度要比后者快得多。原因在于前者不搜索具体目录，而是从数据库（/var/lib/locatedb）中检索相关信息，这个数据库中记录了操作系统中的所有文件信息。

Linux 操作系统自动创建这个数据库，内置的定时任务每天自动更新一次，所以使用 locate 指令查不到最新变动过的文件。为了避免这种情况出现，可以在使用 locate 指令查找文件之前，先使用 updatedb 指令，手动更新/var/lib/locatedb 数据库信息。

【实例 4-41】更新 locatedb 数据库

更新 locatedb 数据库信息，代码如下。

```
[root@laohan_httpd_server ~]# updatedb
-bash: updatedb: command not found
[root@laohan_httpd_server ~]# yum list updatedb
已加载插件：fastestmirror
Determining fastest mirrors
epel/metalink
| 9.3 kB    00:00
 * base: mirror.bit.edu.cn
 * epel: mirrors.tuna.tsinghua.edu.cn
 * extras: mirror.bit.edu.cn
 * updates: ap.stykers.moe
base
| 3.7 kB    00:00
epel
| 5.3 kB    00:00
epel/primary_db
| 6.1 MB    00:00
extras
| 3.4 kB    00:00
updates
| 3.4 kB    00:00
updates/primary_db
| 2.5 MB    00:00
错误：没有匹配的软件包可以列出
```

查看操作系统版本信息如下。

```
[root@laohan_httpd_server ~]# cat /etc/redhat-release
CentOS release 6.9 (Final)
```

笔者使用的是最小化安装，使用updatedb指令更新数据库时提示“command not found”，可执行如下指令安装对应的软件包，代码如下。

```
[root@laohan_httpd_server ~]# yum install mlocate -y
已加载插件：fastestmirror
设置安装进程
Loading mirror speeds from cached hostfile
 * base: mirror.bit.edu.cn
（中间代码略）

已安装：
  mlocate.x86_64 0:0.22.1-6.el6

完毕！
```

再次更新数据库信息，代码如下。

```
[root@laohan_httpd_server ~]# time updatedb

real    0m2.560s
user    0m0.026s
sys     0m0.858s
```

【实例4-42】搜索包含“bash”字符串的文件

locate指令的使用实例代码如下。

```
1    [root@laohan_httpd_server ~]# time locate bash
2    /bin/bash
3    /etc/bash_completion.d
4    /etc/bashrc
5    /etc/bash_completion.d/gdbus-bash-completion.sh
6    /etc/bash_completion.d/yum.bash
7    /etc/skel/.bash_logout
8    /etc/skel/.bash_profile
9    /etc/skel/.bashrc
10   /lib/kbd/keymaps/i386/qwerty/bashkir.map.gz
11   /root/.bash_history
12   /root/.bash_logout
13   /root/.bash_profile
14   /root/.bashrc
15   /usr/bin/bashbug-64
16   /usr/share/doc/bash-4.1.2
17   /usr/share/doc/bash-4.1.2/COPYING
18   /usr/share/doc/util-linux-ng-2.12.1/getopt-parse.bash
19   /usr/share/doc/util-linux-ng-2.12.1/getopt-test.bash
20   /usr/share/info/bash.info.gz
21   /usr/share/locale/af/LC_MESSAGES/bash.mo
22   /usr/share/locale/bg/LC_MESSAGES/bash.mo
23   /usr/share/locale/ca/LC_MESSAGES/bash.mo
24   /usr/share/locale/cs/LC_MESSAGES/bash.mo
25   /usr/share/locale/de/LC_MESSAGES/bash.mo
26   /usr/share/locale/en@boldquot/LC_MESSAGES/bash.mo
27   /usr/share/locale/en@quot/LC_MESSAGES/bash.mo
28   /usr/share/locale/eo/LC_MESSAGES/bash.mo
29   /usr/share/locale/es/LC_MESSAGES/bash.mo
30   /usr/share/locale/et/LC_MESSAGES/bash.mo
31   /usr/share/locale/fi/LC_MESSAGES/bash.mo
32   /usr/share/locale/fr/LC_MESSAGES/bash.mo
33   /usr/share/locale/ga/LC_MESSAGES/bash.mo
34   /usr/share/locale/hu/LC_MESSAGES/bash.mo
35   /usr/share/locale/id/LC_MESSAGES/bash.mo
36   /usr/share/locale/ja/LC_MESSAGES/bash.mo
37   /usr/share/locale/lt/LC_MESSAGES/bash.mo
```

```
38 /usr/share/locale/nl/LC_MESSAGES/bash.mo
39 /usr/share/locale/pl/LC_MESSAGES/bash.mo
40 /usr/share/locale/pt_BR/LC_MESSAGES/bash.mo
41 /usr/share/locale/ro/LC_MESSAGES/bash.mo
42 /usr/share/locale/ru/LC_MESSAGES/bash.mo
43 /usr/share/locale/sk/LC_MESSAGES/bash.mo
44 /usr/share/locale/sv/LC_MESSAGES/bash.mo
45 /usr/share/locale/tr/LC_MESSAGES/bash.mo
46 /usr/share/locale/vi/LC_MESSAGES/bash.mo
47 /usr/share/locale/zh_TW/LC_MESSAGES/bash.mo
48 /usr/share/man/man1/bash.1.gz
49 /usr/share/man/man1/bashbug.1.gz
50 /usr/share/zoneinfo/Africa/Lubumbashi
51 /usr/share/zoneinfo/posix/Africa/Lubumbashi
52 /usr/share/zoneinfo/right/Africa/Lubumbashi
53 /var/lib/yum/yumdb/b/52420db44f74f2b7598b568ae159138cb6ad2d24-bash-4.1.2-48.
el6-x86_64
54 /var/lib/yum/yumdb/b/52420db44f74f2b7598b568ae159138cb6ad2d24-bash-4.1.2-48.
el6-x86_64/checksum_data
55 /var/lib/yum/yumdb/b/52420db44f74f2b7598b568ae159138cb6ad2d24-bash-4.1.2-48.
el6-x86_64/checksum_type
56 /var/lib/yum/yumdb/b/52420db44f74f2b7598b568ae159138cb6ad2d24-bash-4.1.2-48.
el6-x86_64/from_repo
57 /var/lib/yum/yumdb/b/52420db44f74f2b7598b568ae159138cb6ad2d24-bash-4.1.2-48.
el6-x86_64/from_repo_revision
58 /var/lib/yum/yumdb/b/52420db44f74f2b7598b568ae159138cb6ad2d24-bash-4.1.2-48.
el6-x86_64/from_repo_timestamp
59 /var/lib/yum/yumdb/b/52420db44f74f2b7598b568ae159138cb6ad2d24-bash-4.1.2-48.
el6-x86_64/installed_by
60 /var/lib/yum/yumdb/b/52420db44f74f2b7598b568ae159138cb6ad2d24-bash-4.1.2-48.
el6-x86_64/reason
61 /var/lib/yum/yumdb/b/52420db44f74f2b7598b568ae159138cb6ad2d24-bash-4.1.2-48.
el6-x86_64/releasever
62
63 real 0m0.014s
64 user 0m0.013s
65 sys 0m0.000s
```

上述代码第 1 行搜索系统中包含“bash”字符串的文件并统计搜索时间，第 2～65 行为输出结果。

【实例 4-43】通配符搜索包含“awk”字符串的文件列表

locate 指令用于从数据库中检索文件，其检索速度非常快，代码如下。

```
1   [root@lamp_0_16 awk]# time locate  "*awk*"
2   /data/app/apr/build-1/make_exports.awk
3   /data/app/apr/build-1/make_var_export.awk
4   /data/app/lamp/php/lib/php/build/mkdep.awk
5   /data/app/lamp/php/lib/php/build/scan_makefile_in.awk
6   /opt/apr-1.5.2/build/make_exports.awk
7   /opt/apr-1.5.2/build/make_nw_export.awk
8   /opt/apr-1.5.2/build/make_var_export.awk
9   /opt/apr-1.5.2/build/nw_make_header.awk
10  /opt/apr-1.5.2/build/nw_ver.awk
11  /opt/apr-1.5.2/build/win32ver.awk
12  /opt/httpd-2.4.17/build/build-modules-c.awk
13  /opt/httpd-2.4.17/build/installwinconf.awk
14  /opt/httpd-2.4.17/build/make_exports.awk
15  /opt/httpd-2.4.17/build/make_nw_export.awk
16  /opt/httpd-2.4.17/build/make_var_export.awk
17  /opt/httpd-2.4.17/build/mkconfNW.awk
18  /opt/httpd-2.4.17/build/nw_ver.awk
19  /opt/php-5.6.14/build/mkdep.awk
```

```
20  /opt/php-5.6.14/build/order_by_dep.awk
21  /opt/php-5.6.14/build/print_include.awk
22  /opt/php-5.6.14/build/scan_makefile_in.awk
23  /opt/php-5.6.14/ext/fileinfo/tests/resources/test.awk
24  /opt/php-5.6.14/ext/mbstring/libmbfl/filters/mk_sb_tbl.awk
25  /opt/php-5.6.14/ext/mbstring/libmbfl/mbfl/mk_eaw_tbl.awk
26  /opt/php-5.6.14/scripts/apache/conffix.awk
27  /opt/php-5.6.14/scripts/apache/htaccessfix.awk
28  /root/awk
29  /root/awk/awk.log
30  /root/awk/begin.log
31  /root/awk/echo_1.log
32  /root/awk/echo_2.log
33  /root/awk/laohan.log
34  /root/awk/laohan_python.log
35  /root/awk/var.sh
36  /usr/bin/awk
37  /usr/bin/dgawk
38  /usr/bin/gawk
39  /usr/bin/igawk
40  /usr/bin/pgawk
41  /usr/libexec/awk
42  /usr/libexec/awk/grcat
43  /usr/libexec/awk/pwcat
44  /usr/share/awk
45  /usr/share/awk/assert.awk
46  /usr/share/awk/bits2str.awk
47  /usr/share/awk/cliff_rand.awk
48  /usr/share/awk/ctime.awk
49  /usr/share/awk/ftrans.awk
50  /usr/share/awk/getopt.awk
51  /usr/share/awk/gettime.awk
52  /usr/share/awk/group.awk
53  /usr/share/awk/join.awk
54  /usr/share/awk/libintl.awk
55  /usr/share/awk/noassign.awk
56  /usr/share/awk/ord.awk
57  /usr/share/awk/passwd.awk
58  /usr/share/awk/quicksort.awk
59  /usr/share/awk/readable.awk
60  /usr/share/awk/rewind.awk
61  /usr/share/awk/round.awk
62  /usr/share/awk/strtonum.awk
63  /usr/share/awk/walkarray.awk
64  /usr/share/awk/zerofile.awk
65  /usr/share/doc/gawk-4.0.2
66  /usr/share/doc/gawk-4.0.2/COPYING
67  /usr/share/doc/gawk-4.0.2/FUTURES
68  /usr/share/doc/gawk-4.0.2/LIMITATIONS
69  /usr/share/doc/gawk-4.0.2/NEWS
70  /usr/share/doc/gawk-4.0.2/POSIX.STD
71  /usr/share/doc/gawk-4.0.2/README
72  /usr/share/doc/gawk-4.0.2/README.multibyte
73  /usr/share/doc/gawk-4.0.2/README.tests
74  /usr/share/et/et_c.awk
75  /usr/share/et/et_h.awk
76  /usr/share/info/gawk.info.gz
77  /usr/share/info/gawkinet.info.gz
78  /usr/share/locale/da/LC_MESSAGES/gawk.mo
79  /usr/share/locale/de/LC_MESSAGES/gawk.mo
80  /usr/share/locale/es/LC_MESSAGES/gawk.mo
81  /usr/share/locale/fi/LC_MESSAGES/gawk.mo
82  /usr/share/locale/fr/LC_MESSAGES/gawk.mo
```

```
83  /usr/share/locale/it/LC_MESSAGES/gawk.mo
84  /usr/share/locale/ja/LC_MESSAGES/gawk.mo
85  /usr/share/locale/nl/LC_MESSAGES/gawk.mo
86  /usr/share/locale/pl/LC_MESSAGES/gawk.mo
87  /usr/share/locale/sv/LC_MESSAGES/gawk.mo
88  /usr/share/locale/vi/LC_MESSAGES/gawk.mo
89  /usr/share/man/man1/awk.1.gz
90  /usr/share/man/man1/dgawk.1.gz
91  /usr/share/man/man1/gawk.1.gz
92  /usr/share/man/man1/igawk.1.gz
93  /usr/share/man/man1/pgawk.1.gz
94  /usr/share/mime/application/x-awk.xml
95  /usr/share/nano/awk.nanorc
96  /usr/share/vim/vim74/indent/awk.vim
97  /usr/share/vim/vim74/syntax/awk.vim
98
99  real  0m0.053s
100 user  0m0.048s
101 sys  0m0.003s
```

上述代码第 1～97 行匹配所有包含“awk”字符串的文件，第 99～101 行为耗时统计。

【实例 4-44】搜索“root”字符串的数量

搜索“root”字符串在 Linux 系统中的数量，代码如下。

```
[root@laohan_httpd_server ~]# locate -c 'root'
72
```

上述代码使用-c 选项，查找“root”字符串的数量。

【实例 4-45】区分大小写搜索“root”字符串

读者可以使用-i 选项区分大小写搜索“root”字符串，代码如下。

```
[root@laohan_httpd_server ~]# locate -i 'root' | wc -l
80
[root@laohan_httpd_server ~]# locate  'root' | wc -l
72
```

【实例 4-46】查看数据库缓存信息

使用-S 选项，可以查看相关的数据库信息，代码如下。

```
[root@laohan_httpd_server ~]# locate  -S
数据库 /var/lib/mlocate/mlocate.db:
    4,062 文件夹
    37,912 文件
    1,757,403 bytes in file names
    791,216 字节用于存储数据库
```

使用 locate 查找文件，代码如下。

```
[root@laohan_httpd_server ~]# locate /etc/passwd
/etc/passwd
/etc/passwd-
```

【实例 4-47】查看程序的完整路径

查看 ls 和 which 程序的完整路径，代码如下。

```
1    [root@lamp_0_16 awk]# locate  -r /ls$
2    /usr/bin/ls
3    [root@lamp_0_16 awk]# locate  -r /which$
4    /usr/bin/which
```

上述代码第 1～4 行查看程序的完整路径。

4.2.2 which 与 whereis 指令

1. which 指令

which 指令的作用是在 PATH 变量指定的路径中搜索某个系统指令的位置，并且返回第一个搜索结果。使用 which 指令，可以看到某个系统指令是否存在，以及执行的到底是哪个位置的指令。

【实例 4-48】查找文件并显示指令路径

查找文件并显示指令的完整路径，代码如下。

```
[root@laohan_httpd_server ~]# which ls
alias ls='ls --color=auto'
    /bin/ls
[root@laohan_httpd_server ~]# which whoami
/usr/bin/whoami
[root@laohan_httpd_server ~]# which find
/bin/find
#
```

注意：由于 which 指令根据当前操作系统配置的 PATH 变量去搜索二进制文件，因此不同操作系统的 PATH 配置内容返回的结果会有所不同。

【实例 4-49】查找 which 指令

查找 which 指令，代码如下。

```
[root@laohan_httpd_server ~]# which which
alias which='alias | /usr/bin/which --tty-only --read-alias --show-dot --show-tilde'
/usr/bin/which
```

上述代码中输出两个 which 指令，其中一个是 alias，即指令别名。

2. whereis 指令

whereis 指令只能用于程序名的搜索，而且只搜索二进制文件（选项-b）、man 帮助文件（选项-m）和源代码文件（选项-s）。如果省略选项，则返回所有信息，whereis 指令常用选项如表 4-7 所示。

表 4-7 whereis 指令常用选项

选项	说明
-b	定位可执行文件
-m	定位帮助文件
-s	定位源代码文件
-u	搜索除可执行文件、源代码文件、帮助文件以外的其他文件
-B	指定搜索可执行文件的路径
-M	指定搜索帮助文件的路径
-S	指定搜索源代码文件的路径

【实例 4-50】查找 ls 指令的路径

查找 ls 指令的路径，代码如下。

```
[root@laohan_httpd_server ~]# whereis ls
ls: /bin/ls /usr/share/man/man1/ls.1.gz
```

上述代码查找 ls 指令的位置，并返回相关的帮助文档。

【实例 4-51】查找二进制可执行文件

查找二进制可执行文件 nginx，代码如下。

```
[root@laohan_httpd_server ~]# whereis -b nginx
nginx:
```

上述代码查找当前系统中的二进制可执行文件。which 和 whereis 指令查找文件的区别如下。

- which：文件名完全匹配、不可有扩展名、遍历$PATH、找到一个匹配的文件即退出。
- whereis：文件名完全匹配、但可有扩展名、遍历包含$PATH 的多个目录、找出所有匹配文件。

4.2.3 cut 指令

cut 是处理具有固定格式的文件的指令，常用选项如表 4-8 所示。

表 4-8 cut 指令常用选项

选项	说明
-b	以字节为单位进行切割
-c	以字符为单位进行切割
-d	自定义分隔符，默认为制表符
-f	与-d 一起使用，指定显示哪个区域（field）
-n	取消切割多字节字符，仅和-b 选项一起使用

【实例 4-52】显示查询结果的字符数量

使用-c 选项统计查询结果的字符数量，代码如下。

```
1    [root@lamp_0_16 awk]# ll | cut -c 1-10
2    total 48
3    -rw-r--r--
4    -rw-r--r--
5    -rw-r--r--
6    -rw-r--r--
7    -rw-r--r--
8    -rw-r--r--
9    -rw-r--r--
10   -rw-r--r--
11   -rw-r--r--
12   -rw-r--r--
13   -rw-r--r--
14   -rw-r--r--
15   -rw-r--r--
```

上述代码第 1 行显示查询结果的 1～10 个字符，第 2～15 行为匹配输出结果。

【实例 4-53】显示用空格切割后的特定元素

使用-d 选项指定分隔符，-f 选项获取对应列的信息，代码如下。

```
1    [root@lamp_0_16 awk]# ll | cut -d ' ' -f 1
2    total
3    -rw-r--r--
4    -rw-r--r--
5    -rw-r--r--
6    -rw-r--r--
7    -rw-r--r--
8    -rw-r--r--
9    -rw-r--r--
```

```
10  -rw-r--r--
11  -rw-r--r--
12  -rw-r--r--
13  -rw-r--r--
14  -rw-r--r--
15  -rw-r--r--
```

上述代码第 1 行显示用空格切割后的第 1 列元素，第 2～15 行为匹配输出结果。

4.2.4 sort 指令

Linux 系统管理员在管理维护系统“过程”时，有时会需要对日志或其他数据做过滤和筛选，sort 指令常用选项如表 4-9 所示。

表 4-9 sort 指令常用选项

选项	说明
-b	使用域进行分类，忽略前面空格
-c	判断文件是否已经分类
-f	排序时，忽略大小写字母
-M	将前面 3 个字母依照月份的缩写进行排序
-m	合并两个分类文件
-n	依照数值的大小排序，默认以 ASCII 值排序
-o	后面跟文件名，将 sort 输出结果保存到文件，原地置换
-r	逆向排序
-t	指定分隔符，默认是空格
-k	选择以哪个区间进行排序
-u	排序后删除重复行

【实例 4-54】数字排序

sort 指令默认情况下以 ASCII 值进行排序，代码如下。

```
[root@laohan-zabbix-server ~]# echo -e "11\n12\n13\n8" |sort
11
12
13
8
[root@laohan-zabbix-server ~]# echo -e "11\n12\n13\n8" |sort -n
8
11
12
13
```

上述代码使用-n 选项，以 ASCII 值对数字排序。

【实例 4-55】降序输出

sort 指令默认情况下以升序输出，使用-r 选项，可以实现降序输出，代码如下。

```
[root@laohan-zabbix-server ~]# echo -e "11\n12\n13\n8" |sort -rn
13
12
11
8
```

上述代码使用-r 选项，以降序输出。

【实例 4-56】去重

使用 sort 指令的-u 选项，去除文件中的重复行，代码如下。

```
[root@laohan-zabbix-server ~]# echo -e "11\n12\n13\n8\n8\n8" |sort -rn
13
12
11
8
8
8
[root@laohan-zabbix-server ~]# echo -e "11\n12\n13\n8\n8\n8" |sort -u
11
12
13
8
```

上述代码去除重复行，相当于 uniq 指令。

【实例 4-57】指定分隔符

默认情况下 sort 指令的分隔符是空格。

```
[root@laohan-zabbix-server ~]# echo -e "老韩_Java:88\n 老韩_Python:66\n 老韩_Shell:77" |
sort -t ':' -nrk2
老韩_Java:88
老韩_Shell:77
老韩_Python:66
```

上述代码使用-t 选项指定分隔符。

【实例 4-58】输出结果保存到文件

将 echo 指令的输出结果保存到文件中，代码如下。

```
[root@laohan-zabbix-server ~]# echo -e "老韩_Java:88\n 老韩_Python:66\n 老韩_Shell:77" |
sort -t ':' -nrk2 -o a.txt
[root@laohan-zabbix-server ~]# cat a.txt
老韩_Java:88
老韩_Shell:77
老韩_Python:66
```

【实例 4-59】多条件排序

使用-t 选项指定多条件排序，代码如下。

```
[root@laohan-zabbix-server ~]#  echo -e "1:laohan_Python:55\n2:laohan_Shell:66\
n3:laohan_CSS:88\n4:laohan_JS:99" | sort -t":" -k1 -k3 -rn
4:laohan_JS:99
3:laohan_CSS:88
2:laohan_Shell:66
1:laohan_Python:55
```

上述代码文件分隔符为“:”，要求先按第 1 列数字大小排序，再按第 3 列数字大小排序，结果以降序输出。

【实例 4-60】去重

按照第一列内容去重，代码如下。

```
1    [root@laohan-zabbix-server ~]#  echo -e "1:laohan_Python:55\n2:laohan_Shell:
     66\n3:laohan_CSS:88\n4:laohan_JS:99" sort.txt
2    1:laohan_Python:55
3    2:laohan_Shell:66
4    3:laohan_CSS:88
5    4:laohan_JS:99 sort.txt
```

```
6    [root@laohan-zabbix-server ~]#  echo -e "1:laohan_Python:55\n2:laohan_Shell:
     66\n3:laohan_CSS:88\n4:laohan_JS:99" |  sort -o sort.txt
7    [root@laohan-zabbix-server ~]# cat sort.txt
8    1:laohan_Python:55
9    2:laohan_Shell:66
10   3:laohan_CSS:88
11   4:laohan_JS:99
12   [root@laohan-zabbix-server ~]# cat sort.txt | tee -a sort.txt
13   ……
14   [root@laohan-zabbix-server ~]# cat sort.txt | sort -t":" -k1,1 -u
15   1:laohan_Python:55
16   2:laohan_Shell:66
17   3:laohan_CSS:88
18   4:laohan_JS:99
19   [root@laohan-zabbix-server ~]# cat sort.txt
20   1:laohan_Python:55
21   2:laohan_Shell:66
22   3:laohan_CSS:88
23   4:laohan_JS:99
24   1:laohan_Python:55
25   2:laohan_Shell:66
26   3:laohan_CSS:88
27   4:laohan_JS:99
28   1:laohan_Python:55
29   2:laohan_Shell:66
30   3:laohan_CSS:88
31   4:laohan_JS:99
32   1:laohan_Python:55
33   2:laohan_Shell:66
34   3:laohan_CSS:88
35   4:laohan_JS:99
36   1:laohan_Python:55
37   2:laohan_Shell:66
38   3:laohan_CSS:88
39   4:laohan_JS:99
40   1:laohan_Python:55
41   2:laohan_Shell:66
42   3:laohan_CSS:88
43   4:laohan_JS:99
44   1:laohan_Python:55
45   2:laohan_Shell:66
46   3:laohan_CSS:88
47   4:laohan_JS:99
48   1:laohan_Python:55
49   2:laohan_Shell:66
50   3:laohan_CSS:88
51   4:laohan_JS:99
```

上述代码第 1～13 行为测试文件内容，第 15～51 行为匹配输出结果。

cut、awk、sort 这 3 条指令的分隔符选项总结如下。

- cut 指令以-d 选项来指定分隔符，-f 指定显示指定区域或指定列。
- awk 指令以-F 选项来指定分隔符，$1～$n 指定第几列。
- sort 指令以-t 选项来指定分隔符，-k 指定某个区间或指定列。

4.2.5 tar 指令

tar 指令是 Linux 操作系统中常用的压缩工具。使用 tar 指令压缩的文件我们常称为 tar 包，tar 包的扩展名通常都是.tar。

tar 指令常用选项如表 4-10 所示。

表 4-10 tar 指令常用选项

选项	说明
-A	新增压缩文件到已存在的压缩文件
-B	设置区块大小
-c	建立新的压缩文件
-d	记录文件的差别
-r	添加文件到已压缩的文件中
-u	更新文件。用新增的文件取代原备份文件，如果在备份文件中找不到要更新的文件，则把它追加到备份文件的最后
-x	从压缩的文件中提取文件
-t	列出压缩文件的内容，查看已经备份了哪些文件
-z	支持 gzip 解压文件
-j	支持 bzip2 解压文件
-Z	支持 compress 解压文件
-v	显示操作过程
-l	文件系统边界设置
-k	保存已经存在的文件。例如把某个文件还原，在还原的过程中遇到相同的文件，不会进行覆盖
-m	在还原文件时，把所有文件的修改时间设定为当前系统时间
-n	创建多卷的压缩文件，以便在多个磁盘中存放
-W	确认压缩文件的正确性
-b	设置区块数目
-C	解压到指定目录
-f	指定压缩文件
--help	显示帮助信息

tar 指令语法如下。

```
tar [主选项+辅选项] 文件或者目录
```

使用该指令时，主选项是必须要有的，它告诉 tar 要做什么事情，辅选项是辅助使用的，可以选用。

tar 指令主选项如下。

- -c：创建新的压缩文件。如果用户想备份一个目录或一些文件，需要选择这个选项。相当于压缩。
- -x：从压缩文件中释放文件。相当于解压。
- -t：列出压缩文件的内容，查看已经备份了哪些文件。

特别注意：在参数的使用过程中，-c、-x 和-t 三者只能使用一个，因为不可能同时压缩与解压。

tar 指令辅选项如下。

- -v：压缩的过程中显示文件。

- -f：使用归档名。注意，在-f之后要立即接归档名，不需要再加其他参数。
- -p：使用原文件的原来属性（属性不会依据使用者而改变）。
- -exclude FILE：在压缩的过程中，不要将 FILE 压缩。

【实例 4-61】压缩目录

```
1   [root@laohan-nginx-test ~]# tar -czvf laohan.tar /tmp/laohan/
2   tar: Removing leading `/' from member names
3   /tmp/laohan/
4   /tmp/laohan/epel-release-6-8.noarch.rpm
5   /tmp/laohan/MemoryAnalyzer-1.9.0.20190605-macosx.cocoa.x86_64.zip
6   /tmp/laohan/a.sh
7   /tmp/laohan/for.sh
8   /tmp/laohan/nginx-release-centos-6-0.el6.ngx.noarch.rpm
9   /tmp/laohan/laohan_py/
10  /tmp/laohan/laohan_py/hello_world.py
11  /tmp/laohan/remi-release-6.rpm
12  /tmp/laohan/passwd
13  [root@laohan-nginx-test ~]# du -sh /tmp/laohan/ laohan.tar
14  67M  /tmp/laohan/
15  67M  laohan.tar
```

上述代码第 1 行将/tmp 目录下的文件全部压缩到 laohan.tar，第 2～13 行为匹配输出结果。第 14～15 行查看压缩目录和压缩后的文件大小。

```
1   [root@laohan-nginx-test ~]# tar -czvf laohan_1.tar.gz /tmp/laohan/
2   tar: Removing leading `/' from member names
3   /tmp/laohan/
4   /tmp/laohan/epel-release-6-8.noarch.rpm
5   /tmp/laohan/MemoryAnalyzer-1.9.0.20190605-macosx.cocoa.x86_64.zip
6   /tmp/laohan/a.sh
7   /tmp/laohan/for.sh
8   /tmp/laohan/nginx-release-centos-6-0.el6.ngx.noarch.rpm
9   /tmp/laohan/laohan_py/
10  /tmp/laohan/laohan_py/hello_world.py
11  /tmp/laohan/remi-release-6.rpm
12  /tmp/laohan/passwd
13  [root@laohan-nginx-test ~]# du -sh /tmp/laohan/ laohan_1.tar.gz
14  67M  /tmp/laohan/
15  67M  laohan_1.tar.gz
16  [root@laohan-nginx-test ~]# tar czf laohan_2.tar.bz2 /tmp/laohan/
17  tar: Removing leading `/' from member names
18  [root@laohan-nginx-test ~]# du -sh /tmp/laohan/ laohan_2.tar.bz2
19  67M  /tmp/laohan/
20  67M  laohan_2.tar.bz2
```

上述代码第 1 行将文件压缩为.gz 文件，第 16 行将文件压缩为.bz2 文件，选项-f 之后的文件名可以自定义。

- tar 指令压缩文件时使用-z 选项，文件名以“.tar.gz”或“.tgz”结尾。
- tar 指令压缩文件时使用-j 选项，则文件名以“.tar.bz2”结尾。

【实例 4-62】查看压缩文件

使用-ztvf 查看压缩文件，代码如下。

```
1   [root@laohan-nginx-test ~]# tar -ztvf laohan_1.tar.gz
2   drwxr-xr-x root/root        0 2020-04-08 09:43 tmp/laohan/
3   -rw-r--r-- root/root    14540 2012-11-05 23:31 tmp/laohan/epel-release-6-8.
    noarch.rpm
4   -rw-r--r-- root/root  69351042 2019-06-19 22:29 tmp/laohan/MemoryAnalyzer-1.
    9.0.20190605-macosx.cocoa.x86_64.zip
```

```
5   -rw-r--r-- root/root        79 2020-03-26 16:10 tmp/laohan/a.sh
6   -rw-r--r-- root/root       140 2020-03-26 16:12 tmp/laohan/for.sh
7   -rw-r--r-- root/root      4311 2011-10-14 18:45 tmp/laohan/nginx-release-centos-
    6-0.el6.ngx.noarch.rpm
8   drwxr-xr-x root/root         0 2019-08-21 16:54 tmp/laohan/laohan_py/
9   -rwxr-xr-x root/root        44 2019-08-21 16:54 tmp/laohan/laohan_py/hello_
    world.py
10  -rw-r--r-- root/root     15704 2018-12-22 01:50 tmp/laohan/remi-release-6.rpm
11  -rw-r--r-- root/root      1235 2019-10-17 14:29 tmp/laohan/passwd
12  [root@laohan-nginx-test ~]# tar -ztvf laohan_2.tar.bz2
13  drwxr-xr-x root/root         0 2020-04-08 09:43 tmp/laohan/
14  -rw-r--r-- root/root     14540 2012-11-05 23:31 tmp/laohan/epel-release-6-8.
    noarch.rpm
15  -rw-r--r-- root/root  69351042 2019-06-19 22:29 tmp/laohan/MemoryAnalyzer-1.
    9.0.20190605-macosx.cocoa.x86_64.zip
16  -rw-r--r-- root/root        79 2020-03-26 16:10 tmp/laohan/a.sh
17  -rw-r--r-- root/root       140 2020-03-26 16:12 tmp/laohan/for.sh
18  -rw-r--r-- root/root      4311 2011-10-14 18:45 tmp/laohan/nginx-release-centos-
    6-0.el6.ngx.noarch.rpm
19  drwxr-xr-x root/root         0 2019-08-21 16:54 tmp/laohan/laohan_py/
20  -rwxr-xr-x root/root        44 2019-08-21 16:54 tmp/laohan/laohan_py/hello_
    world.py
21  -rw-r--r-- root/root     15704 2018-12-22 01:50 tmp/laohan/remi-release-6.rpm
22  -rw-r--r-- root/root      1235 2019-10-17 14:29 tmp/laohan/passwd
```

上述代码第 1 行和第 12 行分别解压以“.gz”和“.bz2”结尾的文件。

【实例 4-63】解压文件到指定目录

使用-c 选项解压文件到指定目录，代码如下。

```
1   [root@laohan-nginx-test ~]# tar -zxvf laohan_1.tar.gz  -C  /usr/local/laohan/
2   tmp/laohan/
3   tmp/laohan/epel-release-6-8.noarch.rpm
4   tmp/laohan/MemoryAnalyzer-1.9.0.20190605-macosx.cocoa.x86_64.zip
5   tmp/laohan/a.sh
6   tmp/laohan/for.sh
7   tmp/laohan/nginx-release-centos-6-0.el6.ngx.noarch.rpm
8   tmp/laohan/laohan_py/
9   tmp/laohan/laohan_py/hello_world.py
10  tmp/laohan/remi-release-6.rpm
11  tmp/laohan/passwd
12  [root@laohan-nginx-test ~]# ls -lhrt /usr/local/laohan/
13  total 4.0K
14  drwxr-xr-x 3 root root 4.0K Apr  8 09:57 tmp
15  [root@laohan-nginx-test ~]# ls -lhrt /usr/local/laohan/tmp/
16  total 4.0K
17  drwxr-xr-x 3 root root 4.0K Apr  8 09:43 laohan
18  [root@laohan-nginx-test ~]# ls -lhrt /usr/local/laohan/tmp/laohan/
19  total 67M
20  -rw-r--r-- 1 root root 4.3K Oct 14  2011 nginx-release-centos-6-0.el6.ngx.
    noarch.rpm
21  -rw-r--r-- 1 root root  15K Nov  5  2012 epel-release-6-8.noarch.rpm
22  -rw-r--r-- 1 root root  16K Dec 22  2018 remi-release-6.rpm
23  -rw-r--r-- 1 root root  67M Jun 19  2019 MemoryAnalyzer-1.9.0.20190605-macosx.
    cocoa.x86_64.zip
24  drwxr-xr-x 2 root root 4.0K Aug 21  2019 laohan_py
25  -rw-r--r-- 1 root root 1.3K Oct 17 14:29 passwd
26  -rw-r--r-- 1 root root   79 Mar 26 16:10 a.sh
27  -rw-r--r-- 1 root root  140 Mar 26 16:12 for.sh
```

上述代码第 1 行解压文件到指定目录下，第 2～27 行为匹配输出结果。

【实例 4-64】解压部分文件

解压压缩包文件中的单个文件，代码如下。

```
1   [root@laohan-nginx-test ~]# tar -zxvf laohan_1.tar.gz tmp/laohan/passwd
2   tmp/laohan/passwd
3   [root@laohan-nginx-test ~]# ls -lhrt
4   total 133M
5   -rw-r--r-- 1 root root  67M Apr  8 09:48 laohan_1.tar.gz
6   -rw-r--r-- 1 root root  67M Apr  8 09:49 laohan_2.tar.bz2
7   drwxr-xr-x 3 root root 4.0K Apr  8 10:01 tmp
8   [root@laohan-nginx-test ~]# ls -lhrt tmp/
9   total 4.0K
10  drwxr-xr-x 2 root root 4.0K Apr  8 10:01 laohan
11  [root@laohan-nginx-test ~]# ls -lhrt tmp/laohan/
12  total 4.0K
13  -rw-r--r-- 1 root root 1.3K Oct 17 14:29 passwd
14  [root@laohan-nginx-test ~]# ls -lhrt tmp/laohan/passwd
15  -rw-r--r-- 1 root root 1.3K Oct 17 14:29 tmp/laohan/passwd
```

上述代码第 1 行解压 laohan_1.tar.gz 中的 passwd 文件。

【实例 4-65】排除压缩目录

使用--exclude 选项排除压缩目录，代码如下。

```
1   [root@laohan-nginx-test ~]# tar -zcvf laohan.tar.gz --exclude=/tmp/laohan/
    laohan_py /tmp/laohan
2   tar: Removing leading `/' from member names
3   /tmp/laohan/
4   /tmp/laohan/epel-release-6-8.noarch.rpm
5   /tmp/laohan/MemoryAnalyzer-1.9.0.20190605-macosx.cocoa.x86_64.zip
6   /tmp/laohan/a.sh
7   /tmp/laohan/for.sh
8   /tmp/laohan/nginx-release-centos-6-0.el6.ngx.noarch.rpm
9   /tmp/laohan/remi-release-6.rpm
10  /tmp/laohan/passwd
11  [root@laohan-nginx-test ~]# tar xf laohan.tar.gz
12  [root@laohan-nginx-test ~]# ll tmp/laohan/
13  total 67780
14  -rw-r--r-- 1 root root       79 Mar 26 16:10 a.sh
15  -rw-r--r-- 1 root root    14540 Nov  5  2012 epel-release-6-8.noarch.rpm
16  -rw-r--r-- 1 root root      140 Mar 26 16:12 for.sh
17  -rw-r--r-- 1 root root 69351042 Jun 19  2019 MemoryAnalyzer-1.9.0.20190605-
    macosx.cocoa.x86_64.zip
18  -rw-r--r-- 1 root root     4311 Oct 14  2011 nginx-release-centos-6-0.el6.
    ngx.noarch.rpm
19  -rw-r--r-- 1 root root     1235 Oct 17 14:29 passwd
20  -rw-r--r-- 1 root root    15704 Dec 22  2018 remi-release-6.rpm
```

上述代码第 1 行使用 tar 的--exclude 选项排除压缩目录的时候，排除的目录结尾不能加“/”，否则还是会把/tmp/laohan 目录及其下的文件压缩进去，代码如下。

```
1   [root@laohan-nginx-test ~]# tar -zcvf laohan.tar.gz --exclude=/tmp/laohan/
    laohan_py/  /tmp/laohan/
2   tar: Removing leading `/' from member names
3   /tmp/laohan/
4   /tmp/laohan/epel-release-6-8.noarch.rpm
5   /tmp/laohan/MemoryAnalyzer-1.9.0.20190605-macosx.cocoa.x86_64.zip
6   /tmp/laohan/a.sh
7   /tmp/laohan/for.sh
8   /tmp/laohan/nginx-release-centos-6-0.el6.ngx.noarch.rpm
9   /tmp/laohan/laohan_py/
10  /tmp/laohan/laohan_py/hello_world.py
11  /tmp/laohan/remi-release-6.rpm
12  /tmp/laohan/passwd
13  [root@laohan-nginx-test ~]# tar -zcvf laohan.tar.gz --exclude=/tmp/laohan/
```

```
    laohan_py  /tmp/laohan/
14  tar: Removing leading `/' from member names
15  /tmp/laohan/
16  /tmp/laohan/epel-release-6-8.noarch.rpm
17  /tmp/laohan/MemoryAnalyzer-1.9.0.20190605-macosx.cocoa.x86_64.zip
18  /tmp/laohan/a.sh
19  /tmp/laohan/for.sh
20  /tmp/laohan/nginx-release-centos-6-0.el6.ngx.noarch.rpm
21  /tmp/laohan/remi-release-6.rpm
22  /tmp/laohan/passwd
```

2.6 split 指令

Linux 系统管理中，有时需要将文件切割成更小的片段，比如为提高可读性、生成日志等，使用 split 指令可以将一个大文件切割成很多个小文件。

split 指令常用的两种方式：指定行数进行文件切割和指定文件大小进行文件切割。

split 指令常用选项如表 4-11 所示。

表 4-11 split 指令常用选项

选项	说明
-a,--suffix-length=N	指定后缀长度为 N（默认为 2）
-b,--bytes=大小	指定每个输出文件的字节大小
-C,--line-bytes=大小	指定每个输出文件里最大行字节大小
-d,--numeric-suffixes	使用数字后缀代替字母后缀
-l, --lines=数值	指定每个输出文件有多少行
--verbose	在每个输出文件打开前输出文件特征
--help	显示帮助信息并退出
--version	显示版本信息并退出

【实例 4-66】指定行数切割文件

使用-l 选项指定行数切割文件，代码如下。

```
1   [root@laohan-nginx-test ~]# cp -av /etc/passwd .
2   [root@laohan-nginx-test ~]# cat passwd | tee -a passwd &>/dev/null
3   [root@laohan-nginx-test ~]# wc -l passwd
4   432 passwd
5   [root@laohan-nginx-test ~]# split -l 10 passwd laohan_
6   [root@laohan-nginx-test ~]# ls -lhrt
7   total 196K
8   -rw-r--r-- 1 root root 20K Apr  8 10:35 passwd
9   -rw-r--r-- 1 root root  97 Apr  8 10:38 laohan_br
10  -rw-r--r-- 1 root root 529 Apr  8 10:38 laohan_bq
11  -rw-r--r-- 1 root root 426 Apr  8 10:38 laohan_bp
12  -rw-r--r-- 1 root root 430 Apr  8 10:38 laohan_bo
13  -rw-r--r-- 1 root root 509 Apr  8 10:38 laohan_bn
14  -rw-r--r-- 1 root root 414 Apr  8 10:38 laohan_bm
15  -rw-r--r-- 1 root root 462 Apr  8 10:38 laohan_bl
16  -rw-r--r-- 1 root root 498 Apr  8 10:38 laohan_bk
17  -rw-r--r-- 1 root root 375 Apr  8 10:38 laohan_bj
18  -rw-r--r-- 1 root root 543 Apr  8 10:38 laohan_bi
19  -rw-r--r-- 1 root root 442 Apr  8 10:38 laohan_bh
20  -rw-r--r-- 1 root root 412 Apr  8 10:38 laohan_bg
21  -rw-r--r-- 1 root root 511 Apr  8 10:38 laohan_bf
```

```
22  -rw-r--r-- 1 root root 422 Apr  8 10:38 laohan_be
23  -rw-r--r-- 1 root root 457 Apr  8 10:38 laohan_bd
24  -rw-r--r-- 1 root root 495 Apr  8 10:38 laohan_bc
25  -rw-r--r-- 1 root root 388 Apr  8 10:38 laohan_bb
26  -rw-r--r-- 1 root root 517 Apr  8 10:38 laohan_ba
27  -rw-r--r-- 1 root root 458 Apr  8 10:38 laohan_az
28  -rw-r--r-- 1 root root 390 Apr  8 10:38 laohan_ay
29  -rw-r--r-- 1 root root 534 Apr  8 10:38 laohan_ax
30  -rw-r--r-- 1 root root 429 Apr  8 10:38 laohan_aw
31  -rw-r--r-- 1 root root 458 Apr  8 10:38 laohan_av
32  -rw-r--r-- 1 root root 486 Apr  8 10:38 laohan_au
33  -rw-r--r-- 1 root root 401 Apr  8 10:38 laohan_at
34  -rw-r--r-- 1 root root 469 Apr  8 10:38 laohan_as
35  -rw-r--r-- 1 root root 505 Apr  8 10:38 laohan_ar
36  -rw-r--r-- 1 root root 390 Apr  8 10:38 laohan_aq
37  -rw-r--r-- 1 root root 529 Apr  8 10:38 laohan_ap
38  -rw-r--r-- 1 root root 426 Apr  8 10:38 laohan_ao
39  -rw-r--r-- 1 root root 430 Apr  8 10:38 laohan_an
40  -rw-r--r-- 1 root root 509 Apr  8 10:38 laohan_am
41  -rw-r--r-- 1 root root 414 Apr  8 10:38 laohan_al
42  -rw-r--r-- 1 root root 462 Apr  8 10:38 laohan_ak
43  -rw-r--r-- 1 root root 498 Apr  8 10:38 laohan_aj
44  -rw-r--r-- 1 root root 375 Apr  8 10:38 laohan_ai
45  -rw-r--r-- 1 root root 543 Apr  8 10:38 laohan_ah
46  -rw-r--r-- 1 root root 442 Apr  8 10:38 laohan_ag
47  -rw-r--r-- 1 root root 412 Apr  8 10:38 laohan_af
48  -rw-r--r-- 1 root root 511 Apr  8 10:38 laohan_ae
49  -rw-r--r-- 1 root root 422 Apr  8 10:38 laohan_ad
50  -rw-r--r-- 1 root root 457 Apr  8 10:38 laohan_ac
51  -rw-r--r-- 1 root root 495 Apr  8 10:38 laohan_ab
52  -rw-r--r-- 1 root root 388 Apr  8 10:38 laohan_aa
53  [root@laohan-nginx-test ~]# nl laohan_aa
54       1  root:x:0:0:root:/root:/bin/bash
55       2  bin:x:1:1:bin:/bin:/sbin/nologin
56       3  daemon:x:2:2:daemon:/sbin:/sbin/nologin
57       4  adm:x:3:4:adm:/var/adm:/sbin/nologin
58       5  lp:x:4:7:lp:/var/spool/lpd:/sbin/nologin
59       6  sync:x:5:0:sync:/sbin:/bin/sync
60       7  shutdown:x:6:0:shutdown:/sbin:/sbin/shutdown
61       8  halt:x:7:0:halt:/sbin:/sbin/halt
62       9  mail:x:8:12:mail:/var/spool/mail:/sbin/nologin
63      10  uucp:x:10:14:uucp:/var/spool/uucp:/sbin/nologin
```

上述代码第 1～3 行创建测试文件，第 5 行将每个文件切割为 10 行，第 8～52 行为切割后的文件列表，第 53 行输出切割后 laohan_aa 的文件内容，第 54～63 行为匹配输出结果。

【实例 4-67】指定文件大小切割文件

使用-b 选项指定文件大小进行文件切割，代码如下。

```
1   [root@laohan-nginx-test ~]# dd if=/dev/zero of=./test.file bs=1M count=1000
2   1000+0 records in
3   1000+0 records out
4   1048576000 bytes (1.0 GB) copied, 5.24372 s, 200 MB/s
5   [root@laohan-nginx-test ~]# ls -lhrt test.file
6   -rw-r--r-- 1 root root 1000M Apr  8 10:43 test.file
7   [root@laohan-nginx-test ~]# split -b 200m test.file laohan_
8   [root@laohan-nginx-test ~]# ls -lhrt
9   total 2.0G
10  -rw-r--r-- 1 root root 1000M Apr  8 10:43 test.file
11  -rw-r--r-- 1 root root  200M Apr  8 10:44 laohan_aa
12  -rw-r--r-- 1 root root  200M Apr  8 10:44 laohan_ab
```

```
13 -rw-r--r-- 1 root root  200M Apr  8 10:44 laohan_ac
14 -rw-r--r-- 1 root root  200M Apr  8 10:44 laohan_ad
15 -rw-r--r-- 1 root root  200M Apr  8 10:44 laohan_ae
16 [root@laohan-nginx-test ~]# split -b 500m test.file
17 [root@laohan-nginx-test ~]# ls -lhrt
18 total 3.0G
19 -rw-r--r-- 1 root root 1000M Apr  8 10:43 test.file
20 -rw-r--r-- 1 root root  200M Apr  8 10:44 laohan_aa
21 -rw-r--r-- 1 root root  200M Apr  8 10:44 laohan_ab
22 -rw-r--r-- 1 root root  200M Apr  8 10:44 laohan_ac
23 -rw-r--r-- 1 root root  200M Apr  8 10:44 laohan_ad
24 -rw-r--r-- 1 root root  200M Apr  8 10:44 laohan_ae
25 -rw-r--r-- 1 root root  500M Apr  8 10:45 xaa
26 -rw-r--r-- 1 root root  500M Apr  8 10:45 xab
```

上述代码第 1 行创建测试文件，第 7 行按照每个文件大小 200MB 进行切割，生成的新文件的文件名由“laohan_”加字母（按字母顺序排序）组成，第 10～15 行为切割后的新文件列表。

切割后，新文件名可以不设置，系统默认新文件以字母“x”开头，第 25～26 行为默认文件名匹配输出结果。

4.3 本章练习

【练习 4-1】统计用户 Shell

统计当前系统上所有用户的 Shell，要求每种 Shell 只显示 1 次，并且按顺序显示。

```
[root@www.blog*.com ~]cat /etc/passwd|cut -d':' -f7|sort -u
/bin/bash
/bin/sync
/sbin/halt
/sbin/nologin
/sbin/shutdown
[root@www.blog*.com ~]cat /etc/passwd|cut -d':' -f7|sort|uniq -c |sort -rn
     23 /sbin/nologin
      2 /bin/bash
      1 /sbin/shutdown
      1 /sbin/halt
      1 /bin/sync
```

【练习 4-2】显示/var/log/目录下每个文件的内容类型

第一种显示文件内容类型的方法，代码如下。

```
[root@www.blog*.com ~]file /var/log/*
/var/log/audit:              directory
/var/log/boot.log:           ASCII English text, with CRLF, CR line terminators,
with escape sequences
/var/log/btmp:               empty
/var/log/btmp-20160201:      empty
/var/log/ConsoleKit:         directory
/var/log/cron:               ASCII text
/var/log/cron-20160131:      ASCII text
/var/log/cron-20160207:      ASCII text
/var/log/cron-20160214:      ASCII text
```

```
/var/log/cron-20160221:        ASCII text
/var/log/dmesg:                ASCII English text
/var/log/dmesg.old:            empty
/var/log/dracut.log:           empty
/var/log/dracut.log-20160101: ASCII text
/var/log/gshell.log:           ASCII text
/var/log/lastlog:              data
/var/log/maillog:              empty
/var/log/maillog-20160131:     empty
/var/log/maillog-20160207:     empty
/var/log/maillog-20160214:     empty
/var/log/maillog-20160221:     empty
/var/log/messages:             ASCII text, with very long lines
/var/log/messages-20160131:    ASCII text, with very long lines
/var/log/messages-20160207:    ASCII text
/var/log/messages-20160214:    ASCII text, with very long lines
/var/log/messages-20160221:    ASCII text, with very long lines
/var/log/ntp.log:              ASCII text
/var/log/ntpstats:             directory
/var/log/prelink:              directory
/var/log/rdate.log:            ASCII text
/var/log/repair.log:           ASCII English text
/var/log/sa:                   directory
/var/log/secure:               ASCII text
/var/log/secure-20160131:      empty
/var/log/secure-20160207:      empty
/var/log/secure-20160214:      empty
/var/log/secure-20160221:      ASCII text
/var/log/spooler:              empty
/var/log/spooler-20160131:     empty
/var/log/spooler-20160207:     empty
/var/log/spooler-20160214:     empty
/var/log/spooler-20160221:     empty
/var/log/tallylog:             empty
/var/log/vmstart.log:          empty
/var/log/wtmp:                 data
/var/log/yum.log:              ASCII text
/var/log/yum.log-20160101:     ASCII text
```

上述代码使用 file 指令，结合通配符查看/var/log 下面的所有文件类型。

第二种方法采用指令替换，第二条指令的执行结果当作第一条指令的参数来使用，代码如下。

```
[root@www.blog*.com ~]cd /var/log/ && file `ls /var/log/`
audit:            directory
boot.log: ASCII English text, with CRLF, CR line terminators, with escape sequences
btmp:             empty
btmp-20160201:    empty
ConsoleKit:       directory
cron:             ASCII text
cron-20160131:    ASCII text
cron-20160207:    ASCII text
cron-20160214:    ASCII text
cron-20160221:    ASCII text
dmesg:            ASCII English text
dmesg.old:        empty
dracut.log:       empty
```

```
dracut.log-20160101: ASCII text
gshell.log:          ASCII text
lastlog:             data
maillog:             empty
maillog-20160131:    empty
maillog-20160207:    empty
maillog-20160214:    empty
maillog-20160221:    empty
messages:            ASCII text, with very long lines
messages-20160131:   ASCII text, with very long lines
messages-20160207:   ASCII text
messages-20160214:   ASCII text, with very long lines
messages-20160221:   ASCII text, with very long lines
ntp.log:             ASCII text
ntpstats:            directory
prelink:             directory
rdate.log:           ASCII text
repair.log:          ASCII English text
sa:                  directory
secure:              ASCII text
secure-20160131:     empty
secure-20160207:     empty
secure-20160214:     empty
secure-20160221:     ASCII text
spooler:             empty
spooler-20160131:    empty
spooler-20160207:    empty
spooler-20160214:    empty
spooler-20160221:    empty
tallylog:            empty
vmstart.log:         empty
wtmp:                data
yum.log:             ASCII text
yum.log-20160101:    ASCII text
```

【练习 4-3】取出/etc/inittab 文件的第 6 行

思路：先取出/etc/inittab 文件的前 6 行，再从中取出最后 1 行。

```
[root@www.blog*.com ~]head -6 /etc/inittab |tail -1
#
```

【练习 4-4】取出/etc/passwd 文件中倒数第 9 个用户的用户名和 Shell，输出到终端并将其保存到/tmp/users 文件中

思路：先取出/etc/passwd 文件的后 9 行，然后从中取出第 1 行，再用 cut 指令获取第 1 个字段和第 7 个字段，最后输送给 tee 指令显示并保存。

```
[root@www.blog*.com ~]cat -n /etc/passwd |tail -9 |head -1|cut -d':' -f1,7|tee
/tmp/users
    20  ntp:/sbin/nologin
[root@www.blog*.com ~]cat /t
```

【练习 4-5】显示/etc/目录下所有以“pa”开头的文件，并统计其个数

思路：使用 pa*匹配以“pa”开头的文件，通过管道输出给 wc 指令进行统计，代码如下。

```
[root@www.blog*.com ~]ls -d /etc/pa*|wc -l
5
```

【练习 4-6】不使用文本编辑器，将 alias cls=clear 添加至当前用户的~.bashrc 文件中

思路：使用 echo 结合追加输入重定向>>的方式将内容写入当前用户主目录的.bashrc 隐藏文件中，代码如下。

```
[root@www.blog*.com ~]echo 'alias cls=clear' >>~.bashrc
[root@www.blog*.com ~]cat ~.bashrc
alias cls=clear
```

4.4 本章总结

本章首先详细讲解了 find 指令查找文件的使用方法，主要内容如下。

- find 指令的常用选项。
- find 指令结合 grep 或 sed 等指令的具体应用。
- find 指令结合 exec 与 xargs 的具体应用。
- find 指令查找文件中的逻辑运算。

然后讲解了 Shell 在处理文件时的常用指令，主要内容如下。

- locate 指令查找文件的基本原理，以及与 find 指令的对比优势。
- 了解和掌握 cut 指令在查找指定文件中的切分查找功能。
- sort 指令常用于分析日志中 HTTP 请求的状态码数量或基于数字排序的场景。
- tar 指令主要应用于日志或数据备份中压缩的场景，其中 tar 指令对于文本的压缩效率是较高的，建议压缩文本文件时结合压缩指令共同使用。
- split 指令常用于大文件的切割，核心目的在于优化带宽传输和方便存储。

第5章

Shell条件测试和循环语句

Shell 编程中的测试是指对变量的大小、字符串、文件属性等内容进行判断。

test 指令可用于测试表达式，支持测试的范围包括：字符串比较，算术比较，文件存在性、属性、类型等判断。例如，判断/var/log 文件的内容是否为空、某文件是否存在、/var/log 是否为目录、变量 num 的值是否大于 5、“mingming”字符串是否等于“handuoduo”、某个“mingming”字符串是否为空等。

test、[ ]以及[[ ]]都使用条件表达式来完成测试，本章将重点讲解 Shell 的测试语句。

5.1 Shell 编程之字符串精讲

字符串或串（String）是由数字、字母、下画线组成的一串字符，一般标记为 str=“a1, a2, …, an”（n≥0），它是编程语言中表示文本的数据类型，通常以串的整体作为操作对象，如：在串中查找某个子串、求取一个子串、在串的某个位置插入一个子串，以及删除一个子串等。

字符串处理在任何一门编程语言中都极其重要，本节将带领读者学习字符串方面的知识，以满足日常 Linux 系统管理的需求。

5.1.1 获取字符串长度的 3 种方法

【实例 5-1】获取 str 字符串长度

使用$结合{}获取字符串的长度，代码如下。

```
str='hello,world'
```

定义变量 str。

```
echo $str
echo ${str}
```

输出 str 的值。

```
${#str}
```

获取 str 长度。

```
[root@Shell-programmer ~]# str='hello,world'
[root@Shell-programmer ~]# echo $str
hello,world
[root@Shell-programmer ~]# echo ${str}
hello,world
[root@Shell-programmer ~]# echo "字符串的内容是：${str}"
字符串的内容是：hello,world
[root@Shell-programmer ~]# echo "字符串的长度是：${#str}字符"
字符串的长度是：11 字符
```

对 str 重新赋值再增加 6 个“!”，数数看是不是总共有 17 个字符。

```
[root@Shell-programmer ~]#  str='hello,world!!!!!!'
[root@Shell-programmer ~]# echo "字符串的长度是：${#str}字符"
字符串的长度是：17 字符
```

由上述代码可见，在“{#var_name}”中的 var_name 前，添加“#”标识可以获取字符串的长度。

【实例 5-2】使用 expr 指令获取字符串长度

```
expr length $str
```

使用 expr 指令计算 str 长度。

```
[root@Shell-programmer ~]# str='hello,world'
[root@Shell-programmer ~]# expr length $str
11
[root@Shell-programmer ~]# echo "\$str 变量字符串的长度是: " `expr length $str`
$str 变量字符串的长度是:  11
[root@Shell-programmer ~]# echo "\$str 变量字符串的长度是: " $(expr length $str)
$str 变量字符串的长度是:  11
```

【实例 5-3】使用 expr 指令结合特殊符号获取字符串长度

```
expr "${str}"  : ".*"
```

获取 str 的长度，注意“:”和“.*”之间有空格。

```
[root@Shell-programmer ~]# str='hello,world'
[root@Shell-programmer ~]# expr "${str}"  : ".*"
11
[root@Shell-programmer ~]# echo '$str 字符串的长度是: ' $(expr "${str}"  : ".*")
$str 字符串的长度是:  11
```

小结：上述 3 个实例介绍了获取字符串长度的 3 种方法，读者可以根据需要选择使用。

.1.2 截取和替换字符串

1. 截取字符串

【实例 5-4】从第 2 位开始截取 str 后面所有字符串

使用偏移量截取字符串的子串，代码如下。

```
str="I like Linux so much"
```

上述代码定义字符串变量 str 的值是“I like Linux so much”。

```
echo ${str:2}
```

上述代码从第 2 位开始截取 str 后面所有字符串，其中“:2”表示从第 2 位开始获取之后所有字符串，即截取“like Linux so much”字符串。

```
[root@Shell-programmer ~]# str="I like Linux so much"
[root@Shell-programmer ~]# echo ${str:2}
like Linux so much
```

【实例 5-5】从第 2 位开始截取字符串后 4 位

使用偏移量指定开始位置和结束位置截取字符串的子串，代码如下。

```
{str:2:4}
```

上述代码表示从字符串第 2 位开始计数，获取之后 4 位字符串，str 变量值中，字符“I”和后面的空格组合构成了一个字符串，即以“like”字符串中的“l”字符作为第 1 位开始获取，第 2 位“i”字符、第 3 位“k”字符、第 4 位“e”字符，最终获取的结果是“like”字符串。

```
[root@Shell-programmer ~]# str="I like Linux so much"
[root@Shell-programmer ~]# echo ${str:2:4}
like
```

【实例 5-6】从第 2 位开始截取字符串后 10 位

从指定位置截取字符串，代码如下。

```
{str:2:10}
```

上述代码表示从第 2 位开始计数，获取字符串后 10 位，即获取“like Linux”字符串。

```
[root@Shell-programmer ~]# str="I like Linux so much"
[root@Shell-programmer ~]# echo ${str:2:10}
like Linux
```

【实例 5-7】截取字符串后 7 位

截取字符串后 7 位的两种方法，代码如下。

```
echo ${str: -7}
echo ${str:(-7)}
```

上述代码中“str:”右边有空格，表示截取字符串后 7 位。

```
[root@Shell-programmer ~]# str="I like Linux so much"
[root@Shell-programmer ~]# echo ${str: -7}
so much
[root@Shell-programmer ~]# str="I like Linux so much"
[root@Shell-programmer ~]# echo ${str:(-7)}
so much
```

【实例 5-8】从第 3 位开始截取字符串后 5 位

使用 substr 截取指定字符串，代码如下。

```
expr substr "${str}" 3 5
```

expr 指令从第 3 位开始截取字符串后 5 位。

```
[root@Shell-programmer ~]# str="I like Linux so much"
[root@Shell-programmer ~]# expr substr "${str}" 3 5
Linux
```

截取字符串其他实例。

```
${var:0:5}
```

上述代码中的 0 表示从字符串左边第 1 位开始，5 表示截取字符的总个数。

```
echo ${str:0-7:3}
```

上述代码中的“0-7”表示从字符串右边第 7 位开始，“3”表示截取字符的个数，执行结果如下。

```
结果是：123
```

2. 替换字符串

字符串替换格式如下。

```
${parameter/pattern/string}
```

【实例 5-9】字符串替换

将第一个“love”字符串替换为“like”，或者字符串“i like you so much”。

```
[root@Shell-programmer ~]# str='love LOVE LOVE'
[root@Shell-programmer ~]# echo ${str/love/"like"}
like LOVE LOVE
[root@Shell-programmer ~]# echo ${str/love/"i like you so much"}
i like you so much LOVE LOVE
```

上述代码只替换了第一个“love”字符串。

```
[root@linux_command ~]# echo ${str/love/LOVEING}
LOVEING LOVE LOVE
```

将全部“LOVE”字符串替换为“i like you so much”字符串，执行结果如下。

```
[root@linux_command ~]# echo ${str//LOVE/love}
love love love

[root@Shell-programmer ~]# str='love LOVE LOVE'
[root@Shell-programmer ~]# echo ${str//LOVE/"i like you so much" }
love i like you so much i like you so much
```

5.2 Shell 条件测试和表达式

5.2.1 条件测试

1．Shell 条件测试基本概念

Shell 脚本编程中，可以针对特定的条件进行判断，以便决定下一步如何执行操作。当条件成立时，测试语句的返回值为 0，否则为其他数值。使用 echo $?返回值为 0 时，条件成立；返回其他数值，条件不成立。

Shell 编程常用条件测试包含文件测试、整数测试、字符串测试、逻辑测试。

注意：若没有特殊说明，本章中的所有指令返回值为“true”或“0”都表示“真”，即条件成立；若返回值为“false”或“非 0 数字”都表示“假”，即条件不成立。

2．测试语法

Shell 条件测试语法如下。

test 指令和[指令]

testexpression 或[expression]

方括号是一个 Shell 指令，因此在 Shell 指令和条件表达式之间，必须有空格。

3．字符串连接

【实例 5-10】字符串连接

如果想要在字符串变量后面添加一个字符串，可以使用如下方法。

```
[root@Shell-programmer ~]# var_1='Linux'
[root@Shell-programmer ~]# var_2=${var_1}"="
[root@Shell-programmer ~]# echo $var_2
linux=
```

把要添加的字符串变量添加“{}”，并且把“$”放到外面，这样输出结果是“linux=”，也就是说字符串连接成功。

```
[root@Shell-programmer ~]# name=handuoduo
[root@Shell-programmer ~]# res=${name}" is a good girl"
[root@Shell-programmer ~]# echo $res
handuoduo is a good girl
```

4．字符串测试

字符串测试，包括比较两个字符串是否相等、判断一个字符串是否为空、字符串的长

度是否为零、字符串是否为 NULL 等（注：Bash 区分零长度字符串和空字符串等），这种判断常用于测试用户输入是否符合程序的要求，字符串测试有下面 4 种常用的方法。

- test 字符串比较符 字符串。
- test 字符串 1 字符串比较符 字符串 2。
- [字符串比较符 字符串]。
- [字符串 1 字符串比较符 字符串 2]。

常用的字符串比较符有如下 4 种。

- =：测试两个字符串是否相等。
- !=：测试两个字符串是否不相等。
- -z：测试字符串是否是空字符串。
- -n：测试字符串是否是非空字符串。

其中，表 5-1 和表 5-2 为常用字符串测试操作符。

表 5-1 Shell 编程之字符串测试操作符

字符串表达式	操作符	说明
[字符串 1=字符串 2]	[]、[[]]	当两个字符串有相同内容、相同长度时为真
[字符串 1！=字符串 2]	[]、[[]]	当两个字符串内容和长度不等时为真
[-n 字符串]	[]、[[]]	当字符串的长度大于 0 时为真（字符串非空）
[-z 字符串]	[]、[[]]	当字符串的长度为 0 时为真（空串）
[字符串]	[]、[[]]	当字符串为非空时为真

表 5-2 Shell 编程之高级字符串测试操作符

字符串表达式	[]操作符	[[]]操作符
>、<	比较结果一样返回相同值	根据相应 ASCII 比较
\>、\<	根据相应 ASCII 比较	不可以使用

Shell 编程使用字符串操作符注意事项如下。

- 比较操作符两端有空格。
- 字符串或字符串变量比较都要加双引号之后再比较。
- 字符串或字符串变量比较，比较符两端最好都有空格。
- “=”比较两个字符串是否相同，与“==”等价，如[“$a”=“$b”]其中$a 这样的变量最好用“”标注。因为如果中间有空格，“*”等符号就可能出错，更好的办法是使用[“${a}”= “${b}”]。
- 字符串大小比较时，由于 Shell 不知道“>”是大于还是输出重定向还是输入重定向，因此必须对“<”和“>”进行转义，即字符串大小的比较使用 if [“$var_str1” \>“$val_str2”]。

【实例 5-11】判断两个字符串是否相等

使用[和]以及运算符=判断两个字符串是否相等，代码如下。

```
[ 'linux' = 'linux' ]
```

上述代码判断字符串“linux”和字符串“linux”是否相等。

```
[ 'linux' != 'linux' ]
```

上述代码判断字符串“linux”和字符串“linux”是否不相等。

```
[root@Shell-programmer ~]# [ 'linux' = 'linux' ] ; echo $?
0
[root@Shell-programmer ~]# [ 'linux' != 'linux' ] ; echo $?
1
```

“$?”是系统变量，用于获取 Shell 指令的执行状态。若上一条指令执行成功，则返回数字 0；若上一条指令执行不成功，则返回非 0 的数字。

【实例 5-12】测试字符串是否为空

使用-z 选项测试字符串是否为空字符串，代码如下。

```
[ -z '' ] ; echo $?
```

上述代码单引号中内容为空，字符串为空，指令执行状态返回值为 0。

```
[ -z "" ] ; echo $?
```

上述代码双引号中没有任何内容，字符串为空，指令执行状态返回值为 0。

```
[ -z "handuoduo" ] ; echo $?
```

上述代码双引号中包含“handuoduo”字符串，字符串不为空，指令执行状态返回值为 1。

```
[root@Shell-programmer ~]# [ -z '' ] ; echo $?
0
[root@Shell-programmer ~]# [ -z "" ] ; echo $?
0
[root@Shell-programmer ~]# [ -z "handuoduo" ] ; echo $?
1
```

【实例 5-13】测试字符串是否为空

read 接收用户输入的内容并保存到变量 name 中，使用-z 选项测试变量 name 中的内容是否为空。

```
read -p "Please input your name: " name
```

read 指令获取用户的输入字符串，并将字符串保存到 name 中，测试程序不输入任何字符串，直接按“Enter”键即可。

```
[root@Shell-programmer ~]# read -p "Please input your name: " name
Please input your name:
[root@Shell-programmer ~]# [ -z $name ] ; echo $?
0
```

输入 age 的值为 18，测试语句和输出结果如下。

```
[root@Shell-programmer ~]# read -p "Please input your age: " age
Please input your age: 18
[root@Shell-programmer ~]# [ -z $age ] ; echo $?
1
```

【实例 5-14】判断当前用户是否是 root

判断当前用户是否为 root，代码如下。

```
[ $USER = 'root' ] && echo "Current login user is $USER"
```

判断当前系统登录用户是否是 root 用户。如果是 root 用户，则输出“Current login user is $USER”信息，其中“$USER”会被替换成当前用户（root）。

```
[root@Shell-programmer ~]# [ $USER = 'root' ] && echo "Current login user is $
USER"
Current login user is  root
```

【实例 5-15】判断当前登录用户是否不是 root 用户

使用逻辑或判断用户是否为 root 用户，代码如下。

```
[ $USER != 'root' ]  || logout && echo 'exit ...'
[ $USER != 'root' ]  || exit 3  && echo 'exit ...'
```

如果当前登录用户不是 root 用户，则退出当前登录用户或退出当前程序。

5.2.2 整数测试

整数测试指的是比较两个数值的大小或相等关系，Shell 编程中的整数测试有下面两种形式。

1. 使用 test 指令进行整数测试

使用 test 指令和相应的参数可以对两个数值的关系进行测试，使用方法如下。

```
test 第一个操作数数值比较运算符第二个操作数
```

2. 使用方括号进行整数测试

使用方括号代替 test 指令，这种方法和 test 指令的原理相同，使用方法如下，需要注意的是“[”后面一定要有至少一个空格。

```
[ 第一个操作数数值比较运算符第二个操作数 ]
```

Shell 编程中的数值比较运算符需要使用字符串写出，整数比较运算符如表 5-3 所示。

表 5-3 整数比较运算符

整数比较运算符	说明
[num1–eq num2]	比较 num1 与 num2 是否相等，相等结果为 0
[num1–ne num2]	比较 num1 与 num2 是否不相等，不相等结果为 0
[num1–gt num2]	比较 num1 是否大于 num2，如果大于，结果为 0
[num1–lt num2]	比较 num1 是否小于 num2，如果小于，结果为 0
[num1–ge num2]	比较 num1 是否大于等于 num2，如果大于等于，结果为 0
[num1–le num2]	比较 num1 是否小于等于 num2，如果小于等于，结果为 0
<	小于（需要使用双圆括号），如(("$num1" < "$num2"))
<=	小于等于（需要使用双圆括号），如(("$num1" <= "$num2"))
>	大于（需要使用双圆括号），如(("$num1" > "$num2"))
>=	大于等于（需要使用双圆括号），如(("$num1" >= "$num2"))

整数比较运算符注意事项如下。

- 不支持浮点数。
- 整数的比较运算符是 eq、ne 等。

【实例 5-16】比较两个整数是否相等

使用-eq 选项判断两个整数是否相等，代码如下。

```
[ 6 -eq 7 ] ; echo $?
```

上述代码比较整数 6 和整数 7 是否相等，相等则返回 0，否则返回 1。

```
[root@Shell-programmer ~]# [ 6 -eq 7 ] ; echo $?
1
```

【实例 5-17】比较两个整数的大小

使用-gt 选项判断两个整数的大小，代码如下。

```
test 6 -gt 8 ; echo $?
```

上述代码比较整数 6 是否大于整数 8。

```
test 6 -lt 8 ; echo $?
```

上述代码比较整数 6 是否小于整数 8。

```
[root@Shell-programmer ~]# test 6 -gt 8 ; echo $?
1
[root@Shell-programmer ~]# test 6 -lt 8 ; echo $?
0
```

从输出结果中可以看到，整数 6 并不大于整数 8，因此-gt 运算的结果为 1，整数 6 小于整数 8，因此-lt 运算的结果为 0。

【实例 5-18】比较整数与常数的大小

比较整数与常数的大小，代码如下。

```
num=188
```

上述代码定义整数变量 num。

```
test "$num" -eq 188 ; echo $?
```

上述代码比较 num 的值是否等于 188。

```
test "$num" -gt 188 ; echo $?
```

上述代码比较 num 的值是否大于 188。

```
[root@Shell-programmer ~]# num=188
[root@Shell-programmer ~]# test "$num" -eq 188 ; echo $?
0
[root@Shell-programmer ~]# test "$num" -gt 188 ; echo $?
1
```

【实例 5-19】比较两个变量值的大小

比较两个变量值的大小，代码如下。

```
num_1=100
```

上述代码定义整数变量 num_1。

```
num_2=200
```

上述代码定义整数变量 num_2。

```
[ "$num_1" -le "$num_2" ] ; echo $?
```

上述代码比较变量$num_1 的值是否小于$num_2。

```
[root@Shell-programmer ~]# num_1=100
[root@Shell-programmer ~]# num_2=200
[root@Shell-programmer ~]# [ "$num_1" -le "$num_2" ] ; echo $?
0
[root@Shell-programmer ~]# test "$num_1" -le "$num_2" ; echo $?
0
```

上述代码首先定义两个整数变量 num_1 与 num_2，然后判断变量 num_1 是否小于或等于变量 num_2。

【实例 5-20】整数与字符串比较

```
[ 5 = 6 ] ; echo $?
```

上述代码使用“=”比较整数。

```
[ 5 -eq 6 ] ; echo $?
```

上述代码使用“-eq”比较两个整数。

```
[root@Shell-programmer ~]# [ 5 = 6 ] ; echo $?
1
[root@Shell-programmer ~]# [ 5 -eq 6 ] ; echo $?
1
```

上述比较结果都是 1，表示这两个值不相等。但是，这两次的比较过程是不同的，如下。

```
[ 5 = 6 ]
```

上述代码相当于如下代码。

```
[ "5" =  "6" ]
```

上述代码是将两个数字作为字符串进行比较。

【实例 5-21】使用双圆括号比较

使用双圆括号比较时，要注意在“>”或“<”前面添加转义符“\”。

```
((5 \>= 6)) ; echo $?
```

上述代码判断 5 是否大于等于 6。

```
((5 \< 6))  ; echo $?
```

上述代码判断 5 是否小于 6。

```
[root@Shell-programmer ~]# ((5 \>= 6)) ; echo $?
1
[root@Shell-programmer ~]# ((5 \< 6))  ; echo $?
0
```

5.2.3 文件状态测试

在 Shell 脚本编写过程中，会遇到各种对文件状态的判断。文件状态测试指的是对文件的权限、有无（文件是否存在）、属性、类型等内容进行判断，测试返回 0 表示测试成功，返回 1 表示测试失败。常用的文件状态测试运算符如表 5-4 所示。

表 5-4 常用的文件状态测试运算符

运算符	说明
-a file	如果 file 存在，则为真
-b file	如果 file 是块设备文件，则为真
-c file	如果 file 是字符设备文件，则为真
-d file	如果 file 为目录，则为真
-f file	如果 file 是（不是目录和设备文件）普通文件，则为真
-g file	如果 file 设置了 SGID 位，则为真

续表

运算符	说明
-L file	如果 file 为符号链接，则为真
-u file	如果 file 设置了 SUID 位，则为真
-r file	如果 file 可读，则为真
-w file	如果 file 可写，则为真
-x file	如果 file 为可执行文件，则为真
-s file	如果 file 为空（文件大小是否大于 0），则为真
-e file	如果 file（目录或文件）存在，则为真

【实例 5-22】判断/etc/passwd 文件是否存在

判断/etc/passwd 文件是否存在的两种方法，代码如下。

```
test -a /etc/passwd ; echo $?
[ -a /etc/passwd ] ; echo $?
```

上述代码判断/etc/passwd 文件是否存在。

```
[root@Shell-programmer ~]# test -a /etc/passwd ; echo $?
0
[root@Shell-programmer ~]# [ -a /etc/passwd ] ; echo $?
0
```

从输出结果中可以看到/etc/passwd 文件是存在的，返回结果为 true，即 0（代表真）。

【实例 5-23】判断目录是否存在

使用-d 选项判断/tmp/a/目录是否存在，代码如下。

```
test -d /tmp/a/ ; echo $?
```

上述代码判断/tmp/a/目录是否存在。

```
[root@Shell-programmer ~]# test -d /tmp/a/ ; echo $?
1
```

从输出结果中可以看到/tmp/a/目录不存在。

【实例 5-24】判断文件类型

通过文件状态测试运算符判断文件类型。

```
[ -d /etc/ ] ; echo $?
```

上述代码判断/etc/是否为目录。

```
[ -f /etc/issue ] ; echo $?
```

上述代码判断/etc/issue 是否为普通文件。

```
[ -s /etc/shadow ] ; echo $?
```

上述代码判断/etc/shadow 是否为非空文件。

```
[ -b /dev/sda ] ; echo $?
```

上述代码判断/dev/sda 是否为块文件。

```
[ -x /etc/init.d/sshd ] ; echo $?
```

上述代码判断/etc/init.d/sshd 是否为可执行文件。

```
[root@Shell-programmer ~]# [ -d /etc/ ] ; echo $?
0
```

```
[root@Shell-programmer ~]# [ -f /etc/issue ] ; echo $?
0
[root@Shell-programmer ~]# [ -s /etc/shadow ] ; echo $?
0
[root@Shell-programmer ~]# [ -b /dev/sda ] ; echo $?
0
[root@Shell-programmer ~]# [ -x /etc/init.d/sshd ] ; echo $?
0
```

【实例 5-25】测试文件读写权限

-w 选项测试文件的读写权限，代码如下。

```
[ -w /etc/issue ] ; echo $?
```

上述代码判断文件/etc/issue 是否可写。

```
[ -r /etc/passwd ] ; echo $?
```

上述代码判断/etc/passwd 文件是否可读。

```
[root@Shell-programmer ~]# [ -w /etc/issue ] ; echo $?
0
[root@Shell-programmer ~]# [ -r /etc/passwd ] ; echo $?
0
```

5.2.4 复杂判断逻辑运算符

在编写 Shell 代码的过程中，有时我们只想在满足多个条件的情况下才做一些事情，其他情况下，如果满足了几个条件之一，我们希望执行某个操作。此时我们可以用逻辑运算符，即逻辑判断测试语句。

逻辑判断指的是对多个条件进行逻辑运算，它们常用作循环语句或判断语句的条件，Shell 编程常用逻辑运算符如表 5-5 所示。

表 5-5 Shell 编程常用逻辑运算符

逻辑运算符	说明
-a	逻辑与，运算符两边均为真时，结果为真，否则为假
-o	逻辑或，运算符两边至少一个为真时，结果为真，否则为假
!	逻辑非，只有条件为假时，结果为真

1. “|”管道运算符

“|”被称作管道运算符，是 Linux 操作系统中一个功能很强大的运算符，用法如下。

```
command 1 | command 2
```

管道功能是把 command 1 执行的输出结果使用管道作为 command 2 的输入传送给 command 2 进行进一步的处理。

【实例 5-26】管道运算符

管道运算符基本演示代码如下。

```
[root@Shell-programmer ~]# ls -s|sort -nr
12 passwd.bak
 4 test.sh
 4 Shell-scripts
 4 shadow
```

```
  4 passwd
  4 issue
总用量 32
  0 hanyanwei.b
  0 hanyanwei.a
  0 def.png
  0 abc.jpg
  0 ab3.jpg
  0 ab2.jpg
  0 ab1.jpg
  0 3.txt
  0 3.log
  0 2.txt
  0 2.log
  0 1.txt
  0 1.log
```

ls 指令的“-s”表示文件大小，“-n”表示按数字排序，“-r”表示逆向。

ls 指令列出当前目录中的文档（含 size），并把输出传递给 sort 指令作为输入，sort 指令按数字递减的顺序把 ls 的输出排序。

2. “&&”

语法格式如下。

```
command1 && command2 && command3 ...
```

“&&”左边的指令（command1）返回真（即返回 0，表示成功被执行）后，“&&”右边的指令（command2）才能够被执行，即“如果这条指令执行成功&&那么执行这条指令”。

- 指令之间使用“&&”连接，实现逻辑与的功能。
- 只有在“&&”左边的指令返回为真，“&&”右边的指令才会被执行。
- 只要一条指令返回为假，后面的指令就不会被执行。

【实例 5-27】逻辑与运算符

使用逻辑与运算符复制并删除 passwd 文件，代码如下。

```
[root@Shell-programmer ~]# /bin/cp -av /etc/passwd /tmp/ && rm -fv /tmp/passwd
&& echo "success"
"/etc/passwd" -> "/tmp/passwd"
已删除"/tmp/passwd"
success
```

cp 指令首先从/etc/目录复制文件 passwd 到 /tmp 目录下，执行成功后，使用 rm 指令删除源文件，如果删除成功则输出提示信息“success”。

3. “||”

语法格式如下。

```
command1 || command2
```

“||”与“&&”相反，如果“||”左边的指令（command1）未执行成功，就执行“||”右边的指令（command2）。换句话说，“如果这条指令执行失败了||就执行这条指令”。

- 指令之间使用“||”连接，实现逻辑或的功能。
- 只有在“||”左边的指令返回为假，“||”右边的指令才会被执行，这和 C 语言中的

逻辑或语法功能相同，即实现短路逻辑或操作。

- 只要有一条指令返回为真，后面的指令就不会被执行。

【实例 5-28】逻辑或运算符

使用逻辑或运算符判断目录是否存在，代码如下。

```
[root@Shell-programmer ~]# ls -ld dir &>/dev/null  && echo "success" || echo "fail"
fail
```

如果 dir 目录不存在，将输出提示信息“fail”。

4．“！”

- !，条件表达式的相反。
- if [! -d $num]，如果不存在目录$num。

【实例 5-29】逻辑非运算符

使用逻辑非运算符判断文件是否存在。

```
[root@Shell-programmer ~]# [ ! -f /etc/hanyanwei ] && echo "file not exist"
file not exist
```

判断/etc/hanyanwei 文件是否存在，不存在则输出 echo 指令后面的内容。

5.2.5 条件测试与其他常用运算符

1．条件测试

test 指令用于检查某个条件是否成立，它可以进行数值、字符、文件 3 个方面的测试，其运算符和相应的说明分别如表 5-6 和表 5-7 所示。

表 5-6 Shell 数值测试

逻辑运算符	说明
-eq	等于则为真
-ne	不等于则为真
-gt	大于则为真
-ge	大于等于则为真
-lt	小于则为真
-le	小于等于则为真

表 5-7 Shell 字符串测试

逻辑运算符	说明
=	等于则为真
!=	不相等则为真
-z 字串	字串长度伪则为真
-n 字串	字串长度不伪则为真

2．其他运算符

如果希望把几条指令合在一起执行，Shell 提供了两种方法，既可以在当前 Shell，也可以在子 Shell 中执行一组指令。

（1）“()”。

语法格式如下。

```
(command1;command2;command3...)
```

- 一条指令需要独占一行，如果需要将多条指令放在同一行，指令之间使用指令分隔符“;”分隔。执行的效果等同于多条独立的指令单独执行的效果。
- “()”表示在当前 Shell 中将多条指令作为一个整体执行，需要注意的是，使用“()”标注的指令在执行完成前都不会切换当前工作目录，也就是说指令组合都是在当前工作目录下被执行的，尽管指令中有切换目录的指令。
- 指令组合常和指令执行控制结合使用，如果 dir 目录不存在，则执行指令组合。

【实例 5-30】圆括号运算符

圆括号运算符的基本使用如下。

```
[root@Shell-programmer ~]# ls -ld dir &> /dev/null || (cd /tmp/; ls -s|sort -rn; echo "success")
4 yum_save_tx-2018-07-23-00-31RC6uw6.yumtx
4 a.log
总用量 8
0 yum.log
0 c
0 b
0 a
success
```

（2）“{}”。

如果使用“{}”来代替“()”，那么相应的指令将在子 Shell 而不是当前 Shell 中作为一个整体被执行。

【实例 5-31】花括号运算符

花括号运算符的基本应用如下所示。

```
[root@Shell-programmer ~]# [ ! -e /tmp/a.log ] &&  { touch /tmp/a.log; whoami; uptime; ls -l --full-time /tmp/a.log; }
root
 21:08:05 up  4:24,  1 user,  load average: 0.00, 0.00, 0.00
-rw-r--r-- 1 root root 0 2018-08-12 21:08:05.937028965 +0800 /tmp/a.log
```

.2.6 Shell 常用测试指令与符号

在 Shell 编程中，[expression]和 test expression 两者的作用是一样的。在命令行里，test expr 和[expr]的效果相同。

test 指令的 3 个基本作用是判断文件、判断字符串、判断整数，还支持使用与、或、非将表达式连接起来，组合成更为复杂的条件判断表达式。

1. test 判断语句

test 判断语句中可用的比较运算符只有“==”和“!=”，两者都是用于字符串比较的，不可用于整数比较，整数比较只能使用-eq、-gt 这种形式。

2. “[[]]”与“[]”

“[[ ]]”是内置在 Shell 中的一条指令，支持字符串的模式匹配（支持 Shell 的正则表达

式），逻辑组合可以不使用 test 的-a、-o 而使用“&&”“||”等形式，字符串比较时可以把右边的作为一个模式（右边的字符串不加双引号的情况下。如果右边的字符串加了双引号，则认为是一个文本字符串），而不仅是一个字符串，比如[[love == lov?]]，结果为真。

```
[root@Shell-programmer ~]# [ love == lov* ] ; echo $?
1
[root@Shell-programmer ~]# [ love == lov? ] ; echo $?
1
[root@Shell-programmer ~]# [[ love == lov* ]] ; echo $?
0
[root@Shell-programmer ~]# [[ love == lov? ]] ; echo $?
0
```

使用“[]”和“[[]]”进行比较运算时，比较运算符“==”两边都要有空格，[[1 == 2]]的结果为假，但[[1==2]]的结果为真，后一种显然是错的，代码如下。

```
[root@Shell-programmer ~]# [[ 1 == 2 ]] ; echo $?
1
[root@Shell-programmer ~]# [[ 1==2 ]] ; echo $?
0
```

Shell 编程中“[[]]”“[]”“(())”、let 运算符特性对比如下。

- “[[”是关键字，许多 Shell（如 Ash、Bash）并不支持这个关键字。
- “[”是一条命令，与“test”等价，大多数 Shell 都支持，在现代的大多数脚本实现中，“[”与“test”是内部（Builtin）命令。
- “[[]]”结构比 Bash 版本的“[]”更通用，在“[[”和“]]”之间的所有的字符都不会被文件扩展或是标记分割，但是会有参数引用和命令替换。
- “(( ))”结构扩展并计算一个算术表达式的值。如果表达式值为 0，会返回 1 作为退出状态码，一个非 0 值的表达式返回 0 作为退出状态码。
- “[ ]”为 Shell 命令，在其中的表达式应是它的命令行参数，因此串比较运算符“>”与“<”必须转义，否则就变成 I/O 改向操作符了。在“[[”中“<”与“>”不需要转义，由于“[[”是关键字，不会做命令行扩展，因而相对的语法就稍严格些。
- 在“[ ]”中可以用引号标注运算符，因为在做命令行扩展时会去掉这些引号，而在“[[ ]]”中则不允许这样做。“[[]]”进行算术扩展，而“[ ]”不做，“[[&&&&]]”和“[-a -a]”不一样，“[[]]”是逻辑运算中的短路操作，而“[ ]”不会进行逻辑运算短路判断和操作。

3. let 和“(())”

let 和“(())”在 Shell 编程中主要应用于算术运算。

```
[root@laohan-zabbix-server ~]# let a=(6 + 8)
[root@laohan-zabbix-server ~]# let b=(6 - 8)
[root@laohan-zabbix-server ~]# let c=(6 * 8)
[root@laohan-zabbix-server ~]# let d=(6 / 8)
[root@laohan-zabbix-server ~]# echo $a,$b,$c,$d
14,-2,48,0
[root@laohan-zabbix-server ~]# a=$((6 + 8))
[root@laohan-zabbix-server ~]# b=$((6 - 8))
[root@laohan-zabbix-server ~]# c=$((6 * 8))
[root@laohan-zabbix-server ~]# d=$((6 / 8))
[root@laohan-zabbix-server ~]# echo $a,$b,$c,$d
14,-2,48,0
```

上述代码演示了 let 和“(())”基于整数的加、减、乘、除四则运算。

5.3 Shell 流程控制

所谓流程控制，指的是使用逻辑判断，针对判断的结果执行不同的语句或不同的程序部分，这种结构是所有编程语言的重要组成部分。

5.3.1 if 语句基础

if 语句是常用的条件判断语句，它通过一个条件的真假来决定后面的语句是否被执行。if 语句可以使用的内置条件有哪些呢？

由于 Bash 没有内置的法则，因此在 Shell 编程中，可以使用的法则更多的是 Linux 操作系统内置或外置的指令，以及 Bash 关键字，其中，“[]”是指令，“[[]]”是关键字。注意，这里并不是使用指令的返回值，而是使用指令本身执行过程中的**状态返回结果**作为判断条件，成功则为真（True），失败则为假（False）。简单的 if 条件测试语句如下。

```
if 条件
then
    指令 1
    指令 2
fi
```

上述结构中，先进行条件判断。如果条件判断结果为真，则执行 then 后面的语句，一直到 fi。如果条件为假，则跳过 then 后面的语句，执行 fi 后面的语句。

如果条件判断的结果只能是真或假两种情况，则可以使用下面的结构。

```
if 条件
then
    指令 1
else
    指令 2
fi
```

上述结构中，先对条件进行判断。如果判断结果为真，则执行 then 后面的语句。如果判断结果为假，则执行 else 后面的语句。

如果条件判断的结果有多种可能，则使用下面的 if 语句嵌套结构。需要注意的是，if 结构必须要有 fi 进行结束。

```
if 条件 1
then
    指令 1
elif 条件 2
then
    指令 2
else
    指令 3
fi
```

也可以将 then 写在 if 条件之后，中间用分号隔开，这种语句的形式如下。

```
if 条件 1;then 指令 1
elif 条件 2;then 指令 2
```

```
else 指令 3
fi
```

编写一个 Shell 脚本，程序从参数中读取一个数字，然后判断这个数字是奇数还是偶数，代码如下。

```
[root@Shell-programmer chapter-3]# cat 01-if.sh
#!/bin/bash

num=$[ $1 % 2 ]
if test $num -eq 0
echo "The \$1  num is  $1..."
then
  echo "The \$1 test condition  result is:  $num 是偶数."
else
  echo "The \$1 test condition  result is:  $num 是奇数."
fi
```

执行 01-if.sh 脚本，并传入一个参数，该脚本执行结果如下。

```
[root@Shell-programmer chapter-3]# bash 01-if.sh 0
The $1  num is  0...
The $1 test condition  result is:  0 是偶数.
[root@Shell-programmer chapter-3]# bash 01-if.sh 1
The $1  num is  1...
The $1 test condition  result is:  1 是偶数.
```

如果不传入参数，代码如下。

```
[root@Shell-programmer chapter-3]# bash 01-if.sh
01-if.sh: line 3: % 2 : syntax error: operand expected (error token is "% 2 ")
01-if.sh: line 4: test: -eq: unary operator expected
The $1  num is  ...
The $1 test condition  result is: 是偶数.
```

上述代码中由于用户没有传输任何参数，在执行脚本时直接报错了，因此在编写脚本时还需要关注脚本的健壮性，对脚本的传参进行判断，修改后的脚本如下。

```
[root@Shell-programmer chapter-3]# cat 01-if.sh
#!/bin/bash

#judge $1 is exit
if [ -z $1 ]
then
  echo "Usage: $0 0|1 likely..."
  echo "$0 script will be quiting..."
  exit 3
fi

#judge  $1 num value
num=$[ $1 % 2 ]
if test $num -eq 0
echo "The \$1  num is  $1..."
then
  echo "The \$1 test condition  result is:  $num 是偶数."
else
  echo "The \$1 test condition  result is:  $num 是奇数."
fi
```

再次执行脚本不传入参数，代码如下。

```
[root@Shell-programmer chapter-3]# bash 01-if.sh
Usage: 01-if.sh 0|1 likely...
01-if.sh script will be quiting...
[root@Shell-programmer chapter-3]#
```

可以看到，脚本给出了帮助信息，并退出执行，不会执行后面的语句。

```
[root@Shell-programmer chapter-3]# bash 01-if.sh
Usage: 01-if.sh 0|1 likely...
01-if.sh script will be quiting...
```

【实例 5-32】if 语句判断/etc/passwd 文件是否为普通文件

通过 if 语句判断/etc/passwd 文件是否为普通文件，核心脚本语句注解如下。

```
if [ -f /etc/passwd ]
echo '/etc/passwd' is a file.
```

判断/etc/passwd 文件是否为普通文件。如果是普通文件，则执行 echo 指令，输出“/etc/passwd is a file.”提示信息。代码如下。

```
[root@Shell-programmer chapter-3]# chmod +x if-02-file-judge.sh
[root@Shell-programmer chapter-3]# vim if-02-file-judge.sh
[root@Shell-programmer chapter-3]# cat ./if-02-file-judge.sh
#!/bin/bash

if [ -f /etc/passwd ]
then
  echo
fi
```

代码执行结果如下。

```
[root@Shell-programmer chapter-3]# ./if-02-file-judge.sh
/etc/passwd is a file.
```

从代码执行结果中可以看到，/etc/passwd 文件是普通文件，使用 Shell 脚本创建文件前和创建文件后，最好判断该目标文件是否已经被创建成功，必要时还需要对文件大小、创建时间、所有者以及权限等做判断，然后决定下一步如何处理和操作。

【实例 5-33】任意输入一个数字，判断大小

脚本代码内容如下。

```
if [ $1  -gt 8 ]
echo "$1 is a large number."
whoami
```

接收用户传参（输入一个数字），和数字 8 做比较。若表达式返回结果为真，则执行 then 子句的全部指令或内容，脚本代码内容如下。

```
[root@Shell-programmer chapter-3]# cat if-03-numer-comm.sh
#!/bin/bash

if [ $1  -gt 8 ]
then
  echo "$1 is a large number."
  whoami
fi
date
```

脚本执行结果如下。

```
[root@Shell-programmer chapter-3]# ./if-03-numer-comm.sh  3
2018年 08月 15日 星期三 21:02:38 CST
[root@Shell-programmer chapter-3]# ./if-03-numer-comm.sh  9
9 is a large number.
root
2018年 08月 15日星期三 21:02:39 CST
```

由于 date 指令在 if 语句之外，因此不管 if 语句的结果如何，date 指令都会被执行，代码如下。

```
[root@Shell-programmer chapter-3]# ./if-03-numer-comm.sh
./if-03-numer-comm.sh: line 3: [: : integer expression expected
2018年 08月 15日星期三 21:06:31 CST
```

技巧：使用包含可能的不同场景的输入来测试脚本是一个很好的实践。

【实例 5-34】if 语句技巧

“:”在 if 语句中的应用，代码如下。

```
if :
then
    echo"I love you forever."
fi
```

上述代码“:”表示空指令，退出状态永远是 0，即执行结果永远为真，一直输出“I love you forever.”提示信息。

【实例 5-35】判断文件是否创建成功

使用-f 选项判断文件是否创建成功，代码如下。

```
file="./duoduo.log"
```

上述代码定义变量。

```
echo 'handuoduo is a girl'>>$file
```

上述代码 echo 指令创建文件。

```
if [ -f $file ]
```

上述代码判断文件是否存在，存在则执行 then 子句内的所有指令。

```
truncate -s 0 $file && rm -fv $file
```

上述代码清空文件内容，并删除文件。内容如下。

```
[root@Shell-programmer chapter-3]# cat if-04-create-echo.sh
#!/bin/bash
:<<note
Author:韩艳威
DateTime:2018/08/18
Desc:echo create file && if judge file exists
Version:1.1
note

file="./duoduo.log"
echo 'handuoduo is a girl'>>$file
if [ -f $file ]
then
  echo "$file is exists..."
  nl $file
fi
truncate -s 0 $file && rm -fv $file
```

脚本执行结果输出如下。

```
[root@Shell-programmer chapter-3]# bash if-04-create-echo.sh
./duoduo.log is exists...
     1  handuoduo is a girl
已删除"./duoduo.log"
```

在 if 语句中，条件测试既可以使用 test 指令，也可以使用“[]”。

【实例 5-36】“&&”的妙用

逻辑或运算符结合!运算符，代码如下。

```
test ! -f duoduo.log
```

上述代码为 test 条件测试语句，判断 duoduo.log 文件是否存在。

```
head /etc/passwd >duoduo.log
nl duoduo.log
```

上述代码创建 duoduo.log 文件，并查看文件内容。

```
||  rm -fv duoduo.log
```

上述代码表示若前面的指令没有执行，则执行这部分指令，删除 duoduo.log 文件。

```
[root@Shell-programmer chapter-3]# cat if-05-instead-if.sh
#!/bin/bash
:<<note
Author:韩艳威
DateTime:2018/08/18
Version:1.1
Desc:use && instead of if [[ condition ]]; then
  #statements
fi

test ! -f duoduo.log = [ ! -f duoduo.log ]
note


test ! -f duoduo.log  && {
  head /etc/passwd >duoduo.log
  nl duoduo.log
   }    ||  rm -fv duoduo.log
```

if-05-instead-if.sh 脚本执行结果如下。

```
[root@Shell-programmer chapter-3]# bash if-05-instead-if.sh
     1  root:x:0:0:root:/root:/bin/bash
     2  bin:x:1:1:bin:/bin:/sbin/nologin
     3  daemon:x:2:2:daemon:/sbin:/sbin/nologin
     4  adm:x:3:4:adm:/var/adm:/sbin/nologin
     5  lp:x:4:7:lp:/var/spool/lpd:/sbin/nologin
     6  sync:x:5:0:sync:/sbin:/bin/sync
     7  shutdown:x:6:0:shutdown:/sbin:/sbin/shutdown
     8  halt:x:7:0:halt:/sbin:/sbin/halt
     9  mail:x:8:12:mail:/var/spool/mail:/sbin/nologin
    10  uucp:x:10:14:uucp:/var/spool/uucp:/sbin/nologin
[root@Shell-programmer chapter-3]# bash if-07-instead-if.sh
已删除"duoduo.log"
```

上述代码中，第一次执行 if-05-instead-if.sh 脚本时，test 条件测试语句返回结果为真，duoduo.log 文件不存在，所以执行“{}”里面的所有语句。第二次执行脚本时，由于 duoduo.log 文件已经存在，所以执行“||”后面的内容，即删除 duoduo.log 文件。

3.2 if 语句嵌套

if 语句可以嵌套，可以在当前 if 语句中嵌套其他 if 语句，以满足多重判断的需求。

【实例 5-37】if 语句判断数字是否为偶数

内置变量$1 与 if 语句的结合应用，代码如下。

```
if [ $1 -gt 80 ]
```

上述代码判断用户$1 传参的数字是否大于 80，若大于 80，则条件表达式为真，执行 then 子句后面的代码。

```
if (( $1 % 2 == 0 ))
```

上述代码判断用户$1 传参的数字是否为偶数，若为偶数，则执行 then 子句后面的代码。

```
1    [root@Shell-programmer chapter-3]# cat if-06-nesting.sh
2    #!/bin/bash
3    #nested if statements
4    #Author:韩艳威
5
6    if [ $1 -gt 80 ]
7    then
8      echo "$1 is a large number."
9
10     if (( $1 % 2 == 0 ))
11     then
12       echo "and is also an even number."
13     fi
14   fi
```

上述代码第 1～14 行分析如下。

第一次判断（第 6 行）是判断用户输入的数字是否大于 80。如果大于 80，则执行第一段 then（第 7 行）后面的指令，紧接着执行第二个 if 语句（第 10 行）；如果用户输入的数字是偶数，则会执行第二段 then（第 11 行）后面的指令。

脚本执行结果如下。

```
[root@Shell-programmer chapter-3]# ./if-06-nesting.sh  100
100 is a large number.
and is also an even number.
[root@Shell-programmer chapter-3]# ./if-06-nesting.sh  150
150 is a large number.
and is also an even number.
```

如果输入的数字小于 80 会发生什么呢？答案是什么也不会输出，输出结果如下。

```
[root@Shell-programmer chapter-3]# ./if-06-nesting.sh  25
[root@Shell-programmer chapter-3]#
```

技巧：可以嵌套尽可能多的 if 语句。如果需要嵌套超过 3 个层次，应该考虑重新梳理逻辑。

5.3.3 if else 语句

有时，如果一个状态是真的，我们执行一组特定的操作；如果是假的，则执行另一组操作。多分支判断语句的语法格式如下。

```
if [ <some test> ]
then
<commands>
else
<other commands>
fi
```

表达式返回结果为真，执行 then 子句后面的代码；表达式返回结果为假，则执行 else

子句后面的代码。

【实例 5-38】多分支判断

脚本内容如下。

```
if [ $# -eq 1 ]
```

if 语句判断传参个数是否为 1 个，若为 1 个，则执行 then 子句里面的代码。

```
  nl $1
```

上述代码表示查看$1 的内容。

```
  nl /dev/stdin
```

上述代码表示查看标准输入的内容，内容如下。

```
[root@Shell-programmer chapter-3]# cat if-07-else.sh
#!/bin/bash

#Desc:else example
#Author:韩艳威

if [ $# -eq 1 ]
then
  nl $1
else
  nl /dev/stdin
fi
```

脚本执行结果如下。

```
[root@Shell-programmer chapter-3]# ./if-07-else.sh
a
     1  a
b
     2  b
c
     3  c
d
     4  d
^C
[root@Shell-programmer chapter-3]# cat /etc/issue >>/tmp/a.log
[root@Shell-programmer chapter-3]# cat /etc/issue >>/tmp/a.log
[root@Shell-programmer chapter-3]# cat /etc/issue >>/tmp/a.log
[root@Shell-programmer chapter-3]# cat /etc/issue >>/tmp/a.log
[root@Shell-programmer chapter-3]# ./if-07-else.sh  /tmp/a.log
     1  Windows 2068 welcome you...
     2  Windows 2068 welcome you...
     3  Windows 2068 welcome you...
     4  Windows 2068 welcome you...
```

脚本执行结果解析如下。

直接执行脚本后，依次分别输入字符“a”“b”“c”，按“Enter”键后，会实时显示用户输入的内容，然后使用 cat 指令创建/tmp/a.log 测试文件，把/tmp/a.log 作为脚本的参数，此时会逐行显示文件内容。

3.4 if 多分支语句

使用“if elif else”语句可以对输入的多个条件进行逐一判断。

【实例 5-39】多重判断

使用 if 语句中的 elif 子句实现多条件判断，代码如下。

脚本内容如下。

```
if [ $# -lt 2 ]
```

if 语句判断用户输入的参数是否小于 2 个，若小于 2 个，则执行 then 子句后面的代码，并输出提示信息。

```
if [ $1 -ge 18 ]
```

if 语句判断用户的年龄是否大于 18，若大于 18，则执行 then 子句后面的代码。

```
elif [ $2 == 'yes' ]
```

elif 语句判断用户输入的第 2 个参数是否等于“yes”，若表达式返回结果为真，则执行 then 后面的语句。内容如下。

```
1    [root@Shell-programmer chapter-3]# cat if-08-ifelif-else.sh
2    #!/bin/bash
3    # elif statements
4
5    if [ $# -lt 2 ]
6    then
7     echo "Useage like :18 yes or 16 yes "
8     exit 3
9    fi
10
11   if [ $1 -ge 18 ]
12   then
13     echo "你可以去参加聚会."
14   elif [ $2 == 'yes' ]
15   then
16     echo "你可以去参加聚会，但不能太晚回来"
17   else
18     echo "你不能去参加聚会"
19   fi
```

上述代码第 1～19 行的脚本内容分析如下。

第一次执行脚本时不传入任何参数，脚本中的第 1 个 if 表达式（第 5～9 行）执行结果为真，直接退出脚本。第二次执行脚本时，当用户传入两个参数，分别为数字 18 和字符串“yes”时，满足所有的 if 表达式，因此会执行对应的 then 子句后面的代码。第三次执行脚本时，用户传入了数字 16 和字符串“yes”，由于只满足第二个 if 子句（第 14～16 行）的表达式，因此只执行第二个 then 子句后面的代码。

脚本执行结果如下。

```
[root@Shell-programmer chapter-3]# ./if-08-ifelif-else.sh  18
Useage like :18 yes or 16 yes
[root@Shell-programmer chapter-3]# ./if-08-ifelif-else.sh  18  yes
你可以去参加聚会.
[root@Shell-programmer chapter-3]# ./if-08-ifelif-else.sh  16  yes
你可以去参加聚会，但不能太晚回来
```

5.3.5 exit 指令

exit 指令用于退出当前 Shell 脚本，可以终止当前脚本执行。exit 指令的语法格式如下。

```
exit n
```

上述代码表示设置退出参数，设置退出状态码为n。

- exit 指令的基本作用是终止 Shell 程序的执行，可带一个可选的参数，指定程序退出时的状态码，存储在系统变量中。
- 退出状态码为 0 时表示脚本或指令成功执行，非 0 表示程序执行过程中出现某些错误，具体的错误可以根据具体的状态码判断。
- 结合 if 判断和 exit 语句使用，使程序在适当时候退出。

exit 指令的常用状态码（Exit Status 或 Exit Code）如表 5-8 所示。

表 5-8　exit 指令的常用状态码

状态码	说明
0	表示成功（Zero——Success）
非 0	表示失败（Non-Zero——Failure）
2	表示用法不当（Incorrect usage）
126	表示不是可执行的（Not an executable）
127	表示命令没有找到（Command not found）
大于等于 128	信号产生

【实例 5-40】退出当前 Shell 终端

使用 exit 指令退出当前 Shell 终端，代码如下。

```
exit
```

exit 指令与 logout 指令、“Ctrl+D”快捷键功能相同，都表示退出当前 Shell 终端。

```
[root@Shell-programmer chapter-3]# exit
logout
Connection closing...Socket close.

Connection closed by foreign host.

Disconnected from remote host(Shell-programmer) at 11:13:33.

Type 'help' to learn how to use Xshell prompt.
```

【实例 5-41】判断参数数量，不匹配就输出使用方式，并退出

下述代码判断用户传参个数是否小于 2 个，返回结果为假，退出整个脚本。

```
#!/bin/bash

if [ "$#" -ne 2 ]
then
  echo "Usage: $0 <age><name>"
  exit 6
fi
```

脚本执行过程如下。

```
[root@Shell-programmer chapter-3]# bash 09-exit.sh
Usage: 10-exit.sh <age><name>
```

【实例 5-42】退出时删除临时文件

使用 trap 结合 exit，退出脚本时删除文件，内容如下。

```
trap "rm -fv ./a.txt; echo Bye." exit
```

上述代码退出时删除临时文件。

```
#!/bin/bash
echo abc >./a.txt
trap "rm -fv ./a.txt; echo Bye." exit
```

脚本执行结果如下。

```
[root@Shell-programmer chapter-3]# bash 10-exit.sh
已删除"./a.txt"
Bye.
```

5.3.6 case 多条件判断语句

case 语句使用于需要有多重分支的情况。case 语句结构如下。

```
case variable in
value1)
        statement1
value2)
statement2
*)
        statement3;;
esac
```

case 语句将 variable 的变量值与 value1 和 value2 匹配，若相等，则执行后面的语句；若都不相等，则执行“*)”后面的语句，注意：变量可使用双引号。

【实例 5-43】case 语句判断用户输入内容

可以用 case 语句处理用户不同的输入，执行不同代码，由用户从键盘输入一个字符，并判断该字符是否为字母、数字或者其他字符，并输出相应的提示信息。

```
read -p "Please input a string or a num or other character: " KEY
```

read 指令读取用户输入的内容，并将值保存到变量 KEY 中，然后使用用户输入的该变量值与 case 各分支条件表达式做比较。满足对应表达式，则输出对应子句的 echo 语句；若不满足，则之前所有条件采用“*”匹配，并使用 echo 指令输出对应内容。

```
#!/bin/bash
:<<note
小写字母[a-z]     == [[:lower:]]
大写字母[A-Z]     == [[:upper:]]
数字[0-9]         ==  [[:digit:]]
note

read -p "Please input a string or a num or other character: " KEY
case $KEY in
  [a-z] | [A-Z] )
  echo "您输入的是一个字母：$KEY"
  ;;

  [0-9] )
```

```
    echo "您输入的是一个数字：$KEY"
    ;;

    * )
    echo "您输入的是其他字符：$KEY"
esac
```

程序输出过程如下。

```
[root@Shell-programmer chapter-3]# bash 11-case.sh
Please input a string or a num or other character: 1
您输入的是一个数字：1
[root@Shell-programmer chapter-3]# bash 11-case.sh
Please input a string or a num or other character: q
您输入的是一个字母：q
[root@Shell-programmer chapter-3]# bash 11-case.sh
Please input a string or a num or other character: Q
您输入的是一个字母：Q
[root@Shell-programmer chapter-3]# bash 11-case.sh
Please input a string or a num or other character: "2018 love forever"
您输入的是其他字符："2018 love forever"
```

执行脚本后，分别输入数字“1”、字母“q”“Q”，以及其他字符“2018 love forever”，这些值分别保存在 KEY 变量中，然后与对应的分支语句匹配，匹配成功后则输出对应的代码。

【实例 5-44】case 语句完成程序启动脚本

使用 case 语句写一个程序启动脚本，当用户传入 start、stop、restart 参数时，分别执行对应的 case 语句，脚本内容如下。

```
#!/bin/bash

case $1 in
  start )
  /usr/sbin/httpd -k start
;;

  stop )
  /usr/sbin/httpd -k stop
;;

  restart )
  /usr/sbin/httpd -k stop
  /usr/sbin/httpd -k start
;;
  * )
  echo "Usage: bash  $0  [start | stop | restart]"
;;
esac
```

脚本执行结果如下。

```
[root@Shell-programmer chapter-3]# bash 12-case-program.sh
Usage: bash  12-case-program.sh  [start | stop | restart]
[root@Shell-programmer chapter-3]# bash 12-case-program.sh start
httpd: apr_sockaddr_info_get() failed for Shell-programmer
httpd: Could not reliably determine the server's fully qualified domain name,
```

```
using 127.0.0.1 for ServerName
   httpd (pid 1755) already running
   [root@Shell-programmer chapter-3]# bash 12-case-program.sh stop
   httpd: apr_sockaddr_info_get() failed for Shell-programmer
   httpd: Could not reliably determine the server's fully qualified domain name,
using 127.0.0.1 for ServerName
   [root@Shell-programmer chapter-3]# bash 12-case-program.sh restart
   httpd: apr_sockaddr_info_get() failed for Shell-programmer
   httpd: Could not reliably determine the server's fully qualified domain name,
using 127.0.0.1 for ServerName
   httpd (no pid file) not running
   httpd: apr_sockaddr_info_get() failed for Shell-programmer
   httpd: Could not reliably determine the server's fully qualified domain name,
using 127.0.0.1 for ServerName
```

用户执行脚本不输入任何参数时，脚本提示使用帮助信息。当用户输入对应的 start、stop、restart 时，会分别启动对应分支的脚本。

【实例 5-45】判断操作系统

很多时候，脚本可能会跨越好几种操作系统执行，如 Linux、FreeBSD、Solaris 等，而各操作系统之间，多多少少都有不同之处，有时候需要判断目前正在哪一种操作系统上执行，可以利用 uname 等指令来找出操作系统的更多信息。

```
1    #!/bin/bash
2    system=$(cat /etc/redhat-release  |cut -d ' ' -f1)
3    system_machine=$(uname -m)
4    case $system  in
5      CentOS )
6      echo "Current system operation is: $(cat /etc/redhat-release)"
7      echo "do something..."
8        ;;
9
10     FreeBSD )
11      echo "My system is FreeBSD"
12      echo "Do FreeBSD stuff here..."
13        ;;
14
15        *)
16       echo "Unknown system : $SYSTEM"
17        echo "I don't what to do..."
18        ;;
19   esac
```

脚本执行结果如下。

```
1 [root@Shell-programmer chapter-3]# bash 13-case-system-info.sh
2 Current system operation is: CentOS release 6.9 (Final)
3 do something...
```

上述代码第 2～3 行为匹配输出结果，从中可以看到匹配的操作系统为 CentOS。

5.4 Shell 循环

Shell 编程中循环结构用于特定条件下决定某些语句重复执行的控制方式，有 3 种常用的循环结构：for、while 和 until。for 循环和 while 循环属于“当型循环”，而 until 循环属于“直到型循环”，循环控制符 break 和 continue 关键字用于控制流程转向。

1．循环的种类

循环：for、while 和 until。

循环体：要执行的代码，可能要执行 N 遍。

2．for 循环执行机制

```
for 变量名 in 列表;do
循环体
done
```

执行机制：依次将列表中的元素赋值给“变量名”，每次赋值后即依次执行循环体，直到列表中的元素“耗尽”，如下所示。

```
[root@Shell-programmer ~]# for num in {1..3};do echo "\$num for loop  is $num";done
$num for loop  is 1
$num for loop  is 2
$num for loop  is 3
```

3．for 循环列表生成方式

（1）直接给出列表。

```
1 2 3 4 5 6 7
```

（2）整数列表。

```
{start..end}
$seq([start[step]]end)
```

（3）返回列表的命令。

```
$(command)
```

（4）glob。

变量引用可以使用“$@”“$#”等系统内置变量进行。

5.4.1 带列表的 for 循环

带列表的 for 循环通常用于将一组语句执行已知的次数，基本语法如下。

```
#!/bin/bash

for var in {1..5}
#for var in 1 2 3 4 5
do
    echo "Hello, Welcome $var times "
done
```

- 上述语法中 var 称为循环变量，“{}”中的内容可以是一个列表，也可以是一些列的数字或者字符串。
- do 和 done 之间的命令称为循环体，执行次数和列表中常数或字符串的个数相同。for 循环首先将 in 后列表的第一个常数或字符串赋值给循环变量，然后执行循环体，依次执行列表，最后执行 done 命令后的命令序列。
- for 循环使用略写的计数方式，1～5 用“{1..5}”表示（花括号不能去掉，否则会当作一个字符串处理）。
- Shell 还支持按规定的步数跳跃的方式实现列表 for 循环。

【实例5-46】for循环输出整数1～6

使用for循环输出整数1～6，代码如下。

```
for num in 1 2 3 4 5 6
```

上述代码使用1～6等6个整数作为循环列表。

```
echo "The num is : $num"
```

上述代码使用echo语句依次输出列表中的各个数字，脚本内容如下。

```
#!/bin/bash

#for loop start
for num in 1 2 3 4 5 6
do
  #list all nums
  echo "The num is : $num"
done
```

脚本执行结果如下。

```
[root@Shell-programmer chapter-4]# bash 01-for-num-list.sh
The num is : 1
The num is : 2
The num is : 3
The num is : 4
The num is : 5
The num is : 6
```

for循环可以非常方便地对列表中的各个值进行处理，还有一种更简洁的列表书写方法，即用一个范围值来替代所有的元素，如上面的1～6可以使用"{1..6}"来替代，代码如下所示。

```
[root@Shell-programmer chapter-4]# for num in {1..6};do echo "The num is:$num";done
The num is: 1
The num is: 2
The num is: 3
The num is: 4
The num is: 5
The num is: 6
```

for循环的步长即循环变量每次增加的值都是1，Shell程序允许用户指定for循环的步长，基本语法如下。

```
for var in {start..stop..step}
do
  statement1
  statement2
  ...
done
```

上述语句中，循环列表被花括号标注，其中start表示起始的数值，stop表示终止的数值，step表示指定的步长数值。

【实例5-47】计算1～100所有奇数之和

使用for循环计算1～100所有奇数之和，代码如下。

```
sum=0
```

上述代码定义变量，并初始赋值为0。

```
for num in {1..100..2}
```

上述代码表示for循环开始，设置初始值为1，结束数值为100，步长为2。

```
let "sum+=num"
```

上述代码将数累加，脚本内容如下。

```
#!/bin/bash
:<<note
sum=0
```

定义变量，并初始赋值为0。

```
for num in {1..100..2}
```

for循环开始，设置初始值为1，结束数值为100，步长为2。

```
let "sum+="
```

将数累加

```
note

sum=0
for num in {1..100..2}
do
  let "sum+=num"
done
echo "The sum is: $sum"
```

脚本执行结果如下。

```
[root@Shell-programmer chapter-4]# bash 02-for-odd-step.sh
The sum is: 2500
```

通过num按步长2不断递增，计算得到sum值为2500，同样可以使用seq命令实现按2递增来计算1～100的所有奇数之和。“for i in $(seq 1 2 100)”中，“seq”表示起始数为1，跳跃的步长为2，结束条件值为100。

【实例5-48】遍历文件

在for循环的列表条件中，除了使用数字作为元素之外，还可以使用字符串。如果使用字符串作为列表元素，可以省略外面的花括号。通过for循环显示当前目录下所有的文件如下。

```
#!/bin/bash

for file in $(ls)
#for file in *
do
  echo "The file is : $file"
done
```

脚本执行结果如下。

```
[root@Shell-programmer chapter-4]# bash 03-for-list-file.sh
The file is : 01-for-num-list.sh
The file is : 01-for-odd.sh
The file is : 02-for-odd-step.sh
The file is : 03-for-list-file.sh
The file is : 03-for-list-file-v2.sh
```

还可以使用“for file in *”，其中“*”产生文件名扩展，与“ls *”指令执行结果相同，表示匹配当前目录下的所有文件。此外，还可以通过命令行来传递脚本中for循环的列表参数。

【实例5-49】列出所有文件

列出指定目录下的文件，代码如下。

```
#!/bin/bash
echo "当前的文件有 $# 个."
echo "文件内容分别是:"
for arg in "$@"
do
  echo $arg
done
```

“$#”表示文件的个数，“$@”表示文件列表，“$arg”则把所有的文件当作一个字符串显示。

程序输出结果如下。

```
[root@Shell-programmer chapter-4]# bash 04-for-list-file-v2.sh /etc/issue /etc/
redhat-release
当前的文件有 2 个.
文件内容分别是：
/etc/issue
/etc/redhat-release
```

5.4.2 不带列表的 for 循环

在某些特殊情况下，for 循环的列表可以完全省略，称为不带列表的 for 循环。由用户决定参数和参数的个数，与上述的 for 循环列表参数功能相同，不带列表的 for 循环语法如下。

```
for var
do
  statement1
  statement2
  ...
done
```

由于系统变量“$@”可以获取所有的参数，因此上述语法等价于以下语法。

```
for var in $@
do
  statement1
  statement2
  ...
done
```

同样等价于以下语法。

```
for var in $*
do
  statement1
  statement2
done
```

【实例 5-50】不带列表的 for 循环

不带列表的 for 循环语法中的 in list 部分是可选的，脚本内容如下。

```
#!/bin/bash

for arg
do
  echo "参数分别是：${arg}"
done
```

脚本执行结果如下。

```
[root@Shell-programmer chapter-4]# bash 05-for.sh /etc/passwd /etc/issue /etc/
redhat-release
参数分别是：/etc/passwd
参数分别是：/etc/issue
参数分别是：/etc/redhat-release
```

5.4.3 C 风格的 for 循环

C 风格的 for 循环也被称为计次循环，代码如下。

```
#!/bin/bash
for((integer = 1; integer <= 5; integer++))
do
    echo "$integer"
done
```

- 上述代码中，for 循环的执行条件被双圆括号标注，执行条件分为 3 个部分，由两个分号隔开。
- for 中第一个条件表达式 integer = 1 是循环变量赋初值的语句，第二个条件表达式 integer <= 5 是决定是否进行循环的表达式，退出状态为非 0 时将退出 for 循环并执行 done 后的命令（与 C 语言中的 for 循环条件是刚好相反的）。第三个条件表达式 integer++是用于改变循环变量的语句。
- 使用非整数类型的数作为循环变量，如果循环条件被忽略，则默认的退出状态是 0，for((;;))为死循环。

【实例 5-51】用 C 风格的 for 循环计算 1～100 所有的奇数之和

使用 C 风格的 for 循环计算 1～100 所有的奇数之和，代码如下。

```
for ((i=1;i<=100;i=i+2))
```

该循环从 i=1 开始，然后执行循环直到满足条件 i<=100，并且在每次循环时，执行 i=i+2，脚本内容如下。

```
#!/bin/bash
sum=0
for ((i=1;i<=100;i=i+2))
do
  let "sum += i"
done
echo "The sum is: $sum"
```

脚本执行结果如下。

```
[root@Shell-programmer chapter-4]# bash 06-for-c.sh
The sum is: 2500
```

4.4 until 循环与 while 循环

1. until 循环

until 循环和 while 循环类似，while 能实现的脚本 until 同样也可以实现，但区别是 until 循环的退出状态为 0（与 while 刚好相反），即 while 循环在条件为真时继续执行循环，而 until 在条件为假时继续执行循环。until 循环语法如下。

```
until 循环条件
      do
        语句 1
        语句 2
      done
```

循环条件不满足就执行循环，循环条件满足就退出循环。

【实例 5-52】判断用户是否登录系统

每隔 5s 查看 handuoduo 用户是否登录，如果用户登录，则显示登录并退出循环，否则显示当前时间，并输出“handuoduo not login”，脚本内容如下。

```
#!/bin/bash
until who |grep "handuoduo" &> /dev/null
do
  echo "$(date) handuoduo not login"
  sleep 5
done
echo "The user handuoduo is login system."
exit 0
```

脚本执行结果如下。

```
[root@Shell-programmer chapter-4]# bash 07-until-check-login.sh
2018年 08月 19日星期日 14:53:53 CST handuoduo not login
2018年 08月 19日星期日 14:53:58 CST handuoduo not login
2018年 08月 19日星期日 14:54:03 CST handuoduo not login
2018年 08月 19日星期日 14:54:08 CST handuoduo not login
2018年 08月 19日星期日 14:54:13 CST handuoduo not login
2018年 08月 19日星期日 14:54:18 CST handuoduo not login
2018年 08月 19日星期日 14:54:23 CST handuoduo not login
^C
```

2. while循环

while循环也称为前测试循环，while循环语法格式如下。

```
while 循环条件
do
    语句1
    语句2
done
```

循环条件满足就执行循环，循环条件不满足就退出循环。

（1）计数器。

【实例5-53】计数器控制的while循环

使用while循环实现计数器的功能，代码如下。

```
int=1
```

上述代码定义计数器初始值。

```
while(( int <= 6 ))
```

上述代码定义计数器退出条件。

脚本内容如下。

```
#!/bin/bash
int=1
while(( int <= 6 ))
do
  echo $int
  let "int++"
done
```

上述代码指定了循环的次数为6，初始化计数器值为1，不断测试int是否小于等于6。脚本执行结果如下。

```
[root@Shell-programmer chapter-4]# bash 08-while-count-num.sh
1
2
```

```
3
4
5
6
```

（2）结束标记。

结束标记主要用于在不知道读入数据的个数时，可以设置一个特殊的数据值来结束循环。该特殊值称为结束标记，通过提示用户输入进行操作。

【实例 5-54】while 循环猜数字

结束标记控制的 while 循环需要设置一个特殊的数据值，作为结束标记来结束 while 循环，脚本内容如下。

```
#!/bin/bash

#演示使用结束标记控制 while 循环实现猜 1～10 的数
echo "Please input the number between 1 and 10: "
read number
while [[ "$number" != 6  ]]
do
  if [[ "$number" -lt 6 ]]
  then
    echo "Too small,Try again..."
    read number
  elif [[ "$number" -gt 6 ]]
  then
    echo "Too big,Try again..."
    read number
  else
    exit 0
  fi
done
echo "Yes,you are right ..."
```

脚本执行结果如下。

```
[root@Shell-programmer chapter-4]# bash 09-while-tab.sh
Please input the number between 1 and 10:
5
Too small,Try again...
6
Yes,you are right ...
```

（3）命令行控制的 while 循环。

使用命令行来指定输出参数和参数个数，通常与 shift 结合使用，shift 命令使位置变量下移一位（$2 代替$1、$3 代替$2，并使“$#”变量递减），当最后一个参数显示给用户时，“$#”会等于 0，“$*”也等于空。

【实例 5-55】命令行控制 while 循环

脚本内容如下。

```
#!/bin/bash
echo "The number of arguments is ${#}: "
echo "What you input is: "
while [[ "$*" != "" ]]
do
  echo "$1"
  shift
done
```

脚本执行结果如下。

```
[root@Shell-programmer chapter-4]# bash 10-while.sh  a b c
The number of arguments is 3:
What you input is:
a
b
c
```

【实例 5-56】用户随机输入一个数值，用于循环的次数

脚本内容如下。

```
#!/bin/bash
num_1=1
read -p "Please input a number: " num_2
while [[ "$num_1" -le "$num_2" ]]
do
  echo "This is a test...">>/tmp/while.log
  let num_1++
done
```

脚本执行结果如下。

```
[root@Shell-programmer chapter-4]# bash 11-while-random.sh
Please input a number: 3
[root@Shell-programmer chapter-4]# nl /tmp/while.log
     1  This is a test...
     2  This is a test...
     3  This is a test...
```

【实例 5-57】对于当前系统所有用户，ID 为偶数就输出用户名和 Shell

脚本内容如下。

```
#!/bin/bash
file=/etc/passwd
while read line
#read 会自动将$file 这个文件中的每一行读取，并将读取的每一行的值赋给$line
do
        id=$(echo $line | cut -d: -f3)
         if [ $[$id%2] -eq 0 ]                      #  $id 除以 2 取余等于 0 就执行
            then
               username=$(echo "$line" |cut -d: -f1)
               shell=$(echo "$line" | cut -d: -f7)
               echo -e "UserName:$username\nShell:$shell\n"
         fi
done < $file
```

脚本执行结果如下。

```
[root@Shell-programmer chapter-4]# bash 12-while.sh
UserName:root
Shell:/bin/bash

UserName:daemon
Shell:/sbin/nologin

UserName:lp
Shell:/sbin/nologin

UserName:shutdown
Shell:/sbin/shutdown

UserName:mail
Shell:/sbin/nologin
```

```
UserName:uucp
Shell:/sbin/nologin

UserName:games
Shell:/sbin/nologin

UserName:ftp
Shell:/sbin/nologin

UserName:sshd
Shell:/sbin/nologin

UserName:nginx
Shell:/sbin/nologin

UserName:ntp
Shell:/sbin/nologin

UserName:apache
Shell:/sbin/nologin
```

3. 循环嵌套

循环嵌套就是在一个循环中还有一个循环，内部循环在外部循环中。在外部循环的每次执行过程中都会触发内部循环，直到内部循环执行结束。外部循环执行了多少次，内部循环就完成多少次。当然，不论是外部循环还是内部循环的 break 语句，都会打断处理过程。

一个循环体内又包含另一个完整的循环结构，在外部循环的每次执行过程中都会触发内部循环，for、while、until 可以相互嵌套。

【实例 5-58】Shell 中 for 循环嵌套的写法

```
#!/bin/bash
for num in 1 2 3 4 5
do
    for char in "a b c d e"
    do
    echo $num $char
    done
done
```

5.5 循环控制语句

任何编程语言中的循环结构，若不指定退出或终止循环的条件，则该循环结构会形成“死循环”，“死循环”会耗尽操作系统中的资源，最终导致服务器崩溃。

因此在使用循环时，必须指定循环控制语句，Shell 编程中可以使用 break 循环控制语句终止本次循环。

5.5.1 break 语句控制循环

在 for、while 和 until 循环中使用 break 语句可强行退出循环，break 语句仅能退出当前的循环，如果是两层循环嵌套，则需要在外层循环中使用 break。

【实例 5-59】for 循环之 break 语句

break 关键字在 case 循环中的作用，代码如下。

```
let num=1
while [ "$num" -eq 1 ]
```

上述代码检测循环条件是否为真。

```
case $var in
```

上述代码使用 case 语句判断 var 变量是否符合条件，符合条件则执行对应的代码。脚本内容如下。

```
#!/bin/bash
let num=1
while [ "$num" -eq 1 ]
do
  echo -en "Please input your name or stop: "
read var

case $var in
  # test condition-1
  "handuoduo")
  # condition print
  echo " $var Welcome to beijing..."
  echo " $var Welcome to beijing..."
  echo " $var Welcome to beijing..."
  ;;
  # test condition-2
  "stop")
  break
  ;;
esac
done

# condition-2 print
echo "$0 program will be exiting..."
echo "Good-bye"
```

脚本执行结果如下。

```
[root@Shell-programmer chapter-4]# bash 14-break.sh
Please input your name or stop: handuoduo
 handuoduo Welcome to beijing...
 handuoduo Welcome to beijing...
 handuoduo Welcome to beijing...
Please input your name or stop: stop
14-break.sh program will be exiting...
Good-bye
```

break 语句允许跳出所有循环（终止执行后面的所有循环）。

下面的例子中，脚本进入“死循环”，直至用户输入数字大于 5。要跳出这个循环，返回到 Shell 提示符下，需要使用 break 语句。

```
#!/bin/bash
while :
do
    echo -n "please input a number between 1 to 5: "
    read num
    case $num in
       1|2|3|4|5) echo "Your number is ${num}!"
       ;;
       *) echo "You don't select a number between 1 to 5, $0 will be quiting..."
          break
```

```
        ;;
    esac
done
```

5.5.2 continue 语句控制循环

continue 语句与 break 语句类似，只有一点差别，即 continue 语句不会跳出所有循环，仅跳出当前循环。其在 for、while、until 循环中用于跳过其后面的语句，执行下一次循环。

【实例 5-60】while 循环之 continue 语句

continue 关键字在 while 循环中的应用，代码如下。

```
while  [ 1 ]
```

上述代码表示条件永远为真。

```
  case $num in
```

上述代码使用 case 语句判断用户输入的内容，根据输入的内容判断执行对应的代码和语句。

脚本内容如下。

```
#!/bin/bash

# while true
# while :
while  [ 1 ]
do
  echo -n "Please input a number between 1~6 or input letter : "
  read num
  case $num in

   # test condition-1
   1|2|3|4|5|6)
   echo "You input the number is : $num"
   ;;

   # test condition-2
   [a-z]|[A-Z])
   echo "Your input is the $num..."
   echo "$0 program will be quiting..."
   exit 6
   ;;

   # test condition-3
   *)
   echo "You don't select a number between 1~6: "
   continue

   #do not print
   echo "$0 program will be quiting..."
   exit 3
   ;;
  esac
done
```

执行脚本发现，当输入大于 6 的数字时，该例中的循环不会结束，脚本继续执行。

5.5.3 select结构

从技术角度看select结构不算是循环结构，只是相似而已。它是Bash的扩展结构，用于交互式菜单显示，功能类似于case结构，但比case的交互性要好。

【实例5-61】select带参数列表

select实现带参数的列表，代码如下。

```
select color in "red" "blue" "green" "white" "black"
```

上述代码将参数列表写入代码，依次使用带有数字标记的形式展示。

脚本内容如下。

```
#!/bin/bash
echo "What is your favourite color? "
select color in "red" "blue" "green" "white" "black"
do
   break
done

echo "You have selected $color"
```

脚本执行结果如下。

```
[root@Shell-programmer chapter-4]# bash 16-select-1.sh
What is your favourite color?
1) red
2) blue
3) green
4) white
5) black
#? 1
You have selected red
```

【实例5-62】select不带参数列表

该结构通过命令行来传递参数列表，由用户自己设定参数列表。通过命令行接收用户传参，用户输入的参数即为列表项。

```
select color
```

脚本内容如下。

```
#!/bin/bash
echo "What is your favourite color? "
select color
do
   break
done

echo "You have selected $color"
```

脚本执行结果如下。

```
[root@Shell-programmer chapter-4]# bash 17-select.sh red blue
What is your favourite color?
1) red
2) blue
#? 1
You have selected red
```

用户输入“red”和“blue”两个参数，然后根据提示选择对应的数字序列即可。

5.6 本章练习

【练习 5-1】研读如下脚本，并逐行加以注释

```
[root@Shell-programmer chapter-3]# cat 14-practice-1.sh
#!/bin/bash

#and example
if [ -r "$1" ] && [ -s "$1" ]
then
echo "This file is useful......"
fi
```

【练习 5-2】研读如下脚本，并逐行加以注释

if 语句结合逻辑运算符的应用，代码如下。

```
[root@Shell-programmer chapter-3]# cat 15-practice-or.sh
#!/bin/bash

#or example
if [[  $USER == 'handuoduo' ]] || [[ $USER == 'root' ]]
then
  uname -m && uptime
else
  echo "This is a test......"
fi
```

【练习 5-3】写一个脚本，监控 **Nginx** 进程是否存活

使用 yum 指令安装 Nginx，首先确保安装 EPEL 源。

```
[root@Shell-programmer ~]# ll /etc/yum.repos.d/ |grep epel
-rw-r--r--  1 root root  957 11月  5 2012 epel.repo
-rw-r--r--  1 root root 1056 11月  5 2012 epel-testing.repo
```

安装 Nginx 软件，代码如下。

```
[root@Shell-programmer ~]# yum -y install nginx
已加载插件：fastestmirror
设置安装进程
Loading mirror speeds from cached hostfile
 * base: mirrors.huaweicloud.com
 * epel: mirrors.huaweicloud.com
 * extras: centos.ustc.edu.cn
 * updates: mirror.bit.edu.cn
//中间代码略

作为依赖被安装：

  libxslt.x86_64 0:1.1.26-2.el6_3.1
nginx-all-modules.noarch 0:1.10.2-1.el6
  nginx-filesystem.noarch 0:1.10.2-1.el6
nginx-mod-http-geoip.x86_64 0:1.10.2-1.el6
  nginx-mod-http-image-filter.x86_64 0:1.10.2-1.el6
```

```
  nginx-mod-http-perl.x86_64 0:1.10.2-1.el6
    nginx-mod-http-xslt-filter.x86_64 0:1.10.2-1.el6
  nginx-mod-mail.x86_64 0:1.10.2-1.el6
    nginx-mod-stream.x86_64 0:1.10.2-1.el6

完毕!
```

启动 Nginx，并查看 Nginx 进程和端口，代码如下。

```
[root@Shell-programmer ~]# /etc/init.d/nginx start
正在启动 Nginx:                                          [确定]
[root@Shell-programmer ~]# netstat -ntpl |grep  -E "nginx|80"
tcp 0 0 0.0.0.0:80 0.0.0.0:* LISTEN 1820/nginx
tcp 0 0 :::80 :::* LISTEN 1820/nginx
[root@Shell-programmer ~]# ps -ef |grep nginx
root 1820 1  0 13:15 ? 00:00:00 nginx: master process /usr/sbin/nginx -c /etc/
nginx/nginx.conf
nginx      1822   1820  0 13:15 ?      00:00:00 nginx: worker process
root       1826   1760  0 13:15 pts/4  00:00:00 grep nginx
```

编写 HTML 网页测试文件，源代码如下。

```
<!DOCTYPE html>
<html lang="en">
  <head>
    <meta charset="utf-8">
    <title>Check-nginx-alive-page-html</title>

<!--
Desc: set html page css && check nginx alive page
Author: 韩艳威
DateTime: 2018/08/26
-->

    <style type="text/css">
      .note {
        color: lightblue;
        font-size: 15px;
      }

      .check {
        color:pink;
        font-size: 30px;
      }
    </style>
  </head>
  <body>

 <!-- html page mark -->
 <span class="note">This is a test html page</span>
 <hr />
 <span class="check">The page check-nginx-alive</span>
   </body>
</html>
```

浏览器访问 Nginx 服务默认首页，如图 5-1 所示。

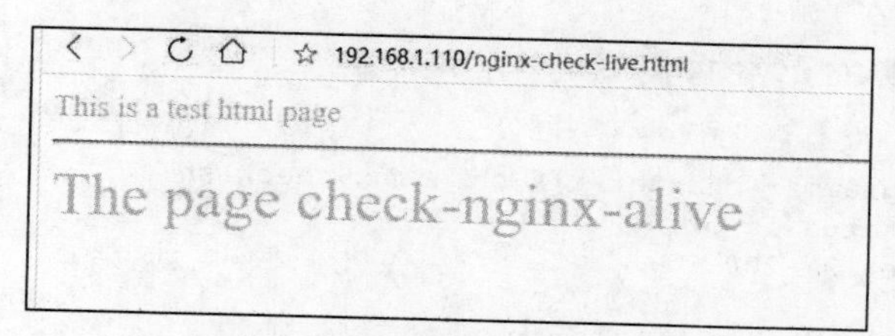

图 5-1 Nginx 服务默认首页

编写 Nginx 服务进程检测脚本，代码如下。

```
#!/bin/bash
:<<note
Desc:check nginx alive
Author:韩艳威
DateTime:2018/08/26
Version:1.1
note

# define check nginx url
nginx_server='http://192.168.1.110/nginx-check-live.html'

#define http code
http_status_code=$(curl -I -m 6 -o /dev/null -s -w %{http_code}  ${nginx_server})

# judge http code return value
if [ "$http_status_code" -eq 000 -o "$http_status_code" -ge 500 ]
then
  # nginx dead display yellow
  echo -e "\033[33;40mCheck Ngxnx server error \nhttp_status_code is  ${http_status_
code}\033[0m"
  echo
  echo 'Will be start nginx  progress...'
  /etc/init.d/nginx restart
else
   http_contents=$(curl -s "${http_status_code}")
   # nginx alive display green
   echo -e "\033[32;40mNginx service status is ok\nhttp_status_code is  ${http_
status_code} \033[0m"
fi
```

curl 指令部分选项说明如下。

- -I：仅测试 HTTP 头。
- -m 10：最多查询 10s。
- -o /dev/null：屏蔽原有输出信息。
- -w %{http_code}：控制额外输出。

测试 Nginx 开启和停用状态对此脚本的影响，代码如下。

```
[root@Shell-programmer chapter-4]# sh nginx-check.sh
Nginx service status is ok
http_status_code is  200
[root@Shell-programmer chapter-4]# /etc/init.d/nginx stop
停止 nginx:                                          [确定]
[root@Shell-programmer chapter-4]# sh nginx-check.sh
Check Ngxnx server error
http_status_code is  000
```

```
Will be start nginx  progress...
停止 nginx:                                            [失败]
正在启动 nginx:                                        [确定]
[root@Shell-programmer chapter-4]# sh nginx-check.sh
Nginx service status is ok
http_status_code is  200
```

5.7 本章总结

本章首先详细讲解了 Linux 系统管理中常用的字符串管理操作。

其次讲解了条件测试的内容，包括基本测试、整数测试、文件状态测试、条件测试以及其他常用运算符和指令，为读者学习 if 和 case 语句做好铺垫，还对常见的“[]”“[[]]”等进行了深入浅出的对比讲解，让读者有更深刻的认识。

再次讲解了 if 和 case 语句的单条件和多条件判断，并列举了大量的实例供读者练习。

最后讲解了循环控制语句，总结如下。

- 循环结构中相互嵌套组成更复杂的流程，结合 break 和 continue 语句可以实现很多复杂的运算。
- 结合其他语言的语法有助于更好地理解循环结构。
- 熟练应用循环结构需要大量的重复练习，重写优秀的 Shell 代码也是一种很好的练习方式。

第6章

Shell 数组与函数

下面介绍 Shell 数组与函数的用法。

6.1 Shell 数组的定义和赋值

数组是将具有相同类型的若干变量按照一定的顺序组织起来的一种数据类型。

Shell 编程支持一维数组（不支持多维数组），并且不限定数组的大小。与 C 语言类似，Shell 编程中数组元素的索引由 0 开始编号，获取数组中的元素要利用索引，索引可以是整数或算术表达式，其值应大于或等于 0。

6.1.1 定义 Shell 数组的 4 种方法

1. 通过指定元素值定义数组

在 Shell 中，用圆括号来表示数组，数组元素用空格分隔，数组的一般形式如下所示。

```
array_name=(value1 ... valuen)
```

数组创建方法如下所示。

```
array_name=(value0 value1 value2 value3)
```

也可使用如下代码创建数组。

```
1    array_name=(
2    value0
3    value1
4    value2
5    value3
6    )
```

定义数组内容时，还可以单独定义数组的各个元素，代码如下。

```
array_name[0]=value0
array_name[1]=value1
array_name[2]=value2
```

上述代码定义数组的过程中，可以不使用连续的索引，而且索引的范围没有限制。上面的语法中，“arry_name”表示数组的变量名，参数 0、1、2 分别表示数组元素的索引，通常是一个整数值，“value”表示对应的数组元素的值，通过以上语句，用户可以自定义数组。

【实例 6-1】使用元素值定义数组

基于元素值定义数组，代码如下。

01-array-define.sh 脚本内容如下所示。

```
1    [root@Shell-programmer chapter-6]# cat 01-array-define.sh
2    #!/bin/bash
3
4
5    ls_file[1]="/etc/passwd"
6    ls_file[2]="/etc/shadow"
7
8    echo "数组的值分别是：${ls_file[@]}"
```

在上面的代码中，第 5 行和第 6 行分别指定了索引为 1 和 2 的两个元素的值，其中数组名称为“ls_file”。虽然并没有显式定义这个变量，但是通过第 5 行和第 6 行，系统会自动创建一个名称为“ls_file”的数组，并且第 1 个元素和第 2 个元素的值分别为“/etc/passwd”

和“/etc/shadow”这两个字符串。第 8 行以字符串的形式输出整个数组中的所有元素的值，其中“${ls_file[@]}”表示获取“ls_file”数组中所有的元素。

01-array-define.sh 脚本执行结果如下所示。

```
[root@Shell-programmer chapter-6]# bash 01-array-define.sh
数组的值分别是：/etc/passwd /etc/shadow
```

从上面的执行结果中可以得知，第 8 行的 echo 语句输出第 5 行和第 6 行定义的两个元素的值，且这两个值之间使用空格进行分隔。

2．通过 declare 定义数组

可以通过 declare 定义变量，除此之外还可以使用该指令定义数组，在使用该指令定义数组时，其基本语法如下所示。

```
declare -a array_name
```

上述语法中，“-a”选项表示后面定义的是一个数组，其名称为“array_name”。

【实例 6-2】通过 declare 定义数组

使用 declare 关键字定义数组，代码如下。

02-define-declare-array.sh 脚本内容如下。

```
1   [root@Shell-programmer chapter-6]# cat 02-define-declare-array.sh
2   #!/bin/bash
3
4   #define array use declare
5   declare -a name_list
6
7
8   # assigning elements
9   :<<note
10  name_list[0]="handuoduo"
11  name_list[1]="hanmingze"
12  name_list[2]="weixiaobao"
13  name_list[3]="hanyanwei"
14  note
15
16  name_list=([0]="handuoduo" [1]="hanmingze" [2]="weixiaobao" [3]="hanyanwei")
17  # output element value
18  echo -e "name_list 数组的值分别是：\033[32;40m ${name_list[@]}\033[0m"
19  echo
20  # Length of output array
21  echo "The first array is ${name_list[0]} "
```

在上面的代码中，第 5 行通过 declare 指令定义了一个名称为“name_list”的数组，第 9～13 行是为“name_list”数组元素赋值，第 14 行输出数组中所有元素的值。尽管上面的代码看起来没什么问题，但是在实际 Shell 编程中，不必显式定义所有的变量也可以使用数组。事实上，从某种意义上讲，所有的变量都是数组，而且赋值给没有索引的变量与赋值给索引为 0 的元素的效果是相同的。

02-define-declare-array.sh 脚本执行结果如下。

```
[root@Shell-programmer chapter-6]# bash 02-define-declare-array.sh
name_list 数组的值分别是： handuoduo hanmingze weixiaobao hanyanwei

The first array is handuoduo
```

从上面的执行结果可知，实例 6-2 所定义的数组元素个数为 4 个，其中索引为 0 的元素的值为“handuoduo”。

3．通过集合定义数组

在某些情况下，用户可能需要一次性为数组的所有元素提供一个值，此时用户可以用元素值集合的形式来定义数组，基本语法如下所示。

```
array_name=(v1 v2 v3...vn)
```

在上面的语法中，“array_name”表示数组名，等号后的圆括号里是所有的元素值的集合，这些值按照一定的顺序来排列，每个值中间使用空格分隔。注意，所有的值必须使用圆括号标注，Shell 程序会从索引为 0 的第一个元素开始，依次将这些值赋值给数组的所有元素。

【实例 6-3】通过元素值集合定义数组

将元素存入圆括号中并赋值给变量，代码如下。

03-array-set.sh 脚本内容如下所示。

```
1   [root@Shell-programmer chapter-6]# cat 03-array-set.sh
2   #!/bin/bash
3
4   #define array
5   num_list=(1 2 3 4 5 6)
6
7   #print first element
8   echo -e "The first array element is:  \033[32;40m${num_list[0]}\033[0m"
9   echo
10
11  # print all elements
12  echo -e "All elements is:  \033[32;40m${num_list[@]}\033[0m"
13  echo
14
15  # print array Length
16
17  echo -e "The size of num_list array is:  \033[32;40m${#num_list[@]}\033[0m"
```

在上面的代码中，第 5 行通过 6 个值来创建一个名为“num_list”的数组，第 8 行输出第一个数组的值，第 12 行输出所有元素的值，第 17 行输出数组的长度，其中“${#num_list[@]}”表示的是数组中元素的个数。

03-array-set.sh 脚本执行结果如下。

```
[root@Shell-programmer chapter-6]# bash 03-array-set.sh
The first array element is:  1

All elements is:  1 2 3 4 5 6

The size of num_list array is:  6
```

从上面的执行结果可知，第一个值赋给了索引为 0 的第一个元素，同时，所有元素的值按照用户指定的顺序排列，创建的数组的长度与用户提供的值的个数相等。

4．通过键值对定义数组

当用户需要定义索引不连续的数组时，需要显式指定要赋值的数组元素，也就是要为哪个数组指定元素值。此时，用户可以使用键值对的方式来定义数组，其基本语法如下所示。

```
array_name=([0]=value [1]=value ...[n]=value)
```

在上面的语法中，等号左边的“array_name”表示数组名称，等号右边的圆括号表示数组元素及其值。其中，方括号里面的数字表示数组元素的索引，“value”表示所对应的元素的值，每个索引和值组成一个键值对，键和值之间使用等号隔开。

当通过键值对定义数组时，用户提供的键值对中的元素的索引不一定是连续的，可以任意指定要赋值的元素的索引。之所以这样操作，是因为用户显式地自定义索引，Shell 脚本就可以知道值和索引的对应关系。

【实例 6-4】通过键值对定义数组

通过键值对定义数组，代码如下。

04-array-key-value.sh 脚本内容如下所示。

```
1   [root@Shell-programmer chapter-6]# cat 04-array-key-value.sh
2   #!/bin/bash
3
4
5   #define array
6   array_test=([0]="handuoduo" [8]="hanmingze")
7
8   #print array Length
9   echo "The array Length is: ${#array_test[@]}"
10  echo
11
12
13  # print the eight array element
14  echo "The eight array element is: ${array_test[8]}"
```

在上面的代码中，第 6 行定义了一个名为“array_test”的数组变量，同时为该数组指定了两个元素的值，其索引分别为 0 和 8，执行结果如下。

```
[root@Shell-programmer chapter-6]# bash 04-array-key-value.sh
The array Length is: 2

The eight array element is: hanmingze
```

从上面的执行结果中可以得知，实例 6-4 中定义的数组的元素个数为 2，其中索引为 8 的元素的值为“hanmingze”。

小结：数组元素的索引为整数，实际上，Shell 中的数组的索引并不仅是数字，还可以是字符串，索引为字符串的数组被称为关联数组。在使用关联数组时，需要首先使用 declare 指令来声明数组，然后通过键值对的形式为数组元素提供值。

【实例 6-5】定义关联数组

使用 declare 指令中的-A 选项定义关联数组，代码如下。

05-Associative.sh 脚本内容如下所示。

```
1   [root@Shell-programmer chapter-6]# cat 05-Associative.sh
2   #!/bin/bash
3
4   #define array
5   declare -A handuoduo
6
7   #assignment
8   handuoduo=([age]="18" [sex]="girl" [class]="2018")
9
10  #print the first element
11  echo "The first element is: ${handuoduo[age]}"
12  echo
13
14
```

```
15  #print the second element
16  echo "The second element is: ${handuoduo[sex]}"
17  echo
18
19
20  #print array Length
21  echo "The array length is: ${#handuoduo[@]}"
```

在上面的代码中，第 5 行通过 declare 指令的-A 选项定义了一个名称为“handuoduo”的数组，该数组提供了 3 个键值对，其中第 1 个键值对的值为“18”，第 2 个键值对的值为“girl”，第 3 个键值对的值为“2018”，第 21 行输出数组中所有元素的数量。

05-Associative 脚本执行结果如下所示。

```
[root@Shell-programmer chapter-6]# bash 05-Associative
The first element is: 18

The second element is: girl

The array length is: 3
```

从上面的执行结果可知，第 1 个和第 2 个元素的值都被正确输出。

5．数组和普通变量

在 Shell 编程中，所有的普通变量都可以当作数组变量，对普通变量的操作与对相同名称的索引为 0 的元素的操作是等效的。

【实例 6-6】将普通变量当作数组

使用普通变量定义数组，代码如下。

06-common-var.sh 脚本内容如下所示。

```
1   [root@Shell-programmer chapter-6]# cat 06-common-var.sh
2   #!/bin/bash
3
4   # define common var
5   str_name="handuoduo hanmingze hanmeimei"
6
7   #print 0 element
8   echo "The array zero is: ${str_name[0]}"
9   echo
10
11  # print all elements
12  echo "Use \$@ print elements is: ${str_name[@]}"
13  echo
14
15  # print all elements
16  echo "Use * print elements is: ${str_name[*]}"
```

在上面的代码中，第 5 行定义了一个名为“str_name”的变量，并且赋予了它一个字符串作为初始值，第 8 行输出索引为 0 的第一个元素的值，第 12 行和第 16 行都表示输出所有元素的值，其中“$@”和“*”都是通配符，表示匹配所有的元素。

06-common-var.sh 脚本执行结果如下。

```
[root@Shell-programmer chapter-6]# bash 06-common-var.sh
The array zero is: handuoduo hanmingze hanmeimei

Use $@ print elements is: handuoduo hanmingze hanmeimei

Use * print elements is: handuoduo hanmingze hanmeimei
```

从上面的执行结果中得知，3 条 echo 语句都输出了相同的内容，都是第 5 行赋予普通变量的字符串，所以，数组的第一个元素的值与同名普通变量的值是相同的。另外，重新定义一个普通变量时，虽然可以使用数组的形式来操作变量，但是整个数组就只有一个元素。

1.2 为 Shell 数组赋值的 4 种方法

定义好数组之后，就可以用它来存储数据了，这需要为数组赋值，数组的赋值与普通变量的赋值有许多不同之处。本小节将详细介绍如何在 Shell 编程中为数组赋值。

1. 通过索引为数组赋值

在 Shell 编程中，为数组元素赋值有两种基本的方法，分别是通过索引和集合的方式赋值，其中，按索引赋值是基本的赋值方法，其基本语法如下所示。

```
array_name[n]=value
```

其中“array_name”是数组名称，方括号中的“n”表示元素的索引，等号右边的“value”表示元素的值，以上语法表示将索引为“n”的元素的值赋值为“value”。

【实例 6-7】通过索引为数组赋值

使用索引为数组赋值，代码如下。

07-array-index.sh 脚本内容如下所示。

```
1   [root@Shell-programmer chapter-6]# cat 07-array-index.sh
2   #!/bin/bash
3
4
5   #define array
6   family=(zhangsan lisi maliu)
7
8   #print old elements
9   echo "The old family is : ${family[*]}"
10  echo
11
12  #......
13  family[0]=hanmingze
14  family[1]=hanyuze
15  family[2]=handuoduo
16
17  #......
18  echo "The new family is: ${family[*]}"
19  echo
20
21  #define associative array
22  declare -A teachers
23  teachers=([linux]=hanyanwei [ps]=weihaohan [mysql]=handuoduo)
24  echo "The old elements is: ${teachers[*]}"
25  echo
26
27  teachers[linux]=hanmingze
28  echo "The new elements is: ${teachers[*]}"
```

在上面的代码中，共定义了两个数组，其中第 2～19 行是关于第一个数组的操作，第 21～28 行是关于第二个数组的操作。第 6 行定义了名为“family”的数组，并赋予一组初始值，第 9 行输出所有元素的值，第 13、14、15 行分别修改第 1、2、3 个元素的值，第 18 行重新输出数组的值。第 22 行定义了一个名称为“teachers”的关联数组，其索引是课程表，而值则是一组姓名，第 22 行通过 declare 语句定义数组变量，第 24 行输出数组所有的元素，第 27 行修改了索引为“linux”的值，第 28 行重新输出数组的所有元素。

07-array-index.sh 脚本执行结果如下所示。

```
[root@Shell-programmer chapter-6]# bash 07-array-index.sh
The old family is : zhangsan lisi maliu

The new family is: hanmingze hanyuze handuoduo

The old elements is: weihaohan handuoduo hanyanwei

The new elements is: weihaohan handuoduo hanmingze
```

从上面的执行结果中可以得知，通过索引可以明确指定要修改数组中的哪个元素的值，当执行赋值语句之后，目标元素的值发生改变。

2．通过集合为数组赋值

通过集合为数组赋值与通过集合定义数组的语法完全相同。当为某个数组提供一组值时，Shell 会从第一个元素开始，依次将这些值赋给每个元素。当新值的个数超过原来的数组长度时，Shell 会在数组末尾追加新的元素。当新值的个数少于原来的数组长度时，Shell 会将新值从第一个元素开始赋值，然后删除超出的元素。

【实例 6-8】通过集合为数组赋值的方法

使用集合为数组赋值，代码如下。

08.sh 脚本内容如下所示。

```
1    [root@Shell-programmer chapter-6]# cat 08.sh
2    #!/bin/bash
3
4
5    a=(a b c d efg)
6    echo "${a[@]}"
7    echo
8
9    echo
10   a=(i am like linux so much)
11   echo "${a[@]}"
12   echo
13
14   a=(handuoduo hanmingze)
15   echo "${a[@]}"
```

在上面的代码中，第 5 行定义了一个名称为“a”的数组，并且赋予了 5 个初始值，第 10 行以集合的形式为该数组重新赋值，提供了 6 个值。第 14 行再次为该数组重新赋值，这次只提供了两个值，08.sh 脚本执行结果如下所示。

```
1    [root@Shell-programmer chapter-6]# bash 08.sh
2    a b c d efg
3
4
5    i am like linux so much
6
7    handuoduo hanmingze
```

上述代码中，第一次（第 2 行）输出了最初的 5 个值，第二次（第 5 行）输出了新的 6 个值，而第三次（第 7 行）只输出了 2 个值。

3．在数组末尾添加新元素

在 Shell 编程中，向已有的数组末尾添加新的元素非常方便。在通过索引为数组赋值时，如果指定的索引不存在，则 Shell 会自动添加一个新的元素，并且将指定的值赋给该元素。

【实例 6-9】在数组末尾添加新元素

使用索引在数组末尾添加新元素，代码如下。

09-append-array.sh 脚本内容如下所示。

```
1   [root@Shell-programmer chapter-6]# cat 09-append-array.sh
2   #!/bin/bash
3
4   #define array
5   num_arr=(11 22 33)
6
7   #print array
8   echo "The old value is: ${num_arr[@]}"
9   echo
10
11  #append value
12  num_arr[3]=44
13  num_arr[4]=55
14  num_arr[5]=66
15
16  #print new array
17  echo "The new array is: ${num_arr[@]}"
```

09-append-array.sh 脚本执行结果如下所示。

```
[root@Shell-programmer chapter-6]# bash 09-append-array.sh
The old value is: 11 22 33

The new array is: 11 22 33 44 55 66
```

从上面的执行结果可以得知，当执行第 12～14 行之后，数组由原来的 3 个增加到 6 个，同时，原来的元素仍然保持。对于关联数组来说，向数组末尾追加元素同样非常方便，实例如下所示。

【实例 6-10】向关联数组添加新元素

添加新元素到关联数组中，代码如下。

10-append-new-associative.sh 脚本内容如下所示。

```
1   [root@Shell-programmer chapter-6]# cat 10-append-new-associative.sh
2   #!/bin/bash
3
4
5   #define associative array
6   declare -A arr_str
7
8   #initia array
9   arr_str=([num1]=1 [num2]=2 [num3]=3)
10  echo "The old element is: ${arr_str[@]}"
11  echo
12
13  #append element
14  arr_str[num4]=4
15  arr_str[num5]=5
16  arr_str[num6]=6
17
18  #print associative array
19  echo "The new associative is: ${arr_str[@]}"
```

在上面的代码中，第 6 行使用 declare 指令定义了一个关联数组，第 9 行以键值对的形式赋予数组初始值，第 14～16 行向数组末尾追加了 3 个新的元素。

10-append-new-associative.sh 脚本执行结果如下所示。

```
[root@Shell-programmer chapter-6]# bash 10-append-new-associative.sh
The old element is: 1 2 3

The new associative is: 1 2 3 4 5 6
```

从上面的执行结果中可以得知，新的元素已经追加。

4．通过循环为数组赋值

在 Shell 编程实践中，常用的数组赋值方法是通过一个循环逐个为每个元素提供值，这个循环可以是前面介绍的任意一种循环，如 for、while 及 until 等，如下实例将演示通过 for 循环将 1～6 这 6 个数字赋值给一个数组。

【实例 6-11】for 循环赋值数组

使用 for 循环为数组赋值，代码如下。

11-for-array.sh 脚本内容如下所示。

```
1    [root@Shell-programmer chapter-6]# cat 11-for-array.sh
2    #!/bin/bash
3
4
5    #for loop define array
6    for num in {1..6}
7    do
8      arr_num_1[$num]=$num
9    done
10
11   #print array elements
12   echo "The arr_num_1 is: ${arr_num_1[@]}"
```

在上面的代码中，第 6 行是 for 循环的开始，其中“num”为循环变量，for 循环依次把 1～6 这 6 个整数赋值给该变量。第 8 行是赋值语句，其中等号左边方括号里面的“num”为数组元素的索引，等号右边为将要赋值给数组的值。第 12 行输出所有元素的值，在循环执行的过程中，Shell 会逐个向数组“arr_num_1”末尾追加元素，并且赋予新的值。

11-for-array.sh 脚本执行结果如下所示。

```
[root@Shell-programmer chapter-6]# bash 11-for-array.sh
The arr_num_1 is: 1 2 3 4 5 6
```

从上面的执行结果中可以看到，num 变量作为数组的元素赋值成功。

6.2 访问和删除数组

6.2.1 访问数组

当用户将数据存储到数组之后，还需要知道如何读取这些数组的元素的值，对于数组的读操作，Shell 也提供了许多非常灵活的方法，本小节将介绍如何访问数组元素。

1．访问第 1 个数组元素

此处所指的第 1 个数组元素，是指索引为 0 的元素，所有的普通变量都可以被当作数组变量来处理，当用户对普通变量进行赋值操作时，与对同名数组中索引为 0 的第 1 个数组元素的操作效果是相同的。反之，如果用户把数组变量看作普通的变量，直接使用数组名来访问数组，会出现什么结果呢？

【实例 6-12】访问数组中的第 1 个元素

访问数组中的第 1 个元素，代码如下。

12-array.sh 脚本内容如下所示。

```
1   [root@Shell-programmer chapter-6]# cat 12-array.sh
2   #!/bin/bash
3
4
5   #define array_01
6   array_01=(1 2 3)
7
8   #print first element
9   echo "${array_01}"
```

在上面的代码中，第 9 行里面不再是“array_01[@]”语句，而是直接的数组名，12-array.sh 脚本执行结果如下所示。

```
[root@Shell-programmer chapter-6]# bash 12-array.sh
1
```

可以发现上述代码输出了数组“array_01”的第 1 个元素的值。事实上，在 Shell 编程中，当直接使用数组名来访问数组时，得到的是索引为 0 的元素的值。

2．通过索引访问数组

通常情况下，访问数组中某个具体的元素都是通过索引来指定的，其基本语法如下所示。

```
array[n]
```

其中“array”表示数组名称，“n”表示索引。在 Shell 编程中，索引从 0 开始，因此第 1 个数组元素是“array[0]”，如果数组的长度为“n”，则最后一个元素的索引为“n-1”。

【实例 6-13】通过索引访问数组

通过索引访问数组中的元素，代码如下。

13-array.sh 脚本内容如下所示。

```
1   [root@Shell-programmer chapter-6]# cat 13-array.sh
2   #!/bin/bash
3
4   #define array
5   array_duoduo=(handuoduo_1 handuoduo_2 handuoduo_3 handuoduo_4 handuoduo_5
    handuoduo_6)
6
7   #visit first element
8   echo "The first element is ${array_duoduo[0]}"
9   echo
10
11  echo "The six element is ${array_duoduo[5]}"
```

13-array.sh 脚本执行结果如下所示。

```
1   [root@Shell-programmer chapter-6]# bash 13-array.sh
2   The first element is handuoduo_1
3
4   The six element is handuoduo_6
```

在使用索引访问数组元素时，一定要注意 Shell 中的数组的索引是从 0 开始的，与 Java、Python 或者 C++等语言中的数组取值一致。

3．获取数组的长度

在 Shell 编程中，用户可以通过特殊运算符“$#”来获取数组长度，该运算符的基本语法如下所示。

```
${#array_name[@]}
```

或者使用如下语法。

```
${array_name[*]}
```

在上面的语法中，“array_name”表示数组名称，“[]”中的“@”和“*”是通配符，表示匹配所有的元素。

【实例 6-14】通过“$#”获取数组长度

通过“$#”获取数组长度，代码如下。

14-array-length.sh 脚本内容如下所示。

```
1   [root@Shell-programmer chapter-6]# cat 14-array-length.sh
2   #!/bin/bash
3
4   #define array_name
5   array_name=(duoduo mingze meimei)
6
7   #print array_name length
8   echo "The array_name length is: ${#array_name[*]}"
```

上述代码第 5 行定义了一个含有 3 个元素的数组，第 8 行输出“array_name”数组的长度。

14-array-length.sh 脚本执行结果如下所示。

```
[root@Shell-programmer chapter-6]# bash 14-array-length.sh
The array_name length is: 3
```

通过“$#”运算，除了可以获取整个数组的长度之外，还可以获取某个数组元素的长度。当使用该运算获取具体元素的长度时，其基本语法如下所示。

```
${#array_name[n]}
```

上面的语法中，“array_name”表示数组名称，“n”表示数组的长度。

【实例 6-15】通过“$#”获取某个数组元素的长度

通过“$#”和索引获取数组元素的长度，代码如下。

15-array-length-element.sh 脚本内容如下所示。

```
1   [root@Shell-programmer chapter-6]# cat 15-array-length-element.sh
2   #!/bin/bash
3
4
5   #define array
6   class[0]="Linux"
7   class[1]="MySQL"
8   class[2]="Nginx"
9   class[3]="Apahce"
10  class[4]="Tomcat"
11  class[5]="LAMP"
12  class[6]="LNMP"
13  class[7]="KVM"
14  class[8]="FastDFS"
```

```
15
16  # echo "The first element is: ${class[0]}"
17  echo "The first element is: ${class}"
18  echo "The first element length is: ${#class[0]}"
19  echo
20
21  echo "The last element is: ${class[8]}"
22  echo "The last element length is: ${#class[8]}"
```

在上面的代码中，第 6～14 行定义了含有 9 个元素、名为“class”的数组，第 17 行输出第 1 个元素的值，第 18 行输出第 1 个元素的长度。

15-array-length-element.sh 脚本执行结果如下所示。

```
1    [root@Shell-programmer chapter-6]#
2    [root@Shell-programmer chapter-6]# bash 15-array-length-element.sh
3    The first element is: Linux
4    The first element length is: 5
5
6    The last element is: FastDFS
7    The last element length is: 7
```

从上面的执行结果可以得知，第 1 个数组元素为“Linux”，其字符串长度为 5，最后一个数组元素为“FastDFS”，其字符串长度为 7。

4．通过循环遍历数组元素

在程序设计时，数组的遍历是一个极其常见的操作。通常情况下，用户需要使用循环结构来实现数组元素的遍历。

【实例 6-16】通过 for 循环遍历数组

通过 for 循环遍历数组中的元素，代码如下。

16-for-array.sh 脚本内容如下所示。

```
1    [root@Shell-programmer chapter-6]# cat 16-for-array.sh
2    #!/bin/bash
3
4    # define array
5    array_age=(15 16 17 18)
6
7    #for visit elements
8    for i in {0..3}
9    do
10     echo "The array_age is: ${array_age[$i]}"
11   done
```

在上面的代码中，第 8～11 行通过 for 循环依次输出“array_age”数组中的各个元素。

16-for-array.sh 脚本执行结果如下所示。

```
1    [root@Shell-programmer chapter-6]# bash 16-for-array.sh
2    The array_age is: 15
3    The array_age is: 16
4    The array_age is: 17
5    The array_age is: 18
```

在 16-for-array.sh 脚本中，for 循环需要预先知道数组元素的个数，如果用户不知道数组元素的个数，则无法使用本实例中的 for 循环遍历数组元素的方法。因此我们需要对其进行改进，使其能够自动判断数组的长度。

【实例 6-17】for 循环遍历数组元素

for 循环遍历数组元素，代码如下。

17-for-loop-array.sh 脚本内容如下所示。

```
1   [root@Shell-programmer chapter-6]# cat 17-for-loop-array.sh
2   #!/bin/bash
3
4   # <1> define array
5   array_age=(15 16 17 18 19 20 21 22 23 24 25 26)
6
7
8   # <2> total array_age length
9   len="${#array_age[*]}"
10
11  # <3> for visit elements
12  # for i in {0..3}
13  for ((i=0;i<$len;i++))
14  do
15    echo "The array_age is: ${array_age[$i]}"
16  done
```

在上面的代码中，第 9 行通过“$#”获取当前数组“array_age”的长度，并且将其值赋给变量 len，第 13 行将数组长度 len 作为循环终止条件。通过以上改进，使得遍历数组的操作更加灵活，用户无须预先知道数组的长度。

17-for-loop-array.sh 脚本执行结果如下所示。

```
1   [root@Shell-programmer chapter-6]# bash 17-for-loop-array.sh
2   The array_age is: 15
3   The array_age is: 16
4   The array_age is: 17
5   The array_age is: 18
6   The array_age is: 19
7   The array_age is: 20
8   The array_age is: 21
9   The array_age is: 22
10  The array_age is: 23
11  The array_age is: 24
12  The array_age is: 25
13  The array_age is: 26
```

从上面执行结果可以得知，无论增加多少元素，17-for-loop-array.sh 都会自动输出数组中所有元素的值。

5. 引用所有的数组元素

在 Shell 脚本开发过程中，脚本开发人员可以通过多种不同的方法来输出整个数组，还可以使用索引来访问某个具体的数组元素。当指定索引为“@”或者“*”时，则表示引用当前数组中的所有的元素，其中“@”和“*”表示通配符，表示匹配数组中的所有的元素。

实际上，这种引用所有数组元素的方法在前面的许多例子中已经使用过，脚本开发人员使用“@”或者“*”引用所有的数组元素时，Shell 会将所有的数组元素的值列举出来，这些值之间用空格分隔。在某些情况下，开发人员可能需要使用这种方式对各个数组元素进行处理，如下实例所示。

【实例 6-18】for 循环与通配符输出数组

for 循环与通配符结合输出数组中的元素，代码如下。

18-array.sh 脚本内容如下所示。

```
1   [root@Shell-programmer chapter-6]# cat 18-array.sh
2   #!/bin/bash
3
4   #define array
5   arr_students=(handuoduo hanmingze hanmeimei)
6
7   for i in "${arr_students[@]}"
8   do
9    echo "The arr_students is: $i ..."
10  done
```

for 循环可以使用列表作为循环条件，而使用通配符“@”或者“*”获取的数组元素的个数恰好是以列表的形式呈现的，所以用户可以很方便地将其作为 for 循环的列表条件。

18-array.sh 脚本执行结果如下所示。

```
[root@Shell-programmer chapter-6]# bash 18-array.sh
The arr_students is: handuoduo ...
The arr_students is: hanmingze ...
The arr_students is: hanmeimei ...
```

从上面的执行结果可以得知，使用“@”通配符结合 for 循环，可以非常方便地输出数组中各个元素的值。

6. 通过切片获取部分数组元素

所谓切片，是指截取数组的部分元素或者某个元素的部分内容。例如，指定一个具体的数组，截取从第 2 个元素开始的 5 个元素，或者，截取某个数组中指定元素的前几个字符。当然，对于上面所说的切片，用户完全可以使用循环结构来实现。但是对于切片，Shell 程序提供了更加快捷的方式，用户可以像获取数组元素的值一样来获取数组的某个切片。Shell 编程中，获取切片的基本语法如下所示。

```
${array [@|*] :start:length }
```

在上面的语法中，“array”表示数组名，“[]”中的“@”和“*”是通配符，表示匹配所有的数组元素，两者只能选择一个。“start”参数表示起始元素的索引，索引永远从 0 开始，“length”表示要截取的数组元素的个数。通过以上切片，用户得到的是一个以空格隔开的多个元素值组成的字符串。

【实例 6-19】对数组进行切片

数组切片的使用，代码如下。

19-array-Section.sh 脚本内容如下所示。

```
1   [root@Shell-programmer chapter-6]# cat 19-array-Section.sh
2   #!/bin/bash
3
4   #define array
5   mobile=(huawei oppo vivo xiaomi lenovo sony)
6
7   #cut into slices
8   echo "${mobile[@]:2:4}"
```

在上面的代码中，第 5 行定义了名为“mobile”的包含了 6 个元素的数组，第 8 行表示从索引为 2 的数组的元素开始，截取其中的 4 个元素。

19-array-Section.sh 脚本执行结果如下所示。

```
[root@Shell-programmer chapter-6]# bash 19-array-Section.sh
vivo xiaomi lenovo sony
```

从上面的执行结果可以得知，脚本从“vivo”开始，一直输出到“sony”。通过上面的方式得到的切片是一个字符串，并非数组，脚本开发人员也可以将这个切片赋值给其他的变量，以便其他程序调用，如下实例所示。

【实例 6-20】将切片结果赋值

将切片结果赋值给变量，代码如下。

20-Slice-result-assignment.sh 脚本内容如下所示。

```
1   [root@Shell-programmer chapter-6]# cat 20-Slice-result-assignment.sh
2   #!/bin/bash
3
4   #Slice result assignment
5   #define array
6   mobile=(huawei oppo vivo xiaomi lenovo sony)
7
8   #cut into slices
9   res="${mobile[@]:2:4}"
10  echo "${res}"
```

在上面的代码中，第 9 行将切片结果赋值给了一个名为“res”的变量，第 10 行输出该变量的值。

20-Slice-result-assignment.sh 脚本执行结果如下所示。

```
[root@Shell-programmer chapter-6]# bash 20-Slice-result-assignment.sh
vivo xiaomi lenovo sony
```

很多时候，用户期望得到的结果仍然是一个数组，要实现此功能，用户可以使用圆括号，其基本语法如下所示。

```
(${array[@|*]:start:length})
```

上面的语法只是在原来的基础上增加了一对圆括号。

【实例 6-21】切片结果保存为数组

21-array.sh 脚本演示将切片结果保存为数组的方法。将切片的结果赋值给一个新的数组变量，然后输出新的数组的长度，最后通过循环输出所有的数组元素。

21-array.sh 脚本内容如下所示。

```
1   [root@Shell-programmer chapter-6]# cat 21-array.sh
2   #!/bin/bash
3
4
5   #<1> define array
6   system=(CentOS6.9 CentOS7.5 Windows7 WindowsXP Windows95 Windows me)
7
8   #<2> cut section
9   cut_array=${system[@]:2:3}
10
11  #<3> total length
12  len=${#system[@]}
13
14  #<4> print array length
15  echo "The array system length is: ${len}"
16
17
18
19  #<5> Output elements by cycle
```

```
20  for ((i=0;i<$len;i++))
21  do
22    echo "${system[$i]}"
23  done
```

21-array.sh 脚本执行结果如下所示。

```
[root@Shell-programmer chapter-6]#
[root@Shell-programmer chapter-6]# bash 21-array.sh
The array system length is: 6
CentOS6.9
CentOS7.5
Windows7
WindowsXP
Windows95
Windows me
```

从上面的执行结果可以得知，新的数组长度为 6，其数组元素为切片得到的 6 个数组元素。除了可以对数组进行切片之外，用户还可以对数组元素进行切片，截取某个数组元素的一部分，得到一个子字符串。对数组元素进行切片的语法与对数组进行切片的语法基本相同，只是将其中的通配符换成某个具体的索引，其基本语法如下所示。

```
${array [n]:start:length}
```

在上面的语法中，“n”表示要切片的数组元素的索引，“start”参数表示开始的位置，与前面介绍的一样，这个位置从 0 开始计算，“length”表示要截取的长度。

【实例 6-22】对数组元素切片

22-cut-array.sh 脚本内容如下所示。

```
1   [root@Shell-programmer chapter-6]# cat 22-cut-array.sh
2   #!/bin/bash
3
4   #<1> define array
5   system=(CentOS6.9 CentOS7.5 Windows7 WindowsXP Windows95 Windowsme)
6
7   #<2> cut section
8   # cut_array=${system[4]:2:4}
9   cut_array=(${system[1]:4:2})
10
11  #<3> total length
12  echo "${cut_array}"
```

在上面的代码中，第 9 行表示对索引为 1 的第 2 个元素进行切片，从第 5 个字符开始，截取其中的 2 个字符。

22-cut-array.sh 脚本执行结果如下所示。

```
[root@Shell-programmer chapter-6]# bash 22-cut-array.sh
oS
```

从上面的执行结果可以得知，索引为 1 的元素为“CentOS7.5”，从 0 开始计算，位于位置 4 的字符为字母“O”，从字母“O”开始数起，第 2 个字符为“S”，所以，最终得到的结果为“OS”。

7. 数组元素的替换

在 Shell 编程中，用户还可以对数组进行另外一种特殊的操作，称为数组元素的替换。所谓替换，是指将某个数组元素的部分内容用其他的字符串来替代，但是并不影响原来的数组的值，数组元素替换的基本语法如下所示。

```
${array[@|*]/pattern/replacement}
```

在上面的语法中，“array”表示要操作的数组名称，“pattern”参数表示要搜索的字符串，“replacement”参数表示用来替换的字符串。

【实例 6-23】对数组元素进行替换

下面演示对数组元素进行替换，以及如何将替换的结果赋值给一个新的数组变量。

23-array.sh 脚本内容如下所示。

```
1   [root@Shell-programmer chapter-6]# cat 23-array.sh
2   #!/bin/bash
3
4
5   #<1> define array
6   array_num=(1 2 3 4 5 6)
7
8   #<3> print replace result
9   echo "The result is ${array_num[@]/6/666}"
10  echo
11
12  #<4> origin array
13  echo "The old array_num is: ${array_num[@]}"
14  echo
15
16  #<5> result var
17  array_num=(${array_num[@]/6/666})
18
19  #<6> new array
20  echo "The new array is ${array_num[@]}"
```

在上面的代码中，第 6 行定义了一个由数字组成的数组，第 9 行将其中的数字“6”替换成数字“666”，然后输出替换后的结果，第 13 行输出原数组的值。第 17 行将替换后的结果赋值给一个新的数组变量，由于此处使用了圆括号，因此得到的仍然是一个数组，第 20 行输出新的数组的所有元素的值。

23-array.sh 脚本执行结果如下所示。

```
1   [root@Shell-programmer chapter-6]# bash 23-array.sh
2   The result is 1 2 3 4 5 666
3
4   The old array_num is: 1 2 3 4 5 6
5
6   The new array is 1 2 3 4 5 666
```

其中，第 2 行的字符串是脚本第 9 行的执行结果，可以发现其中的“6”已经被替换成了“666”。第 4 行的字符串是脚本第 13 行的执行结果，输出原始数组的值，是为了验证替换操作是否改变了原始数组的值。从上面的执行结果可以得知，替换操作并不影响数组的原始值。第 6 行的代码是脚本第 20 行代码的执行结果，得到的是新数组变量的值。

6.2.2 删除数组

当某个数组变量不再需要时，用户可以将其删除，从而释放相应的内存。用户可以删除整个数组，也可以删除其中的数组元素。下面将介绍如何对数组或者数组元素进行删除。

1．删除指定的数组元素

与删除其他的 Shell 变量一样，用户可以使用 unset 指令来删除在某个数组元素，其基本语法如下所示。

```
unset array[n]
```

【实例 6-24】删除数组元素

24-array.sh 脚本内容如下所示。

```
1    [root@Shell-programmer chapter-6]# cat 24-array.sh
2    #!/bin/bash
3
4
5    # define array
6    year_2018=("1_P2P" "2_Yi" "3_ZuFang" "4_Lao" "5_Zha" "6_NuLi" "7_JiaYou")
7
8
9    echo -e "The length of original array is: \033[32;40m${#year_2018[@]} 个...\033[0m"
10   echo -e "The original array value is:\033[32;40m${year_2018[@]}...\033[0m"
11   echo
12
13
14   # delete the third element
15   unset year_2018[3]
16
17   # print new array length
18   echo -e "The length or new array is:\033[32;40m${#year_2018[@]} 个...\033[0m"
19   echo
20
21   # print new array value
22   echo -e "The new array value is:\033[32;40m${year_2018[@]} ...\033[0m "
```

在上面的代码中，第 10 行输出数组的原始值，第 15 行删除索引为 3 的数组的元素，第 22 行重新输出数组元素的值。

24-array.sh 脚本执行结果如下所示。

```
1    [root@Shell-programmer chapter-6]# bash 24-array.sh
2    The length of original array is:  7 个...
3    The original array value is:1_P2P 2_Yi 3_ZuFang 4_Lao 5_Zha 6_NuLi 7_JiaYou...
4
5    The length or new array is: 6 个...
6
7    The new array value is:1_P2P 2_Yi 3_ZuFang 5_zha 6_NuLi 7_JiaYou ...
```

从上面的执行结果可以得知，索引为 3 的数组元素“4_Lao”已经被删除，同时数组的长度也由原来的 7 位，变成了现在的 6 位。

2．删除整个数组

如果整个数组都不需要了，同样可以使用 unset 指令来将其删除，其基本语法如下所示。

```
unset array
```

上述代码中，“array”表示要删除的数组的名称。

【实例 6-25】删除整个数组

25-array.sh 脚本内容如下所示。

```
1    [root@Shell-programmer chapter-6]# cat 25-array.sh
2    #!/bin/bash
3
4    # define array
5    My_Favourite=("walking" "basketball" "Photography")
6
```

```
7   # delete the whole array
8   unset My_Favourite
9
10
11  echo -e "The array My_Favourite is:  \033[32;40m${My_Favourite[@]} ...\033[0m"
```

在上面的代码中，第 8 行使用 unset 指令删除了名称为“My_Favourite”的数组，第 11 行输出删除数组后的内容。

25-array.sh 脚本执行结果如下所示。

```
[root@Shell-programmer chapter-6]# bash 25-array.sh
The array My_Favourite is:   ...
```

从上面的执行结果可以得知，当数组中的所有元素被删除以后，只输出了一些空值。

6.2.3 数组的其他常用操作

Shell 程序设计中，Shell 数组还提供了许多其他的操作，例如数组的复制、数组的连接以及文本文件中加载数据到数组。对于用户来说，这些操作也非常重要，本小节将详细介绍这些操作的具体实现方法。

1．复制数组

所谓复制数组，是指创建一个已经存在的数组的副本，也就是将一个数组的内容全部存储到另外一个新的数组中。在 Shell 程序设计中，用户可以通过以下语法来实现数组的复制。

```
new_array=("${array[@]}")
```

其中，“new_array”表示新的数组，“array”表示已有的数组。同样，方括号中的“@”表示匹配所有的数组元素，右边最外层是一对圆括号。

【实例 6-26】复制数组

26-cp-array.sh 脚本内容如下所示。

```
1   [root@Shell-programmer chapter-6]# cat 26-cp-array.sh
2   #!/bin/bash
3
4   #define array
5   my_Favourite=("walking" "basketball" "Photography")
6
7   # copy array
8   my_favourite=("${my_Favourite[@]}")
9
10  # print new array
11  echo -e "The new array is: \033[32;40m${my_favourite[@]} ...\033[0m"
```

在上面的代码中，第 8 行创建了一个名称为“my_favourite”的数组副本，第 11 行输出新的数组的内容。

26-cp-array.sh 脚本执行结果如下所示。

```
[root@Shell-programmer chapter-6]# bash 26-cp-array.sh
The new array is: walking basketball Photography ...
```

从上面的执行结果中可以得知，新的数组的内容与原来的数组的内容完全相同。

2．连接数组

连接数组是指将两个数组的元素连接在一起，变成一个大的数组，新的数组依次包含两个数组的所有的元素，数组连接的语法如下所示。

```
("${array_1[@]}" "${array_2[@]}")
```

【实例 6-27】连接数组

27-join-array.sh 脚本内容如下所示。

```
1    [root@Shell-programmer chapter-6]# cat 27-join-array.sh
2    #!/bin/bash
3
4    # define two array
5    a=("a" "aa" "aaa")
6    b=("b" "bb" "bbb")
7
8    # join two array
9    c=("${a[@]}" "${b[@]}")
10   echo "The join array is: ${c[@]}"
11   echo "The new array length is: ${#c[@]}"
```

在上面的代码中，第 5～6 行分别定义了两个数组，第 9 行将这两个数组连接在一起，第 10 行输出合并后的数组的所有元素，第 11 行输出合并后的数组的长度。

27-join-array.sh 脚本执行结果如下所示。

```
[root@Shell-programmer chapter-6]# bash 27-join-array.sh
The join array is: a aa aaa b bb bbb
The new array length is: 6
```

从上面的执行结果中可以得知，第一个数组的元素排在新数组的前面，第二个数组的元素排在新数组的后面，合并后的数组的长度等于原来的两个数组的长度的和，即长度为 6。

注意：在执行数组连接时，参与连接的数组之间要保留一个空格。

3. 加载文件内容到数组

在 Shell 程序设计中，用户可以将普通的文本文件的内容直接加载到数组中，文件的一行构成数组一个元素的内容，这在处理一些日志文件的时候非常有用。

首先准备一个文本文件，该文件内容如下所示。

```
cat >array_name.info<<name
handuoduo
hanmingze
hanmeimei
weihuali
name
```

该文件执行结果如下所示。

```
[root@Shell-programmer chapter-6]# cat >array_name.info<<name
> handuoduo
> hanmingze
> hanmeimei
> weihuali
> name
[root@Shell-programmer chapter-6]# cat array_name.info
handuoduo
hanmingze
hanmeimei
weihuali
```

上述代码使用重定向的方式创建了名为“array_name.info”的文本文件。

【实例 6-28】将文本文件内容加载到数组

将 array_name.info 文本文件的内容加载到数组，然后将数组的内容依次输出，28-text-print.sh 脚本内容如下所示。

```
1   [root@Shell-programmer chapter-6]# cat 28-text-print.sh
2   #!/bin/bash
3
4   # load file --> array_name.info
5   file=$(cat array_name.info)
6
7   for i in "${file[@]}"
8   do
9     echo -e "The array content is: \n\033[32;40m${i} \n...\033[0m"
10  done
```

在上面的代码中，第 5 行将 cat 指令的执行结果赋值给数组变量“file”，第 7～10 行使用 for 循环依次输出数组“file”的各个元素的值。

28-text-print.sh 程序输出结果如下。

```
1   [root@Shell-programmer chapter-6]# bash 28-text-print.sh
2   The array content is:
3   handuoduo
4   hanmingze
5   hanmeimei
6   weihuali
7   ...
```

从上面的输出结果中可以得知，第 3～7 行为数组“file”输出的所有元素。

6.3 Shell 函数

Shell 函数类似于 Shell 脚本，里面存放了一系列的指令，不过 Shell 函数存在于内存，而不是硬盘文件。Shell 还能对函数进行预处理，所以函数的启动比脚本更快。

6.3.1 函数基础

1. 函数定义

与变量一样，在使用函数之前应该对函数进行定义。与其他编程语言相比，由于 Shell 没有数据类型的概念，因此不必定义函数的类型，在 Shell 中可以通过下面的两种语法来定义函数。

（1）在 Shell 脚本编程中使用以下方式定义函数。

```
function_name ()
{
    语句 1
    语句 2
    ...
}
```

（2）使用以下方式定义函数，“function”关键字不可以省略。

```
function function_name()
{
   语句 1
   语句 2
   ...
}
```

上面两种定义方式效果等价，这两种语法的区别在于，后者在函数名前面使用了“function”关键字，其中，“function_name”表示函数名，定义函数时注意事项如下。

- 函数名和“{”之间必须有空格，Shell 对空格十分敏感。
- 不得声明形式参数。
- 必须在调用前声明。
- 无法重载。
- 后来的声明会覆盖之前的声明。

【实例 6-29】定义一个函数，输出字符串

定义一个函数，输出一些字符串，代码如下。

```
 1  #!/bin/bash
 2  :<<note
 3  Author:韩艳威
 4  DateTime:2018/08/26
 5  Version:1.1
 6  Desc:define first function
 7  note
 8
 9  # define hello function
10  function hello(){
11  echo -e "\033[32;40m This is my first function \033[0m"
12  echo "-----------《1》---------------"
13  echo "-----------《2》---------------"
14  echo "-----------《3》---------------"
15  echo -e "\033[32;40m hello,world! \033[0m"
16  }
17
18  # function call
19  echo "**********function exec start*************"
20  hello
21  echo "**********function exec end***************"
```

在上面代码中，第 2～7 行为函数多行注释内容，第 10 行使用关键字“function”定义了 hello()函数。第 11～16 行是函数体，函数体中使用 echo 语句输出多个字符串。第 20 行通过 hello（函数名）调用上面定义的函数，该函数输出结果如下。

```
[root@Shell-programmer chapter-6]# bash 01-hello.sh
**********function exec start*************
 This is my first function
-----------《1》---------------
-----------《2》---------------
-----------《3》---------------
 hello,world!
**********function exec end***************
```

如果省略“function”，则实例 6-29 中脚本内容可以修改为如下内容。

```
1  #!/bin/bash
2  :<<note
```

```
 3  Author:韩艳威
 4  DateTime:2018/08/26
 5  Version:1.1
 6  Desc:define first function
 7  note
 8
 9  # define hello function
10  hello(){
11  echo -e "\033[32;40m This is my first function \033[0m"
12  echo "-----------《1》---------------"
13  echo "-----------《2》---------------"
14  echo "-----------《3》---------------"
15  echo -e "\033[32;40m hello,world! \033[0m"
16  }
17
18  # function call
19  echo "**********function exec start*************"
20  hello
21  echo "**********function exec end***************"
```

上述代码中第 10 行处省略了“function”，程序输出结果和加“function”是相同的，函数输出结果如下。

```
[root@Shell-programmer chapter-6]# bash 02-hello-v2.sh
**********function exec start*************
 This is my first function
-----------《1》---------------
-----------《2》---------------
-----------《3》---------------
 hello,world!
**********function exec end***************
```

【实例 6-30】创建函数输出系统相关信息

创建一个函数，输出 Linux 系统相关的信息，代码如下。

```
 1  #!/bin/bash
 2
 3  #define show_sys_info
 4  function show_sys_info(){
 5    echo "The system is running uptime is: "
 6    uptime
 7    echo
 8
 9    echo "The system current direction is: "
10    pwd
11    echo
12
13    echo "The system current time is: "
14    date
15  }
16
17
18  # call show_sys_info
19  show_sys_info
```

上面脚本中，第 4 行定义了名为 show_sys_info 的函数，第 19 行调用该函数，脚本执行结果如下所示。

```
[root@Shell-programmer chapter-5]# bash 03-system-func.sh
The system is running uptime is:
 14:59:07 up  5:40,  2 users,  load average: 0.00, 0.00, 0.00

The system current direction is:
```

```
/root/Shell-scripts/chapter-5

The system current time is:
2018年 08月 26日星期日 14:59:07 CST
```

2. 函数命名规则和优先级

函数是代码自身的第一层抽象封装，Shell 编程中函数的命名规则如下。

- 为了区别变量，建议所有函数名都由小写字母和下画线组成，并以字母开头。
- 不要使用指令作为函数名。
- 不要在函数名中使用特殊字符。
- 函数名应该尽量体现其功能。
- 除此之外，尽量不要在函数名中使用数字、有特殊意义的字符串（例如 true、false、return）、标点符号等。
- 函数名不能和指令相同，函数优先级高于指令。
- 不可定义与函数名同名的别名，否则函数将无法使用，别名优先级高于函数，优先级排名是别名高于函数，函数高于指令。
- 函数中的变量设为局部变量，防止与 Shell 的变量冲突，实例如下。

【实例 6-31】函数局部变量

创建脚本文件 04-local-var.sh，定义 test()函数。

```
[root@lnmp_0_5 ~]# cat -n 04-local-var.sh
 1  #!/bin/bash
 2
 3  function test(){
 4    a='hello world <0001>'
 5    echo "a=${a}"
 6  }
```

上面脚本中第 3 行定义了名为“test”的函数，第 4~6 行为函数内容，第 4 行定义了名为“a”的变量，并赋值为“hello world <0001>”字符串，第 5 行使用 echo 指令输出变量“a”的值。

创建函数文件 05-local-var.sh，脚本内容如下所示。

```
[root@lnmp_0_5 ~]# cat -n 05-local-var.sh
1   #!/bin/bash
2
3   a="hello world <0002>"
4   source ./04-local-var.sh
5   test
6   echo "a=${a}"
```

第 3 行定义了名为“a”的变量，并赋值为“hello world <0002>”字符串，第 4 行使用 source 指令在当前路径下引入./04-local-var.sh 脚本，第 5 行调用 test()函数，第 6 行使用 echo 指令输出“a”变量的值，执行脚本，执行结果如下所示。

```
[root@Shell-programmer chapter-5]# bash 05-local-var.sh
a=hello world <0001>
a=hello world <0001>
```

实验结果表明，虽然 05-local-var.sh 脚本中定义了名称为“a”的变量，并赋值“hello world <0002>”字符串，但是执行 test()函数之后，已经变成了“hello world <0001>”，为了避免脚本中变量和函数中变量的混淆，一般将函数中的变量定义为局部变量。

3. 函数调用

通俗地讲，函数就是将一组功能相对独立的代码集中起来，形成一个代码块，这个代码块可以完成某个具体的功能（这里理解为指令的堆积也可以）。从本质上讲，函数是一个函数名到某个代码块的映射。也就是说，用户在定义了函数之后，就可以通过函数名来调用其所对应的一组代码，此过程称为函数调用。

调用函数时直接指定**函数名**即可，一定要注意在函数定义之后才可以调用，函数被调用时会被当作一个小脚本，调用时也可以在函数名后跟**参数**。

【实例 6-32】定义 disk_info()函数，并调用函数

定义查看磁盘的分区信息的函数，代码如下。

```
1  #!/bin/bash
2
3  # define disk_info() function
4  function disk_info(){
5    echo "< $(uname -n) >主机的磁盘分区信息如下："
6    echo
7    df -TH
8  }
9
10 # calls function
11 disk_info
```

上面脚本中第 4 行定义了 disk_info()函数，第 11 行调用此函数，该程序执行结果如下所示。

```
[root@Shell-programmer chapter-6]# bash 06-disk-info.sh
< Shell-programmer >主机的磁盘分区信息如下：

Filesystem           Type   Size  Used Avail Use% Mounted on
/dev/mapper/VolGroup-lv_root
                     ext4   8.9G  1.4G  7.1G  16% /
tmpfs                tmpfs  977M     0  977M   0% /dev/shm
/dev/sda1            ext4   500M   29M  445M   7% /boot
```

6.3.2 函数的返回值

Shell 编程中，用户利用 return 指令来返回某个数值，这与绝大部分的程序设计语言是相同的。但是在 Shell 编程中，return 指令只能返回某个 0～255 的整数值。

在 Shell 编程中还有一种更优雅的方法帮助用户来获得函数执行后的某个结果，那就是使用 echo 指令。在函数中，用户需要将要返回的数据写入标准输出，通常这个操作是使用 echo 指令来完成的，然后在调用函数时将函数的执行结果赋值给一个变量，这种做法实际上就是指令替换的“变种”。

1. 函数使用 return 语句返回值

该返回方法有数值的**大小限制**，返回值超过 255，就会从 0 开始计算。所以如果返回值超过 255，就不能用这种方法，建议采用 echo 指令输出。函数中的 return 指令实际上是用来返回函数的退出状态码的，即通过“$?”获取返回值。

接收方式：通过“$?”获取返回值。

【实例 6-33】函数返回值之 return

定义函数时，使用 return 关键字显式指定返回值，代码如下。

```
[root@lnmp_0_5 ~]# cat -n a.sh
 1  #!/bin/bash
 2
 3  #define sum() total
 4  function sum(){
 5    let "res = $1 + $2"
 6    return "$res"
 7  }
 8
 9  #call sum() function
10  sum 1 2
11
12  # print total result
13  echo "$?"
```

上述代码中，第 4 行定义了名为 sum 的函数，第 5～7 行定义了一个求和函数，其中第 5 行开始计算两个参数的和，第 6 行通过 return 指令将变量“$res”返回，第 10 行调用 sum()函数，并且分别传递两个参数。与执行脚本相同，函数的退出状态码也可以通过系统变量“$?”获取，所以第 13 行通过变量“$?”获取了 sum()函数的返回值。

```
[root@Shell-programmer chapter-5]# bash  09-return.sh
3
```

小结：使用 return 指令后，echo $?指令的返回结果即 return 指令的返回值。

2．函数返回值大于 255，出错的情况

从上面的执行结果可以看到，传递的两个参数的和成功返回。但是 return 指令只能返回整数值，并且范围是 0～255，如果超出这个范围就会返回错误的结果，例如将上面的代码换成下面的代码。

```
sum 1 268
```

执行结果如下所示。

```
[root@Shell-programmer chapter-5]# bash 09-return.sh
13
```

从上述代码中可以发现，正确的结果应该是 269，但是函数的返回值是 13。因为两个参数中，第一个是 0～255 的数值，而第二个参数是 268，大于 255，且 268−255=13，所以返回 13 这个数值。

3．函数使用 echo 指令输出返回值

可以通过“$( )”获取返回值，该方式是一个非常安全的返回方式，即通过输出到标准输出进行返回，因为子进程会继承父进程的标准输出，所以子进程的输出也就直接反应到父进程。

【实例 6-34】函数返回值之 echo

使用 echo 输出函数返回值的内容，代码如下。

```
1    #!/bin/bash
2
3    #Defining length_count() function
4    function length_count(){
5
6    #Receiving parameters
7      str=$1
8      res=0
```

```
9     if [ "$str" != "" ]
10    then
11
12      # Calculate string length
13      res=${#str}
14    fi
15    # Output string length value
16    echo "$res"
17  }
18
19  # Call function
20  len=$(length_count "I love Linux,Nginx,Java")
21  # Output execution result
22  echo "The string length_count is ${len}"
```

上述代码第 16 行使用 echo 指令输出函数的返回值，函数调用执行结果如下所示。

```
[root@Shell-programmer chapter-5]# bash 10-func-echo.sh
The string length_count is 23
```

4. Shell 函数返回多个值

【实例 6-35】使用 return 指令让 Shell 函数返回多个值

指定 Shell 函数的多个返回值，代码如下。

```
[root@Shell-programmer chapter-5]# cat 11-return-multi.sh
#!/bin/bash


#Shell 函数返回多个值

function return_multi(){
    #return 3
    echo 3

    #return 6
    echo 6

    #return 9
    echo 9
}


    #result is 3 6 9
res=$(return_multi)
echo $res
```

执行结果如下所示。

```
[root@Shell-programmer chapter-5]# bash 11-return-multi.sh
3 6 9
```

【实例 6-36】使用 echo 指令让 Shell 函数返回多个值

使用 echo 指令返回多个值，代码如下。

```
[root@Shell-programmer chapter-5]# cat 12-return-multi.sh
#!/bin/bash


function get_multi_param(){
    eval $1="'This is test_1'"
    eval $2="'This is test_2'"
    eval $3="'This is test_3'"
}

test_1=
```

```
test_2=
test_3=

get_multi_param test_1 test_2 test_3
echo $test_1
echo $test_2
echo $test_3
```

执行结果如下所示。

```
[root@Shell-programmer chapter-5]# bash 12-return-multi.sh
This is test_1
This is test_2
This is test_3
```

eval 语法如下。

```
eval cmdLine
```

eval 会将后面的 cmdLine 扫描两遍。如果第一遍扫描后，cmdLine 是个普通指令，则执行此指令；如果 cmdLine 中含有变量的间接引用，则保证间接引用的语义。

6.3.3 别名和函数

1. 别名

创建别名的关键字为“alias”，在 Bash 中语法如下。

```
alias [name=[value]]
```

value 包含空格或者制表符，就必须加引号，双引号支持扩展变量，单引号不支持扩展变量。

```
[root@Shell-programmer ~]# alias ls="ls -lhrt --full-time"
[root@Shell-programmer ~]# ls
总用量 36K
-rw-r--r-- 1 root root    0 2018-07-22 23:32:06.352539812 +0800 abc.jpg
-rw-r--r-- 1 root root    0 2018-07-22 23:32:14.923527685 +0800 def.png
-rw-r--r-- 1 root root    0 2018-07-22 23:35:36.440533686 +0800 ab3.jpg
-rw-r--r-- 1 root root    0 2018-07-22 23:35:36.440533686 +0800 ab2.jpg
-rw-r--r-- 1 root root    0 2018-07-22 23:35:36.440533686 +0800 ab1.jpg
-rw-r--r-- 1 root root    0 2018-07-22 23:42:04.002538681 +0800 3.log
-rw-r--r-- 1 root root    0 2018-07-22 23:42:04.002538681 +0800 2.log
-rw-r--r-- 1 root root    0 2018-07-22 23:42:04.002538681 +0800 1.log
-rw-r--r-- 1 root root    0 2018-07-22 23:42:06.433534356 +0800 3.txt
-rw-r--r-- 1 root root    0 2018-07-22 23:42:06.433534356 +0800 2.txt
-rw-r--r-- 1 root root    0 2018-07-22 23:42:06.433534356 +0800 1.txt
-rw-r--r-- 1 root root    0 2018-07-22 23:49:57.448532193 +0800 hanyanwei.b
-rw-r--r-- 1 root root    0 2018-07-22 23:49:57.448532193 +0800 hanyanwei.a
-rw-r--r-- 1 root root   28 2018-08-04 16:25:09.439179579 +0800 issue
-rw-r--r-- 1 root root 1.1K 2018-08-04 16:30:43.797176226 +0800 passwd
---------- 1 root root  691 2018-08-04 16:30:43.803176226 +0800 shadow
-rwxr-xr-x 1 root root    1 2018-08-12 20:33:28.578034162 +0800 test.sh
-rw-r--r-- 1 root root 8.1K 2018-08-12 20:41:17.986035777 +0800 passwd.bak
-rw-r--r-- 1 root root  114 2018-08-12 21:06:13.518028226 +0800 if.sh
-rw-r--r-- 1 root root    0 2018-08-18 11:44:00.549267057 +0800 45
-rw-r--r-- 1 root root    0 2018-08-18 11:44:06.393266855 +0800 44
-rw-r--r-- 1 root root    0 2018-08-18 11:44:17.811259051 +0800 12
-rw-r--r-- 1 root root    0 2018-08-18 11:44:25.587245357 +0800 11
-rw-r--r-- 1 root root    0 2018-08-18 11:47:53.872268274 +0800 abcdefg
-rw-r--r-- 1 root root    0 2018-08-18 11:48:13.695262097 +0800 abcdef
drwxr-xr-x 7 root root 4.0K 2018-08-25 14:34:41.053920232 +0800 Shell-scripts
```

上述代码中当用户输入 ls 时，其实是执行了 ls -lhrt --full-time 指令，别名的删除可以使用 unalias ls 指令，这样就删除了名为 ls 的别名。

2．函数

Bash 的函数类似于 Shell 脚本，其中存储了一系列的指令，Bash 函数存储在内存中，访问比普通的脚本速度快一些。

函数的声明可以放在~/.bash_profile 初始化文件中，或者放在使用该文件的脚本中，或者直接放在指令行中。可以使用 unset 删除函数。用户一旦注销，Shell 就不再保留这些函数，声明一个 Shell 函数的语法如下。

```
[function] function-name()
{
 command
}
```

关键字“function”可选，“command”是需要执行的指令的列表。如果需要保留函数，使其不用每次登录重新输入，可以把函数定义放在~/.bashrc_profile 中，然后用“.”命令使函数生效，用法如下。

```
1   [root@laohan-zabbix-server ~]# tail -3 /root/.bashrc
2   function  laohan(){
3   echo '跟老韩学 Python'
4   }
5   [root@laohan-zabbix-server ~]# . /root/.bashrc
6   [root@laohan-zabbix-server ~]# laohan
7   跟老韩学 Python
```

上述代码中第 2～4 行设置名为 laohan 的函数代码后，执行第 5 行，第 6 行调用名为 laohan 的函数，第 7 行为函数输出结果。

6.3.4 函数中的全局变量和局部变量

【实例 6-37】Shell 函数内部和外部定义并引用全局变量

全局变量在 Shell 函数中的应用，代码如下。

09-global.sh 脚本内容如下所示。

```
1   #!/bin/bash
2
3   #function outside define global var
4   var_1="hello world var_1"
5   function test(){
6     # change global var value
7     var_1="handuoduo"
8     echo "$var_1"
9
10  #function inside  define global var value
11    var_2="hello world var_2"
12  }
13
14  echo "\$var_1 is : $var_1"
15  echo "Test function print..."
16  test
17
18  echo "\$var_1 is : $var_1"
19  echo "\$var_2 is : $var_2"
```

上面代码中，第 4 行定义了名为 var_1 的变量，该变量在函数外部被定义，所以该变量属于全局变量，其有效范围是整个脚本，无论是在函数内部还是函数外部，都可以被正常引用。第 5～12 行定义了一个名为 test 的函数，其中，第 7 行为 var_1 变量重新赋值，第 8 行重新输出 var_1 变量的值，第 11 行在函数内部定义了一个名为 var_2 的变量。第 14 行在函数外部输出 var_1 变量的值，第 16 行调用了函数 test()。由于函数内部修改了变量 var_1 的值，因此在第 18 行又重新输出了该变量的值，第 19 行输出变量 var_2 的值，该变量是在函数内部定义的，该脚本的执行结果如下所示。

```
[root@Shell-programmer chapter-5]# bash 09-global.sh
$var_1 is : hello world var_1
Test function print...
handuoduo
$var_1 is : handuoduo
$var_2 is : hello world var_2
```

从上面的执行结果中可以得知，赋值语句会影响全局变量的值，并且全局变量的值被修改以后，在整个脚本内都有效。另外，默认情况下，在函数内部定义的变量也是全局变量，在脚本的任何位置都可以引用。

【实例 6-38】Shell 函数内部定义局部变量

本实例演示 Shell 编程中，在函数内部定义局部变量的方法，以及在全局变量和局部变量重名的情况下，会输出什么结果，脚本内容如下。

```
1   #!/bin/bash
2
3   # define global var
4   str="hello world < global str >"
5
6   function test(){
7     # define local var
8     local str="handuoduo < local str >"
9     echo "$str"
10
11    #define local var
12    local str_2="hanmingze < local str_2 >"
13  }
14
15  echo "$str"
16  test
17  echo "$str"
18  echo "$str_2"
```

脚本执行结果如下所示。

```
1 [root@Shell-programmer chapter-5]# bash 10-local.sh
2 hello world < global str >
3 handuoduo < local str >
4 hello world < global str >
5
```

上面的执行结果中共有 5 行，第 2 行是代码第 15 行输出的 echo 语句的执行结果，该语句输出了全局变量 str 的值。第 3 行是代码第 16 行的输出结果，可以发现，该语句输出了局部变量 str 的值。第 4 行是代码第 17 行的输出结果，尽管在第 16 行代码调用了函数 test()，但是这并没有影响到全局变量 str 的值，该语句仍然输出了变量 str 的初始值。第 5 行是一个空行，是代码第 18 行的输出结果。之所以会输出空行，是因为代码第 12 行中的变量 str_2 的作用域仅局限于函数内部。

小结如下。

- 在 Shell 脚本的函数体外部声明的变量是全局变量。
- 在函数体内部声明的变量是局部变量，可与外部变量重名，但是变量名前面要加上关键字 local。

6.3.5 函数参数

1．含有参数的函数调用方法

含有参数的函数调用方法如下所示。

```
function_name arg1 arg2...
```

2．获取函数的参数的个数

【实例 6-39】Shell 函数传参

```
1    #!/bin/bash
2
3    function test(){
4      echo "The function has ${#} parameters."
5    }
6
7    test I love handuoduo I love hanmingze
8    test 66 88 6688
9    test
```

上面代码中第 3～5 行定义名为 test 的函数，其中第 4 行输出参数的个数，第 7 行调用 test()函数，提供了 6 个参数，第 8 行同样调用了 test()函数，提供了 3 个参数，第 9 行也调用了 test()函数，未提供任何参数，该脚本执行结果如下所示。

```
[root@Shell-programmer chapter-5]# bash 11-func-para.sh
The function has 6 parameters.
The function has 3 parameters.
The function has 0 parameters.
```

从上面的执行结果可以得知，当用户在 Shell 脚本中定义函数时，实际上并没有指定该函数到底拥有多少个参数。

函数最终会有多少个参数，取决于用户在调用该函数时为该函数提供了多少个参数，实例 6-39 中，当用户为 test()函数提供 6 个参数时，系统变量“$#”输出的参数个数为 6；而当用户为 test()函数提供了 3 个参数时，系统变量“$#”输出的参数个数为 3；当用户为 test()函数提供了 0 个参数时，系统变量“$#”的值为 0。

3．通过位置变量接收变量值

【实例 6-40】Shell 函数通过位置变量接收变量值

Shell 函数通过位置参数接收多个变量，代码如下。

```
1    #!/bin/bash
2
3
4    function test(){
5      echo "All parameters are: ${*}"
6      echo "All parameters are: ${@}"
7      echo "The script name is: ${0}"
8      echo "The first parameter is: ${1}"
9      echo "The second parameter is: ${2}"
```

```
10    }
11  test handuoduo hanmingze
```

上述代码中，第 5 行使用系统变量“${*}”获取所有参数值，第 6 行使用系统变量“${@}”获取所有的参数值，第 7 行使用“${0}”获取当前脚本的名称，第 8 行和第 9 行分别使用位置变量“${1}”和“${2}”获取第 1 个和第 2 个参数的值，该脚本执行结果如下所示。

```
[root@Shell-programmer chapter-5]# bash 12-func-revice.sh
All parameters are: handuoduo hanmingze
All parameters are: handuoduo hanmingze
The script name is:  12-func-revice.sh
The first parameter is: handuoduo
The second parameter is: hanmingze
```

从上面的执行结果中可以得知，系统变量“${*}”和“${@}”都获取了函数的所有参数。

6.4 本章练习

【练习 6-1】写一个函数，检测网站 URL 是否正常

check-url.sh 脚本内容如下所示。

```
[root@Shell-programmer chapter-5]# cat check-url.sh
#!/bin/bash
source /etc/init.d/functions


#help
function usage(){
   echo "Usage:$0: url"
   echo "$0 script will not exec 【 will be exiting...】"
   exit 3
}

#check url
function check_url(){
   wget --spider -q -o /dev/null  --tries=1 -T 5 $1
   if [ $? -eq 0 ]
     then
        action "$1 is ok..." /bin/true
   else
        action "$1 is bad..." /bin/false
   fi
}


#main
function main(){
   if [ $# -eq 0 ]
     then
        usage
   fi
   check_url $1
}
#调用执行 main()方法
main $*
```

上述代码中需要注意的是，此脚本以传参的形式进行 URL 检测，如果需要以手动交互式输入的方法实现 URL 检测，那么只需要将传参的代码改为“read -p”。

Shell 编程几个重要参数说明如下。

- $#表示返回传入指令的参数个数。
- $1 表示返回传入的第一个参数。
- $2 表示返回传入的第二个参数。
- $*表示返回传入的所有参数。
- action 表示系统自带的功能实现，true 表示成功，false 表示失败。

check-url.sh 脚本执行结果如下所示。

```
1 [root@Shell-programmer chapter-5]# bash check-url.sh www.ziroom*.com
2 www.ziroom*.com is ok...                                      [确定]
3 [root@Shell-programmer chapter-5]# bash check-url.sh www.jd*.com
4 www.jd*.com is ok...                                          [确定]
```

第 2 行和第 4 行输入 URL 后，可以看到返回结果都返回“ok”字样，表示 URL 可以被正常访问。

【练习 6-2】利用 Shell 函数检查多个 URL 地址

Shell 函数基于 URL 检查多个 Web 站点是否可以访问，代码如下。

check-multi-url.sh 脚本内容如下所示。

```
[root@Shell-programmer chapter-5]# cat check-multi-url.sh
#!/bin/bash

#define url lists
url_list=(
http://www.jd*.com
http://www.ziroom*.com
http://www.booxin.vip
http://192.168.1.100
)

#define function test url
function check_url(){
    for ((i=0;i<${#url_list[@]};i++))
    do
      ##定义结果函数，它为 URL 取得的头部值
        res=($(curl -I -s --connect-timeout 2 ${url_list[$i]}|head -1))
      ##进行判定，如果不为空则为连接成功
        if [[ -n  ${res[1]} ]]
        then
            echo "${url_list[$i]} ${res[2]}"
        else
            echo "${url_list[$i]} not visit..."
        fi
    done
}
check_url
```

check-multi-url.sh 脚本执行结果如下所示。

```
1 [root@Shell-programmer chapter-5]# bash check-multi-url.sh
2 http://www.jd*.com Moved
3 http://www.ziroom*.com OK
4 http://www.booxin.vip OK
5 http://192.168.1.100 not visit...
```

第 2～5 行内容为 check-multi-url.sh 脚本输出结果。

6.5 本章总结

本章详解介绍了 Shell 数组的使用方法，主要内容包含数组的定义、数组的赋值、访问数组、删除数组，以及数组的其他的常用操作等。重点在于掌握 Shell 数组的定义方法、引用数组元素的基本语法、数组元素的赋值方法，以及如何删除某个数组元素或者整个数组变量。

本章还介绍了函数的相关知识，核心内容如下。

- 函数间的互相调用增加了 Shell 编程的灵活性和代码的可重用性，对脚本语言来说很实用。
- 通过函数可以封装自己的函数库，降低开发的难度并增强代码的可重用性。

第7章

Linux 自动化运维入门

7.1 SSH 服务基础精讲

SSH 是 Secure Shell Protocol 的缩写，即安全外壳协议，由国际互联网工程任务组（Internet Engineering Task Force，IETF）网络工作小组（Network Working Group）制定：在进行数据传输之前，SSH 先通过加密技术对联机数据包进行加密处理，加密后再进行数据传输，确保传递的数据安全性。SSH 是专为远程登录会话和其他网络服务提供的安全性协议。利用 SSH 可以有效地防止远程管理过程中的信息泄露问题出现。

SSH 相关知识如下。

- SSH 服务是安全的加密协议，用于远程连接 Linux 服务器。
- SSH 服务默认端口号是 22，安全协议版本为 SSH2，除此之外还有 SSH1（有漏洞）。
- SSH 服务主要包含 SSH 远程连接和 SFTP 服务两个服务功能。
- Linux SSH 客户端包含远程连接指令 ssh，以及远程复制指令 scp 等。

7.1.1 SSH 服务工作原理

SSH 由服务和客户端的软件组成。SSH 服务是一个守护进程，它在后台运行并响应来自客户端的连接请求。SSH 服务的基本工作机制：本地客户端发送一个连接请求到远程的服务器，服务器检查申请的包和 IP 地址再发送密钥给 SSH 客户端，本地再将密钥发回给服务器，到此为止，连接建立；启动 SSH 服务器后，运行 sshd 进程并在默认的 22 号端口进行监听。安全验证方式如下。

- 基于口令的安全验证（账号密码），有可能受到中间人攻击。
- 基于密钥的安全验证，即提供一对密钥，把公钥放在需要访问的服务器上。如果客户端连接到 SSH 服务器，客户端就会向服务器发出请求，请求用密钥进行安全验证。服务器收到请求之后，先在该服务器的主目录下寻找公钥，然后把它和发送过来的公钥进行比较。如果两个密钥一致，服务器就用公钥加密“质询”并把它发送给客户端，客户端收到“质询”之后就可以用私钥解密再把它发给服务器，这种方式相对比较安全。

SSH 服务工作原理如下（见图 7-1）。

（1）服务器建立公钥。

每一次启动 SSH 服务时，该服务自动生成公钥并放在/etc/ssh/ssh_host*文件中。

（2）客户端主动联机请求。

若客户端想要联机到 SSH 服务器，则需要使用适当的客户端程序来联机，包括 SSH、PuTTY 等客户端程序。

（3）服务器传送公钥给客户端。

接收到客户端的请求后，服务器便将步骤（1）取得的公钥传送给客户端使用（此时应是明码传送，公钥本来就是给大家使用的）。

（4）比对服务器的公钥数据并随机计算自己的私钥。

若客户端第一次连接到此服务器，则会将服务器的公钥记录到客户端的用户主目录内的~/.ssh/known_hosts。若是已经记录过该服务器的公钥，则客户端会去比对此次接收到的与之前的记录是否有差异。若接收此公钥，则开始计算客户端自己的私钥。

（5）回传客户端的公钥到服务器。

客户端将自己的公钥传送给服务器，此时服务器具有服务器的私钥与客户端的公钥，而客户端则具有服务器的公钥以及客户端自己的私钥。此次联机的服务器与客户端的密钥系统（公钥+私钥）并不一样，所以才称为非对称加密系统。

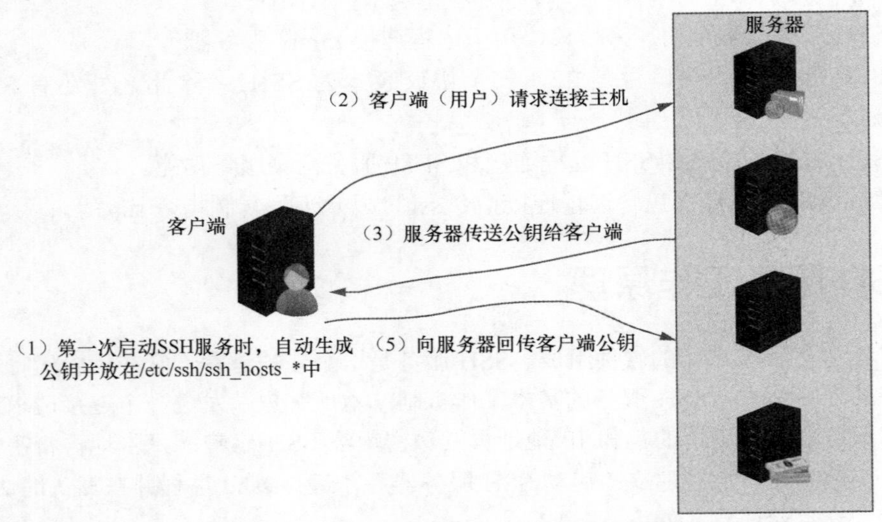

图 7-1 SSH 服务工作原理

7.1.2 SSH 服务安全相关

1. SSH 服务组成部分

SSH 服务主要由 3 部分组成。

（1）传输层协议。

传输层协议（SSH-TRANS）确保服务器认证的保密性和完整性。此外它有时还提供压缩功能。SSH-TRANS 通常运行在 TCP/IP 连接上，也可能用于其他可靠数据流上。SSH-TRANS 提供强有力的加密技术、密码主机认证及完整性保护。该协议中的认证基于主机，并且该协议不执行用户认证。更高层的用户认证协议可以设计在此协议之上。

（2）用户认证协议。

用户认证协议（SSH-USERAUTH）用于向服务器提供客户端用户鉴别功能，它运行在 SSH-TRANS 之上，当 SSH-USERAUTH 开始后，它从低层协议那里接收会话标识符（从第一次密钥交换中交换散列表）。会话标识符唯一标识此会话并且用于标记以证明私钥的所有权。SSH-USERAUTH 也需要知道低层协议是否提供保密性保护。

（3）连接协议。

连接协议将多个加密隧道分成逻辑通道。它运行在 SSH-USERAUTH 之上，提供远程登录会话、远程指令执行、转发 TCP/IP 连接和转发 X11 连接等服务，一旦建立一个安全传输层连接，客户端就发送一个服务请求。当用户认证完成之后，会发送第二个服务请求。这样就允许新定义的协议与上述协议共存。

通过 SSH，可以对所有传输的数据进行加密，这样“中间人”这种攻击方式就不可能实现了，而且也能够防止 DNS 欺骗和 IP 欺骗。使用 SSH 服务传输的数据是经过压缩的，所以可以加快传输的速度。它既可以代替 Telnet，又可以为 FTP、PPP 等服务提供一个安全的“通道”。

2．SSH 和服务架构特点

SSH 使用 TCP 的 22 号端口，Telnet 使用 TCP 的 23 号端口，SSH 服务是典型的 C/S 架构，即客户端与服务器架构工作模型。

服务器的程序有 sshd。客户端 Windows 下的程序有 SecureCRT、SSH Secure Shell Client 等，Linux 操作系统有 OpenSSH 服务套件等。

OpenSSH 是 SSH 服务和协议的具体工具实现，包括 sshd 主程序与 ssh 客户端。

3．SSH 服务认证方式

SSH 提供两种认证方式：密码认证和密钥认证。下面逐一介绍。

（1）密码认证。

客户端向服务器发出密码认证请求，将用户名和密码加密后发送给服务器，服务器将该信息解密后得到用户名和密码的明文，与设备上保存的用户名和密码进行比较，并返回认证成功或失败的消息。

- 客户端第一次向服务器发起连接请求，如 ssh UserName@Host。
- 服务器接收到用户连接请求，然后将自己的公钥发送给客户端。
- 客户端生成对称密钥，用刚才的公钥加密账号密码发送到服务器。
- 服务器用自己的私钥解密，然后验证账号密码并验证是否允许登录。

（2）密钥认证。

SSH 提供的公钥认证采用数字签名的方法来认证客户端。目前，设备上可以利用 RSA 和 DSA 两种公共密钥算法实现数字签名，客户端发送公钥给服务器。服务器对公钥进行合法性检查，如果不合法，则直接发送失败消息；否则，服务器利用数字签名对客户端进行认证，并返回认证成功或失败的消息。

- 要想实现密钥认证，需要客户端事先将自己的公钥保存至服务器的某个文件中。
- 客户端向服务器发起连接请求，如 ssh UserName@Host。
- 此时客户端已有服务器的公钥，于是服务器便让客户端发送登录账号。
- 客户端发送账号，用自己的私钥加密一段数据。
- 服务器先用对称密钥解密第一段数据，再用保存在自己这里的客户端公钥解密，如果解密成功，则允许客户端登录。

7.2 OpenSSH 服务详解

OpenSSH 是 Linux 操作系统下开源的实现，它开放且免费。使用 OpenSSH 软件实现 SSH 远程连接服务，它的传输过程是加密的，代码如下。

```
[root@www.cli***.com ~]# tcpdump -i eth0 -nnX port 22
tcpdump: verbose output suppressed, use -v or -vv for full protocol decode
listening on eth0, link-type EN10MB (Ethernet), capture size 65535 bytes
01:51:57.598259 IP 192.168.1.16.22 > 192.168.1.3.59327: Flags [P.], seq 1946828557:
1946828753, ack 2847504522, win 141, length 196
        0x0000:  4510 00ec ed2a 4000 4006 c96d c0a8 0110  E....*@.@..m....
        0x0010:  c0a8 0103 0016 e7bf 740a 3f0d a9b9 788a  ........t.?...x.
        0x0020:  5018 008d 8442 0000 9b42 4aac 01ce ca68  P....B..BJ....h
        0x0030:  f25e 6c70 d8ce 0d8e 080a 2091 9000 1d44  .^lp...........D
        0x0040:  3283 c437 3964 49c4 2fb8 1dc4 ec8f 7113  2..79dI./.....q.
        0x0050:  d41b e047 445f e1bf 1888 4206 243d 3048  ...GD_.....B.$=0H
        0x0060:  caa9 ea2f dd21 f05b f6de 1a95 8aa7 52b0  .../.!.[......R.
        0x0070:  f695 8e67 ffe7 a3db 752a abe8 914b 4060  ...g....u*...K@`
        0x0080:  869a f714 10f7 5fa3 b068 5d94 b700 b815  ......_..h].....
        0x0090:  7f61 2edb d991 5f62 82ea 8cc2 6dc6 a38d  .a...._b....m...
        0x00a0:  b8f4 2b84 0f78 7d28 395c 8054 0bd0 3b2c  ..+..x}(9\.T..;,
        0x00b0:  2fba 8f49 ac01 001a 6fd0 fffe 12af fd19  /..I....o.......
        0x00c0:  9afd 7a4d 3733 c0cb 5604 6725 5d32 cf02  ..zM73..V.g%]2..
        0x00d0:  26ed 816d e9d3 4ef7 4b8b eeec 667d d572  &..m..N.K...f}.r
        0x00e0:  45de 4cb6 dd07 2506 c2f6 4e65            E.L...%...Ne
01:51:57.599099 IP 192.168.1.3.59327 > 192.168.1.16.22: Flags [.], ack 196, win
253, length 0
        0x0000:  4500 0028 39d3 4000 8006 3d99 c0a8 0103  E..(9.@...=.....
        0x0010:  c0a8 0110 e7bf 0016 a9b9 788a 740a 3fd1  ..........x.t.?.
        0x0020:  5010 00fd 6d7e 0000 0000 0000 0000       P...m~........
01:51:57.609608 IP 192.168.1.16.22 > 192.168.1.3.59327: Flags [.], seq 196:1656,
ack 1, win 141, length 1460
```

7.2.1 安装 OpenSSH 服务套件

为了方便实验，这里使用两台计算机作为测试机，分别关闭防火墙和 SELinux，使用如下代码确认。

【实例 7-1】关闭防火墙和 SELinux

关闭防火墙和 SELinux，代码如下。

```
[root@www.cli***.com ~]# chkconfig --list |grep iptables
iptables        0:off   1:off   2:off   3:off   4:off   5:off   6:off
[root@www.cli***.com ~]# /etc/init.d/iptables status
iptables: Firewall is not running.
[root@www.cli***.com ~]# sestatus
SELINUX status:                 disabled
[root@www.cli***.com ~]#
[root@www.we***.com ~]# chkconfig --list |grep iptables
iptables        0:off   1:off   2:off   3:off   4:off   5:off   6:off
```

```
[root@www.we***.com ~]# /etc/init.d/iptables status
iptables: Firewall is not running.
[root@www.we***.com ~]# sestatus
SELINUX status:                 disabled
```

OpenSSH 客户端-服务器架构如表 7-1 所示。

表 7-1　OpenSSH 客户端-服务器架构

角色	IP	主机名称	操作系统
客户端	192.168.1.16	www.cli***.com	CentOS 6.9 x86_64
服务器	192.168.1.18	www.we***.com	CentOS 6.9 x86_64

下面开始正式安装 OpenSSH 服务套件，在客户端和服务器分别安装。首先搜索 CentOS 的软件库是否包含已经定义好的 SSH 服务软件包，代码如下。

```
[root@www.cli***.com ~]# yum search openssh
...过程略...
openssh-askpass.x86_64 : A passphrase dialog for OpenSSH and X
openssh.x86_64 : An open source implementation of SSH protocol versions 1 and 2
openssh-clients.x86_64 : An open source SSH client applications
openssh-ldap.x86_64 : A LDAP support for open source SSH server daemon
openssh-server.x86_64 : An open source SSH server daemon

  Name and summary matches only, use "search all" for everything.
[root@www.we***.com ~]# yum search openssh
Loaded plugins: fastestmirror
Determining fastest mirrors
...过程略...
openssh-askpass.x86_64 : A passphrase dialog for OpenSSH and X
perl-Net-OpenSSH.noarch : Perl SSH client package implemented on top of OpenSSH
razorqt-openssh-askpass.x86_64 : Razor-qt openssh ask password interface
gsi-openssh.x86_64 : An implementation of the SSH protocol with GSI authentication
gsi-openssh-clients.x86_64 : SSH client applications with GSI authentication
gsi-openssh-server.x86_64 : SSH server daemon with GSI authentication
openssh.x86_64 : An open source implementation of SSH protocol versions 1 and 2
openssh-clients.x86_64 : An open source SSH client applications
openssh-ldap.x86_64 : A LDAP support for open source SSH server daemon
openssh-server.x86_64 : An open source SSH server daemon
rssh.x86_64 : Restricted shell for use with OpenSSH, allowing only scp and/or sftp

  Name and summary matches only, use "search all" for everything.
```

查看服务器的 OpenSSH 软件包实用工具，代码如下。

```
[root@www.cli***.com ~]# rpm -ql openssh-server|head
/etc/pam.d/ssh-keycat
/etc/pam.d/sshd
/etc/rc.d/init.d/sshd
/etc/ssh/sshd_config
/etc/sysconfig/sshd
/usr/libexec/openssh/sftp-server
/usr/libexec/openssh/ssh-keycat
/usr/sbin/.sshd.hmac
/usr/sbin/sshd
/usr/share/doc/openssh-server-5.3p1
[root@www.we***.com ~]# rpm -ql openssh-server|head
/etc/pam.d/ssh-keycat
/etc/pam.d/sshd
```

```
/etc/rc.d/init.d/sshd
/etc/ssh/sshd_config
/etc/sysconfig/sshd
/usr/libexec/openssh/sftp-server
/usr/libexec/openssh/ssh-keycat
/usr/sbin/.sshd.hmac
/usr/sbin/sshd
/usr/share/doc/openssh-server-5.3p1
```

OpenSSH 是 SSH 的一个开源实现。从上面的搜索结果可以看到，CentOS 的软件库里面已经有了 OpenSSH 的服务器包（openssh-server）和客户端包（openssh-clients），用 yum install 可以直接安装。

【实例 7-2】安装 OpenSSH 服务套件

安装 OpenSSH 服务套件，代码如下。

```
[root@www.cli***.com ~]# yum install -y "openssh" "openssh-server"
[root@www.we***.com ~]# yum install -y "openssh" "openssh-server"
```

（1）安装 OpenSSH 服务，代码如下。

```
[root@www.cli***.com ~]# yum install -y "openssh" "openssh-server"
（中间代码略）
Updated:
  openssh.x86_64 0:5.3p1-123.el6_9                    openssh-server.x86_64 0:5.3p1-
123.el6_9

Dependency Updated:
  openssh-clients.x86_64 0:5.3p1-123.el6_9

Complete!
[root@www.we***.com ~]# yum install -y "openssh" "openssh-server"
Loaded plugins: fastestmirror
（中间代码略）

Complete!
```

（2）查看 SSH 服务运行状态，代码如下。

```
[root@www.cli***.com ~]# hostname
www.cli***.com
[root@www.cli***.com ~]# /etc/init.d/sshd status
openssh-daemon (pid  1422) is running..
[root@www.we***.com ~]# hostname
www.we***.com
[root@www.we***.com ~]# /etc/init.d/sshd status
openssh-daemon (pid  1436) is running...
```

注意：被连接服务器的 SSH 服务必须开启，否则无法使用 OpenSSH 软件通过 SSH 通道连接远程服务器。

【实例 7-3】SSH 远程连接测试

远程连接，代码如下。

```
[root@www.cli***.com ~]# uname -n
www.cli***.com
[root@www.cli***.com ~]# ip ro
192.168.1.0/24 dev eth0  proto kernel  scope link  src 192.168.1.16 # 当前位于客户端主机
169.254.0.0/16 dev eth0  scope link  metric 1002
default via 192.168.1.1 dev eth0
[root@www.cli***.com ~]# ssh root@192.168.1.18      # 远程连接服务器主机
The authenticity of host '192.168.1.18 (192.168.1.18)' can't be established.
RSA key fingerprint is a2:66:0e:b0:22:d9:71:85:f3:d2:8a:7a:a6:fe:92:14.
```

```
Are you sure you want to continue connecting (yes/no)? yes # 是否接收服务器发送的公钥信息
Warning: Permanently added '192.168.1.18' (RSA) to the list of known hosts. # 公钥保存至服务器
root@192.168.1.18's password:
Permission denied, please try again.
root@192.168.1.18's password:
Last login: Wed Sep 20 13:54:49 2017 from 192.168.1.3
[root@www.we***.com ~]# uname -n
www.we***.com                    # 可以看到已成功登录到CentOS 6主机上
```

退出使用SSH通道登录连接的服务器，有如下3种方法（见注释内容）。

```
[root@www.we***.com ~]# exit  #第1种，直接输入"exit"，按"Enter"键
logout
Connection to 192.168.1.18 closed.
[root@www.cli***.com ~]# ssh root@192.168.1.18
root@192.168.1.18's password:
Last login: Wed Sep 20 14:32:38 2017 from 192.168.1.16
[root@www.we***.com ~]# logout #第2种，直接输入"logout"，按"Enter"键

Connection to 192.168.1.18 closed.
[root@www.cli***.com ~]# ssh root@192.168.1.18
root@192.168.1.18's password:
Last login: Wed Sep 20 14:35:24 2017 from 192.168.1.16
[root@www.we***.com ~]# logout #第3种，按"Ctrl+D"快捷键
Connection to 192.168.1.18 closed.
```

7.2.2 OpenSSH服务配置文件详解

"/etc/ssh/sshd_config"是OpenSSH的服务配置文件，该文件的每一行包含"关键词-值"的匹配，其中"关键词"是忽略大小写的。OpenSSH服务常用配置和安全设置分别如表7-2和表7-3所示。

表7-2　OpenSSH服务常用配置

选项	说明
Port 22	设定SSH服务默认端口
Protocol 2,1	设定SSH版本
ListenAddress 0.0.0.0	监听IP地址
PidFile	PID存放位置
LoginGraceTime 600	超时自动断开连接
Compression yes	是否可以使用压缩指令

表7-3　OpenSSH服务安全设置

选项	说明
PermitRootLogin no	是否允许root用户登录
UserLogin no	不接受这个用户的登入
StrictModes yes	使用者的主机密钥文件改变后服务器不接受联机
PubkeyAuthentication yes	是否允许公钥
AuthorizedKeysFile	账号的存放位置
IgnoreRhosts yes	是否取消使用~/.ssh/.rhosts认证
IgnoreUserKnownHosts	是否忽略主目录内的记录
PasswordAuthentication	密码验证

续表

选项	说明
PermitEmptyPasswords no	是否允许以空的密码登入
#PAMAuthenticationViaKbdInt	是否启用其他的 PAM 模块
DenyUsers *	设定不允许登录的账号名称，基于用户
DenyUsers test	黑名单设定
DenyGroups test	设定不允许登录的账号名称，基于用户组

7.2.3 SSH 服务双机互信实现

此实验是在表 7-1 所示的 OpenSSH 客户端-服务器架构基础之上演变而来。主要实现从 192.168.1.16 到 192.168.1.18 的免密码登录，和 192.168.1.18 到 192.168.1.16 的免密码登录。

【实例 7-4】SSH 服务双机互信

（1）生成密钥（SSH 客户端操作），代码如下。

```
[root@www.cli***.com ~]# ssh-keygen -t rsa -P '' # 客户端生成密钥
Generating public/private rsa key pair.
Enter file in which to save the key (/root/.ssh/id_rsa):
Your identification has been saved in /root/.ssh/id_rsa. # 私钥保存位置
Your 公钥 has been saved in /root/.ssh/id_rsa.pub. # 公钥保存位置
The key fingerprint is:
cb:4d:8d:44:64:83:d1:77:a2:d0:d6:03:07:2d:79:dc root@www.cli***.com
The key's randomart image is:
+--[ RSA 2048]----+
|       .*BB..    |
|       oo*oO E   |
|        o.= +    |
|        ..o      |
|       S o .     |
|      . +        |
|       o .       |
|                 |
|                 |
+-----------------+

+-----------------+
```

（2）scp 实现传输密钥，代码如下。

```
[root@www.cli***.com ~]#  scp ~/.ssh/id_rsa.pub root@192.168.1.18:~   # 将客户端公钥
保存至服务器
root@192.168.1.18's password:
id_rsa.pub                                          100%   401    0.4KB/s00:00
[root@www.cli***.com ~]# ssh -l root 192.168.1.18
root@192.168.1.18's password:
Last login: Wed Sep 20 14:35:32 2017 from 192.168.1.16       # 登录服务器
[root@www.we***.com ~]# mkdir ~/.ssh
[root@www.we***.com ~]# cat id_rsa.pub >> ~/.ssh/authorized_keys # 将公钥信息保存至文件中
[root@www.we***.com ~]# exit
logout
Connection to 192.168.1.18 closed.
[root@www.cli***.com ~]# ssh 192.168.1.18 'uptime'
 15:44:22 up  1:51,  1 user,  load average: 0.00, 0.00, 0.00
```

此时可以看到无须密码即可登录执行指令并返回，如此便实现了 192.168.1.16 无须密码登录192.168.1.18，再在192.168.1.18主机上同样操作一遍，即可实现双机互信。

（3）ssh-copy-id实现密钥传输，代码如下。

```
[root@www.cli***.com ~]# ssh root@192.168.1.18
Last login: Wed Sep 20 15:40:02 2017 from 192.168.1.16
[root@www.we***.com ~]#  > ~/.ssh/authorized_keys # 先清除192.168.1.18保存的192.168.1.16
的公钥信息
[root@www.we***.com ~]# ssh-keygen -t rsa -P '' # 客户端生成密钥
Generating public/private rsa key pair.
Enter file in which to save the key (/root/.ssh/id_rsa):
Your identification has been saved in /root/.ssh/id_rsa.  # 私钥保存位置
Your 公钥 has been saved in /root/.ssh/id_rsa.pub.  # 公钥保存位置
The key fingerprint is:
ae:82:44:66:87:3b:1e:6e:92:49:50:aa:a0:f7:9c:38 root@www.web1*.com
The key's randomart image is:
+--[ RSA 2048]----+
|                 |
|   .             |
|  o .            |
|+ = .            |
|=+ o     S       |
|o.*       .      |
|.B B .    .      |
|+ E =     .      |
| o . .           |
+-----------------+
[root@www.we***.com ~]# ssh-copy-id -i ~/.ssh/id_rsa.pub root@192.168.1.16 #  使
用ssh-copy-id复制公钥
The authenticity of host '192.168.1.16 (192.168.1.16)' can't be established.
RSA key fingerprint is a2:66:0e:b0:22:d9:71:85:f3:d2:8a:7a:a6:fe:92:14.
Are you sure you want to continue connecting (yes/no)? yes
Warning: Permanently added '192.168.1.16' (RSA) to the list of known hosts.
root@192.168.1.16's password:
Now try logging into the machine, with "ssh 'root@192.168.1.16'", and check in:

  .ssh/authorized_keys

to make sure we haven't added extra keys that you weren't expecting.
[root@www.we***.com ~]# ssh root@192.168.1.16 'df -TH'     # 可以看到也实现了无须密码登录
Filesystem     Type    Size  Used Avail Use% Mounted on
/dev/sda2      ext4    8.2G  1.1G  6.7G  14% /
tmpfs          tmpfs   981M     0  981M   0% /dev/shm
/dev/sda1      ext4    199M  1.9M  187M   1% /boot/efi
/dev/sda5      ext4     11G   24M   10G   1% /data
```

7.2.4 SSH免密码输入执行指令

使用SSH指令连接服务器时没有指定密码的选项，脚本中使用SSH指令连接远程服务器时必须手动输入密码，才能进行下一步的操作。因此自动化运维操作的体验很差，尤其是使用SSH指令操作机器数量超过500台的时候。基于此，本小节将讲解两种对应的解决方案，一种借助expect脚本，一种借助sshpass程序。

在此之前先清空记录。

【实例7-5】SSH指令免密码登录远程服务器

使用SSH命令/指令连接远程服务器，代码如下。

```
[root@www.cli***.com ~]# >~/.ssh/authorized_keys
[root@www.cli***.com ~]# >~/.ssh/known_hosts
[root@www.we***.com ~]# >~/.ssh/authorized_keys
[root@www.we***.com ~]# >~/.ssh/known_hosts
```

（1）基本环境准备。

基本环境信息使用 192.168.1.16 和 192.168.1.18 两台测试计算机，主机名和 IP 地址对应关系如下。

```
192.168.1.16 www.cli***.com
192.168.1.18 www.we***.com
```

（2）开始安装 sshpass 免交互工具并进行 ssh-key 的批量分发。

下载 EPEL 源并更新 YUM 仓库，代码如下。

```
yum -y install epel-release
yum -y clean all
yum makecache
```

安装 sshpass 工具，代码如下。

```
yum -y install sshpass
```

输出结果如下。

```
[root@www.cli***.com ~]# yum -y install sshpass
（中间过程略）
  Installing : sshpass-1.06-1.el6.x86_64
1/1
  Verifying  : sshpass-1.06-1.el6.x86_64
1/1

Installed:
  sshpass.x86_64 0:1.06-1.el6

Complete!
[root@www.we***.com ~]# yum -y install sshpass
（中间过程略）
  Installing : sshpass-1.06-1.el6.x86_64
1/1
  Verifying  : sshpass-1.06-1.el6.x86_64
1/1

Installed:
  sshpass.x86_64 0:1.06-1.el6

Complete!
```

（3）创建密钥对文件。

免交互创建密钥对，代码如下。

```
[root@www.cli***.com ~]# ssh-keygen -t dsa -f ~/.ssh/id_dsa -P ""
Generating public/private dsa key pair.
Created directory '/root/.ssh'.
Your identification has been saved in /root/.ssh/id_dsa.
Your 公钥 has been saved in /root/.ssh/id_dsa.pub.
The key fingerprint is:
4a:af:56:75:66:d9:d7:02:52:09:31:6f:58:49:59:4c root@www.cli***.com
The key's randomart image is:
+--[ DSA 1024]----+
|          +=+BE  |
|          .== .  |
|          ..o+  .|
|          ..= o o|
|      . S. +   o |
|     . o.        |
|      ...        |
|      ..         |
```

```
|       ..       |
+----------------+
[root@www.cli***.com ~]# ls -al /root/.ssh/
total 16
drwx------  2 root root 4096 May 30 00:38 .
dr-xr-x---. 5 root root 4096 May 30 00:38 ..
-rw-------  1 root root  668 May 30 00:38 id_dsa
-rw-r--r--  1 root root  609 May 30 00:38 id_dsa.pub
```

指令说明。

- ssh-keygen：生成密钥对指令。
- -t：指定密钥对的密码加密类型（rsa、dsa 两种）。
- -f：指定密钥对文件的生成路径（包含文件名）。
- -P（大写）：指定密钥对的密码。

（4）免交互方式分发公钥，代码如下。

```
[root@www.cli***.com ~]# sshpass -p "123.com" ssh-copy-id -i ~/.ssh/id_dsa.pub "
-o StrictHostKeyChecking=no root@192.168.1.18"
Warning: Permanently added '192.168.1.18' (RSA) to the list of known hosts.
Now try logging into the machine, with "ssh '-o StrictHostKeyChecking=no root@192.
168.1.18'", and check in:

  .ssh/authorized_keys

to make sure we haven't added extra keys that you weren't expecting.
```

指令说明。

- sshpass：专为 SSH 连接服务使用的免交互工具。
- -p：指定登录的密码。
- ssh-copy-id：自动分发公钥的工具。
- -i：指定公钥路径。
- -o StrictHostKeyChecking=no：不进行对方主机信息的写入（第一次 SSH 连接会在 know_hosts 文件里记录）。

（5）测试 SSH 密钥认证情况，代码如下。

```
[root@m01 ~]# ssh root@172.16.1.31    #测试成功，免密码 SSH 连接
Last login: Tue Mar 14 21:49:58 2017 from 172.16.1.1
[root@nfs01 ~]#
```

（6）编写 SSH 密钥对免交互批量分发脚本，代码如下。

```
[root@www.cli***.com ~]# cat /data/sh/fenfa.sh
#!/bin/bash

User='root'
passWord='123.com'

function yum_build(){

echo -e "\033[32m*****************正在安装 EPEL 源 YUM 仓库，请稍后*************
**********\033[0m"
cd /etc/yum.repos.d/ &&\
[ -d bak ] || mkdir bak
[ `find ./*.* -type f | wc -l` -gt 0 ] && find ./*.* -type f |  xargs -i mv {} bak/
```

```
    wget -O /etc/yum.repos.d/epel.repo http://mirrors.aliyun.com/repo/epel-6.repo &>
/dev/null
    yum -y clean all &>/dev/null
    yum makecache &>/dev/null

    }

    echo -e "\033[32m****************正在进行网络连接测试,请稍后*********************
**\033[0m"
    ping www.baidu.com -c2 >/dev/null ||(echo "无法连接外网，本脚本运行环境必须和外网相连！"
&& exit)
    [ $# -eq 0 ] && echo "没有选项！格式为：sh $0 选项1...n" && exit
    rpm -q sshpass &>/dev/null || yum -y install sshpass &>/dev/null
    if [ $? -gt 0 ];then
       yum_build
       yum -y install sshpass &>/dev/null || (echo "sshpass build error! " && exit)
    fi

    [ -d ~/.ssh ] || mkdir ~/.ssh;chmod 700 ~/.ssh
    echo -e "\033[32m****************正在创建密钥对************\033[0m"
    rm -rf ~/.ssh/id_dsa ~/.ssh/id_dsa.pub
    ssh-keygen -t dsa -f ~/.ssh/id_dsa -P "" &>/dev/null

    for ip in $*
    do
       ping ${ip} -c1 &>/dev/null
       if [ $? -gt 0 ];then
          echo  -e "\033[32m************${ip}无法ping通,请检查网络*************\033[0m"
          continue
       fi
       sshpass -p "$passWord" ssh-copy-id -i ~/.ssh/id_dsa.pub "-o StrictHostKey
Checking=no ${User}@${ip}" &>/dev/null
       echo -e "\033[32m*******************${ip} 密钥对分发成功**************\033[0m"
    done
```

（7）脚本分发测试，代码如下。

```
[root@www.cli***.com ~]# bash /data/sh/fenfa.sh 192.168.1.17 192.168.1.18 192.168.1.19
*****************正在进行网络连接测试,请稍后**********************
*****************正在创建密钥对************
************192.168.1.17 无法 ping 通，请检查网络*************
********************192.168.1.18 密钥对分发成功**************
************192.168.1.19 无法 ping 通，请检查网络*************
```

备注：上述测试代码中故意少开启了 2 台服务器，脚本测试成功。

7.3 SSH 自动化运维精讲

7.3.1 SSH 远程执行指令和脚本

在我们的工作中，经常需要远程连接到其他节点上执行一些 Shell 指令，如果分别配置 SSH 到每台主机上再在节点上执行 Shell 指令很麻烦，因此需要一个集中管理的方式。下面介绍两种 Shell 指令远程执行的方法。

前提条件：配置 SSH 免密码登录，SSH 远程执行指令基本格式如下。

```
ssh -p $port $user@$p 'cmd'
$port : SSH 连接端口号
```

```
$user: SSH 连接用户名
$ip:SSH 连接的 IP 地址
cmd:远程服务器需要执行的操作
```

1. SSH 远程执行指令

如果是简单执行几条指令，可以使用如下方法。

```
ssh user@remoteNode "cd /home ; ls"
```

上述代码基本能完成常用的对远程节点的管理，需要注意以下几点。

- 必须有双引号。如果不加双引号，第二个 ls 指令在本地执行。
- 两条指令之间用分号隔开。

【实例 7-6】SSH 远程执行本地指令

使用 SSH 指令连接远程服务器，并执行指令，代码如下。

```
[root@www.cli***.com ~]# ssh root@192.168.1.18 "uptime"
 14:20:03 up  1:48,  1 user,  load average: 0.00, 0.00, 0.00
[root@www.cli***.com ~]# ssh root@192.168.1.18 "df -Th"
Filesystem     Type   Size  Used Avail Use% Mounted on
/dev/sda2      ext4   7.6G  1.3G  6.0G  17% /
tmpfs          tmpfs  935M     0  935M   0% /dev/shm
/dev/sda1      ext4   190M  1.8M  178M   1% /boot/efi
/dev/sda5      ext4   9.8G   23M  9.3G   1% /data
[root@www.cli***.com ~]# ssh root@192.168.1.18 "ip ro |grep src"
```

SSH 本身支持在远程主机中运行指令，语法如下。

```
ssh user@host "command1; command2; command3; ...."
```

2. SSH 远程执行脚本

SSH 在远程主机中执行的指令内容较多时，单一指令无法完成，可以用脚本方式实现，具体脚本内容如下。

【实例 7-7】远程执行脚本

使用 SSH 指令登录远程服务器，并执行脚本，代码如下。

```
[root@www.we***.com ~]# cat /data/sh/check_uptime.sh
uptime
[root@www.we***.com ~]# chmod +x /data/sh/check_uptime.sh
[root@www.we***.com ~]# ls -l /data/sh/check_uptime.sh
-rwxr-xr-x 1 root root 67 Sep 21 14:32 /data/sh/check_uptime.sh
[root@www.we***.com ~]# bash /data/sh/check_uptime.sh
 14:32:37 up  2:01,  1 user,  load average: 0.00, 0.00, 0.00
```

本地执行指令，也可以开启脚本调试信息，代码如下。

```
[root@www.cli***.com ~]# ssh root@192.168.1.18 "bash /data/sh/check_uptime.sh"
 14:33:54 up  2:02,  1 user,  load average: 0.00, 0.00, 0.00
[root@www.cli***.com ~]# ssh root@192.168.1.18 "bash /data/sh/check_uptime.sh"
 14:33:56 up  2:02,  1 user,  load average: 0.00, 0.00, 0.00
[root@www.cli***.com ~]# ssh root@192.168.1.18 "bash -x /data/sh/check_uptime.sh"
+ uptime
 14:34:01 up  2:02,  1 user,  load average: 0.00, 0.00, 0.00
```

还可以开启脚本的 debug 模式，该模式功能非常强大，代码如下。

```
[root@www.cli***.com ~]# ssh -v root@192.168.1.18 "bash -x /data/sh/check_uptime.sh"
OpenSSH_5.3p1, OpenSSL 1.0.1e-fips 11 Feb 2013
```

```
debug1: Reading configuration data /etc/ssh/ssh_config
debug1: Applying options for *
debug1: Connecting to 192.168.1.18 [192.168.1.18] port 22.
debug1: Connection established.
（中间内容略）
debug1: Sending env LANG = en_US.UTF-8
debug1: Sending command: bash -x /data/sh/check_uptime.sh
+ uptime
debug1: client_input_channel_req: channel 0 rtype exit-status reply 0
debug1: client_input_channel_req: channel 0 rtype eow@openssh.com reply 0
debug1: channel 0: forcing write
 14:34:05 up  2:02,  1 user,  load average: 0.00, 0.00, 0.00
debug1: channel 0: free: client-session, nchannels 1
Transferred: sent 2600, received 2864 bytes, in 0.1 seconds
Bytes per second: sent 51587.5, received 56825.6
debug1: Exit status 0
```

7.3.2 SSH 批量分发项目实例

假设有一个项目，前端需要自己发布静态资源到远程目标服务器上，中间需要经过一个跳板机。前端如果手动发布一般需要经过以下步骤。

（1）把所有静态资源压缩成类似“.tgz”的压缩包。

（2）把代码压缩包通过“scp”指令传输到跳板机。

（3）SSH 登录该跳板机。

（4）把压缩包从跳板机传输到静态资源的目标主机。

（5）SSH 登录到目标主机。

（6）解压缩压缩包到指定目录。

（7）执行 Python 脚本，发布到 CDN 指定的服务器。

从上面的步骤可以看出，如果手动发布一个服务器，大概需要经过 7 个步骤，每次发布都需要 4～5 分钟的等待。

核心解决方案：用 SSH 执行批量分发。

了解并熟悉 SSH 的用法，通过编写 Shell 脚本实现上面 7 个步骤中的发布流程。

【实例 7-8】SSH 打包分发软件

使用 SSH 指令分发软件到各个服务器，代码如下。

```
1    # 压缩文件并上传到跳板机的指定目录
2    function compress() {
3        tar -zcvf sc.tgz -C build . && scp -r sc.tgz root@119.254.108.88:~/fabu/demo/
4    }
5    # 通过 SSH 登录跳板机执行第(3)～(7)步
6
7    # mkidr -p 表示如果目标服务器中不存在这个目录，就先创建这个目录
8
9    function send() {
10   ssh root@119.254.108.99
11    "scp -r fabu/demo/sc.tgz laohan@${1}:~/fabu/data/demo/ ;
12    ssh -tt laohan@${1} 'mkdir -p fabu; cd fabu;
13   mkdir -p data/demo/sc/${version};
14   tar -zvxf data/demo/sc.tgz  -C data/demo/sc/${version}  && rm -rf data/demo/
sc.tgz &&  ./ceph_tmp.py'"
```

```
15  }
16
17  # 执行 compress()和 send()函数
18  function deploy() {
19      compress
20      send ${1}
21  }
22  # 发送到目标服务器
23  deploy 119.254.108.100
```

上述代码第 1～23 行是发布到一个远程主机的指令的脚本。

如果想发布到多个远程主机，通过 for 循环或者 while 循环均可实现遍历 IP 地址列表。大多数时候 Web 前端开发工程师只需要掌握基本的 Shell 脚本，就可以通过 Shell 脚本实现自动化代码发布。

7.4 自动化运维工具之 pssh

7.4.1 pssh 基础概览

1．pssh 使用场景

服务器多了，有一个问题就是如何批量快速操作多个服务器。这里推荐笔者经常使用的文件分发利器 pssh。

2．pssh 简介

pssh 是一款开源的软件，使用 Python 实现，可用于操作服务器。

pssh 适合一次性向服务器集群发送相同指令（并观察输出）。

3．pssh 使用前提

连接远程主机可以通过 SSH 密钥无密码连接。

4．安装 pssh

在 pssh 的项目主页找到相应的版本，下载到服务器上，解压后执行 python setup.py 安装，这里推荐使用 yum 指令进行安装。

【实例 7-9】安装 pssh

使用 yum 指令安装 pssh 软件包，代码如下。

```
yum -y install pssh
```

具体输出如下。

```
[root@www.cli***.com ~]# yum -y install pssh
(中间代码略)                                                   1/1

Installed:
  pssh.noarch 0:2.3.1-5.el6

Complete!
[root@www.we***.com ~]# yum -y install pssh
Loaded plugins: fastestmirror
(中间代码略)
Complete!
```

查看 pssh 安装了哪些实用程序，代码如下。

```
[root@www.we***.com ~]# rpm -ql pssh |head -5
/usr/bin/pnuke
/usr/bin/prsync
/usr/bin/pscp.pssh
/usr/bin/pslurp
/usr/bin/pssh
```

pssh 安装了如下 5 个实用程序。

- pssh 在多个主机上并行地执行指令。
- pscp 把文件并行复制到多个主机上。
- prsync 通过 rsync 协议把文件高效地并行复制到多个主机上。
- pslurp 把文件从多个远程主机并行复制到中心主机上。
- pnuke 并行地在多个远程主机上杀死进程。

pssh 指令常用选项如表 7-4 所示。

表 7-4 pssh 指令常用选项

选项	说明
-h	执行指令的远程主机列表文件
-H	执行指令的主机，主机格式为 user@ip:port
-l	远程服务器的用户名
-p	一次最大允许多少连接
-P	执行时输出执行信息
-o	输出内容重定向到一个文件
-e	执行错误重定向到一个文件
-t	设置指令执行超时时间
-A	提示输入密码并且把密码传递给 SSH
-O	设置 SSH 的一些选项
-x	设置 SSH 额外的一些选项，不同选项间用空格分隔
-X	同-x，但是只能设置一个选项
-i	在每台主机执行完毕后显示标准输出和标准错误

7.4.2 pssh 运维实例精讲

列表文件内的信息格式是“IP 地址:端口”。如果本机和远程服务器使用的 SSH 服务端口一致，则可以省去端口，直接使用 IP 地址。

注意：列表文件内的服务器必须提前和本机建立 SSH 信任关系。

批量执行指令如下。

- -h list：指定执行指令的服务器列表。
- -A：表示提示输入密码。

```
[root@www.cli***.com ~]# cat /data/sh/hosts.info
192.168.1.16:22
192.168.1.18:22
```

【实例 7-10】批量查看主机负载信息

使用 pssh 指令批量查看主机负载信息，代码如下。

```
[root@www.cli***.com ~]# pssh -h /data/sh/hosts.info -l root -i 'uptime'
[1] 03:10:52 [SUCCESS] 192.168.1.18:22
 15:25:25 up  2:54,  1 user,  load average: 0.00, 0.00, 0.00
[2] 03:10:52 [SUCCESS] 192.168.1.16:22
 03:10:52 up  2:54,  1 user,  load average: 0.00, 0.00, 0.00
```

如果添加-A 选项，那么即使提前配置了 SSH 信任关系，也会提示输入密码。

【实例 7-11】批量查看分区相关信息

使用 pssh 指令的-A 选项查看远程主机磁盘分区信息。

```
[root@www.cli***.com ~]# pssh -A -h /data/sh/hosts.info -l root -i 'df -Thi'
Warning: do not enter your password if anyone else has superuser
privileges or access to your account.
Password:
[1] 03:15:19 [SUCCESS] 192.168.1.16:22
Filesystem     Type  Inodes IUsed IFree IUse% Mounted on
/dev/sda2      ext4    501K   35K  466K    7% /
tmpfs          tmpfs   234K     1  234K    1% /dev/shm
/dev/sda1      ext4     50K    14   50K    1% /boot/efi
/dev/sda5      ext4    643K    27  643K    1% /data
[2] 03:15:19 [SUCCESS] 192.168.1.18:22
Filesystem     Type  Inodes IUsed IFree IUse% Mounted on
/dev/sda2      ext4    501K   23K  478K    5% /
tmpfs          tmpfs   234K     1  234K    1% /dev/shm
/dev/sda1      ext4     50K    14   50K    1% /boot/efi
/dev/sda5      ext4    643K    13  643K    1% /data
```

【实例 7-12】批量上传文件或目录（**pscp.pssh** 指令）

批量上传本地文件/data/sh/passwd 到远程服务器上的/tmp 目录。

```
[root@www.cli***.com ~]# cp -av /etc/passwd /data/sh
`/etc/passwd' -> `/data/sh/passwd'
[root@www.cli***.com ~]# pscp.pssh -l root -h /data/sh/hosts.info /data/sh/
passwd  /tmp/
[1] 03:20:39 [SUCCESS] 192.168.1.16:22
[2] 03:20:39 [SUCCESS] 192.168.1.18:22
```

查看运行结果是否正确。

```
[root@www.cli***.com ~]# pssh -l root -h /data/sh/hosts.info -i "ls -lhrt /tmp
|tail -1"
[1] 03:21:59 [SUCCESS] 192.168.1.16:22
-rw-r--r--  1 root root 1020 May 30 03:20 passwd
[2] 03:21:59 [SUCCESS] 192.168.1.18:22
-rw-r--r--  1 root root 1020 Sep 21 15:35 passwd
```

【实例 7-13】批量上传多个文件

批量上传本地文件/root/a.log、/root/b.log、/root/c.log 到远程服务器上的/tmp 目录，代码如下。

```
[root@www.cli***.com ~]# touch {a..c}.log
[root@www.cli***.com ~]# ll {a..c}.log
-rw-r--r-- 1 root root 0 May 30 03:23 a.log
-rw-r--r-- 1 root root 0 May 30 03:23 b.log
-rw-r--r-- 1 root root 0 May 30 03:23 c.log

[root@www.cli***.com ~]# pscp.pssh -h /data/sh/hosts.info -l root /root/{a..c}.
log /tmp/
[1] 03:24:49 [SUCCESS] 192.168.1.16:22
[2] 03:24:49 [SUCCESS] 192.168.1.18:22
```

```
[root@www.cli***.com ~]# pssh -h /data/sh/hosts.info -l root -i 'ls -lhrt /tmp|
tail -3'
[1] 03:25:22 [SUCCESS] 192.168.1.16:22
-rw-r--r--  1 root root    0 May 30 03:24 a.log
-rw-r--r--  1 root root    0 May 30 03:24 c.log
-rw-r--r--  1 root root    0 May 30 03:24 b.log
[2] 03:25:22 [SUCCESS] 192.168.1.18:22
-rw-r--r--  1 root root    0 Sep 21 15:39 a.log
-rw-r--r--  1 root root    0 Sep 21 15:39 b.log
-rw-r--r--  1 root root    0 Sep 21 15:39 c.log
```

或者使用如下代码。

```
[root@www.cli***.com ~]# pscp.pssh -h /data/sh/hosts.info -l root /root/{a.log,b.
log,c.log} /tmp/
[1] 03:26:24 [SUCCESS] 192.168.1.16:22
[2] 03:26:24 [SUCCESS] 192.168.1.18:22
[root@www.cli***.com ~]# pssh -h /data/sh/hosts.info -l root -i 'ls -lhrt /tmp|
tail -3'
[1] 03:26:29 [SUCCESS] 192.168.1.16:22
-rw-r--r--  1 root root    0 May 30 03:26 b.log
-rw-r--r--  1 root root    0 May 30 03:26 a.log
-rw-r--r--  1 root root    0 May 30 03:26 c.log
[2] 03:26:29 [SUCCESS] 192.168.1.18:22
-rw-r--r--  1 root root    0 Sep 21 15:40 a.log
-rw-r--r--  1 root root    0 Sep 21 15:40 b.log
-rw-r--r--  1 root root    0 Sep 21 15:40 c.log
```

【实例 7-14】批量上传目录

创建测试文件和目录，代码如下。

```
[root@www.cli***.com ~]# mkdir -pv dir_a
mkdir: created directory `dir_a'
[root@www.cli***.com ~]# mv -v {a..c}.log dir_a/
`a.log' -> `dir_a/a.log'
`b.log' -> `dir_a/b.log'
`c.log' -> `dir_a/c.log'
```

批量上传本地目录 dir_a 到远程服务器上的/tmp 目录（上传目录需要添加-r 选项），错误用法示例，代码如下。

```
[root@www.cli***.com ~]# pscp.pssh -r /root/dir_a/ -h /data/sh/hosts.info -l
root /tmp/
Usage: pscp.pssh [OPTIONS] local remote

pscp.pssh: error: Hosts not specified.
```

注意，传参一定要符合 pssh 语法，代码如下。

```
[root@www.cli***.com ~]# pscp.pssh -h /data/sh/hosts.info -l root -r /root/dir_
a/ /tmp/
[1] 03:29:18 [SUCCESS] 192.168.1.16:22
[2] 03:29:18 [SUCCESS] 192.168.1.18:22
[root@www.cli***.com ~]# pssh -h /data/sh/hosts.info -l root -i  "ls -lhrt /tmp/
dir_a/*|tail -1"
[1] 03:31:07 [SUCCESS] 192.168.1.16:22
-rw-r--r-- 1 root root 0 May 30 03:29 /tmp/dir_a/c.log
[2] 03:31:07 [SUCCESS] 192.168.1.18:22
-rw-r--r-- 1 root root 0 Sep 21 15:43 /tmp/dir_a/c.log
[root@www.cli***.com ~]# pssh -h /data/sh/hosts.info -l root -i  "ls -lhrt /tmp/
dir_a/*|tail -3"
[1] 03:31:10 [SUCCESS] 192.168.1.16:22
-rw-r--r-- 1 root root 0 May 30 03:29 /tmp/dir_a/b.log
-rw-r--r-- 1 root root 0 May 30 03:29 /tmp/dir_a/a.log
-rw-r--r-- 1 root root 0 May 30 03:29 /tmp/dir_a/c.log
```

```
[2] 03:31:11 [SUCCESS] 192.168.1.18:22
-rw-r--r-- 1 root root 0 Sep 21 15:43 /tmp/dir_a/b.log
-rw-r--r-- 1 root root 0 Sep 21 15:43 /tmp/dir_a/a.log
-rw-r--r-- 1 root root 0 Sep 21 15:43 /tmp/dir_a/c.log
```

【实例 7-15】批量上传多目录到远程主机

创建测试文件和目录，代码如下。

```
[root@www.cli***.com ~]# mkdir -pv  dir_{b..d}
mkdir: created directory `dir_b'
mkdir: created directory `dir_c'
mkdir: created directory `dir_d'
```

批量上传本地目录/root/dir_b/、/root/dir_c/、/root/dir_d/到远程服务器上的/tmp 目录，代码如下。

```
[root@www.cli***.com ~]# pscp.pssh -h /data/sh/hosts.info -l root -r /root/dir_b/ /root/dir_c/ /root/dir_d /tmp/
[1] 03:36:35 [SUCCESS] 192.168.1.16:22
[2] 03:36:35 [SUCCESS] 192.168.1.18:22
```

或者使用如下代码。

```
[root@www.cli***.com ~]# pscp.pssh -h /data/sh/hosts.info -l root -r /root/{dir_b,/dir_c,dir_d} /tmp/
[1] 03:37:18 [SUCCESS] 192.168.1.16:22
[2] 03:37:18 [SUCCESS] 192.168.1.18:22
[root@www.cli***.com ~]# pssh -h /data/sh/hosts.info -l root -i  "ls -lhrt /tmp/|tail -3"          [1] 03:37:43 [SUCCESS] 192.168.1.16:22
drwxr-xr-x  2 root root 4.0K May 30 03:36 dir_b
drwxr-xr-x  2 root root 4.0K May 30 03:36 dir_d
drwxr-xr-x  2 root root 4.0K May 30 03:36 dir_c
[2] 03:37:43 [SUCCESS] 192.168.1.18:22
drwxr-xr-x  2 root root 4.0K Sep 21 15:51 dir_b
drwxr-xr-x  2 root root 4.0K Sep 21 15:51 dir_c
drwxr-xr-x  2 root root 4.0K Sep 21 15:51 dir_d
```

【实例 7-16】批量下载多个文件到本地目录。

pslurp 的作用是从多台远程服务器复制文件到本地，基本语法如下。

```
pslurp -h ip文件  -L 本地目录 远程文件 本地文件名
```

将/root/hosts.info 列出的主机上的/etc/passwd 文件复制到本机的 bak/目录中，并取名为 passwd，代码如下。

```
1   [root@laohan-zabbix-server ~]# cat /root/hosts.info
2   172.16.0.16:51518
3   172.16.0.5:51518
4   [root@laohan-zabbix-server ~]# pslurp -h /root/hosts.info -l root  -L bak /etc/passwd passwd
5   [1] 22:30:24 [SUCCESS] 172.16.0.5:51518
6   [2] 22:30:24 [SUCCESS] 172.16.0.16:51518
7   [root@laohan-zabbix-server ~]# tree  bak/
8   bak/
9   |-- 172.16.0.16
10  |   `-- passwd
11  `-- 172.16.0.5
12      `-- passwd
13
14  2 directories, 2 files
```

上述代码第 2～3 行为远程 IP 地址和端口内容，第 4 行表示将远程目录下的/etc/passwd 文件复制到本地的 bak/目录中，第 7～14 行为输出结果。

【实例 7-17】并行终止进程。

pnuke 的基本使用方法如下。

- pnuke 并行地在多个远程主机上终止进程。
- pnuke 的选项与 pssh 一样，只是最后的字符串为要终止的进程名。

将/data/sh/hosts.info 列出的主机上的 httpd 进程终止，代码如下。

```
[root@www.cli***.com ~]# pnuke -h /data/sh/hosts.info httpd
[1] 00:43:14 [SUCCESS] 192.168.1.16:22
[2] 00:43:15 [SUCCESS] 192.168.1.18:22
```

7.5 自动化运维工具之 rsync

1. rsync 基础知识

rsync 是一款实现远程同步功能的软件。它在同步文件的同时，可以保持原来文件的权限、时间、软硬链接等附加信息。rsync 用“rsync 算法”提供了一个客户端和远程文件服务器的文件同步的快速方法，而且可以通过 SSH 方式来传输文件，其保密性也非常好，并且它还是免费的。

rsync 包括如下的一些特性。

- 能更新整个目录树和文件系统。
- 有选择性地保持符号软链接、硬链接、权限、设备以及时间等。
- 对于安装来说，无任何特殊权限要求。
- 对于多个文件来说，内部流水线可减少文件等待的延时。
- 能用 rsh、ssh 或直接端口作为输入端口。
- 支持匿名 rsync 同步文件，是理想的镜像工具。

rsync 同样是一个在类 UNIX 和 Windows 操作系统上通过网络在系统间同步文件夹和文件的网络协议。rsync 可以复制或者显示目录并复制文件。rsync 默认监听 TCP 873 端口，通过远程 Shell 如 rsh 和 SSH 复制文件。rsync 必须在远程和本地服务器上都安装。

2. rsync 的优点

rsync 的优点如下。

- 速度：rsync 最初会在本地和远程服务器之间复制所有内容。下次，只会传输发生改变的块或者字节。
- 安全：rsync 可以通过 SSH 加密数据。
- 低带宽：rsync 可以在两端压缩和解压数据块。

rsync 基本使用语法如下所示。

```
#rsync [options] source path destination path
```

7.5.1 关于构建备份服务器的一些思考

背景需求：要求每晚汇总各服务器的操作日志，同步到主服务器进行日志分析。读者想到的方案是什么呢？

思考 1：为什么要备份数据

作为企业的 IT 技术人员，在桌面支持人员安装完操作系统之后，还需要安装相关的第三方软件，此时就需要制作一个基于 Ghost 的系统镜像，以便下次安装相同配置服务器的时候直接采用 Ghost 恢复即可。不用再按照传统的方法，先安装操作系统，然后安装第三方应用程序，耗时多，效率非常低。此时基于操作系统镜像的备份就显得尤为重要了。

思考 2：要备份什么

- Web App 部署程序配置文件。
- MySQL 数据库部署程序及其配置文件。
- MySQL 数据文件。
- MySQL 的 binlog 日志、慢查询日志以及错误日志。
- 系统的安全日志、内核的日志、sudo 的日志、rsyslog 日志。
- 应用程序日志。
- 静态数据文件。

思考 3：如何备份

根据时间维度划分。

- 实时备份（同步备份）。
- 非实时备份（异步备份）。

根据地域划分。

- 同 IDC 备份部署。
- 跨 IDC 备份部署。

思考 4：备份策略

（1）备份保留时间。

一个月，一年或者是永久？

（2）备份恢复校验。

- 一个月演练一次，半年演练一次？
- 这里牵扯到备份有效性和备份时效性的一个校验。

5.2 搭建 rsync 备份服务器

rsync 备份相关信息如表 7-5 所示。

表 7-5 rsync 备份相关信息

角色	操作系统和内核信息	主机名	IP 地址
rsync 服务器	CentOS 6.9 x86_64	www.rsync***.com	192.168.0.116
rsync 客户端	CentOS 6.9 x86_64	www.we***.com	192.168.0.118

1. 安装 rsync 软件

使用 yum 指令安装 rsync 软件，代码如下。

```
[root@www.rsync***.com ~]# yum -y install rsync
[root@www.we***.com ~]# yum -y install rsync
```

2. 配置 rsync 服务配置文件

配置文件基本规则说明。

配置文件 rsyncd.conf 由全局配置和若干模块配置组成。配置文件的语法要求如下。

- 模块以[模块名]开始。
- 选项配置行的格式是 name = value，其中 value 可以有两种数据类型：字符串（可以不用引号标注字符串）、布尔值（1/0 或 yes/no 或 true/false）。
- 以“#”或“;”开始的行为注释。
- “\”为续行符。

rsync 主要有以下 3 个配置文件：rsyncd.conf（主配置文件）、rsyncd.secrets（密码文件）、rsyncd.motd（rysnc 服务器信息文件）。

主配置文件（/etc/rsyncd.conf）默认不存在，需要创建。

3. 具体步骤

配置 rsync 服务器的步骤如下。

```
[root@www.rsync***.com ~]# cd /etc/
[root@www.rsync***.com /etc]# mkdir rsync.d
cd rsync.d/ [root@www.rsync***.com /etc]# cd rsync.d/
[root@www.rsync***.com /etc/rsync.d]# touch rsyncd.conf
touch rsyncd.secrets
[root@www.rsync***.com /etc/rsync.d]# touch rsyncd.secrets
[root@www.rsync***.com /etc/rsync.d]# touch rsyncd.motd
[root@www.rsync***.com /etc/rsync.d]# chmod 600 rsyncd.secrets
```

（1）将 rsyncd.secrets 这个密码文件的文件属性设为“root”，代码如下。

```
[root@www.rsync***.com /etc/rsync.d]# ll
total 0
-rw-r--r-- 1 root root 0 Sep 27 01:19 rsyncd.conf
-rw-r--r-- 1 root root 0 Sep 27 01:19 rsyncd.motd
-rw------- 1 root root 0 Sep 27 01:19 rsyncd.secrets
[root@www.rsync***.com /etc/rsync.d]# pwd
/etc/rsync.d
[root@www.rsync***.com /etc/rsync.d]# tree
.
├── rsyncd.conf
├── rsyncd.motd
└── rsyncd.secrets

0 directories, 3 files
```

（2）以下是 rsyncd.conf 的配置。

```
[root@www.rsync***.com ~]# cat /etc/rsync.d/rsyncd.conf
#DataTime:2017-09-27
#Author:hanyanwei
#site:www.boo***.vip
#mobile 13718060***
port = 873
address = 192.168.0.116  #修改为自己的 IP
uid = root
gid = root
use chroot = yes
read only = no

#limit access to private LANs
hosts allow=*
hosts deny=*
```

```
max connections = 5
motd file = /etc/rsync.d/rsyncd.motd

#This will give you a separate log file
#log file = /var/log/rsync.log
#This will log every file transferred - up to 85,000+ per user, per sync
#transfer logging = yes
log format = %t %a %m %f %b
syslog facility = local3
timeout = 300

[www.we***.com]
path = /data/web-bak/www.we***.com/
list=yes
ignore errors
auth users = rsync-user
secrets file = /etc/rsync.d/rsyncd.secrets
comment = back www.we***.com site-date
#exclude = git/
```

（3）以下是 rsyncd.secrets 的配置（**rsync 服务器**）。

```
[root@www.rsync***.com ~]# cat /etc/rsync.d/rsyncd.secrets
rsync-user:123456
[root@www.rsync***.com ~]# grep "auth users" /etc/rsync.d/rsyncd.conf
auth users = rsync-user
```

注意：如果在 rsyncd.conf 里面配置了 auth users = rsync-user，则它的优先级比写在/etc/rsync.d/rsyncd.secrets 里面的优先级要高，/etc/rsyncd.pass 内密码需要和服务器内/etc/rsyncd.pass 指定用户的密码保持一致，以下是 rsyncd.secrets 的配置（rsync 客户端）。

```
[root@www.we***.com ~]# cat /etc/rsyncd.pass
123456
```

（4）以下是 rsyncd.motd 的配置。

```
[root@www.rsync***.com ~]# cat /etc/rsync.d/rsyncd.motd
+++++++++++++++++++++++++++++++++++++++++++++
Welcome to use the www.boo***.vip  rsync services!
          centos6.3 rsync-user
+++++++++++++++++++++++++++++++++++++++++++++
```

（5）脚本如下。

```
[root@www.rsync***.com ~]# cat /etc/init.d/rsync
#!/bin/bash
#
# rsyncd     This shell script takes care of starting and stopping
#           standalone rsync.
#
# chkconfig: - 99 50
# description: rsync is a file transport daemon
# processname: rsync
# config: /etc/rsync.d/rsyncd.conf
# Source function library
. /etc/rc.d/init.d/functions
RETVAL=0
rsync="/usr/bin/rsync"
prog="rsync"
CFILE="/etc/rsync.d/rsyncd.conf"
start() {
       # Start daemons.
       [ -x $rsync ] || \
```

```
        { echo "FATAL: No such programme";exit 4; }
    [ -f $CFILE ] || \
        { echo "FATAL: config file does not exist";exit 6; }
    echo -n $"Starting $prog: "
    daemon $rsync --daemon --config=$CFILE
    RETVAL=$?
    [ $RETVAL -eq 0 ] && touch /var/lock/subsys/$prog
    echo
    return $RETVAL
}
stop() {
    # Stop daemons.
    echo -n $"Stopping $prog: "
    killproc $prog -QUIT
    RETVAL=$?
    echo
    [ $RETVAL -eq 0 ] && rm -f /var/lock/subsys/$prog
    return $RETVAL
}
# call the function we defined
case "$1" in
  start)
    start
    ;;
  stop)
    stop
    ;;
  restart|reload)
    stop
    start
    RETVAL=$?
    ;;
  status)
    status $prog
    RETVAL=$?
    ;;
  *)
    echo $"Usage: $0 {start|stop|restart|reload|status}"
    exit 2
esac
exit $RETVAL
```

（6）测试连接。

在 rsync 客户端和 rsync 服务器均可以做测试。

```
[root@www.rsync***.com ~]# rsync --list-only rsync-user@192.168.0.116::www.we***.com
++++++++++++++++++++++++++++++++++++++++++++++
Welcome to use the www.boo***.vip  rsync services!
         centos6.3 rsync-user
++++++++++++++++++++++++++++++++++++++++++++++

Password:
drwxr-xr-x        4096 2017/09/27 01:51:33 .
-rw-r--r--         935 2017/09/22 16:40:54 passwd
----------         625 2017/09/22 16:40:54 shadow
[root@www.we***.com ~]# rsync --list-only rsync-user@192.168.0.116::www.we***.com
++++++++++++++++++++++++++++++++++++++++++++++
Welcome to use the www.boo***.vip  rsync services!
           centos6.3 rsync-user
++++++++++++++++++++++++++++++++++++++++++++++

Password:
drwxr-xr-x        4096 2017/09/27 01:51:33 .
```

```
-rw-r--r--         935 2017/09/22 16:40:54 passwd
----------         625 2017/09/22 16:40:54 shadow
```

（7）执行同步测试。

客户端向服务器传输文件，如果是 873 端口，可以把--port 去掉，代码如下。

```
[root@www.we***.com ~]# rsync -vzrtopg --delete --progress /etc/{passwd,shadow} rsyn
c-user@192.168.0.116::www.we***.com  --password-file=/etc/rsyncd.pass --port=873
++++++++++++++++++++++++++++++++++++++++++++
Welcome to use the www.boo***.vip  rsync services!
        centos6.3 rsync-user
++++++++++++++++++++++++++++++++++++++++++++

sending incremental file list

sent 46 bytes  received 8 bytes  108.00 bytes/sec
total size is 1560  speedup is 28.89
```

若有需要也可以从服务器获取文件，需要把服务器的/etc/rsyncd/rsyncd.conf 中的 write only = yes 去掉。

（8）最后，需要把 rsync 服务添加到开机启动，具体代码如下。

```
[root@www.rsync***.com ~]# echo "/usr/bin/rsync --daemon  --config=/etc/rsync.d
/rsyncd.conf">>/etc/rc.local
[root@www.rsync***.com ~]# tail -1 /etc/rc.local
/usr/bin/rsync --daemon  --config=/etc/rsync.d/rsyncd.conf
```

5.3 rsync 服务器常用配置

rsync 是一个远程同步工具，可以通过 LAN\WAN 快速同步多台主机间的文件，它使用 rsync 算法让本地和远程两个主机之间的文件同步。rsync 算法是增量算法，即只同步两个文件的不同部分，而不是每次同步整个文件，所以速度相当快，是 Linux 运维人员必须要熟练掌握的运维“利器”。

rsyncd.conf 配置文件选项如表 7-6 所示。

表 7-6　rsyncd.conf 配置文件选项

选项	说明
pid file = /var/run/rsyncd.pid	rsyncd 进程号位置
port = 873	运行端口，默认是 873
address =192.168.0.106	指定服务器 IP 地址
uid = nobodygid = nobdoy	服务器传输文件时使用的用户和组
read only = yes	只读
hosts	指定单个 IP 地址或整个网段
max connections = 5	客户端最大连接数
motd file	定义服务器信息
log file = /var/log/rsync.log	rsync 服务器的日志
transfer logging = yes	传输文件的日志
[rsync_backuphome]	模块，[name]形式
path = /home	指定文件目录所在位置（必须指定）

续表

选项	说明
auth users = rsync_backup	认证用户，服务器必须存在该用户
ignore errors	忽略 I/O 错误
secrets file	密码文件存储位置
comment	注释行
exclude	排除

7.5.4 rsync 多模块配置实例

在实际的运维工作中，我们采用 xinetd 方式对 rsync 进行管理，代码如下。

```
rsync Servimce Configuration
# vim /etc/xinetd.d/rsync
```

rsyncd.conf 是 rsyncd 的配置文件，代码如下。

```
# vim /etc/rsync.d/rsyncd.conf
   #uid = nobody
   #gid = nobody
   use chroot = yes
   max connections = 4
   pid file = /var/run/rsyncd.pid
   lock file = /var/run/rsync.lock
   log file = /var/log/rsyncd.log
    [cms]
    path = /data/sites/cms
    auth users = cms
    uid = cms
    gid = cms
    secrets file = /etc/rsyncd.secrets
    read only = no

    [nfs]
    path = /data/sites/nfs
    auth users = nfs
    uid = nfs
    gid = nfs
    secrets file = /etc/rsyncd.secrets
    read only = no

    [web]
    path = /data/sites/web
    auth users = web
    uid = web
    gid = web
    secrets file = /etc/rsyncd.secrets
    read only = no

    [nginx]
    path = /data/sites/nginx
    auth users = nginx
    uid = nginx
    gid = nginx
    secrets file = /etc/rsyncd.secrets
    read only = no
```

rsyncd.secrets 是 rsyncd 的密码文件，里面的用户名和密码就是 Linux 的用户名和密码。

```
# vim /etc/rsyncd.secrets
cms:any
nfs:any
web:any
nginx:any
```

以上是服务器的配置，开启这个服务以后，端口号是873。

以下是客户端的配置文件，是在另外一台计算机上的，文件名可以由用户进行更改。

```
# vim /data/sites/sites_rsyncd
    #!/bin/bash
    rsync -tvzrp --progress --password-file=/data/sites/rsyncd.secrets --delete
--exclude /data/sites/cms/logs cms@192.168.0.116::cms  /data/sites/cms/
    rsync -tvzrp --progress --password-file=/data/sites/rsyncd.secrets --delete
--exclude /data/sites/nfs/logs nfs@192.168.0.116::nfs  /data/sites/nfs/
    rsync -tvzrp --progress --password-file=/data/sites/rsyncd.secrets --delete
--exclude /data/sites/web/logs web@192.168.0.116::web  /data/sites/web/
    rsync -tvzrp --progress --password-file=/data/sites/rsyncd.secrets --delete
--exclude /data/sites/nginx/logs nginx@192.168.0.116::nginx  /data/sites/nginx/
# chmod 744 /data/sites/sites_rsyncd
# vim /data/sites/rsyncd.secrets
  any
# chmod 600 /data/sites/rsyncd.secrets
```

1. rsync 指令的用法

在配置完rsync服务器后，就可以从客户端使用rsync指令来实现各种同步的操作。rsync有很多功能选项，下面介绍一下常用的选项。

rsync 的指令格式如下。

```
1 rsync [OPTION]... SRC [SRC]...  [USER@]HOST:DEST
2 rsync [OPTION]... [USER@]HOST:SRC DEST
3 rsync [OPTION]... SRC [SRC]... DEST
4 rsync [OPTION]... [USER@]HOST::SRC [DEST]
5 rsync [OPTION]... SRC [SRC]...  [USER@]HOST::DEST
6 rsync [OPTION]... rsync://[USER@]HOST[:PORT]/SRC [DEST]
```

2. rsync 的 6 种不同工作模式

（1）复制本地文件，当SRC和DES路径信息都不包含“:”分隔符时，就使用这种模式。

（2）使用一个远程Shell程序（如rsh、SSH）来实现将本地服务器的内容复制到远程服务器。当DST路径地址包含“:”分隔符时，启动该模式。

（3）使用一个远程Shell程序（如rsh、SSH）来实现将远程服务器的内容复制到本地服务器。当SRC地址路径包含“:”分隔符时，启动该模式。

（4）从远程rsync服务器中复制文件到本地服务器。当SRC路径信息包含“::”分隔符时，启动该模式。

（5）从本地服务器复制文件到远程rsync服务器。当DST路径信息包含“::”分隔符时，启动该模式。

（6）列出远程服务器的文件列表。类似于rsync传输，不过要在指令中省略本地服务器信息。

下面以实例来说明。

```
# rsync -vazu -progress  user01@192.168.0.116:/user01/  /home
```

- -v：详细提示。
- -a：以archive模式操作，复制目录、符号链接。

- -z：压缩。
- -u：只进行更新，防止本地新文件被重写，注意服务器之间的时钟的同步。
- -progress：显示。

以上指令保持客户端上的/data/user01 目录和 rsync 服务器上的 user01 目录同步。该指令执行同步之前会要求输入 terry 账号的密码，这个账号是在 rsyncd.secrets 文件中定义的。如果想将这条指令写到一个脚本中，然后定时执行它，可以使用--password-file 选项，具体指令如下。

```
# rsync -vazu -progress --password-file=/etc/rsync.secret user01@192.168.0.116:/user
01/  /home
```

要使用--password-file 选项，就得先建立一个存放密码的文件，这里指定为/etc/rsync.secret，其内容很简单，代码如下。

```
user01:123456
```

要修改文件属性，代码如下。

```
# chmod 600 /etc/rsyncd.secrets
```

利用 rsync 保持 Linux 服务器间的文件同步实例如下。

假设有两台 Linux 服务器，分别是服务器 A（192.168.0.116）和服务器 B（192.168.0.118），服务器 A 中的/data/user01 和服务器 B 中的/data/user01 这两个目录需要保持同步。也就是当服务器 A 中文件发生改变后，服务器 B 中的文件也要对应去改变。

按上面的方法，在服务器 A 上安装 rsync，并将其配置为一台 rsync 服务器，将/data/user01 目录配置成 rsync 共享的目录。然后在服务器 B 上安装 rsync，因为 B 作为客户端，所以无须配置。然后在服务器 B 中建立以下脚本。

```
#!/bin/bash
/usr/local/rsync/bin/rsync -vazu -progress  --delete --password-file=/etc/rsync
.secret user01@192.168.0.116:/user01/  /home
```

将这个脚本保存为 rsync-ssh.sh，并加上可执行属性，代码如下。

```
# chmod 755 /root/rsync-ssh.sh
```

然后，通过 crontab 设定，让这个脚本每 30 分钟执行一次，代码如下。

```
# crontab -e
0,30 * * * *  /root/rsync-ssh.sh
```

上述代码表示服务器 B 在每个小时的 0 分和 30 分时都会自动执行一次 rsync-ssh.sh，rsync-ssh.sh 是负责保持服务器 B 和服务器 A 同步的。这样就保证了服务器 A 更新后的 30 分钟内，服务器 B 也可以取得和服务器 A 一样的最新数据。

7.5.5 rsync 常用命令

下面将介绍一些实际案例，理论和实践相结合地让读者掌握 rsync 的用法。

【实例 7-18】本地同步（复制）文件和目录

以下指令将本地计算机上的单个文件从一个位置同步到另一个位置。在此实例中，需要将文件名 hello_world.sh 复制或同步到/ tmp 目录下，具体代码实现如下。

```
[root@www.ansible.com ~]# rsync -zvh /data/sh/hello_world.sh  /tmp/
hello_world.sh

sent 107 bytes  received 31 bytes  92.00 bytes/sec
total size is 32  speedup is 0.23
[root@www.ansible.com ~]# ls -lh --full-time /data/sh/hello_world.sh  /tmp/hello_
world.sh
-rwxr-xr-x 1 root root 32 2017-05-12 11:08:47.566270097 +0800 /data/sh/hello_world.sh
-rwxr-xr-x 1 root root 32 2017-09-28 19:11:17.000615623 +0800 /tmp/hello_world.sh
```

【实例 7-19】同步或复制文件时保留其原有属性。

要求源文件和目标文件属性完全一致，可以使用-a 选项来实现，具体代码如下。

```
[root@www.ansible.com ~]# rsync -azvh /data/sh/hello_world.sh  /tmp/
sending incremental file list
hello_world.sh

sent 111 bytes  received 31 bytes  284.00 bytes/sec
total size is 32  speedup is 0.23
```

查看文件属性是否一致，代码如下。

```
[root@www.ansible.com ~]# ls -lh /data/sh/hello_world.sh  /tmp/hello_world.sh
-rwxr-xr-x 1 root root 32 May 12 11:08 /data/sh/hello_world.sh
-rwxr-xr-x 1 root root 32 May 12 11:08 /tmp/hello_world.sh
```

【实例 7-20】使用 SSH 将远程服务器中的文件复制到本地服务器

使用 SSH 将远程服务器中的文件复制到本地服务器，使用 rsync 指定协议时，协议名使用-e 选项指定即可，代码如下。

```
[root@www.ansible.com ~]# rsync -avzhe ssh root@192.168.0.118:/root/install.log /tmp/
The authenticity of host '192.168.0.118 (192.168.0.118)' can't be established.
RSA key fingerprint is a2:66:0e:b0:22:d9:71:85:f3:d2:8a:7a:a6:fe:92:14.
Are you sure you want to continue connecting (yes/no)? yes
Warning: Permanently added '192.168.0.118' (RSA) to the list of known hosts.
receiving incremental file list
install.log

sent 30 bytes  received 2.43K bytes  984.80 bytes/sec
total size is 8.85K  speedup is 3.59
```

查看同步后的文件，代码如下。

```
[root@www.ansible.com ~]# ls -lhrt /tmp/install.log
-rw-r--r-- 1 root root 8.7K Apr 15 23:43 /tmp/install.log
```

【实例 7-21】使用 SSH 将文件从本地服务器复制到远程服务器

将本地的 ansible.log 文件复制到远程服务器 192.168.0.118 的/tmp 目录下，代码如下。

```
[root@www.ansible.com ~]# echo 'www.ansible.com'>ansible.log
[root@www.ansible.com ~]# cat ansible.log
www.ansible.com
[root@www.ansible.com ~]#  rsync -avzhe ssh ansible.log root@192.168.0.118:/tmp/
sending incremental file list
ansible.log

sent 92 bytes  received 31 bytes  246.00 bytes/sec
total size is 16  speedup is 0.13
```

【实例 7-22】使用 rsync 传输数据时显示进度

为了在将数据从一台服务器传输到另一台服务器时显示进度，我们可以使用-progress 选项，它将显示文件和完成传输的剩余时间，代码如下。

```
[root@www.ansible.com ~]# rsync -avzhe ssh --progress ansible-bak root@192.168.0.
118:/tmp/
sending incremental file list

sent 412 bytes  received 21 bytes  866.00 bytes/sec
total size is 13.32K  speedup is 30.76
[root@www.ansible.com ~]#
[root@www.ansible.com ~]#
[root@www.ansible.com ~]# rsync -avzhe ssh --progress ansible-bak root@192.168.0.
118:/tmp/
sending incremental file list
ansible-bak/
ansible-bak/anaconda-ks.cfg
      1.08K 100%    0.00kB/s    0:00:00 (xfer#1, to-check=17/19)
ansible-bak/ansible.log
         16 100%    1.30kB/s    0:00:00 (xfer#2, to-check=16/19)
ansible-bak/install.log
      8.85K 100%  205.66kB/s    0:00:00 (xfer#3, to-check=15/19)
ansible-bak/install.log.syslog
      3.38K 100%   53.30kB/s    0:00:00 (xfer#4, to-check=14/19)
ansible-bak/192.168.1.16/
ansible-bak/192.168.1.16/pslurp
          0 100%    0.00kB/s    0:00:00 (xfer#5, to-check=5/19)
ansible-bak/192.168.1.18/
ansible-bak/192.168.1.18/bak
          0 100%    0.00kB/s    0:00:00 (xfer#6, to-check=4/19)
ansible-bak/192.168.1.18/pslurp
          0 100%    0.00kB/s    0:00:00 (xfer#7, to-check=3/19)
ansible-bak/dir_a/
ansible-bak/dir_a/a.log
          0 100%    0.00kB/s    0:00:00 (xfer#8, to-check=2/19)
ansible-bak/dir_a/b.log
          0 100%    0.00kB/s    0:00:00 (xfer#9, to-check=1/19)
ansible-bak/dir_a/c.log
          0 100%    0.00kB/s    0:00:00 (xfer#10, to-check=0/19)
ansible-bak/dir_b/
ansible-bak/dir_c/
ansible-bak/dir_d/
ansible-bak/dir_e/
ansible-bak/dir_f/

sent 4.44K bytes  received 238 bytes  3.12K bytes/sec
total size is 13.32K  speedup is 2.85
```

上述代码中，将本机的ansible-bak目录同步和备份到远程主机192.168.0.118的/tmp/目录。

【实例 7-23】使用--include 和--exclude 选项

--include 和--exclude 选项可以自定义包含和排除特定的文件。

- --exclude 选项排除源目录中要传输的文件。
- --include 选项指定要传输的文件。

使用 rsync 指令将排除的以"192.168.1"和"dir"开头的所有文件和目录信息同步到远程主机192.168.0.118的/tmp目录，创建测试文件代码如下。

```
[root@www.ansible.com ~]# ll /root/ansible-bak/
total 56
drwxr-xr-x  2 root root 4096 Sep 22 16:19 192.168.1.16
drwxr-xr-x  2 root root 4096 Sep 22 16:21 192.168.1.18
-rw-------. 1 root root 1076 Apr 15 23:43 anaconda-ks.cfg
-rw-r--r--  1 root root   16 Sep 28 19:27 ansible.log
drwxr-xr-x  2 root root 4096 May 30 19:27 dir_a
drwxr-xr-x  2 root root 4096 May 30 19:33 dir_b
```

```
drwxr-xr-x  2 root root 4096 May 30 19:33 dir_c
drwxr-xr-x  2 root root 4096 May 30 19:33 dir_d
drwxr-xr-x  2 root root 4096 May 30 19:33 dir_e
drwxr-xr-x  2 root root 4096 May 30 19:33 dir_f
-rw-r--r--. 1 root root 8845 Apr 15 23:43 install.log
-rw-r--r--. 1 root root 3384 Apr 15 23:42 install.log.syslog
```

具体实现代码如下。

```
[root@www.ansible.com ~]# rsync -avz      --delete --exclude "192.168.1.*/"
--exclude "dir_*/" /root/ansible-bak --progress root@192.168.0.118:/tmp
sending incremental file list
ansible-bak/
ansible-bak/anaconda-ks.cfg
      1076 100%    0.00kB/s    0:00:00 (xfer#1, to-check=3/5)
ansible-bak/ansible.log
        16 100%    7.81kB/s    0:00:00 (xfer#2, to-check=2/5)
ansible-bak/install.log
      8845 100%    1.69MB/s    0:00:00 (xfer#3, to-check=1/5)
ansible-bak/install.log.syslog
      3384 100%  550.78kB/s    0:00:00 (xfer#4, to-check=0/5)

sent 3968 bytes  received 92 bytes  8120.00 bytes/sec
total size is 13321  speedup is 3.28
```

到同步的目标服务器查看同步目录是否正确，代码如下。

```
[root@www.we***.com ~]# ip ro|grep 'src'|awk '{print $NF}'
192.168.0.118
[root@www.we***.com ~]# ll /tmp/ansible-bak/
total 24
-rw------- 1 root root 1076 Apr 15 23:43 anaconda-ks.cfg
-rw-r--r-- 1 root root   16 Sep 28 19:27 ansible.log
-rw-r--r-- 1 root root 8845 Apr 15 23:43 install.log
-rw-r--r-- 1 root root 3384 Apr 15 23:42 install.log.syslog
```

可以看到，192.168.0.118 这台服务器的/tmp/ansible-bak 目录内并没有以“192.168.1”开头的目录和以“dir”开头的目录。

【实例 7-24】排除特定类型的文件。

同步时排除/root/ansible-bak 目录内以“192”开头、扩展名为“.log”和“.txt”的文件，同步剩余 ansible-bak 目录到 192.168.0.118 这台服务器的/tmp 目录下，创建一些测试文件，代码如下。

```
[root@www.ansible.com ~]# cd /root/ansible-bak
[root@www.ansible.com ~/ansible-bak]# pwd
/root/ansible-bak
[root@www.ansible.com ~/ansible-bak]# touch {1..3}.txt
[root@www.ansible.com ~/ansible-bak]# touch {a..c}.log
[root@www.ansible.com ~/ansible-bak]# ll *.txt;ll *.log
-rw-r--r-- 1 root root 0 Sep 28 22:18 1.txt
-rw-r--r-- 1 root root 0 Sep 28 22:18 2.txt
-rw-r--r-- 1 root root 0 Sep 28 22:18 3.txt
-rw-r--r--  1 root root    0 Sep 28 22:18 a.log
-rw-r--r--  1 root root   16 Sep 28 19:27 ansible.log
-rw-r--r--  1 root root    0 Sep 28 22:18 b.log
-rw-r--r--  1 root root    0 Sep 28 22:18 c.log
-rw-r--r--. 1 root root 8845 Apr 15 23:43 install.log
```

排除文件类型演示，代码如下。

```
[root@www.ansible.com ~]# rsync -avz  --progress --exclude="192*" --exclude="*.log"
--exclude="*.txt"  --exclude="dir*"  /root/ansible-bak  root@192.168.0.118:/tmp/
sending incremental file list
```

```
ansible-bak/
ansible-bak/anaconda-ks.cfg
        1076 100%    0.00kB/s    0:00:00 (xfer#1, to-check=1/3)
ansible-bak/install.log.syslog
        3384 100%    1.08MB/s    0:00:00 (xfer#2, to-check=0/3)

sent 1443 bytes  received 54 bytes  2994.00 bytes/sec
total size is 4460  speedup is 2.98
```

查看/root/ansible-bak目录内文件，代码如下。

```
[root@www.ansible.com ~]# ll /root/ansible-bak/
total 56
drwxr-xr-x  2 root root 4096 Sep 22 16:19 192.168.1.16
drwxr-xr-x  2 root root 4096 Sep 22 16:21 192.168.1.18
-rw-r--r--  1 root root    0 Sep 28 22:18 1.txt
-rw-r--r--  1 root root    0 Sep 28 22:18 2.txt
-rw-r--r--  1 root root    0 Sep 28 22:18 3.txt
-rw-r--r--  1 root root    0 Sep 28 22:18 a.log
-rw-------. 1 root root 1076 Apr 15 23:43 anaconda-ks.cfg
-rw-r--r--  1 root root   16 Sep 28 19:27 ansible.log
-rw-r--r--  1 root root    0 Sep 28 22:18 b.log
-rw-r--r--  1 root root    0 Sep 28 22:18 c.log
drwxr-xr-x  2 root root 4096 May 30 19:27 dir_a
drwxr-xr-x  2 root root 4096 May 30 19:33 dir_b
drwxr-xr-x  2 root root 4096 May 30 19:33 dir_c
drwxr-xr-x  2 root root 4096 May 30 19:33 dir_d
drwxr-xr-x  2 root root 4096 May 30 19:33 dir_e
drwxr-xr-x  2 root root 4096 May 30 19:33 dir_f
-rw-r--r--. 1 root root 8845 Apr 15 23:43 install.log
-rw-r--r--. 1 root root 3384 Apr 15 23:42 install.log.syslog
```

登录目标服务器查看同步结果是否正确，代码如下。

```
[root@www.we***.com ~]# ll /tmp/ansible-bak/
total 8
-rw------- 1 root root 1076 Apr 15 23:43 anaconda-ks.cfg
-rw-r--r-- 1 root root 3384 Apr 15 23:42 install.log.syslog
```

可以看到，同步结果完全正确，达到了预期，作用很明显。此实例在日常运维工作中使用较多，读者务必多加练习。

【实例7-25】--include和--exclude结合使用

同步/root/ansible-bak目录中以“dir”开头的文件，排除其他的任意文件，并同步到远程服务器192.168.0.118的/tmp/目录中，代码如下。

```
[root@www.ansible.com ~/ansible-bak]# rsync -avze ssh --include 'dir*' --exclude '*.*' /root/ansible-bak  root@192.168.0.118:/tmp/
sending incremental file list
ansible-bak/
ansible-bak/dir_a/
ansible-bak/dir_b/
ansible-bak/dir_c/
ansible-bak/dir_d/
ansible-bak/dir_e/
ansible-bak/dir_f/
sent 144 bytes  received 40 bytes  122.67 bytes/sec
total size is 0  speedup is 0.00
```

登录目标服务器查看同步结果，代码如下。

```
[root@www.we***.com ~]# ll /tmp/ansible-bak/
total 24
drwxr-xr-x 2 root root 4096 May 30 19:27 dir_a
```

```
drwxr-xr-x 2 root root 4096 May 30 19:33 dir_b
drwxr-xr-x 2 root root 4096 May 30 19:33 dir_c
drwxr-xr-x 2 root root 4096 May 30 19:33 dir_d
drwxr-xr-x 2 root root 4096 May 30 19:33 dir_e
drwxr-xr-x 2 root root 4096 May 30 19:33 dir_f
```

可以看到目标服务器/tmp/ansible-bak 目录内文件和 rsync 执行的指令结果预期是一模一样的。

【实例 7-26】--include 和--exclude 运维经验谈

将--include 选项和--exclude 选项结合使用，把某些类型的文件同步到另一个位置，代码如下。

```
rsync --exclude=*.* --include=*.文件后缀名位置 1 位置 2 -r
```

上述代码不起作用，把--include 放到--exclude 前面就可以了。

```
rsync --include=*.文件后缀名 --exclude=*.*   位置 1 位置 2 -r
```

如果是多种类型的文件包含，使用多个--include。

```
rsync --include=*.文件后缀名 1 --include=*.文件后缀名 2 --exclude=*.*   位置 1 位置 2 -r
```

【实例 7-27】使用--delete 选项

使用--delete 选项，如果文件或目录不存在于源目录，但已存在于目标目录，则可能需要在同步时删除目标的现有文件/目录，代码如下。

```
[root@www.ansible.com ~]# cd /root/ansible-bak/
[root@www.ansible.com ~/ansible-bak]# pwd
/root/ansible-bak
[root@www.ansible.com ~/ansible-bak]# ll
total 0
[root@www.ansible.com ~/ansible-bak]# echo 'Welcome bo visit http://www.booxin.vip'>
booxin.log
[root@www.ansible.com ~/ansible-bak]# cat booxin.log
welcome bo visit http://www.booxin.vip
[root@www.ansible.com ~/ansible-bak]# rsync -avz --progress --delete /root/ansible-
bak root@192.168.0.118:/tmp/
sending incremental file list
ansible-bak/
deleting ansible-bak/dir_f/
deleting ansible-bak/dir_e/
deleting ansible-bak/dir_d/
deleting ansible-bak/dir_c/
deleting ansible-bak/dir_b/
deleting ansible-bak/dir_a/
ansible-bak/booxin.log
          39 100%    0.00kB/s    0:00:00 (xfer#1, to-check=0/2)

sent 151 bytes  received 35 bytes  372.00 bytes/sec
```

登录目标服务器查看相关内容，代码如下。

```
[root@www.we***.com ~]# ll /tmp/ansible-bak/
total 4
-rw-r--r-- 1 root root 39 Sep 28 22:48 booxin.log
[root@www.we***.com ~]# cat /tmp/ansible-bak/booxin.log
welcome bo visit
```

上述实例中，源服务器内的 ansible-bak 目录只有一个文件，就是 booxin.log，而目标服务器有以“dir”开头的多个目录，则以源服务器为基准点，同步源服务器的 ansible-bak

目录到目标服务器 192.168.0.118 的/tmp 目录。

注意： 这里的同步指的是无差异的同步，也就是基于镜像的同步，源服务器的内容和目标服务器的内容是完全一样的。

【实例 7-28】同步时限速

借助--bwlimit 选项，可以在将数据从一台服务器传输到另一台服务器时设置带宽限制。

--bwlimit 选项可以限制带宽，在这个例子中，最大文件大小是 100KB，所以这条指令只能转移等于或小于 100KB 的那些文件，首先要创建一些测试文件，代码如下。

```
[root@www.ansible.com ~/ansible-bak]# dd if=/dev/zero of=./a.log bs=1M count=10
10+0 records in
10+0 records out
10485760 bytes (10 MB) copied, 0.374983 s, 28.0 MB/s
[root@www.ansible.com ~/ansible-bak]# ls -lh a.log
-rw-r--r-- 1 root root 10M Sep 28 22:56 a.log
[root@www.ansible.com ~/ansible-bak]# dd if=/dev/zero of=./b.log bs=1M count=10
10+0 records in
10+0 records out
10485760 bytes (10 MB) copied, 0.367976 s, 28.5 MB/s
[root@www.ansible.com ~/ansible-bak]# dd if=/dev/zero of=./c.log bs=1M count=10
10+0 records in
10+0 records out
10485760 bytes (10 MB) copied, 0.37402 s, 28.0 MB/s
[root@www.ansible.com ~/ansible-bak]# ls -lh *.log
-rw-r--r-- 1 root root 10M Sep 28 22:56 a.log
-rw-r--r-- 1 root root 10M Sep 28 22:56 b.log
-rw-r--r-- 1 root root  39 Sep 28 22:48 booxin.log
-rw-r--r-- 1 root root 10M Sep 28 22:56 c.log
```

限速测试代码如下。

```
[root@www.ansible.com ~]#  rsync -avz --progress --bwlimit=100 /root/ansible-bak
root@192.168.0.118:/tmp/
sending incremental file list
ansible-bak/
ansible-bak/a.log
   10485760 100%   27.54MB/s    0:00:00 (xfer#1, to-check=19/21)
ansible-bak/auto_ssh.sh
        365 100%    0.97kB/s    0:00:00 (xfer#2, to-check=18/21)
ansible-bak/b.exp
        364 100%    0.97kB/s    0:00:00 (xfer#3, to-check=17/21)
ansible-bak/b.log
   10485760 100%   14.79MB/s    0:00:00 (xfer#4, to-check=16/21)
ansible-bak/booxin.log
         39 100%    0.06kB/s    0:00:00 (xfer#5, to-check=15/21)
ansible-bak/c.log
   10485760 100%   10.41MB/s    0:00:00 (xfer#6, to-check=14/21)
ansible-bak/passwd
       1020 100%    1.04kB/s    0:00:00 (xfer#7, to-check=13/21)
ansible-bak/shadow
        677 100%    0.69kB/s    0:00:00 (xfer#8, to-check=12/21)
ansible-bak/anaconda-screenshots/
ansible-bak/anaconda-screenshots/screenshot-0000.png
     146313 100%   58.49kB/s    0:00:02 (xfer#9, to-check=8/21)
ansible-bak/anaconda-screenshots/screenshot-0001.png
     146313 100%   61.38kB/s    0:00:02 (xfer#10, to-check=7/21)
```

```
ansible-bak/ansible-bak/
ansible-bak/ansible-bak/b.log
   10485760 100%    7.97MB/s    0:00:01 (xfer#11, to-check=6/21)
ansible-bak/bak/
ansible-bak/bak/192.168.1.16/
ansible-bak/bak/192.168.1.16/passwd
        1020 100%    3.83kB/s    0:00:00 (xfer#12, to-check=3/21)
ansible-bak/bak/192.168.1.16/passwd_bak
        1020 100%    3.74kB/s    0:00:00 (xfer#13, to-check=2/21)
ansible-bak/bak/192.168.1.18/
ansible-bak/bak/192.168.1.18/passwd
         890 100%    3.16kB/s    0:00:00 (xfer#14, to-check=1/21)
ansible-bak/bak/192.168.1.18/passwd_bak
         890 100%    3.09kB/s    0:00:00 (xfer#15, to-check=0/21)

sent 331999 bytes  received 321 bytes  73848.89 bytes/sec
total size is 42241951  speedup is 127.11
```

使用下面的方式也可以达到限速的目的。

```
[root@www.ansible.com ~]#  rsync -avz --progress --max-size='200k'  /root/ansible-
bak root@192.168.0.118:/tmp/
sending incremental file list
ansible-bak/
ansible-bak/auto_ssh.sh
         365 100%    0.00kB/s    0:00:00 (xfer#1, to-check=18/21)
ansible-bak/b.exp
         364 100%  355.47kB/s    0:00:00 (xfer#2, to-check=17/21)
ansible-bak/booxin.log
          39 100%   38.09kB/s    0:00:00 (xfer#3, to-check=15/21)
ansible-bak/passwd
        1020 100%  996.09kB/s    0:00:00 (xfer#4, to-check=13/21)
ansible-bak/shadow
         677 100%  330.57kB/s    0:00:00 (xfer#5, to-check=12/21)
ansible-bak/anaconda-screenshots/
ansible-bak/anaconda-screenshots/screenshot-0000.png
      146313 100%    2.41MB/s    0:00:00 (xfer#6, to-check=8/21)
ansible-bak/anaconda-screenshots/screenshot-0001.png
      146313 100%    1.26MB/s    0:00:00 (xfer#7, to-check=7/21)
ansible-bak/ansible-bak/
ansible-bak/bak/
ansible-bak/bak/192.168.1.16/
ansible-bak/bak/192.168.1.16/passwd
        1020 100%    8.89kB/s    0:00:00 (xfer#8, to-check=3/21)
ansible-bak/bak/192.168.1.16/passwd_bak
        1020 100%    8.81kB/s    0:00:00 (xfer#9, to-check=2/21)
ansible-bak/bak/192.168.1.18/
ansible-bak/bak/192.168.1.18/passwd
         890 100%    7.69kB/s    0:00:00 (xfer#10, to-check=1/21)
ansible-bak/bak/192.168.1.18/passwd_bak
         890 100%    7.69kB/s    0:00:00 (xfer#11, to-check=0/21)

sent 291019 bytes  received 245 bytes  582528.00 bytes/sec
total size is 42241951  speedup is 145.03
```

rsync 与 scp 限速运维经验谈。

有些机房会限制服务器的流量，为了不触及交换机流量“底线”，在使用 scp 和 rsync 传输文件的时候都要注意网络流量的消耗，尤其是在业务繁忙的 IDC 机房。

rsync 限制网络传输速度使用--bwlimit 选项即可，后面的值表示多少 kB/s。

如：限制为 1000kB/s，代码如下。

```
rsync -auvz --progress --delete --bwlimit=1000 远程文件本地文件
rsync -auvz --progress --delete --bwlimit=1000 本地文件远程文件
```

【实例 7-29】传输成功自动删除源文件

假设有一个 Web 服务器和一个数据备份服务器，Web 服务器创建了每日备份，并与备份服务器同步。现在不想将本地备份副本保留在 Web 服务器中。那么，等待转移完成，自动删除源文件，可以使用--remove-source-files 选项来完成。

（1）单机版传输成功自动删除源文件。

```
[root@www.ansible.com ~/ansible-bak]# rsync --remove-source-files -zvh booxin.log /tmp/
booxin.log

sent 110 bytes  received 31 bytes  282.00 bytes/sec
total size is 39  speedup is 0.28
[root@www.ansible.com ~/ansible-bak]# ll /tmp/booxin.log
-rw-r--r-- 1 root root 39 Sep 28 23:15 /tmp/booxin.log
[root@www.ansible.com ~/ansible-bak]# ll
total 0
```

上述代码中，在当前目录下只有 booxin.log 一个文件，使用了--remove-source-files 选项之后，当前目录下的文件被移到了/tmp/目录下。

（2）双机版传输成功自动删除源文件。

```
[root@www.ansible.com ~/ansible-bak]# cp -av /tmp/booxin.log  .
`/tmp/booxin.log' -> `./booxin.log'
[root@www.ansible.com ~/ansible-bak]# rsync --remove-source-files -zvh booxin.log
root@192.168.0.118:/tmp/
booxin.log

sent 110 bytes  received 31 bytes  282.00 bytes/sec
total size is 39  speedup is 0.28
[root@www.ansible.com ~/ansible-bak]# ll
total 0
```

上述代码中，在当前目录下只有 booxin.log 一个文件，使用了--remove-source-files 选项之后，当前目录下的文件被复制到了远程服务器上的/tmp/目录下。

【实例 7-30】模拟测试

rsync 指令中的--dry-run 选项将不会对操作的文件内容做任何更改，--dry-run 选项测试代码如下。

```
[root@www.ansible.com ~/ansible-bak]# cp -av /tmp/booxin.log  .
`/tmp/booxin.log' -> `./booxin.log'
[root@www.ansible.com ~/ansible-bak]# ll
total 4
-rw-r--r-- 1 root root 39 Sep 28 23:15 booxin.log
[root@www.ansible.com ~/ansible-bak]# rsync --dry-run --remove-source-files -zvh
booxin.log root@192.168.0.118:/tmp/
booxin.log

sent 34 bytes  received 15 bytes  98.00 bytes/sec
total size is 39  speedup is 0.80 (DRY RUN)
[root@www.ansible.com ~/ansible-bak]# ll
total 4
-rw-r--r-- 1 root root 39 Sep 28 23:15 booxin.log
```

```
[root@www.ansible.com ~/ansible-bak]# rsync --dry-run --remove-source-files -zvh booxin.log root@192.168.0.118:/tmp/
booxin.log

sent 34 bytes  received 15 bytes  32.67 bytes/sec
total size is 39  speedup is 0.80 (DRY RUN)
[root@www.ansible.com ~/ansible-bak]# echo $?
0
[root@www.ansible.com ~/ansible-bak]# ll
total 4
-rw-r--r-- 1 root root 39 Sep 28 23:15 booxin.log
```

从上述代码中可以看到，在实际的操作中，测试文件并没有被删除，可以加上--dry-run选项来模拟运行，以便确定是否执行成功。

【实例 7-31】rsync 快速删除海量文件

Linux 操作系统中删除海量文件的场景十分普遍，如需要删除数十万个文件。此时，删除指令 rm -fr *就不好用了，因为要等待的时间太长，建议使用 rsync 来实现快速删除海量文件。

（1）安装 rsync。

```
yum install rsync
```

（2）建立一个空的文件夹。

```
mkdir /tmp/test
```

（3）用 rsync 删除目标目录。

```
rsync --delete-before -a -H -v --progress --stats /tmp/test log
```

执行上述代码后，要删除的 log 目录就会被清空，删除的速度非常快。

【实例 7-32】rsync 指定非标准 SSH 服务端口

rsync 有两种常用的认证方式，一种为 rsync-daemon 方式，另一种为 SSH 方式。

在一些场合，使用 rsync-daemon 方式会缺乏灵活性，SSH 方式成为首选。但是实际操作的时候发现，当远端服务器的 SSH 默认端口被修改后，rsync 找不到合适的方法来输入对方 SSH 服务端口号，笔者在查看官方文档后，找到了一种方法，即使用-e 选项。

-e 选项允许用户自由选择欲使用的 Shell 程序来连接远端服务器。

具体语句写法如下。

```
rsync -e 'ssh -p 1234' username@hostname:SourceFile DestFile
```

7.6 定时任务与发送邮件

7.6.1 定时任务基础知识

为了更好地学习，我们经常需要做一些学习计划，在 Windows 操作系统中也有“任务计划”，我们可以计划每天、每周、每个月甚至在某个特定的时间运行指定的程序，执行相应的操作。通过任务计划工具可以让任何应用程序或者文档在计划的某个时间、某段时间自动运行，比如让 QQ 在每周五晚上 7 点准时运行。

注意：只有在开机状态下，任务计划才能起作用。

定时任务的实现，可以让我们把很多重复的、有规律的事情交给计算机完成，用技术的手段解决常人需要花时间和精力解决的问题。

7.6.2 Windows 定时任务实战案例

需求：Windows 10 操作系统，要求在 60 分钟后计算机停止进行硬件升级。

读者会选用什么样的解决方案呢？是在计算机前面守 60 分钟，还是在手机上设置个闹钟，60 分钟后到计算机前执行关机的任务呢？都不需要，如图 7-2～图 7-4 所示，可以采用定时任务来满足上述需求。

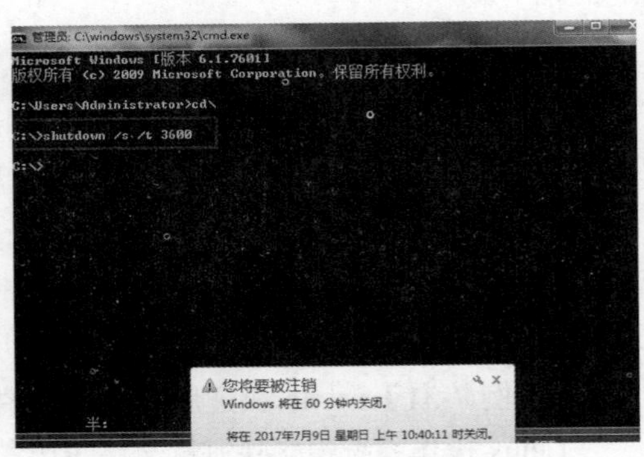

图 7-2　设置 Windows 定时任务

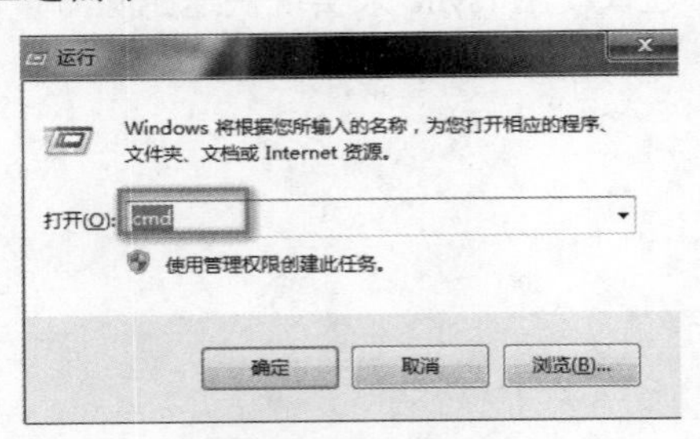

图 7-3　Windows 运行窗口输入 cmd

图 7-4　取消定时任务提示信息

【实例 7-33】Windows 执行一次性定时任务

```
Microsoft Windows [版本 6.1.7601]
版权所有 (c) 2009 Microsoft Corporation。保留所有权利。
C:\Users\Administrator>cd\
C:\>shutdown /s /t 3600
C:\>shutdown -a
```

如上实例所示，在 Windows 操作系统中也有定时任务，而且用起来相对还算方便，下面就让我们一起来学习 Linux 下的定时任务。

7.6.3 定时任务 at 之案例

使用单一任务调度时，必须要有 atd 这个调度服务的支持。不过有的系统未默认开启此服务，可能需要我们手动启动。

【实例 7-34】启动 atd 服务

1. CentOS 7 操作系统

CentOS 7 启动 atd 服务，代码如下。

```
[root@linux_command ~]# systemctl start atd
[root@linux_command ~]# systemctl enable atd
[root@linux_command ~]# systemctl start atd
[root@linux_command ~]# systemctl enable atd
```

注意 CentOS 7 和 CentOS 6 的区别和联系。

2. CentOS 6 操作系统

CentOS 6 启动 atd 服务，代码如下。

```
[root@linux_command ~]# atd start
[root@linux_command ~]# chkconfig atd on
[root@linux_command ~]# atd start
[root@linux_command ~]# chkconfig atd on
```

at 的运作方式：使用 at 指令生成需要运行的工作，并将这个工作以文本文件的方式写入/var/spool/at/目录内，该工作才能被 atd 服务调取并执行。

at 和 batch 从标准输入或一个指定的文件读取指令，这些指令在以后某个时间用/bin/sh 执行，at 的使用限制管理如下所示。

- /etc/at.allow：白名单，只有此名单内用户可以使用 at。
- /etc/at.deny：黑名单，此名单内用户无法使用 at，其他用户可用（优先读取 at.allow，若此文件不存在，则读取 at.deny；若 at.deny 为空，则所有用户都可执行 at。默认 at.deny 为空）。
- 若两个文件都不存在，则只有 root 可以使用 at。

用户使用 at 指令在指定时刻执行指定的指令序列。也就是说，at 指令至少需要指定一条指令、一个执行时间才能够正常运行。

at 指令能够只指定时间，也能够一起指定时间和日期。

【实例 7-35】1 天后的下午 6 时执行/usr/bin/echo 'www.booxin.vip'

指令如下所示。

```
at 6pm+1 days
```

执行结果如下所示。

```
[root@linux_command ~]# at 6pm+1 days
at> /usr/bin/echo 'www.booxin.vip'
at><EOT>
job 3 at Wed Sep 20 18:00:00 2017
[root@linux_command ~]# atq
3       Wed Sep 20 18:00:00 2017 a root
```

【实例 7-36】明天 18 时 20 分，输出时间到指定文件内

指令如下所示。

```
at 18:20 tomorrow
```

执行结果输出如下。

```
[root@linux_command ~]#  at 18:20 tomorrow
at> date >/root/date.log
at><EOT>
job 4 at Wed Sep 20 18:20:00 2017
```

【实例 7-37】查看定时任务

工作任务设定后，在没有执行之前我们可以用 atq 指令来查看系统有没有执行工作任务，指令如下所示。

```
atq
```

执行结果如下所示。

```
[root@linux_command ~]# atq
3       Wed Sep 20 18:00:00 2017 a root
4       Wed Sep 20 18:20:00 2017 a root
```

【实例 7-38】删除已经设置的任务

指令如下所示。

```
atrm 3
```

执行结果如下所示。

```
[root@linux_command ~]# atq
3       Wed Sep 20 18:00:00 2017 a root
4       Wed Sep 20 18:20:00 2017 a root
[root@linux_command ~]# atrm 3
[root@linux_command ~]# atq
4       Wed Sep 20 18:20:00 2017 a root
```

【实例 7-39】显示已经设置的任务内容

指令如下所示。

```
at -c 4
```

执行结果如下所示。

```
[root@linux_command ~]# at -c 4 |tail
LESSOPEN=\|\|/usr/bin/lesspipe.sh\ %s; export LESSOPEN
XDG_RUNTIME_DIR=/run/user/0; export XDG_RUNTIME_DIR
cd /root || {
        echo 'Execution directory inaccessible' >&2
        exit 1
}
${Shell:-/bin/sh} << 'marcinDELIMITER5c924100'
date >/root/date.log

marcinDELIMITER5c924100
```

【实例 7-40】在今天下午 5 时 30 分执行某指令

假设现在时间是 1999 年 2 月 24 日中午 12 时 30 分，在今天下午 5 时 30 分执行某指令，指令格式如下。

```
at 5:30pm
at 17:30
at 17:30 today
at now + 5 hours
at now + 300 minutes
at 17:30 24.2.99
at 17:30 2/24/99
at 17:30 Feb 24
```

以上这些指令表达的意义是完全相同的，所以在设定时间的时候完全能够根据个人喜好和具体情况自由选择时间格式。一般采用绝对时间的 24 小时计时法，能够避免由于用户自己的疏忽导致计时错误，例如上例能够写成如下代码。

```
at 17:30 2/24/99
```

【实例 7-41】在 3 天后下午 4 时执行文档 work 中的作业

```
[root@linux_command ~]# at -f work 4pm + 3 days
[root@linux_command ~]# at -f
```

6.4 Linux 定时任务 crontab

crontab 定时任务基本定义：通过 crontab 指令，我们可以在固定的时间间隔执行指定的系统指令或脚本。时间间隔的单位可以是分、时、日、月、周及以上的任意组合，crontab 指令非常适合周期性的日志分析或数据备份等工作。

7.7 crontab 基础知识

1．cron 基础知识

cron 把指令行保存在/etc/crontab 文件里，每个设置了自己的 cron 的系统用户，都会在/var/spool/cron 下面有对应用户名的 crontab，无论编写/var/spool/cron 目录内的文件还是/etc/crontab 文件，都能让 cron 准确无误地执行安排的任务。

/var/spool/cron 目录内文件和/etc/crontab 文件的区别是，/var/spool/cron 下各系统用户的 crontab 文件是对应用户级别的任务配置，而/etc/crontab 文件则是对应系统级别的任务配置。cron 服务器每分钟读取一次/var/spool/cron 目录内的所有文件和/etc/crontab 文件，crontab 定时任务指令格式如下所示，crontab 指令常用选项如表 7-7 所示。

```
crontab [-u user] file crontab [-u user] [ -e | -l | -r ]
```

表 7-7　crontab 指令常用选项

选项	说明
-u user	用来设定某个用户的 crontab 服务
file	指令文件名，将 file 作为 crontab 的任务列表文件并载入 crontab
-e	编辑某个用户的 crontab 文件内容
-l	显示某个用户的 crontab 文件内容
-r	从/var/spool/cron 目录中删除某个用户的 crontab 文件
-i	在删除用户的 crontab 文件时给出确认提示

在 Linux 操作系统中，周期执行的任务一般由 cron 这个守护进程来处理，cron 读取一个或多个配置文件，这些配置文件中包含了指令行及其调用时间。

cron 的配置文件称为“crontab”，是“cron table”的简写。

2．crontab 的文件格式

```
分 时 日 月 周 要执行的指令
```

- 第 1 列表示分：0～59。
- 第 2 列表示时：0～23（0 表示子夜）。
- 第 3 列表示日：1～31。
- 第 4 列表示月：1～12。
- 第 5 列表示周：0～6（0 表示星期天）。
- 第 6 列表示要执行的指令。

3. crontab 在 3 个地方查找配置文件

（1）/var/spool/cron/这个目录下存放的是每个用户（包括 root 用户）的 crontab 任务，每个任务以创建者的名字命名，比如 tom 创建的 crontab 任务对应的文件就是/var/spool/cron/tom。一般一个用户最多只有一个 crontab 文件。

（2）/etc/crontab 这个文件负责安排由系统管理员制定的维护系统以及其他任务的 crontab。

（3）/etc/cron.d/这个目录用来存放要执行的 crontab 文件或脚本。

4. crontab 执行权限

到/var/adm/cron/下，查看文件 cron.allow 和 cron.deny 是否存在，crontab 的用法如下。

- 如果两个文件都不存在，则只有 root 用户才能使用 crontab 指令。
- 如果 cron.allow 存在但 cron.deny 不存在，则只有列在 cron.allow 文件里的用户才能使用 crontab 指令。如果 root 用户也不在 cron.allow 文件里，则 root 用户也不能使用 crontab 指令。
- 如果 cron.allow 不存在，cron.deny 存在，则只有列在 cron.deny 文件里面的用户不能使用 crontab 指令，其他用户都能使用。
- 如果两个文件都存在，则列在 cron.allow 文件中且没有列在 cron.deny 文件中的用户可以使用 crontab。如果两个文件中都有同一个用户，则以 cron.allow 文件里面是否有该用户为准。如果 cron.allow 中有该用户，则可以使用 crontab 指令。

5. crond 服务

crond 是一个 Linux 操作系统下的定时执行工具，可以在无须人工干预的情况下运行。

（1）CentOS 6 操作指令如下。

```
/sbin/service crond start       #启动服务
/sbin/service crond stop        #关闭服务
/sbin/service crond restart     #重启服务
/sbin/service crond reload      #重新载入配置
/sbin/service crond status      #查看服务状态
```

（2）CentOS 7 操作指令如下。

```
systemctl start  crond          #启动服务
systemctl stop crond            #关闭服务
systemctl restart  crond        #重启服务
systemctl reload  crond         #重新载入服务
systemctl status  crond         #查看服务状态
systemctl enable  crond         #开机启动
systemctl disable  crond        #开机关闭
```

crontab 文件中每行都包括 6 个域，其中前 5 个域指定指令被执行的时间，最后一个域是要被执行的指令。每个域之间使用空格分隔。

除了数字还有几个特殊的符号。“*”“/”和“-”“,”，“*”代表所有的取值范围内的数字，“/”代表每个，“/5”代表每 5 个单位，“-”代表从某个数字到某个数字，“,”代表分开几个离散的数字。

crontab 案例精讲

【实例 7-42】Shell 定时任务之输出信息到文件

任务描述：每 1 分钟执行一次 command。

代码格式：* * * * * command。

```
[root@linux_command ~]# crontab -l|tail -1
* * * * *  echo 'hello world'>>/tmp/echo.log
```

可以在另外一个窗口观察输出的文件信息，代码如下。

```
[root@linux_command ~]# tailf /tmp/echo.log
hello world
hello world
hello world
hello world
hello world
hello world
hello world
hello world
```

【实例 7-43】Shell 定时任务之统计信息

任务描述：每小时的第 1 分钟、3 分钟、5 分钟、15 分钟、45 分钟、55 分钟、58 分钟执行相关指令。

代码格式：1,3,5,15,45,55,58 * * * * free -m >>/tmp/free.log

```
[root@linux_command ~]# crontab -l |tail -1
1,3,5,15,45,55,58 * * * * free -m >>/tmp/free.log
[root@linux_command ~]# ls -lhrt /tmp --full-time
total 76K
-rw-r--r--. 1 root  root  1.4K 2017-06-25 23:13:04.505000000 +0800 passwd_old
-rw-rw-rw-. 1 nginx nginx  16K 2017-07-07 23:00:08.682000000 +0800 tcmalloc.28911
-rw-rw-rw-. 1 nginx nginx  16K 2017-07-07 23:00:08.682000000 +0800 tcmalloc.28910
-rw-rw-rw-. 1 nginx nginx    0 2017-07-07 23:00:46.880000000 +0800 tcmalloc.28965
-rw-rw-rw-. 1 nginx nginx    0 2017-07-07 23:00:46.881000000 +0800 tcmalloc.29002
-rw-rw-rw-. 1 nginx nginx  16K 2017-07-07 23:00:46.983000000 +0800 tcmalloc.28959
-rw-rw-rw-. 1 nginx nginx  16K 2017-07-07 23:00:50.565000000 +0800 tcmalloc.28960
-rw-r--r--. 1 root  root   108 2017-07-09 10:50:02.255000000 +0800 echo.log
-rw-r--r--. 1 root  root   204 2017-07-09 10:55:01.716000000 +0800 free.log
```

注意观察，上述代码中的文件产生的时间点的加粗标记。

【实例 7-44】Shell 定时任务之统计磁盘信息

任务描述：在上午 8 时～11 时的第 3 分钟和第 15 分钟执行相关指令。

代码格式：3,15 8-11 * * * myCommand

```
[root@linux_command ~]# crontab -l |tail -1
3,15 8-11 * * * df -TH >>/tmp/df.log
```

【实例 7-45】Shell 定时任务之重新加载 Nginx

任务描述：每隔两天的上午 8 时～11 时的第 3 分钟和第 15 分钟执行相关指令。

代码格式：3,15 8-11 */2 * * myCommand

```
[root@linux_command ~]# crontab -l |tail -1
3,15 8-11 */2 * * /etc/init.d/nginx -s reload
```

【实例 7-46】Shell 定时任务之执行相关指令

任务描述：每周一上午 8 时～11 时的第 3 分钟和第 15 分钟执行相关指令。

```
3,15 8-11 * * 1 myCommand
```

7.8 使用 Mutt 发送邮件

7.8.1 Mutt 基础知识

使用 Mutt 发送邮件极其方便，只需要一条指令即可发送或者批量发送邮件。

功能说明：E-mail 管理程序。

1. 安装 Mutt

（1）Debian 安装 Mutt。

```
apt-get install -y mutt
```

（2）CentOS 安装 Mutt。

```
yum install -y mutt
```

此处以 CentOS 7.3 为例。

【实例 7-47】安装 Mutt 软件

使用 yum 指令安装 Mutt 软件，代码如下。

```
[root@linux_command ~]# yum -y install mutt
```

查看 Mutt 安装包中有哪些实用程序，代码如下。

```
[root@linux_command ~]# rpm -ql mutt |head
/etc/Muttrc
/etc/Muttrc.local
/usr/bin/mutt
/usr/bin/pgpewrap
/usr/bin/pgpring
/usr/bin/smime_keys
/usr/share/doc/mutt-1.5.21
/usr/share/doc/mutt-1.5.21/COPYRIGHT
/usr/share/doc/mutt-1.5.21/ChangeLog
/usr/share/doc/mutt-1.5.21/GPL
```

2. Mutt 语法格式

Mutt 语法格式如下。

```
mutt [-hnpRvxz][-a<文件>][-b<地址>][-c<地址>][-f<邮件文件>][-F<配置文件>][-H<邮件草稿>][-i<文件>][-m<类型>][-s<主题>][邮件地址]
```

Mutt 是一个文字模式的邮件管理程序，提供了全屏幕的操作界面，Mutt 常用选项如表 7-8 所示。

表 7-8 Mutt 常用选项

选项	说明
-a<文件>	在邮件中加上附加文件
-b<地址>	指定密件副本的收信人地址
-c<地址>	指定副本的收信人地址
-f<邮件文件>	指定要载入的邮件文件

续表

选项	说明
-F<配置文件>	指定 Mutt 程序的设置文件，不读取预设的.muttrc 文件
-h	显示帮助
-H<邮件草稿>	将指定的邮件草稿送出
-i<文件>	将指定文件插入邮件中
-m<类型>	指定预设的邮件信箱类型
-n	不要读取程序培植文件（/etc/Muttrc）
-p	编辑完邮件后，邮件不立即送出，可将该邮件暂缓寄出
-R	以只读的方式开启邮件文件
-s<主题>	指定邮件的主题
-v	显示 Mutt 的版本信息和当初编译此文件时给予的选项
-x	模拟 mailx 的编辑方式
-z	与-f 选项一并使用时，若邮件文件中没有邮件，则不启动 Mutt
-a<文件>	在邮件中加上附加文件
-b<地址>	指定密件副本的收信人地址
-c<地址>	指定副本的收信人地址

7.8.2 Mutt 基本使用方法

1. 测试发送邮件

简单的测试方法代码如下。

```
[root@linux_command ~]# echo "Test" | mutt -s "测试发送邮件" 3128743*@qq.com
```

发送完毕之后可以登录 QQ 邮箱查看发送的邮件，如图 7-5 所示。

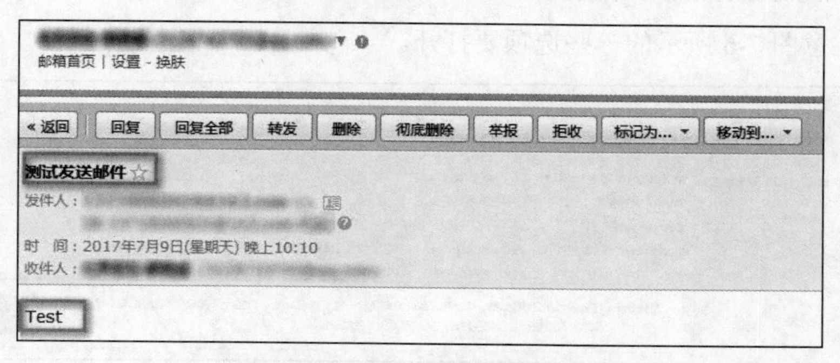

图 7-5 Mutt 测试发送邮件

2. 高级使用

【实例 7-48】Mutt 发送邮件添加单个附件

使用 mutt 发送邮件，并添加单个附件，代码如下。

```
[root@linux_command ~]# echo "nginx" | mutt -s "nginx&remi" 3128743*@qq.com -a
nginx_remi_tar.gz
```

Mutt 还可以在发送邮件时添加多个附件。

【实例 7-49】Mutt 发送邮件时添加多个附件

使用 mutt 的-a 选项添加多个附件，代码如下。

```
[root@linux_command ~]# echo "nginx" | mutt -s "nginx&remi" 3128743*@qq.com  -a
nginx_remi_tar.gz db_12bak.tar.gz db_13.tar.gz
```

- -s：指定发送邮件的选项和标题。
- -a nginx_remi_tar.gz db_12bak.tar.gz db_13.tar.gz：发送附件的选项和路径。
- 读取 mail.txt 内容为邮件内容，内容必须为 UTF-8 编码，否则会出现乱码。

7.8.3 使用第三方服务发送邮件

使用第三方服务发送邮件要修改/etc/mail.rc 脚本，设置发件人地址、SMTP 服务器、发件人邮箱名、密码等相关信息。

```
set from=xxx@qq.com
set smtp=smtp.qq.com
set smtp-auth-user=xxx@qq.com
set smtp-auth-password=123
set smtp-auth=login
```

【实例 7-50】实际配置

配置 mail 服务，代码如下。

```
[root@linux_command ~]# head /etc/mail.rc

set from=3128743*@qq.com
set smtp=smtp.qq.com
set smtp-auth-user=3128743*@qq.com
set smtp-auth-password=12345678
set smtp-auth=login


# This is the configuration file for Heirloom mailx (formerly
# known under the name "nail".
```

还需要注意图 7-6 所示的一些选项要打开。

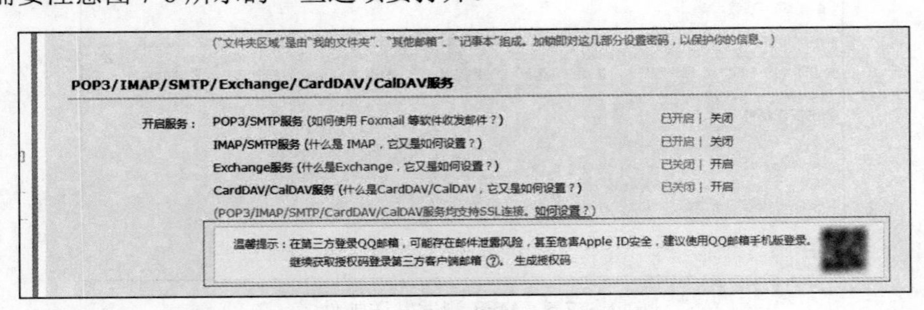

图 7-6　设置邮箱安全选项

发送邮件测试代码如下。

```
echo "Install log" | mailx -v -s "CentOS Install" -a install.log xxx@qq.com
```

代码说明如下所示。

- 格式：echo "邮件内容" | mailx -v -s "邮件标题" -a "附件位置"　收件人邮箱。
- -v：显示发送过程。

7.9 本章练习

1. rsync 无差异同步

（1）需求。

同步主机名为 kafkazk1 服务器上的 test 目录到主机名为 kafkazk2 服务器的根目录下。

（2）查看 kafkazk1 上 test 目录内容。

```
1   [root@kafkazk1 ~]# ls -lhrt --full-time test/
2   ...
3   -rw-r--r-- 1 root root  654 2020-12-06 16:54:55.775823572 +0800 test_node.sh
4   -rw-r--r-- 1 root root  827 2020-12-06 16:54:55.776823608 +0800 test_size.sh
5   -rw-r--r-- 1 root root  642 2020-12-06 16:55:03.821107268 +0800 test_watch.sh
6   -rw-r--r-- 1 root root 5.8K 2020-12-06 16:58:47.609998497 +0800 zk_watch.py
```

（3）同步 kafkazk1 的 test 目录到 kafkazk2 的根目录下。

```
1   [root@kafkazk1 ~]# rsync -avzl --delete test kafkazk2:~
2   root@kafkazk2's password:
3   sending incremental file list
4   test/
5   test/test_node.sh
6   test/test_size.sh
7   test/test_watch.sh
8   test/zk_watch.py
9
10  sent 3,047 bytes  received 96 bytes  571.45 bytes/sec
11  total size is 8,032  speedup is 2.56
12  [root@kafkazk1 ~]# ls -lhrt --full-time test/
13  ...
14  -rw-r--r-- 1 root root  654 2020-12-06 16:54:55.775823572 +0800 test_node.sh
15  -rw-r--r-- 1 root root  827 2020-12-06 16:54:55.776823608 +0800 test_size.sh
16  -rw-r--r-- 1 root root  642 2020-12-06 16:55:03.821107268 +0800 test_watch.sh
17  -rw-r--r-- 1 root root 5.8K 2020-12-06 16:58:47.609998497 +0800 zk_watch.py
18  [root@kafkazk2 ~]# ls -lhrt --full-time  test
19  ...
20  -rw-r--r-- 1 root root  654 2020-12-06 16:54:55.775823572 +0800 test_node.sh
21  -rw-r--r-- 1 root root  827 2020-12-06 16:54:55.776823608 +0800 test_size.sh
22  -rw-r--r-- 1 root root  642 2020-12-06 16:55:03.821107268 +0800 test_watch.sh
23  -rw-r--r-- 1 root root 5.8K 2020-12-06 16:58:47.609998497 +0800 zk_watch.py
```

上述代码第 1 行同步 kafkazk1 的 test 目录到 kafkazk2 的根目录，第 2～11 为同步输出结果，第 12 行查看 kafkazk1 的 test 目录中的所有文件时间信息，第 13～17 行为输出结果，第 18 行查看 kafkazk2 的 test 目录中的所有文件时间信息，第 19～23 行为输出结果，kafkazk1 的 test 目录内所有文件时间信息和 kafkazk2 的 test 目录内所有文件时间信息均保持一致。

2. 服务器之间同步文件的几种方法小结

使用 kafkazk1 作为源服务器，使用 kafkazk2 作为目标服务器，具体测试内容如下。

（1）使用 rsync。

```
1   [root@kafkazk1 ~]# echo "你好，欢迎阅读本书-测试 rsync" > rsync.txt
2   [root@kafkazk1 ~]# echo "你好，欢迎阅读本书-测试 scp" > scp.txt
3   [root@kafkazk1 ~]# rsync -avzl rsync.txt kafkazk2:~
```

```
4   sending incremental file list
5   rsync.txt
6
7   sent 135 bytes  received 35 bytes  340.00 bytes/sec
8   total size is 40  speedup is 0.24
9   [root@kafkazk1 ~]# ssh kafkazk2 cat /root/rsync.txt
10  你好，欢迎阅读本书-测试 rsync
```

上述代码第 1～2 行创建测试文件，第 3 行使用 rsync 指令同步 rsync.txt 到 kafkazk2 的根目录中，3～8 行为同步测试过程和结果，第 9 行使用 ssh 指令登录 kafkazk2 查看/root/目录下的 rsync.txt 文件内容。

（2）使用 scp。

```
1   [root@kafkazk1 ~]# scp scp.txt kafkazk2:~
2   scp.txt                                          100%  38     11.1KB/s   00:00
3   [root@kafkazk1 ~]# cat scp.txt
4   你好，欢迎阅读本书-测试 scp
5   [root@kafkazk1 ~]# ssh kafkazk2 cat /root/scp.txt
6   你好，欢迎阅读本书-测试 scp
```

上述代码第 1 行使用 scp 指令同步 scp.txt 到 kafkazk2 的根目录下，第 2 行为同步后的输出结果，第 3 行查看 scp.txt 文件内容，第 5 行使用 ssh 指令登录 kafkazk2 服务器并查看 scp.txt 文件的内容，第 6 行为 scp.txt 的输出结果。

（3）使用 nc。

使用 nc 命令可以很快地在两台主机间传递文件（两台主机不需要在同一网段，只要设置好端口即可）。

- 安装 nc 软件包（基于 CentOS 系列的系统）。

```
yum install -y nc
```

```
1   [root@kafkazk1 ~]# yum install -y nc
2   CentOS-8 - AppStream - mirrors.aliyun.com                              3.5 kB/s |
4.3 kB     00:01
3   CentOS-8 - Base - mirrors.aliyun.com                                   3.2 kB/s |
3.9 kB     00:01
4   CentOS-8 - Extras - mirrors.aliyun.com                                 1.2 kB/s |
1.5 kB     00:01
5   Extra Packages for Enterprise Linux Modular 8 - x86_64                 6.5 kB/s |
9.4 kB     00:01
6   Extra Packages for Enterprise Linux 8 - x86_64                         3.6 kB/s |
5.7 kB     00:01
7   Extra Packages for Enterprise Linux 8 - x86_64                         586 kB/s |
8.7 MB     00:15
8   wlnmp                                                                  276  B/s |
2.9 kB     00:10
9   Package nmap-ncat-2:7.70-5.el8.x86_64 is already installed.
10  依赖关系解决
11  无须任何处理
12  完毕!
13  [root@kafkazk2 ~]# yum install -y nc
14  上次元数据过期检查：0:03:02 前，执行于 2020 年 12 月 27 日 星期日 16 时 02 分 00 秒
15  Package nmap-ncat-2:7.70-5.el8.x86_64 is already installed
16  依赖关系解决
17  无须任何处理
18  完毕!
```

上述代码第 1～12 行确认 kafkazk1 上是否安装了 nc 软件包，第 13～18 行确认 kafkazk2 上是否安装了 nc 软件包。

- 基本使用。

收方（服务器-kafkazk2）监听一个端口，把接收数据重定向（或者说保存）到文件，代码如下。

```
[root@kafkazk2 ~]# nc -l 6688 > recv.txt
```

输入上述指令后，当前终端会处于监听状态。

查看端口的监听状态，代码如下。

```
1   [root@kafkazk2 ~]# netstat -ntpl
2   Active Internet connections (only servers)
3   Proto Recv-Q Send-Q Local Address Foreign Address State PID/Program name
4   tcp        0      0 0.0.0.0:22        0.0.0.0:*          LISTEN  789/sshd
5   tcp        0      0 0.0.0.0:51518     0.0.0.0:*          LISTEN  789/sshd
6   tcp        0      0 0.0.0.0:6688      0.0.0.0:*          LISTEN  1522/nc
7   tcp6       0      0 :::22             :::*               LISTEN  789/sshd
8   tcp6       0      0 :::51518          :::*               LISTEN  789/sshd
9   tcp6       0      0 :::6688           :::*               LISTEN  1522/nc
```

上述代码第 6 行，表示在本机监听了 6688 的端口。

发方（客户端-kafkazk1）请求向服务器发送文件，文件输入 kafkazk2 服务器的 6688 端口，代码如下。

```
1   [root@kafkazk1 ~]# echo "跟老韩学 Shell" > nc.txt
2   [root@kafkazk1 ~]# cat nc.txt
3   跟老韩学 Shell
4   [root@kafkazk1 ~]# nc kafkazk2 6688 < nc.txt
```

上述代码第 1 行创建 nc.txt 测试文件，第 2 行查看 nc.txt 文件内容，第 3 行为输出结果，第 4 行将本机的 nc.txt 文件传输到 kafkazk2 主机的 6688 端口。

如果上述指令没有反应，可以测试一下 kafkazk2 的服务器端口的连通性，测试指令如下。

```
telnet kafkazk2 6688
```

（4）在服务器查看文件内容。

```
1   [root@kafkazk2 ~]# cat recv.txt
2   跟老韩学 Shell
3   [root@kafkazk2 ~]#
```

上述代码第 2 行为接收到的文件内容。

（5）注意事项。

服务器先发起服务，客户端再使用服务。

nc 服务的端口为 6688，可以根据实际的需求修改为其他的端口。如果用的是云服务器，则确保这个端口添加了安全组规则。

3．服务器间大文件传输需要万兆网络环境，实际传输只有百兆速率的解决思路

（1）scp 读写磁盘，iperf 基于内存直接复制。

scp 指令读写磁盘存在瓶颈，iperf 是直接基于内存的复制。

测试文件的读写速度可以先规划内存盘之后再使用 scp 指令测试（一般 CentOS 中的 tmpfs 文件系统就是内存盘）。

（2）硬件层面是否支持万兆传输速率。

- 交换机自身、光模块、fc 跳线等基础硬件是否支持万兆传输速率。

- 网线是否支持万兆传输速率。
- 服务器网卡是否支持万兆传输速率。

（3）使用 dmesg 查看硬件日志。

（4）使用 netstat -s 查看网络发送和传输包信息。

（5）使用 nc 做传输文件测试。

服务器 kafkazk1。

```
kafkazk1 ncat -l 6688 > outputfile
```

客户端 kafkazk2。

```
kafkazk2 ncat HOST1 6688 < inputfile
```

（6）使用 scp 做传输文件测试。

scp 默认使用 AES 加密，也可以选择其他方式加密。

使用不同的加密方式可能会加快转移过程，blowfish 和 arcfour 被认为比 AES 可以更快地处理转移过程（但是，它们的安全性不如 AES）。

```
scp -c blowfish -C ~/local_file.txt username@remotehost:/remote/path/file.txt
```

在上面的例子中我们用 blowfish 加密并同时压缩，可以得到显著的转移速度上的提升，当然也取决于系统中可用的带宽。

（7）使用 scp 的压缩和静默模式。

```
scp -pqC
```

-C 选项表示文件在传输过程中被压缩，-p 表示保持文件属性信息，-q 表示静默模式。

7.10 本章总结

本章主要讲解了 SSH 服务的运行原理、OpenSSH 软件的实现。

本章还着重介绍了 rsync 的用法，讲解了笔者在实际运维工作当中遇到的一些问题并分享了实战经验。

本章还详细介绍了定时任务与使用第三方软件发送邮件的方法，建议读者根据实际场景选择使用对应的解决方案。